"十二五"普通高等教育本科国家级规划教材

计算机组成原理

（第六版·立体化教材）

白中英　戴志涛　主编

覃健诚　赖晓铮　王智广　参编

科学出版社

北　京

内 容 简 介

本书是"十二五"普通高等教育本科国家级规划教材，重点讲授计算机单处理器系统的组成和工作原理，在此基础上扩展讲授并行体系结构。本书共 11 章，主要内容包括计算机系统概论、运算方法和运算器、存储系统、指令系统、中央处理器、总线系统、外围设备、输入/输出系统、并行组织与结构、课程教学实验设计和课程综合设计。

本书是作者对"计算机组成原理"课程体系、教学内容、教学方法、教学手段进行综合改革的具体成果。本书特色：基础性、时代性、系统性、实践性、启发性融为一体，文字教材、多媒体 CAI 动画演示视频、教学课件、习题答案库、自测试题库、教学仪器、实验设计、课程设计综合配套，形成"理论、实验、设计"三个过程相统一的立体化教学体系。

本书文字流畅、通俗易懂，可作为计算机及相关专业的教材，也可作为成人自学考试、全国计算机等级考试 NCRE(四级)用书。

图书在版编目(CIP)数据

计算机组成原理：立体化教材/白中英，戴志涛主编. —6 版. —北京：科学出版社，2019.8
"十二五"普通高等教育本科国家级规划教材
ISBN 978-7-03-061971-6

Ⅰ. ①计… Ⅱ. ①白… ②戴… Ⅲ. ①计算机组成原理-高等学校-教材 Ⅳ. ①TP301

中国版本图书馆 CIP 数据核字(2019)第 157015 号

责任编辑：余 江 张丽花 陆新民 / 责任校对：王 瑞
责任印制：赵 博 / 封面设计：迷底书装

科学出版社 出版
北京东黄城根北街 16 号
邮政编码：100717
http://www.sciencep.com
天津市新科印刷有限公司印刷
科学出版社发行 各地新华书店经销
*
1988 年 7 月第 一 版 开本：787×1092 1/16
2019 年 8 月第 六 版 印张：23 1/4
2024 年 6 月第 104 次印刷 字数：551 000
印数：1 825 001～1 830 000

定价：68.00 元
(如有印装质量问题，我社负责调换)

创造精品

培养人才

贺《计算机组成原理之发行百万册

李未

二〇〇九年
十二月

2006—2010 年教育部高等学校计算机科学与技术教学指导委员会主任委员、中国科学院院士李未题词

第六版前言

现代信息技术发展和应用普及的速度如此之快，以至于层出不穷的新概念和新技术使人感到眼花缭乱和应接不暇。不论是物联网、移动互联网、云计算和大数据，还是人工智能、智能硬件、机器学习与智能人机交互，这些热点应用领域都要依靠计算机系统硬件提供的强大计算能力以及软硬件的协同支持。因此，不仅是计算机专业，越来越多的各领域的专业人员都需要理解计算机系统硬件的完整组成和基本工作原理，进而在系统层次上掌握计算机工作的全貌。

作为计算机科学与技术相关专业的核心专业基础课程，"计算机组成原理"这门课程重点讲授单处理器系统的组成和工作原理，在此基础上扩展讲授并行体系结构。本课程的教学目的是帮助学生理解构成计算机硬件的基本电路的特性和设计方法；使学生了解计算机系统整体概念，理解指令在计算机硬件上的执行过程；理解计算机系统的层次结构，理解高级语言程序、指令系统体系结构、编译器、操作系统和硬件部件之间的关系。

"计算机组成原理"是计算机硬件的入门课程，课程教学具有知识面广、内容多、难度大、更新快等特点，对教和学双方而言难度都非常大。本课程的核心任务在于深入理解计算机系统的整体结构和各个层次的关系，为学习后续课程和将来从事软硬件开发与应用系统设计打下坚实的基础。

本教材 1988 年出版第一版，2013 年出版第五版。承蒙读者厚爱，30 年来总发行量已超过 150 万册。第六版教材是"十二五"普通高等教育本科国家级规划教材，由北京邮电大学、清华大学等学校的教师合作编写。作者团队总结多年从事计算机硬件课程理论与实践教学的经验，从传授知识和培养能力的目标出发，结合本课程教学的特点、难点和要点，使文字教材、多媒体 CAI 动画演示视频、教学课件、习题答案库、自测试题库、教学仪器、实验设计、课程设计综合配套，力求形成"理论、实验、设计"三个过程相统一的立体化教学体系，帮助学生在有限的时间内理解构成计算机硬件和软件的基本模块的特性与设计方法，让学生站在系统的高度考虑和解决问题，系统全局认知与设计相结合，成为具有系统观的软硬件贯通人才。

本教材覆盖理论教学、随课实验和课程设计内容，建议理论教学 48～64 学时，随课实验 16 学时，另行安排课程设计。配套实践教学可与理论教学同步进行，也可独立设课。为帮助学生理解教学难点和重点，文字教材配套开发了一百多个在线动画演示视频；同时为帮助读者扩展知识面和深入理解相关知识点，还安排了在线延申阅读材料。读者可扫描书中的二维码查阅相关内容。

张天乐、张杰、靳秀国、杨秦、邵英超、宋梓恒、祁之力、李贞、王坤山、张超博、肖炜、崔洪浚等参与了文字教材、CAI 动画视频、习题库、试题库、教学仪器、实验设计、演示文稿、课程设计等的编写和研制工作，限于版面，未能在封面上一一署名。

本教材由清华大学计算机系杨士强教授主审。中国科学院计算技术研究所李国杰院士提出了很好的指导意见，清华大学科教仪器厂李鸿儒教授、陈玉春工程师给予了很大支持，科学出版社余江编辑提出了诸多有益的建议。作者在此表示衷心感谢。本教材融合了作者在多年教学过程中积累的教学素材，参考了许多相关资料和书籍，在此对这些参考资料的作者表示感谢。

虽然作者从事相关教学工作多年，但由于能力所限，书中难免存有疏漏之处，恳请读者谅解并指正。

白中英　戴志涛

2019 年 6 月于北京

目　录

第 *1* 章

计算机系统概论

　　计算机系统不同于一般的电子设备，它是一个由硬件、软件组成的复杂的自动化设备。本章先说明计算机的分类，然后采用自上而下的方法，简要地介绍硬件、软件的概念和组成，目的在于使读者先有一个粗略的总体概念，以便于展开后续各章内容。

1.1　计算机的分类

　　电子计算机从总体上来说分为两大类。一类是电子模拟计算机。"模拟"就是相似的意思，例如计算尺是用长度来标示数值；时钟是用指针在表盘上转动来表示时间；电表是用角度来反映电量大小，这些都是模拟计算装置。模拟计算机的特点是数值由连续量来表示，运算过程也是连续的。

　　另一类是电子数字计算机，它是在算盘的基础上发展起来的，是用数字来表示数量的大小。数字计算机的主要特点是按位运算，并且不连续地跳动计算。表 1.1 列出了电子数字计算机与电子模拟计算机的主要区别。

表 1.1　电子数字计算机与电子模拟计算机的主要区别

比较内容	电子数字计算机	电子模拟计算机
数据表示方式	数字 0 和 1	电压
计算方式	数字计数	电压组合和测量值
控制方式	程序控制	盘上连线
精度	高	低
数据存储量	大	小
逻辑判断能力	强	无

　　电子模拟计算机由于精度和解题能力都有限，所以应用范围较小。电子数字计算机则与电子模拟计算机不同，它是以近似于人类的"思维过程"来进行工作的，所以有人把它叫做电脑。它的发明和发展是 20 世纪人类最伟大的科学技术成就之一，也是现代科学技术发展水平的主要标志。习惯上所称的电子计算机，一般是指现在广泛应用的电子数字计算机。

　　电子数字计算机进一步又可分为专用计算机和通用计算机。专用和通用是根据计算机的效率、速度、价格、运行的经济性和适应性来划分的。专用计算机是最有效、最经济和最快速的计算机，但是它的适应性很差。通用计算机适应性很强，但是牺牲了效率、速度和经济性。

通用计算机可分为超级计算机、大型机、服务器、PC 机、单片机和多核机六类，它们的区别在于体积、简易性、功率损耗、性能指标、数据存储容量、指令系统规模和机器价格，见图 1.1。一般来说，超级计算机主要用于科学计算，其运算速度在每秒万亿次以上，数据存储容量很大，结构复杂，价格昂贵。而单片机是只用一片集成电路做成的计算机，体积小，结构简单，性能指标较低，价格便宜。介于超级计算机和多核机之间的是大型机、服务器、PC 机和单片机，它们的结构规模和性能指标依次递减。但随着巨大规模集成电路的迅速发展，单片机、多核机等彼此之间的概念也在发生变化，因为今天的单片机可能就是明天的多核机。专用计算机是针对某一任务设计的计算机，一般来说，其结构要比通用计算机简单。目前已经出现了多种型号的单片专用机及嵌入式单片机，用于测试或控制，成为计算机应用领域中最热门的产品。多核机是多于一个处理器的计算机芯片，具有更强的能力。

1.1

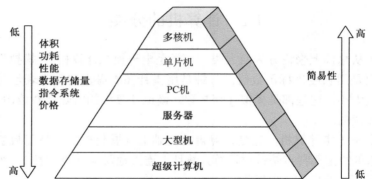

图 1.1　多核机、单片机、PC 机、服务器、大型机、超级计算机之间的区别

1.2　计算机的发展简史

1.2.1　计算机的五代变化

世界上第一台电子数字计算机是 1946 年在美国宾夕法尼亚大学制成的。这台机器用了 18000 多个电子管，占地 170m^2，重量达 30 吨，而运算速度只有 5000 次/秒。用今天的眼光来看，这台计算机耗费既大又不完善，但却是科学史上一次划时代的创新，它奠定了电子计算机的基础。自从这台计算机问世 70 多年来，从使用器件的角度来说，计算机的发展大致经历了五代的变化。

第一代为 1946～1957 年，电子管计算机。计算机运算速度为每秒几千次至几万次，体积庞大，成本很高，可靠性较低。在此期间，形成了计算机的基本体系，确定了程序设计的基本方法，数据处理机开始得到应用。

第二代为 1958～1964 年，晶体管计算机。运算速度提高到每秒几万次至几十万次，可靠性提高，体积缩小，成本降低。在此期间，工业控制机开始得到应用。

第三代为 1965～1971 年，中小规模集成电路计算机。可靠性进一步提高，体积进一步缩小，成本进一步下降，运算速度提高到每秒几十万次至几百万次。在此期间形成机种多样化，生产系列化，使用系统化，小型计算机开始出现。

第四代为 1972～1990 年，大规模和超大规模集成电路计算机。可靠性更进一步提高，体积更进一步缩小，成本更进一步降低，速度提高到每秒 1000 万次至 1 亿次。由几片大规模集成电路组成的微型计算机开始出现。

第五代为 1991 年开始的巨大规模集成电路计算机。运算速度提高到每秒 10 亿次。由一片巨大规模集成电路实现的单片计算机开始出现。

总之，从 1946 年计算机诞生以来，大约每隔五年运算速度提高 10 倍，可靠性提高 10 倍，成本降低为 1/10，体积缩小为 1/10。而 20 世纪 70 年代以来，计算机的生产数量每年以 25%的速度递增。

计算机从第三代起，与集成电路技术的发展密切相关。LSI 的采用，一块集成电路芯片上可以放置 1000 个元件，VLSI 达到每个芯片 1 万个元件，现在的 ULSI 芯片超过了 100 万个元件。1965 年摩尔观察到芯片上的晶体管数量每年翻一番，1970 年这种态势减慢成每 18 个月翻一番，这就是人们所称的摩尔定律。

在国际超级计算机 500 强排序中，中国 2004 年"曙光 4000A"位居第 10；2009 年"星云号"位居第 2；2010 年"天河 1 号"位居第 1，运算速度达 2500 万亿次/秒。

1.2.2 半导体存储器的发展

20 世纪 50～60 年代，所有计算机存储器都是由微小的铁磁体环(磁芯)做成，每个磁芯直径约 1mm。这些小磁芯处在计算机内用三条细导线穿过网格板上。每个磁芯的一种磁化方向代表一个 1，另一个磁化方向则代表一个 0。磁芯存储器速度相当快，读存储器中的一位只需 1 微秒。但是磁芯存储器价格昂贵，体积大，而且读出是破坏性的，因此必须有读出后立即重写数据的电路。更重要的在于工艺复杂，甚至手工制作。

1970 年，仙童半导体公司生产出了第一个较大容量半导体存储器。一个相当于单个磁芯大小的芯片，包含了 256 位的存储器。这种芯片是非破坏性的，而且读写速度比磁芯快得多，读出一位只要 70 纳秒，但是其价格比磁芯要贵。

1974 年每位半导体存储器的价格低于磁芯。这以后，存储器的价格持续快速下跌，但存储密度却不断增加。这导致了新的机器比它之前的机器更小、更快、存储容量更大，价格更便宜。存储器技术的发展，与处理器技术的发展一起，在不到 10 年的时间里改变了计算机的生命力。虽然庞大昂贵的计算机仍然存在，但计算机已经走向了个人电脑时代。

从 1970 年起，半导体存储器经历了 11 代：单个芯片 1KB、4KB、16KB、64KB、256KB、1MB、4MB、16MB、64MB、256MB 和现在的 1GB。其中 $1K=2^{10}$，$1M=2^{20}$，$1G=2^{30}$。每一代比前一代存储密度提高 4 倍，而每位价格和存取时间都在下降。

1.2.3 微处理器的发展

与存储器芯片一样，处理器芯片的单元密度也在不断增加。随着时间的推移，每块芯片上的单元个数越来越多，因此构建一个计算机处理器所需的芯片越来越少。表 1.2 列出了Intel 公司微处理器的演化。

表 1.2　Intel 微处理器的演化

(a)20 世纪 70 年代的处理器				
型　号	4004	8008	8080	8086	8088
发布时间	1971	1972	1974	1978	1979
时钟频率	108kHz	108kHz	2MHz	5MHz,8MHz,10MHz	5MHz,8MHz
总线宽度	4 位	8 位	8 位	16 位	8 位
晶体管数	2300	3500	6000	29000	29000
特征尺寸/μm	10		6	3	3
可寻址存储器	640B	16KB	64KB	1MB	1MB
虚拟存储器	—	—	—	—	—

(b)20 世纪 80 年代的处理器			
型　号	80286	386TM DX	386TM SX	486TM DX
发布时间	1982	1985	1988	1989
时钟频率	6～12.5MHz	16～33MHz	16～33MHz	25～50MHz
总线宽度	16 位	32 位	16 位	32 位
晶体管数	134000	275000	275000	1200000
特征尺寸/μm	1.5	1	1	0.8～1
可寻址存储器	16MB	4GB	16MB	4GB
虚拟存储器	1GB	64TB	64TB	64TB

(c)20 世纪 90 年代的处理器			
型　号	486TM SX	Pentium	Pentium Pro	Pentium II
发布时间	1991	1993	1995	1997
时钟频率	16～33MHz	60～166MHz	150～220MHz	200～300MHz
总线宽度	32 位	32 位	64 位	64 位
晶体管数	1.185 百万	3.1 百万	5.5 百万	7.5 百万
特征尺寸/μm	1	0.8	0.6	0.35
可寻址存储器	4MB	4GB	64GB	64GB
虚拟存储器	64TB	64TB	64TB	64TB

(d)21 世纪的处理器			
型　号	Pentium III	Pentium 4	Itanium	Itanium 2
发布时间	1999	2000	2001	2002
时钟频率	450～600MHz	1.3～1.8GHz	733～800MHz	0.9～1GHz
总线宽度	64 位	64 位	64 位	64 位
晶体管数	9.6 百万	42 百万	25 百万	220 百万
特征尺寸/μm	0.25	0.18	0.18	0.18
可寻址存储器	64GB	64GB	64GB	64GB
虚拟存储器	64TB	64TB	64TB	64TB

　　1971 年 Intel 公司开发出 Intel 4004。这是第一个将 CPU 的所有元件都放入同一块芯片内的产品，于是，微处理器诞生了。

Intel 4004 能完成两个 4 位数相加,通过重复相加能完成乘法。按今天的标准,4004 虽然过于简单,但是它却成为微处理器的能力和功能不断发展的奠基者。

微处理器演变中的另一个主要进步是 1972 年出现的 Intel 8008,这是第一个 8 位微处理器,它比 4004 复杂一倍。

1974 年出现了 Intel 8080。这是第一个通用微处理器,而 4004 和 8008 是为特殊用途而设计的。8080 是为通用微机而设计的中央处理器。它与 8008 一样,都是 8 位微处理器,但 8080 更快,有更丰富的指令系统和更强的寻址能力。

大约在同时,16 位微机被开发出来。但是直到 20 世纪 70 年代末才出现强大的通用 16 位微处理器,Intel 8086 便是其中之一。这一发展趋势中的另一阶段是在 1981 年,贝尔实验室和 HP 公司开发出了 32 位单片微处理器。Intel 于 1985 年推出了 32 位微处理器 Intel 80386。

1.2.4　计算机的性能指标

吞吐量　表征一台计算机在某一时间间隔内能够处理的信息量。

响应时间　表征从输入有效到系统产生响应之间的时间度量,用时间单位来度量。

利用率　在给定的时间间隔内系统被实际使用的时间所占的比率,用百分比表示。

处理机字长　指处理机运算器中一次能够完成二进制数运算的位数,如 32 位、64 位。

总线宽度　一般指 CPU 中运算器与存储器之间进行互连的内部总线二进制位数。

存储器容量　存储器中所有存储单元的总数目,通常用 KB、MB、GB、TB 来表示。

存储器带宽　单位时间内从存储器读出的二进制数信息量,一般用字节数/秒表示。

主频/时钟周期　CPU 的工作节拍受主时钟控制,主时钟不断产生固定频率的时钟,主时钟的频率(f)叫 CPU 的主频。度量单位是 MHz(兆赫兹)、GHz(吉赫兹)。

主频的倒数称为 CPU 时钟周期(T),$T=1/f$,度量单位是 μs、ns。

CPU 执行时间　表示 CPU 执行一般程序所占用的 CPU 时间,可用下式计算:

$$CPU\ 执行时间 = CPU\ 时钟周期数 \times CPU\ 时钟周期$$

CPI　表示每条指令周期数,即执行一条指令所需的平均时钟周期数。用下式计算:

$$CPI = 执行某段程序所需的\ CPU\ 时钟周期数 \div 程序包含的指令条数$$

MIPS　(Million Instructions Per Second)的缩写,表示平均每秒执行多少百万条定点指令数,用下式计算:

$$MIPS = 指令数 \div (程序执行时间 \times 10^6)$$

FLOPS　(Floating-point Operations Per Second)的缩写,表示每秒执行浮点操作的次数,用来衡量机器浮点操作的性能。用下式计算:

$$FLOPS = 程序中的浮点操作次数 \div 程序执行时间(s)$$

【例 1.1】　对于一个给定的程序,I_N 表示执行程序中的指令总数,t_{CPU} 表示执行该程序所需的 CPU 时间,T 为时钟周期,f 为时钟频率(T 的倒数),N_C 为 CPU 时钟周期数。设 CPI 表示每条指令的平均时钟周期数,MIPS 表示每秒钟执行的百万条指令数,请写出如下四种参数的表达式:

(1)t_{CPU}　(2)CPI　(3)MIPS　(4)N_C

解　(1) $t_{CPU} = N_C \times T = N_C / f = I_N \times CPI \times T = \left(\sum_{i=1}^{n} CPI_i \times I_i \right) \times T$

(2) $CPI = \dfrac{N_C}{I_N} = \sum_{i=1}^{n} \left(CPI_i \times \dfrac{I_i}{I_N} \right)$　I_i/I_N 表示 i 指令在程序中所占比例

(3) $MIPS = \dfrac{I_N}{t_{CPU} \times 10^6} = \dfrac{f}{CPI \times 10^6}$

(4) $N_C = \sum_{i=1}^{n} (CPI_i \times I_i)$

式中，I_i 表示 i 指令在程序中执行的次数，CPI_i 表示 i 指令所需的平均时钟周期数，n 为指令种类。

【例 1.2】　用一台 50MHz 处理机执行标准测试程序，它包含的混合指令数和相应所需的平均时钟周期数如下表所示：

指令类型	指令数目	平均时钟周期数
整数运算	45000	1
数据传送	32000	2
浮点运算	15000	2
控制传送	8000	2

求有效 CPI、MIPS 速率、处理机程序执行时间 t_{CPU}。

解　$CPI = \dfrac{N_C}{I_N} = \sum_{i=1}^{n} \left(CPI_i \times \dfrac{I_i}{I_N} \right)$　I_i/I_N 表示 i 指令在程序中所占比例

$= \dfrac{45000 \times 1 + 32000 \times 2 + 15000 \times 2 + 8000 \times 2}{45000 + 32000 + 15000 + 8000} = 1.55 (周期 / 指令)$

$MIPS = \dfrac{f}{CPI \times 10^6} = \dfrac{50 \times 10^6}{1.55 \times 10^6} \approx 32.26 (百万条指令 / 秒)$

$t_{CPU} = \dfrac{N_C}{f} = \dfrac{45000 \times 1 + 32000 \times 2 + 15000 \times 2 + 8000 \times 2}{50 \times 10^6} = 31 \times 10^{-4} (s)$

1.3　计算机的硬件

1.3.1　硬件组成要素

要了解数字计算机的主要组成和工作原理，可从打算盘说起。假设给一个算盘、一张带横格的纸和一支笔，要求计算 $y=ax+b-c$ 这样一个题目。为了和下面讲到的内容做比较，不妨按以下方法把使用算盘进行解题的过程步骤事先用笔详细地记录在带横格的纸上。

首先，将横格纸编上序号，每一行占一个序号，如 1, 2, 3, …, n, 如表 1.3 所示。其次，把计算式中给定的四个数 a、b、c 和 x 分别写到横格纸的第 9、10、11、12 行上，每一行只写一个数。接着详细列出给定题目的解题步骤，而解题步骤也需要记在横格纸上，每一步也只写一行。第一步写到横格纸的第 1 行，第二步写到第 2 行，……以此类推。

　　根据表 1.3 所列的解题步骤，从第 1 行开始，一步一步进行计算，最后可得出所要求的结果。

表 1.3　解题步骤和数据记录在横格纸上

行数	解题步骤和数据		说明
1	取数	(9)→算盘	(9) 表示第 9 行的数 a，下同
2	乘法	(12)→算盘	完成 $a \cdot x$，结果在算盘上
3	加法	(10)→算盘	完成 $ax+b$，结果在算盘上
4	减法	(11)→算盘	完成 $y=ax+b-c$，结果在算盘上
5	存数	y→13	算盘上的 y 值记到第 13 行
6	输出		把算盘上的 y 值写出给人看
7	停止		运算完毕，暂停
8			
9	a		数据
10	b		数据
11	c		数据
12	x		数据
13	y		数据

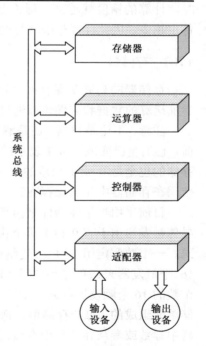

图 1.2　数字计算机的主要组成结构

　　在完成 $y=ax+b-c$ 的计算过程中，用到了什么东西呢？

　　首先，用到了带横格且编有序号的纸，把原始的数据及解题步骤记录在纸上，即纸"存储"了算题的原始信息。其次，用到了算盘，它用来对数据进行加、减、乘、除等算术运算。再次，用到了笔，利用笔把原始数据和解题步骤记录到纸上，还可把计算结果写出来告诉人。最后，用到了我们人本身，这主要是人的脑和手。在人的控制下，按照解题步骤一步一步进行操作，直到完成全部运算。

　　电子数字计算机进行解题的过程完全和人用算盘解题的情况相似，也必须有运算工具，解题步骤和原始数据的输入与存储，运算结果的输出及整个计算过程的调度控制。和打算盘不同的是，以上这些部分都是由电子线路和其他设备自动进行的。在电子计算机里，相当于算盘功能的部件，我们称之为运算器；相当于纸那样具有"记忆"功能的部件，我们称之为存储器；相当于笔那样把原始解题信息送到计算机或把运算结果显示出来的设备，我们称之为输入设备或输出设备；而相当于人的大脑，能够自动控制整个计算过程的，称之为控制器。图 1.2 所示为数字计算机的主要组成结构，其中双线及箭头表示数据代码传送通路。

1.3.2　运算器

运算器就好像是一个由电子线路构成的算盘，图 1.3 是它的示意图。它的主要功能是进行加、减、乘、除等算术运算。除此以外，还可以进行逻辑运算，因此通常称为 ALU（算术逻辑运算部件）。

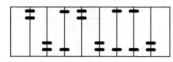

1.3

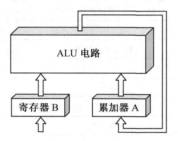

图 1.3　运算器结构示意图

人们习惯于十进制数的运算，但是考虑到电子器件的特性，计算机中通常采用二进制数。二进制数是以 2 为基数来计数，也就是"逢二进一"。在二进制数中，只有 0 和 1 两个数字。1 和 0 可以用电压的高低、脉冲的有无来表示。这种电压的高低，脉冲的有无，在电子器件中很容易实现，而且设备也最省。

二进制数的运算规律非常简单。例如，加法：0+0=0，0+1=1，1+0=1，1+1=10，最后一个加式中等号右边的"1"表示向上一位的进位。又如，乘法：0×0=0，0×1=0，1×0=0，1×1=1。正是由于二进制数运算规律简单，在电子器件中比较容易实现，因此，在电子数字计算机中广泛采用二进制数。

二进制数和十进制数一样，在运算中，当数的位数越多时，计算的精度就越高。理论上讲，数的位数可以任意多。但是位数越多，所需的电子器件也越多，因此计算机的运算器长度一般是 8 位、16 位、32 位、64 位。

1.3.3　存储器

存储器的功能是保存或"记忆"解题的原始数据和解题步骤。为此，在运算前需要把参加运算的数据和解题步骤通过输入设备送到存储器中保存起来。

注意，不论是数据，还是解题步骤，在存放到存储器以前，它们全已变成 0 或 1 表示的二进制代码。因此，存储器存储的也全是 0 或 1 表示的二进制代码。那么大量的 0、1 代码在存储器中如何保存呢？

1.4

目前采用半导体器件来担当此任务。我们知道，一个半导体触发器由于有 0 和 1 两个状态，可以记忆一个二进制代码。一个数假定用 16 位二进制代码来表示，那么就需要有 16 个触发器来保存这些代码。通常，在存储器中把保存一个数的 16 个触发器称为一个**存储单元**。存储器是由许多存储单元组成的。每个存储单元都有编号，称为**地址**。向存储器中存数或者从存储器中取数，都要按给定的地址来寻找所选的存储单元，这相当于上面所讲的横格纸每一行存放一个数一样。图 1.4 所示为存储器的结构示意图。

图 1.4　存储器结构示意图

存储器所有存储单元的总数称为存储器的**存储容量**，通常用单位 KB、MB 来表示，如 64KB、128MB。存储容量越大，表示计算机记忆储存的信息越多。

半导体存储器的存储容量毕竟有限，因此计算机中又配备了存储容量更大的磁盘存储器和光盘存储器，称为外存储器。相对而言，半导体存储器称为内存储器，简称内存。

1.3.4　控制器

控制器是计算机中发号施令的部件，它控制计算机的各部件有条不紊地进行工作。更具体地讲，控制器的任务是从内存中取出解题步骤加以分析，然后执行某种操作。

1. 计算程序

运算器只能完成加、减、乘、除四则运算及其他一些辅助操作。对于比较复杂的计算题目，计算机在运算前必须化成一步一步简单的加、减、乘、除等基本操作来做。每一个基本操作就叫做一条指令，而解算某一问题的一串指令序列，叫做该问题的计算程序，简称为程序。

例如，在前述求解 $y=ax+b-c$ 的例子中，我们在横格纸上列出了它的解题步骤。解题步骤的每一步，只完成一种基本操作，所以就是一条指令，而整个解题步骤就是一个简单的计算程序。

正如我们在横格纸上按行的序号记下解题步骤一样，计算机中为了顺利运算，也必须事先把程序和数据按地址安排到存储器里去。注意，程序中的指令通常按顺序执行，所以这些指令是顺次放在存储器里。这就相当于我们把表 1.3 所示的横格纸的内容原封不动地搬到存储器，因而所编的程序如表 1.4 所示。

表 1.4　计算 $y=ax+b-c$ 的程序

指令地址	指令		指令操作内容	说明
	操作码	地址码		
1	取数	9	(9)→A	存储器 9 号地址的数 a 放入运算器 A
2	乘法	12	(A)×(12)→A	完成 $a \cdot x$，结果保留在运算器 A
3	加法	10	(A)+(10)→A	完成 $ax+b$，结果保留在运算器 A
4	减法	11	(A)−(11)→A	完成 $y=ax+b-c$，结果保留在运算器 A
5	存数	13	A→13	运算器 A 中的结果 y 送入存储器 13 号地址
6	打印		A→Print	将 A 中的结果经打印机打印出来
7	停止		Stop	机器停止工作
8				
数据地址	数据			说明
9	a			数据 a 存放在 9 号单元
10	b			数据 b 存放在 10 号单元
11	c			数据 c 存放在 11 号单元
12	x			数据 x 存放在 12 号单元
13	y			运算结果 y 存放在 13 号单元

2. 指令的形式

由表 1.4 可知，每条指令应当明确告诉控制器，从存储器的哪个单元取数，并进行何种操作。这样可知指令的内容由两部分组成，即操作的性质和操作数的地址。前者称为操作码，后者称为<u>地址码</u>。因而上述指令的形式如下：

操作码	地址码

其中操作码指出指令所进行的操作，如加、减、乘、除、取数、存数等；而地址码表示参加运算的数据应从存储器的哪个单元中取来，或运算的结果应该存到哪个单元中去。

指令的操作码和地址码用二进制代码来表示，其中地址码部分和数据一样，是二进制数的数码，而操作码部分则是二进制代码的编码。假定只有 8 种基本指令，那么这 8 种指令的操作码可用 3 位二进制代码来定义，如表 1.5 所示。

这样一来，表 1.5 中指令的操作码部分就可以变成二进制代码。假如把地址码部分和数据也换成二进制数，那么整个存储器的内容全部变成了二进制的代码或数码，如图 1.5 所示。

表 1.5　指令的操作码定义

指令	操作码
加法	001
减法	010
乘法	011
除法	100
取数	101
存数	110
打印	111
停机	000

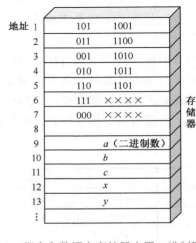

图 1.5　指令和数据在存储器中用二进制码存储

由图 1.5 可知，指令数码化以后，就可以和数据一样放入存储器。存储器的任何位置既可以存放数据也可以存放指令，不过一般是将指令和数据分开存放。将解题的程序(指令序列)存放到存储器中称为<u>存储程序</u>，而控制器依据存储的程序来控制全机协调地完成计算任务叫做<u>程序控制</u>。存储程序并按地址顺序执行，这就是冯·诺依曼型计算机的设计思想，也是机器自动化工作的关键。由于指令和数据放在同一个存储器，称为<u>冯·诺依曼结构</u>；如果指令和数据分别放在两个存储器，称为<u>哈佛结构</u>。显然后者结构的计算机速度更快。

一台计算机通常有几十种基本指令，从而构成了该计算机的<u>指令系统</u>。指令系统不仅是硬件设计的依据，而且是软件设计的基础。因此，指令系统是衡量计算机性能的一个重要标志。

3. 控制器的基本任务

由表 1.4 可知，计算机进行计算时，指令必须是按一定的顺序一条接一条地进行。控制器的基本任务，就是按照计算程序所排的指令序列，先从存储器取出一条指令放到控制器中，对该指令的操作码由译码器进行分析判别，然后根据指令性质，执行这条指令，进行相应的操作。接着从存储器取出第二条指令，再执行这第二条指令。以此类推。通常把取指令的一段时间叫做取指周期，而把执行指令的一段时间叫做执行周期。因此，控制器反复交替地处在取指周期与执行周期之中，如图 1.6 所示。每取出一条指令，控制器中的指令计数器就加 1，从而为取下一条指令做好准备，这也就是指令在存储器中顺序存放的原因。

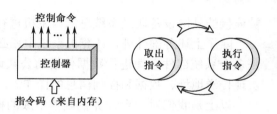

图 1.6　控制器功能示意

在计算机系统中，运算器和控制器通常被组合在一个集成电路芯片中，合称为中央处理器（中央处理机），简称处理器，英文缩写为 CPU。

4. 指令流和数据流

由于计算机仅使用 0 和 1 两个二进制数字，所以使用"位"(bit) 作为数字计算机的最小信息单位。当 CPU 向存储器送入或从存储器取出信息时，不能存取单个的"位"，而用 B(字节) 和 W(字) 等较大的信息单位来工作。一个"字节"由 8 位二进制信息组成，而一个"字"则至少由一个以上的字节组成。通常把组成一个字的二进制位数叫做字长。例如，微型机的字长可以是 8 位，也可以达到 64 位。

由于计算机使用的信息既有指令又有数据，所以计算机字既可以代表指令，也可以代表数据。如果某字代表要处理的数据，则称为数据字；如果某字为一条指令，则称为指令字。

我们已经看到，指令和数据统统放在内存中，从形式上看，它们都是二进制数码，似乎很难分清哪些是指令字，哪些是数据字。然而控制器完全可以区分开哪些是指令字，哪些是数据字。一般来讲，取指周期中从内存读出的信息流是指令流，它流向控制器；而在执行周期中从内存读出的信息流是数据流，它由内存流向运算器。例如，图 1.5 中从地址 1～7 号单元读出的信息流是指令流，而从地址 9～12 号单元读出的信息流是数据流。显然，某些指令进行过程中需要两次访问内存，一次是取指令，另一次是取数据，如表 1.4 中取数、乘法、加法、减法、存数指令就是如此。

1.3.5　适配器与输入/输出设备

理想的计算机输入设备应该是"会看"和"会听"，即能够把人们用文字或语言所表达的问题直接送到计算机内部进行处理，但是现在这种理想的输入设备还未大规模投入应用。目前常用的输入设备是键盘、鼠标、数字扫描仪及模数转换器等。它们的作用是把人们所熟悉的某种信息形式变换为机器内部所能接收和识别的二进制信息形式。

输出设备的作用是把计算机处理的结果变换为人或其他机器设备所能接收和识别的信息形式。理想的输出设备应该是"会写"和"会讲"。"会写"已经做到，如目前广为使用的激光印字机、绘图仪、CRT 显示器等。这些设备不仅能输出文字符号，而且还能画图作曲线。至于"会讲"即输出语言的设备，目前也有高级产品问世。

计算机的输入/输出设备通常称为外围设备。这些外围设备有高速的也有低速的，有机电结构的，也有全电子式的。由于种类繁多且速度各异，因而它们不是直接与高速工作的主机相连接，而是通过适配器部件与主机相联系。适配器的作用相当于一个转换器。它可以保证外围设备用计算机系统特性所要求的形式发送或接收信息。

一个典型的计算机系统具有各种类型的外围设备，因而有各种类型的适配器，它使得被连接的外围设备通过系统总线与主机进行联系，以便使主机和外围设备并行协调地工作。

除了上述各部件外，计算机系统中还必须有总线。系统总线是构成计算机系统的骨架，是多个系统部件之间进行数据传送的公共通路。借助系统总线，计算机在各系统部件之间实现传送地址、数据和控制信息的操作。

以上是我们对一台计算机硬件组成的概貌了解，其目的在于使读者对计算机的整体先有一个粗略的印象，为后面讲授各章提供一些方便。

1.4 计算机的软件

1.4.1 软件的组成与分类

上面说过，现代电子计算机是由运算器、存储器、控制器、适配器、总线和输入/输出设备组成的。这些部件或设备都是由元器件构成的有形物体，因而称为硬件或硬设备。

我们知道，使用算盘进行运算时，要按运算法则和计算步骤，利用珠算口诀来进行。如果只有算盘，没有运算法则和计算步骤，就不能用算盘来计算。电子计算机更是如此。如果只有上述硬件，计算机并不能进行运算，它仍然是一个"死"东西。那么计算机靠什么东西才能变"活"，从而高速自动地完成各种运算呢?这就是前面讲过的计算程序。因为它是无形的东西，所以称为软件或软设备。比方说，用算盘进行运算，算盘本身就是硬件，而运算法则和解题步骤等就是软件。

事实上，利用电子计算机进行计算、控制或做其他工作时，需要有各种用途的程序。因此，凡是用于一台计算机的各种程序，统称为这台计算机的程序或软件系统。

计算机软件一般分为两大类：一类叫系统程序，一类叫应用程序。

系统程序用来简化程序设计，简化使用方法，提高计算机的使用效率，发挥和扩大计算机的功能及用途。它包括以下四类：①各种服务性程序，如诊断程序、排错程序、练习程序等；②语言程序，如汇编程序、编译程序、解释程序等；③操作系统；④数据库管理系统。

应用程序是用户利用计算机来解决某些问题而编制的程序，如工程设计程序、数据处理程序、自动控制程序、企业管理程序、情报检索程序、科学计算程序等。随着计算机的广泛应用，这类程序的种类越来越多。

1.4.2 软件的发展演变

如同硬件一样，计算机软件也是在不断发展的。下面以系统程序为例，简要说明软件的发展演变过程。

在早期的计算机中，人们是直接用机器语言(即机器指令代码)来编写程序的，这种方式编写的程序称为手编程序。这种用机器语言书写的程序，计算机完全可以"识别"并能执行，所以又叫做目的程序。但直接用机器语言编写程序是一件很烦琐的工作，需要耗费大量的人力和时间，而且又容易出错，出错后寻找错误也相当费事。这些情况大大限制了计算机的使用。

后来，为了编写程序方便和提高机器的使用效率，人们想了一种办法，用一些约定的文字、符号和数字按规定的格式来表示各种不同的指令，然后再用这些特殊符号表示的指令来编写程序。这就是所谓的汇编语言，它是一种能被转化为二进制文件的符号语言。对人来讲，符号语言简单直观、便于记忆，比二进制数表示的机器语言方便了许多。但计算机只"认识"机器语言而不认识这些文字、数字、符号，为此人们创造了一种程序，叫汇编器。如同英汉之间对话需要"翻译"一样，汇编器的作用相当于一个"翻译员"。借助于汇编器，计算机本身可以自动地把符号语言表示的程序(称为汇编语言程序)翻译成用机器语言表示的目的程序，从而实现了程序设计工作的部分自动化。

使用符号语言编程序比用机器语言编程序是进了一步，但符号语言还是一种最初级的语言，和数学语言的差异很大，并且仍然面向一台具体的机器。由于不同的计算机其指令系统也不同，所以人们使用计算机时必须先花很多时间熟悉这台机器的指令系统，然后再用它的符号语言来编写程序，因此还是很不方便，节省的人力时间也有限。为了进一步实现程序自动化和便于程序交流，使不熟悉具体计算机的人也能很方便地使用计算机，人们又创造了各种接近于数学语言的算法语言。

所谓算法语言，是指按实际需要规定好的一套基本符号及由这套基本符号构成程序的规则。算法语言比较接近数学语言，它直观通用，与具体机器无关，只要稍加学习就能掌握，便于推广使用计算机。有影响的算法语言有 BASIC、FORTRAN、C、C++、Java 等。

用算法语言编写的程序称为源程序。但是，这种源程序如同汇编语言程序一样，是不能由机器直接识别和执行的，也必须给计算机配备一个既懂算法语言又懂机器语言的"翻译"，才能把源程序翻译为机器语言。通常采用的方法是给计算机配制一套用机器语言写的编译程序，它把源程序翻译成目的程序，然后机器执行目的程序，得出计算结果。但由于目的程序一般不能独立运行，还需要一种叫做运行系统的辅助程序来帮助。通常，把编译程序和运行系统合称为编译器。

图 1.7 描述了一个在硬盘文件中的 C 语言程序，被转换成计算机上可运行的机器语言程序的四个步骤：C 语言程序通过编译器首先被编译为汇编语言程序，然后通过汇编器汇编为机器语言的目标模块。链接器将多个模块与库程序组合在一起以解析所有的应用。加载器将机器代码放入合适的内存位置以便处理器执行。

随着计算机技术的日益发展，原始的操作方式越来越不适应，特别是用户直接使用大型机器并独占机器，无论是对机器的效率来说还是对方便用户来说都不适宜。用户直接使用机器总觉得机器"太硬了"，很多情况都得依附它。而计算机又觉得用户及外部设备"太笨"，常常使它处于无事可做的状态，因此，迫切需要摆脱这种情况。显然人的思维速度跟不上计算机的计算速度，要摆脱这种情况还要依靠计算机来管理自己和管理用户，于是人们又创造出一类程序，叫做操作系统。它是随着硬件和软件的不断发展而逐渐形成的一套软件系统，用来管理计算机资源(如处理器，内存，外部设备和各种编译、应用程序)和自动调度用户的作业程序，而使多个用户能有效地共用一套计算机系统。操作系统的出现，使计算机的使用效率成倍地提高，并且为用户提供了方便的使用手段和令人满意的服务质量。

根据不同使用环境要求，操作系统目前大致分为批处理操作系统、分时操作系统、网络操作系统、实时操作系统等多种。个人计算机中广泛使用微软公司的"视窗"操作系统。

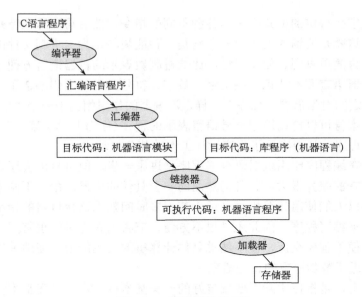

图 1.7　C 语言的转换层次

　　随着计算机在信息处理、情报检索及各种管理系统中应用的发展，要求大量处理某些数据，建立和检索大量的表格。这些数据和表格按一定的规律组织起来，使得处理更方便，检索更迅速，用户使用更方便，于是出现了数据库。所谓数据库，就是实现有组织地、动态地存储大量相关数据，方便多用户访问的计算机软、硬件资源组成的系统。数据库和数据库管理软件一起，组成了数据库管理系统。

　　数据库管理系统有各种类型。目前许多计算机包括微型机，都配有数据库管理系统。

　　随着软件的进一步发展，将开发更高级的计算机语言。这是因为目前所有的高级语言编写程序时，程序比较复杂，开发成本高。计算机语言发展的方向是标准化、积木化、产品化，最终是向自然语言发展，它们能够自动生成程序。

1.5　计算机系统的层次结构

1.5.1　多级组成的计算机系统

　　从前两节讲述可知，计算机不能简单地认为是一种电子设备，而是一个十分复杂的硬、软件结合而成的整体。它通常由五个以上不同的级组成，每一级都能进行程序设计，如图 1.8 所示。

　　第 1 级是微程序设计级或逻辑电路级。这是一个实在的硬件级，由硬件直接执行。如果某一个应用程序直接用微指令来编写，那么可在这一级上运行应用程序。

　　第 2 级是一般机器级，也称为机器语言级，它由微程序解释机器指令系统。这一级也是硬件级。

　　第 3 级是操作系统级，它由操作系统程序实现。这些操作系统由机器指令和广义指令组成，广义指令是操作系统定义和解释的软件指令，所以这一级也称为混合级。

第 4 级是汇编语言级，它给程序人员提供一种符号形式语言，以减少程序编写的复杂性。这一级由汇编程序支持和执行。如果应用程序采用汇编语言编写，则机器必须要有这一级的功能；如果应用程序不采用汇编语言编写，则这一级可以不要。

第 5 级是高级语言级，它是面向用户的，为方便用户编写应用程序而设置的。这一级由各种高级语言编译程序支持和执行。

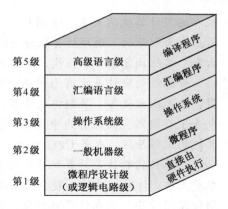

图 1.8　计算机系统的层次结构图

图 1.8 中，除第 1 级外，其他各级都得到它下级的支持，同时也受到运行在下面各级上的程序的支持。第 1 级到第 3 级编写程序采用的语言，基本是二进制数字化语言，机器执行和解释容易。第 4、5 两级编写程序所采用的语言是符号语言，用英文字母和符号来表示程序，因而便于大多数不了解硬件的人们使用计算机。

显然，采用这种用一系列的级来组成计算机的概念和技术，对了解计算机如何组成提供了一种好的结构和体制。而且用这种分级的观点来设计计算机，对保证产生一个良好的系统结构也是很有帮助的。

1.5.2　软件与硬件的逻辑等价性

然而，随着大规模集成电路技术的发展和软件硬化的趋势，计算机系统的软、硬件界限已经变得模糊了。因为任何操作可以由软件来实现，也可以由硬件来实现；任何指令的执行可以由硬件完成，也可以由软件来完成。对于某一机器功能采用硬件方案还是软件方案，取决于器件价格、速度、可靠性、存储容量和变更周期等因素。

当研制一台计算机的时候，设计者必须明确分配每一级的任务，确定哪些情况使用硬件，哪些情况使用软件，而硬件始终放在最低级。就目前而言，一些计算机的特点是，把原来明显地在一般机器级通过编制程序实现的操作，如整数乘除法指令、浮点运算指令、处理字符串指令等，改为直接由硬件完成。总之，随着大规模集成电路和计算机系统结构的发展，实体硬件机的功能范围在不断扩大。换句话说，第一级和第二级的边界范围，要向第三级乃至更高级扩展。这是因为容量大、价格低、体积小、可以改写的只读存储器提供了软件固化的良好物质手段。现在已经可以把许多复杂的、常用的程序制作成所谓的固件。就它的功能来说，是软件，但从形态上来说，又是硬件。其次，目前在一片硅单晶芯片上制作复杂的逻辑电路已经是实际可行的，这就为扩大指令的功能提供了物质基础，因此本来通过软件手段来实现的某种功能，现在可以通过硬件来直接解释执行。进一步的发展，就是设计所谓面向高级语言的计算机。这样的计算机，可以通过硬件直接解释执行高级语言的语句而不需要先经过编译程序的处理。因此传统的软件部分，今后完全有可能"固化"甚至"硬化"。

本 章 小 结

习惯上所称的"电子计算机"是指现在广泛应用的电子数字计算机，它分为专用计算机和通用计算机两大类。专用和通用是根据计算机的效率、速度、价格、运行的经济性和适应性来划分的。通用计算机分为超级计算机、大型机、服务器、PC 机、单片机、多核机六类，其结构复杂性、性能、价格依次递减。

计算机的硬件是由有形的电子器件等构成的，它包括运算器、存储器、控制器、适配器、输入输出设备。早期将运算器和控制器合在一起称为 CPU（中央处理器）。目前的 CPU 包含了存储器，因此称为中央处理机。存储程序并按地址顺序执行，这是冯·诺依曼型计算机的工作原理，也是 CPU 自动工作的关键。

计算机的软件是计算机系统结构的重要组成部分，也是计算机不同于一般电子设备的本质所在。计算机软件一般分为系统程序和应用程序两大类。系统程序用来简化程序设计，简化使用方法，提高计算机的使用效率，发挥和扩大计算机的功能和用途，它包括：①各种服务性程序；②语言类程序；③操作系统；④数据库管理系统。应用程序是针对某一应用课题领域开发的软件。

计算机系统是一个由硬件、软件组成的多级层次结构，它通常由微程序级、一般机器级、操作系统级、汇编语言级、高级语言级组成，每一级上都能进行程序设计，且得到下面各级的支持。

计算机的性能指标主要是 CPU 性能指标、存储器性能指标和 I/O 吞吐率。

习　题

1. 比较电子数字计算机和电子模拟计算机的特点。
2. 数字计算机如何分类？分类的依据是什么？
3. 数字计算机有哪些主要应用？
4. 冯·诺依曼型计算机的主要设计思想是什么？它包括哪些主要组成部分？
5. 什么是存储容量？什么是单元地址？什么是数据字？什么是指令字？
6. 什么是指令？什么是程序？
7. 指令和数据均存放在内存中，计算机如何区分它们是指令还是数据？
8. 什么是内存？什么是外存？什么是 CPU？什么是适配器？简述其功能。
9. 计算机的系统软件包括哪几类？说明它们的用途。
10. 说明软件发展的演变过程。
11. 现代计算机系统如何进行多级划分？这种分级观点对计算机设计会产生什么影响？
12. 为什么软件能够转化为硬件，硬件能够转化为软件？实现这种转化的媒介是什么？
13. CPU 的性能指标有哪些？其概念是什么？
14. "计算机应用"与"应用计算机"在概念上等价吗？用学科角度和计算机系统的层次结构来说明你的观点。

第**2**章

运算方法和运算器 –

本章首先讲述计算机中数据与文字的表示方法，然后讲述定点运算方法、定点运算器的组成，最后讲述浮点运算方法、浮点运算器的组成。

2.1 数据与文字的表示方法

2.1.1 数据格式

在选择计算机的数的表示方式时，需要考虑以下几个因素：①要表示的数的类型（小数、整数、实数和复数）；②可能的数值范围；③数值精确度；④数据存储和处理所需要的硬件代价。

计算机中常用的数据表示格式有两种，一是定点格式，二是浮点格式。一般来说，定点格式容许的数值范围有限，要求的处理硬件比较简单。而浮点格式容许的数值范围很大，要求的处理硬件比较复杂。

1. 定点数的表示方法

所谓定点格式，即约定机器中所有数据的小数点位置是固定不变的。由于约定在固定的位置，小数点就不再使用记号"."来表示。原理上讲，小数点位置固定在哪一位都可以，但是通常将数据表示成纯小数或纯整数。

假设用一个 $n+1$ 位字来表示一个定点数 x，其中一位 x_n 用来表示数的符号，其余位数代表它的量值。为了将整个 $n+1$ 位统一处理，符号位 x_n 放在最左位置，并用数值 0 和 1 分别代表正号和负号，这样，对于任意定点数 $x=x_nx_{n-1}\cdots x_1x_0$，在定点机中可表示为如下形式：

x_n	x_{n-1}	x_{n-2}	$\cdots$	x_1	x_0

符号 |←———— 量值（尾数）————→|

如果数 x 表示的是纯小数，那么小数点位于 x_n 和 x_{n-1} 之间。当 $x_nx_{n-1}\cdots x_1x_0$ 各位均为 0 时，数 x 的绝对值最小，即 $|x|_{\min}=0$；当各位均为 1 时，数 x 的绝对值最大，即 $|x|_{\max}=1-2^{-n}$，故数的表示范围为

$$0 \leqslant |x| \leqslant 1-2^{-n} \tag{2.1}$$

如果数 x 表示的是纯整数，那么小数点位于最低位 x_0 的右边，此时数 x 的表示范围为

$$0 \leqslant |x| \leqslant 2^n - 1 \qquad\qquad (2.2)$$

目前计算机中多采用定点纯整数表示，因此将定点数表示的运算简称为**整数运算**。

2. 浮点数的表示方法

电子的质量$(9 \times 10^{-28}\mathrm{g})$和太阳的质量$(2 \times 10^{33}\mathrm{g})$相差甚远，在定点计算机中无法直接来表示这个数值范围。要使它们送入定点计算机进行某种运算，必须对它们分别取不同的比例因子，使其数值部分的绝对值小于 1，即

$$9 \times 10^{-28} = 0.9 \times 10^{-27}$$
$$2 \times 10^{33} = 0.2 \times 10^{34}$$

这里的比例因子 10^{-27} 和 10^{34} 要分别存放在机器的某个存储单元中，便于以后对计算结果按这个比例增大。显然这要占用一定的存储空间和运算时间。

从定点机取比例因子中我们得到一个启示，在计算机中还可以这样来表示数据：把一个数的有效数字和数的范围在计算机的一个存储单元中分别予以表示。这种把数的范围和精度分别表示的方法，相当于数的小数点位置随比例因子的不同而在一定范围内可以自由浮动，所以称为**浮点表示法**。

任意一个十进制数 N 可以写成

$$N = 10^E \cdot M \qquad\qquad (2.3)$$

同样，在计算机中一个任意二进制数 N 可以写成

$$N = 2^e \cdot M \qquad\qquad (2.4)$$

其中 M 称为浮点数的**尾数**，是一个纯小数。e 是比例因子的指数，称为浮点数的**指数**，是一个整数。比例因子的**基数** 2 对二进记数制的机器是一个常数。

在机器中表示一个浮点数时，一是要给出尾数，用定点小数形式表示。尾数部分给出有效数字的位数，因而决定了浮点数的表示精度。二是要给出指数，用整数形式表示，常称为**阶码**，阶码指明小数点在数据中的位置，因而决定了浮点数的表示范围。浮点数也要有符号位。计算机中，一个机器浮点数由阶码和尾数及其符号位组成：

E_s	$E_{m-1} \cdots E_1 E_0$	M_s	$M_{n-1} \cdots M_1 M_0$
阶符	←——— 阶码 ———→	数符	←——— 尾数 ———→

3. 十进制数串的表示方法

大多数通用性较强的计算机都能直接处理十进制形式表示的数据。十进制数串在计算机内主要有两种表示形式：

(1) **字符串形式**，即 1 字节存放一个十进制的数位或符号位。在主存中，这样的一个十进制数占用连续的多字节，故为了指明这样一个数，需要给出该数在主存中的起始地址和位数(串的长度)。这种方式表示的十进制字符串主要用在非数值计算的应用领域中。

(2) **压缩的十进制数串形式**，即 1 字节存放两个十进制的数位。它比前一种形式节省存储空间，又便于直接完成十进制数的算术运算，是广泛采用的较为理想的方法。

用压缩的十进制数串表示一个数，也要占用主存连续的多字节。每个数位占用半字节(即 4 个二进制位)，其值可用二-十编码(BCD 码)或数字符的 ASCII 码的低 4 位表示。符

号位也占半字节并放在最低数字位之后，其值选用四位编码中的六种冗余状态中的有关值，如用 12（C）表示正号，用 13（D）表示负号。在这种表示中，规定数位加符号位之和必须为偶数，当和不为偶数时，应在最高数字位之前补一个 0。例如，+123 和−12 分别被表示成：

1	2	3	C	(+123)

0	1	2	D	(−12)

在上述表示中，一个实线框表示 1 字节，虚线把一个字节分为高低各半字节，每一个小框内给出一个数值位或符号位的编码值（用十六进制形式给出）。符号位在数字位之后。

　　与第一种表示形式类似，要指明一个压缩的十进制数串，也得给出它在主存中的首地址和数字位个数（不含符号位），又称位长，位长为 0 的数其值为 0。十进制数串表示法的优点是位长可变，许多机器中规定该长度为 0~31，有的甚至更长。

2.1.2　数的机器码表示

　　前面介绍了数的小数点表示，下面还需要解决数的机器码表示问题。

　　在计算机中对数据进行运算操作时，符号位如何表示呢?是否也同数值位一道参加运算操作呢?如参加，会给运算操作带来什么影响呢?为了妥善地处理好这些问题，就产生了把符号位和数值位一起编码来表示相应的数的各种表示方法，如原码、补码、反码、移码。为了区别一般书写表示的数和机器中这些编码表示的数，通常将前者称为**真值**，后者称为**机器数或机器码**。

1. 原码表示法

　　若定点整数的原码形式为 $x_n x_{n-1} \cdots x_1 x_0$（$x_n$ 为符号位），则原码表示的定义是

$$[x]_原 = \begin{cases} x, & 2^n > x \geqslant 0 \\ 2^n - x = 2^n + |x|, & 0 \geqslant x > -2^n \end{cases} \tag{2.5}$$

式中，$[x]_原$ 是机器数，x 是真值。

　　例如，$x = +1001$，则 $[x]_原 = \mathbf{01001}$

　　　　　　$x = -1001$，则 $[x]_原 = \mathbf{11001}$

　　一般情况下，对于正数 $x = +x_{n-1} \cdots x_1 x_0$，则有

$$[x]_原 = \mathbf{0}\, x_{n-1} \cdots x_1 x_0$$

对于负数 $x = -x_{n-1} \cdots x_1 x_0$，则有

$$[x]_原 = \mathbf{1}\, x_{n-1} \cdots x_1 x_0$$

对于 0，原码机器中往往有 "+0"、"−0" 之分，故有两种形式：

$$[+0]_原 = \mathbf{0000 \cdots 0}$$

$$[-0]_原 = \mathbf{1000 \cdots 0}$$

　　采用原码表示法简单易懂，即符号位加上二进制数的绝对值，但它的最大缺点是加法运算复杂。这是因为，当两数相加时，如果是同号则数值相加；如果是异号，则要进行减法。而在进行减法时，还要比较绝对值的大小，然后大数减去小数，最后还要给结果选择恰当的符号。为了解决这些矛盾，人们找到了补码表示法。

2. 补码表示法

我们先以钟表对时为例说明补码的概念。假设现在的标准时间为 4 点正，而有一只表已经 7 点了，为了校准时间，可以采用两种方法：一是将时针退 7−4=3 格；一是将时针向前拨 12−3=9 格。这两种方法都能对准到 4 点，由此看出，减 3 和加 9 是等价的。就是说 9 是（−3）对 12 的补码，可以用数学公式表示为

$$-3 = +9 \quad (\text{mod } 12)$$

mod 12 的意思就是 12 为模数，这个"模"表示被丢掉的数值。上式在数学上称为同余式。

上例中 7−3 和 7+9（mod 12）等价，原因就是表指针超过 12 时，将 12 自动丢掉，最后得到 16−12=4。同样地，以 12 为模时，

$$-4 = +8 \quad (\text{mod } 12)$$

$$-5 = +7 \quad (\text{mod } 12)$$

从这里可以得到一个启示，就是负数用补码表示时，可以把减法转化为加法。这样，在计算机中实现起来就比较方便。

对定点整数，补码形式为 $x_n x_{n-1} \cdots x_1 x_0$，$x_n$ 为符号位，则补码表示的定义是

$$[x]_{\text{补}} = \begin{cases} x, & 2^n > x \geq 0 \\ 2^{n+1} + x = 2^{n+1} - |x|, & 0 \geq x \geq -2^n \end{cases} \tag{2.6}$$

采用补码表示法进行减法运算比原码方便多了。因为不论数是正或负，机器总是做加法，减法运算可变成加法运算。但根据补码定义，求负数的补码还要做减法，这显然不方便，为此可通过反码来解决。

我们先引出数的补码表示与真值的关系。设一个二进制整数补码有 $n+1$ 位（含 1 位符号位 x_n），即

$$[x]_{\text{补}} = x_n x_{n-1} x_{n-2} \cdots x_1 x_0$$

则其补码表示的真值为

$$x = -2^n x_n + \sum_{i=0}^{n-1} 2^i x_i \tag{2.7}$$

当 x 为正整数时，$x_n = \mathbf{0}$，$-2^n x_n = 0$，式（2.7）变为

$$x = \sum_{i=0}^{n-1} 2^i x_i = \mathbf{0} x_{n-1} x_{n-2} \cdots x_2 x_1 x_0$$

当 x 为负整数时，$x_n = \mathbf{1}$，$-2^n x_n = -2^n$，式（2.7）变为

$$x = -2^n + \sum_{i=0}^{n-1} 2^i x_i = \mathbf{1} x_{n-1} x_{n-2} \cdots x_2 x_1 x_0$$

当 x 为 0 时

$$[x]_{\text{补}} = [+0]_{\text{补}} = [-0]_{\text{补}} = 0$$

由此可知，式（2.7）统一表示了正负整数的补码与真值的关系。

【例 2.1】 已知 $[x]_{\text{补}} = 010011011$，求 x。

解 利用式（2.7），求得

$$x = 0 \times 2^8 + 1 \times 2^7 + 0 \times 2^6 + 0 \times 2^5 + 1 \times 2^4 + 1 \times 2^3$$
$$+ 0 \times 2^2 + 1 \times 2^1 + 1 \times 2^0 = 155$$

【例 2.2】　已知$[x]_补$=110011011，求 x。

解　利用式(2.7)，求得

$$x=-1\times 2^8+1\times 2^7+0\times 2^6+0\times 2^5+1\times 2^4+1\times 2^3$$

$$+0\times 2^2+1\times 2^1+1\times 2^0=-256+155=-101$$

下面说明由原码表示法变成补码表示法的方法。

在定点数的反码表示法中，正数的机器码仍然等于其真值；而负数的机器码符号位为 1，尾数则将真值的各个二进制位取反。由于原码变反码很容易实现（触发器互补输出端得到），所以用反码作为过渡，就可以很容易得到补码。

一个正整数，当用原码、反码、补码表示时，符号位都固定为 0，用二进制表示的数位值都相同，即三种表示方法完全一样。

一个负整数，当用原码、反码、补码表示时，符号位都固定为 1，用二进制表示的数位值都不相同。此时由原码表示法变成补码表示法的规则如下：

(1)原码符号位为 1 不变，整数的每一位二进制数位求反得到反码；

(2)反码符号位为 1 不变，反码数值位最低位加 1，得到补码。

【例 2.3】　x=+122，求$[x]_原$、$[x]_反$、$[x]_补$。

解　　　　x=(+122)$_{10}$=(+1111010)$_2$

　　　　$[x]_原$=01111010，　　　$[x]_反$=01111010，　　　$[x]_补$=01111010

【例 2.4】　y=−122，求$[y]_原$、$[y]_反$、$[y]_补$。

解　　　　y=(−122)$_{10}$=(−1111010)$_2$

　　　　$[y]_原$=11111010，　　　$[y]_反$=10000101，　　　$[y]_补$=10000110

思考题　你能评价补码表示法的创新点吗？

3. 移码表示法

移码通常用于表示浮点数的阶码。由于阶码是个 k 位的整数，假定定点整数移码形式为 $e_ke_{k-1}\cdots e_2e_1e_0$（最高位为符号位）时，移码的传统定义是

$$[e]_移=2^k+e,\qquad 2^k>e\geqslant-2^k \tag{2.8}$$

式中，$[e]_移$ 为机器数，e 为真值，2^k 是一个固定的偏移值常数。

若阶码数值部分为 5 位，以 e 表示真值，则

$$[e]_移=2^5+e,\qquad 2^5>e\geqslant-2^5$$

例如，当正数 e=+10101 时，$[e]_移$=1, 10101；当负数 e=−10101 时，$[e]_移$=$2^5+e=2^5-10101=$ 0, 01011。移码中的逗号不是小数点，而是表示左边一位是符号位。显然，移码中符号位 e_k 表示的规律与原码、补码、反码相反。

移码表示法对两个指数大小的比较和对阶操作都比较方便，因为阶码域值大者其指数值也大。

4. 浮点数的机器表示

早期，各个计算机系统的浮点数使用不同的机器码表示阶和尾数，给数据的交换和比

较带来很大麻烦。当前的计算机都采用统一的 IEEE754 标准中的格式表示浮点数。IEEE754 标准规定的 32 位短浮点数和 64 位长浮点数的标准格式为

	31	30	23	22	0
32 位短浮点数	S	E		M	

	63	62	52	51	0
64 位长浮点数	S	E		M	

不论是 32 位浮点数还是 64 位浮点数，由于基数 2 是固定常数，对每一个浮点数都一样，所以不必用显式方式来表示它。

32 位的浮点数中，S 是浮点数的符号位，占 1 位，安排在最高位，$S=0$ 表示正数，$S=1$ 表示负数。M 是尾数，放在低位部分，占用 23 位，小数点位置放在尾数域最左(最高)有效位的右边。E 是阶码，占用 8 位，阶符采用隐含方式，即采用移码方法来表示正负指数。采用这种方式时，将浮点数的指数真值 e 变成阶码 E 时，应将指数 e 加上一个固定的偏置常数 127，即 $E=e+127$。

若不对浮点数的表示作出明确规定，同一个浮点数的表示就不是唯一的。例如，$(1.75)_{10}$ 可以表示成 $1.11×2^0$、$0.111×2^1$、$0.0111×2^2$ 等多种形式。为了提高数据的表示精度，当尾数的值不为 0 时，尾数域的最高有效位应为 1，这称为浮点数的规格化表示。对于非规格化浮点数，一般可以通过修改阶码同时右移动小数点位置的办法，使其变成规格化数的形式。

在 IEEE754 标准中，一个规格化的 32 位浮点数 x 的真值表示为

$$x=(-1)^S×(1.M)×2^{E-127}, \qquad e=E-127 \qquad\qquad (2.9)$$

其中尾数域所表示的值是 $1.M$。由于规格化的浮点数的尾数域最左位(最高有效位)总是 1，故这一位无需存储，而认为隐藏在小数点的左边。于是用 23 位字段可以存储 24 位有效数。

对 32 位浮点数 N，IEEE754 定义：

(1)若 $E=255$ 且 $M<>0$，则 $N=$NaN。符号 NaN 表示无定义数据，采用这个标志的目的是让程序员能够推迟进行测试及判断的时间，以便在方便的时候进行。

(2)若 $E=255$ 且 $M=0$，则 $N=(-1)^S\infty$。当阶码 E 为全 1 且尾数 M 为全 0 时，表示的真值 N 为无穷大，结合符号位 S 为 0 或 1，也有 $+\infty$ 和 $-\infty$ 之分。

(3)若 $E=0$ 且 $M=0$，则 $N=(-1)^S0$。当阶码 E 为全 0 且尾数 M 也为全 0 时，表示的真值 N 为零(称为机器 0)，结合符号位 S 为 0 或 1，有正零和负零之分。

(4)若 $0<E<255$，则 $N=(-1)^S×(1.M)×2^{E-127}$(规格化数)。除去用 E 为全 0 和全 1(即十进制 255)表示零和无穷大的特殊情况，指数的偏移值不选 $2^7=128(10000000)$，而选 $2^7-1=127(01111111)$。对于规格化浮点数，阶码 E 的范围变为 1～254，指数值 e 则为 –126～+127。因此 32 位浮点数表示的绝对值的范围是 10^{-38}～10^{38}。

(5)若 $E=0$ 且 $M<>0$，则 $N=(-1)^S×(0.M)×2^{-126}$(非规格化数)。对于规格化无法表示的数据，可以用非规格化形式表示。

64 位的浮点数中符号位 1 位，阶码域 11 位，尾数域 52 位，指数偏移值是 1023。因此规格化的 64 位浮点数 x 的真值为

$$x=(-1)^S×(1.M)×2^{E-1023}, \qquad e=E-1023 \qquad\qquad (2.10)$$

浮点数所表示的范围远比定点数大。一般在高档微机以上的计算机中同时采用定点、浮点表示，由使用者进行选择。而单片机中多采用定点表示。

【例 2.5】 若浮点数 x 的 IEEE754 标准存储格式为 $(41360000)_{16}$，求其浮点数的十进制数值。

解 将十六进制数展开后，可得二进制数格式为

$$\underset{S}{0} \quad \underset{\text{阶码(8 位)}}{\underline{100\ 0001\ 0}} \quad \underset{\text{尾数(23 位)}}{\underline{011\ 0110\ 0000\ 0000\ 0000\ 0000}}$$

指数 $e =$ 阶码$-127 = 10000010 - 01111111 = 00000011 = (3)_{10}$

包括隐藏位 1 的尾数 $1.M = 1.011\ 0110\ 0000\ 0000\ 0000\ 0000 = 1.011011$

于是有

$$x = (-1)^S \times (1.M) \times 2^e$$
$$= +(1.011011) \times 2^3 = +1011.011 = (11.375)_{10}$$

【例 2.6】 将数 $(20.59375)_{10}$ 转换成 IEEE 754 标准的 32 位浮点数的二进制存储格式。

解 首先分别将整数和小数部分转换成二进制数：

$$20.59375 = (10100.10011)_2$$

然后移动小数点，使其在第 1、2 位之间

$$10100.10011 = 1.010010011 \times 2^4 \qquad e = 4$$

于是得到

$$S = 0, \qquad E = 4 + 127 = 131, \qquad M = 010010011$$

最后得到 32 位浮点数的二进制存储格式为

$$0100\ 0001\ 1010\ 0100\ 1100\ 0000\ 0000\ 0000 = (41A4C000)_{16}$$

【例 2.7】 以定点整数为例，用数轴形式说明原码、反码、补码表示范围和可能的数码组合情况。

解 原码、反码、补码表示分别示于下图。与原码、反码不同，在补码表示中"0"只有一种形式，且用补码表示负数时范围可到 -2^n。

【例 2.8】 将十进制真值 $x(-127, -1, 0, +1, +127)$ 列表表示成二进制数及原码、反码、补码、移码值。

解   二进制真值 x 及其诸码值列于下表，其中 0 在 $[x]_原$, $[x]_反$ 中有两种表示。由下表中数据可知，补码值与移码值差别仅在于符号位不同。

真值 x(十进制)	真值 x(二进制)	$[x]_原$	$[x]_反$	$[x]_补$	$[x]_移$
−127	−0 1111111	1 1111111	1 0000000	1 0000001	0 0000001
−1	−0 0000001	1 0000001	1 1111110	1 1111111	0 1111111
0	0 0000000	1 0000000 0 0000000	1 1111111 0 0000000	0 0000000	1 0000000
+1	+0 0000001	0 0000001	0 0000001	0 0000001	1 0000001
+127	+0 1111111	0 1111111	0 1111111	0 1111111	1 1111111

【例 2.9】   设机器字长 16 位，定点表示，尾数 15 位，数符 1 位，问：定点原码整数表示时，最大正数是多少? 最小负数是多少?

解   定点原码整数表示

最大正数 | 0 | 111 111 111 111 111 | $x=(2^{15}-1)_{10}=(+32767)_{10}$

最小负数 | 1 | 111 111 111 111 111 | $x=-(2^{15}-1)_{10}=(-32767)_{10}$

【例 2.10】   假设由 S, E, M 三个域组成的一个 32 位二进制数所表示的非零规格化浮点数 x, 真值表示为(注意此例不是 IEEE 格式)

$$x=(-1)^S \times (1.M) \times 2^{E-128}$$

问：它所表示的规格化的最大正数、最小正数、最小负数、最大负数是多少?

解   (1)最大正数 | 0 | 11 111 111 | 111 111 111 111 111 111 111 11 |

$$x=[1+(1-2^{-23})] \times 2^{127}$$

(2)最小正数 | 0 | 00 000 000 | 000 000 000 000 000 000 000 00 |

$$x=1.0 \times 2^{-128}$$

(3)最小负数 | 1 | 11 111 111 | 111 111 111 111 111 111 111 11 |

$$x=-[1+(1-2^{-23})] \times 2^{127}$$

(4)最大负数 | 1 | 00 000 000 | 000 000 000 000 000 000 000 00 |

$$x=-1.0 \times 2^{-128}$$

2.1.3 字符与字符串的表示方法

现代计算机不仅处理数值领域的问题，而且处理大量非数值领域的问题。这样一来，必然要引入文字、字母及某些专用符号，以便表示文字语言、逻辑语言等信息。例如，人机交换信息时使用英文字母、标点符号、十进制数及诸如 \$，%，+等符号。然而数字计算机只能处理二进制数据，因此，上述信息应用到计算机中时，都必须编写成二进制格式的代码，也就是字符信息用数据表示，称为符号数据。

目前国际上普遍采用的一种字符系统是七单位的 IRA 码。其美国版称为 ASCII 码(美国国家信息交换标准字符码)，它包括 10 个十进制数码，26 个英文字母和一定数量的专用符号，如 \$，%，+等，总共 128 个元素，因此二进制编码需要 7 位，加上一个偶校验位，共 8 位，刚好为 1 字节。

ASCII 码规定 8 个二进制位的最高一位为 0，余下的 7 位可以给出 128 个编码，表示 128 个不同的字符。其中 95 个编码，对应着计算机终端能敲入并且可以显示的 95 个字符，打印机设备也能打印这 95 个字符，如大小写各 26 个英文字母，0～9 这 10 个数字符，通用的运算符和标点符号+，−，*，\，>，=，<等。

另外的 33 个字符，其编码值为 0～31 和 127，则不对应任何一个可以显示或打印的实际字符，它们被用作控制码，控制计算机某些外围设备的工作特性和某些计算机软件的运行情况。

ASCII 编码和 128 个字符的对应关系如表 2.1 所示。表中编码符号的排列次序为 $b_7b_6b_5b_4b_3b_2b_1b_0$，其中 b_7 恒为 0，表中未给出，$b_6b_5b_4$ 为高位部分，$b_3b_2b_1b_0$ 为低位部分。可以看出，十进制的 8421 码可以去掉 $b_6b_5b_4$(=011) 而得到。

表 2.1　ASCII 字符编码表

b_3 b_2 b_1 b_0 / b_6 b_5 b_4	000	001	010	011	100	101	110	111
0 0 0 0	NUL	DLE	SP	0	@	P	`	p
0 0 0 1	SOH	DC$_1$	!	1	A	Q	a	q
0 0 1 0	STX	DC$_2$	"	2	B	R	b	r
0 0 1 1	ETX	DC$_3$	#	3	C	S	c	s
0 1 0 0	EOT	DC$_4$	$	4	D	T	d	t
0 1 0 1	ENQ	NAK	%	5	E	U	e	u
0 1 1 0	ACK	SYN	&	6	F	V	f	v
0 1 1 1	BEL	ETB	'	7	G	W	g	w
1 0 0 0	BS	CAN	(	8	H	X	h	x
1 0 0 1	HT	EM	)	9	I	Y	i	y
1 0 1 0	LF	SUB	*	:	J	Z	j	z
1 0 1 1	VT	ESC	+	;	K	[	k	{
1 1 0 0	FF	FS	,	<	L	\	l	|
1 1 0 1	CR	GS	−	=	M	]	m	}
1 1 1 0	SO	RS	.	>	N	^	n	~
1 1 1 1	SI	US	/	?	O	o	o	DEL

字符串是指连续的一串字符，通常方式下，它们占用主存中连续的多字节，每字节存一个字符。当主存字由 2 或 4 字节组成时，在同一个主存字中，既可按从低位字节向高位字节的顺序存放字符串内容，也可按从高位字节向低位字节的顺序存放字符串内容。这两种存放方式都是常用方式，不同的计算机可以选用其中任何一种。例如下述字符串：

$$IF \— A>B \— THEN \— READ(C)$$

就可以按图 2.1 所示从高位字节到低位字节依次存放在主存中。其中主存单元长度由 4 字节组成。每字节中存放相应字符的 ASCII 值，文字表达式中的空格 "⌐" 在主存中也占 1 字节的位置。因而每字节分别存放十进制的 73，70，32，65，62，66，32，84，72，69，78，32，82，69，65，68，

图 2.1　字符串在主存中的存放

2.1

40，67，41，32。

2.1.4 汉字的表示方法

1. 汉字的输入编码

为了能直接使用西文标准键盘把汉字输入到计算机，就必须为汉字设计相应的输入编码方法。当前采用的方法主要有以下三类：

数字编码 常用的是国标区位码，用数字串代表一个汉字输入。区位码是将国家标准局公布的 6763 个两级汉字分为 94 个区，每个区分 94 位，实际上把汉字表示成二维数组，每个汉字在数组中的下标就是区位码。区码和位码各两位十进制数字，因此输入一个汉字需按键四次。例如"中"字位于第 54 区 48 位，区位码为 5448。

数字编码输入的优点是无重码，且输入码与内部编码的转换比较方便，缺点是代码难以记忆。

拼音码 拼音码是以汉语拼音为基础的输入方法。凡掌握汉语拼音的人，不需训练和记忆，即可使用。但汉字同音字太多，输入重码率很高，因此按拼音输入后还必须进行同音字选择，影响了输入速度。

字形编码 字形编码是用汉字的形状进行的编码。汉字总数虽多，但是由一笔一画组成，全部汉字的部件和笔画是有限的。因此，把汉字的笔画部件用字母或数字进行编码，按笔画的顺序依次输入，就能表示一个汉字。例如五笔字型编码是最有影响的一种字形编码方法。

除了上述三种编码方法之外，为了加快输入速度，在上述方法基础上，发展了词组输入、联想输入等多种快速输入方法。但是都利用了键盘进行"手动"输入。理想的输入方式是利用语音或图像识别技术"自动"将拼音或文本输入到计算机内，使计算机能认识汉字，听懂汉语，并将其自动转换为机内代码表示。目前这种理想已经成为现实。

2. 汉字内码

汉字内码是用于汉字信息的存储、交换、检索等操作的机内代码，一般采用 2 字节表示。英文字符的机内代码是七位的 ASCII 码，当用 1 字节表示时，最高位为"0"。为了与英文字符能相互区别，汉字机内代码中 2 字节的最高位均规定为"1"。例如，汉字操作系统 CCDOS 中使用的汉字内码是一种最高位为"1"的两字节内码。

有些系统中字节的最高位用于奇偶校验位，这种情况下用 3 字节表示汉字内码。

3. 汉字字模码

字模码是用点阵表示的汉字字形代码，它是汉字的输出形式。

根据汉字输出的要求不同，点阵的多少也不同。简易型汉字为 16×16 点阵，提高型汉字为 24×24 点阵、32×32 点阵，甚至更高。因此字模点阵的信息量是很大的，所占存储空间也很大。以 16×16 点阵为例，每个汉字要占用 32 字节，国标两级汉字要占用 256K 字节。因此字模点阵只能用来构成汉字库，而不能用于机内存储。字库中存储了每个汉字的点阵代码。当显示输出或打印输出时才检索字库，输出字模点阵，得到字形。注意，汉字的输入编码、汉字内码、字模码是计算机中用于输入、内部处理、输出三种不同用途的编码，不要混为一谈。

2.1.5　校验码

元件故障、噪声干扰等各种因素常常导致计算机在处理信息过程中出现错误。例如，将 1 位二进制数 x 从部件 A 传送到部件 B，可能由于传送信道中的噪声干扰而受到破坏，以至于在接收部件 B 收到的是 $\bar{x}$ 而不是 x。为了防止这种错误，可将信号采用专门的逻辑电路进行编码以检测错误，甚至校正错误。通常的方法是，在每个字上添加一些校验位，用来确定字中出现错误的位置。计算机中常用这种检错或纠错技术进行存储器读写正确性或传输信息的检验。这里仅介绍检错码。

最简单且应用广泛的检错码是采用一位校验位的奇校验或偶校验。设 $X=(x_0 x_1 \cdots x_{n-1})$ 是一个 n 位字，则奇校验位 $\bar{C}$ 定义为

$$\bar{C} = x_0 \oplus x_1 \oplus \cdots \oplus x_{n-1} \tag{2.11}$$

式中，$\oplus$ 代表按位加，表明只有当 X 中包含奇数个 1 时，才能使 $\bar{C}=1$，即 $C=0$。

同理，偶校验位 C 定义为

$$C = x_0 \oplus x_1 \oplus \cdots \oplus x_{n-1} \tag{2.12}$$

即 X 中包含偶数个 1 时，才使 $C=0$。

假设一个字 X 从部件 A 传送到部件 B。在源点 A，校验位 C 可用上面的公式算出来，并合在一起将 $(x_0 x_1 \cdots x_{n-1} C)$ 送到 B。假设在 B 点真正接收到的是 $X = (x_0' x_1' \cdots x_{n-1}' C')$，然后计算

$$F = x_0' \oplus x_0' \oplus \cdots \oplus x_{n-1}' \oplus C'$$

若 $F=1$，意味着收到的信息有错，例如，$(x_0 x_1 \cdots x_{n-1})$ 中正巧有一位变"反"时就会出现这种情况。若 $F=0$，表明字 X 传送正确。

奇偶校验提供奇数个错误检测，无法检测偶数个错误，更无法识别错误信息的位置。

【例 2.11】　已知下表中左面一栏有 5 字节的数据。请分别是用奇校验和偶校验进行编码，填在中间一栏和右面一栏。

解　假定最低一位为校验位，其余高 8 位为数据位，列表如下。从中看出，校验位的值取 0 还是取 1，是由数据位中 1 的个数决定的。

数据	偶校验编码 C	奇校验编码 C
10101010	10101010**0**	10101010**1**
01010100	01010100**1**	01010100**0**
00000000	00000000**0**	00000000**1**
01111111	01111111**1**	01111111**0**
11111111	11111111**0**	11111111**1**

2.2　定点加法、减法运算

2.2.1　补码加法

2.1 节已介绍了数的补码表示法，负数用补码表示后，就可以和正数一样来处理。这样，运算器里只需要一个加法器就可以了，不必为了负数的加法运算，再配一个减法器。

补码加法的公式是

$$[x]_{补}+[y]_{补}=[x+y]_{补} \qquad (\mathrm{mod}\ 2^{n+1}) \tag{2.13}$$

可分四种情况来证明。假设采用定点整数表示，因此证明的先决条件是：$|x| < (2^n-1)$，$|y| < (2^n-1)$，$|x+y| < (2^n-1)$。

（1）$x \geqslant 0$，$y \geqslant 0$，则 $x+y \geqslant 0$。

相加两数都是正数，故其和也一定是正数。正数的补码和原码是一样的，根据数据补码定义可得

$$[x]_{补}+[y]_{补}=x+y=[x+y]_{补} \qquad (\mathrm{mod}\ 2^{n+1})$$

（2）$x \geqslant 0$，$y < 0$，则 $x+y \geqslant 0$ 或 $x+y < 0$。

相加的两数一个为正，一个为负，因此相加结果有正、负两种可能。根据补码定义，

$$[x]_{补}=x, \qquad [y]_{补}=2^{n+1}+y$$

所以

$$[x]_{补}+[y]_{补}=x+2^{n+1}+y=2^{n+1}+(x+y)=[x+y]_{补} \qquad (\mathrm{mod}\ 2^{n+1})$$

（3）$x < 0$，$y \geqslant 0$，则 $x+y \geqslant 0$ 或 $x+y < 0$。

这种情况和第（2）种情况一样，把 x 和 y 的位置对调即得证。

（4）$x < 0$，$y < 0$，则 $x+y < 0$。

相加两数都是负数，则其和也一定是负数。

$$[x]_{补}=2^{n+1}+x, \qquad [y]_{补}=2^{n+1}+y$$

所以

$$[x]_{补}+[y]_{补}=2^{n+1}+x+2^{n+1}+y=2^{n+1}+(2^{n+1}+x+y)=[x+y]_{补} \qquad (\mathrm{mod}\ 2^{n+1})$$

式（2.13）说明，在模 2^{n+1} 意义下，任意两数的补码之和等于该两数之和的补码。这是补码加法的理论基础。

【例 2.12】 $x=+1001$，$y=+0101$，求 $x+y$。

解 $[x]_{补}=01001$，$[y]_{补}=00101$

$$
\begin{array}{r}
[x]_{补} \quad 0\,1\,0\,0\,1 \\
+ \quad [y]_{补} \quad 0\,0\,1\,0\,1 \\
\hline
[x+y]_{补} \quad 0\,1\,1\,1\,0
\end{array}
$$

所以

$$x+y = +1110$$

【例 2.13】 $x=+1011$，$y=-0101$，求 $x+y$。

解 $[x]_{补}=01011$，$[y]_{补}=11011$

$$
\begin{array}{r}
[x]_{补} \quad 0\,1\,0\,1\,1 \\
+ \quad [y]_{补} \quad 1\,1\,0\,1\,1 \\
\hline
[x+y]_{补} \quad \boxed{1}\,0\,0\,1\,1\,0
\end{array}
$$

所以

$$x+y = +0110$$

由以上两例看到，补码加法的特点，一是符号位要作为数的一部分一起参加运算，二是要在模 2^{n+1} 的意义下相加，即超过 2^{n+1} 的进位要丢掉。

2.2.2 补码减法

负数的加法要利用补码化为加法来做，减法运算当然也要设法化为加法来做。之所以使用这种方法而不使用直接减法，是因为它可以和常规的加法运算使用同一加法器电路，从而简化了计算机的设计。

数用补码表示时，减法运算的公式为

$$[x-y]_{补}=[x]_{补}-[y]_{补}=[x]_{补}+[-y]_{补} \tag{2.14}$$

只要证明 $[-y]_{补}=-[y]_{补}$，式 (2.14) 即得证。现证明如下：

因为

$$[x+y]_{补}=[x]_{补}+[y]_{补} \qquad (\bmod\ 2^{n+1})$$

所以

$$[y]_{补}=[x+y]_{补}-[x]_{补} \tag{2.15}$$

又

$$[x-y]_{补}=[x+(-y)]_{补}=[x]_{补}+[-y]_{补}$$

所以

$$[-y]_{补}=[x-y]_{补}-[x]_{补} \tag{2.16}$$

将式 (2.15) 与式 (2.16) 相加，得

$$[-y]_{补}+[y]_{补}=[x+y]_{补}+[x-y]_{补}-[x]_{补}-[x]_{补}$$
$$=[x+y+x-y]_{补}-[x]_{补}-[x]_{补}$$
$$=[x+x]_{补}-[x]_{补}-[x]_{补}=0$$

故

$$[-y]_{补}=-[y]_{补} \qquad (\bmod\ 2^{n+1}) \tag{2.17}$$

从 $[y]_{补}$ 求 $[-y]_{补}$ 的法则是：对 $[y]_{补}$ 包括符号位 "求反且最末位加 1"，即可得到 $[-y]_{补}$。

写成运算表达式，则为

$$[-y]_{补} = \to [y]_{补}+2^{-n} \tag{2.18}$$

其中，符号 $\to$ 表示对 $[y]_{补}$ 作包括符号位在内的求反操作，$+2^{-n}$ 表示最末位加 1。

【例 2.14】 已知 $x_1=-1110$，$x_2=+1101$，求 $[x_1]_{补}$，$[-x_1]_{补}$，$[x_2]_{补}$，$[-x_2]_{补}$。

解 $\qquad\qquad [x_1]_{补}=\mathbf{10010}$

$\qquad\qquad [-x_1]_{补}= \to [x_1]_{补}+2^{-4}=\mathbf{01101}+\mathbf{00001}=\mathbf{01110}$

$\qquad\qquad [x_2]_{补}=\mathbf{01101}$

$\qquad\qquad [-x_2]_{补}= \to [x_2]_{补}+2^{-4}=\mathbf{10010}+\mathbf{00001}=\mathbf{10011}$

【例 2.15】 $x=+1101$，$y=+0110$，求 $x-y$。

解 $[x]_{补}=\mathbf{01101}$，$[y]_{补}=\mathbf{00110}$，$[-y]_{补}=\mathbf{11010}$

$$
\begin{array}{r}
[x]_{补} \qquad 0\,1\,1\,0\,1 \\
+\quad [-y]_{补} \qquad 1\,1\,0\,1\,0 \\
\hline
[x-y]_{补} \qquad \boxed{1}\,0\,0\,1\,1\,1
\end{array}
$$

所以

$$x-y = +0111$$

2.2.3 溢出概念与检测方法

在定点整数机器中，数的表示范围 $|x| < (2^n-1)$。在运算过程中如出现大于字长绝对值的现象，称为"溢出"。在定点机中，运算过程中出现溢出时其结果是不正确的，故运算器必须能检测出溢出。

【例 2.16】 $x=+1011$，$y=+1001$，求 $x+y$。

解 $[x]_{补}=01011$，$[y]_{补}=01001$

$$
\begin{array}{r}
[x]_{补} \qquad 0\,1\,0\,1\,1 \\
+\quad [y]_{补} \qquad 0\,1\,0\,0\,1 \\
\hline
[x+y]_{补} \qquad 1\,0\,1\,0\,0
\end{array}
$$

两个正数相加的结果成为负数，这显然是错误的。

【例 2.17】 $x=-1101$，$y=-1011$，求 $x+y$。

解 $[x]_{补}=10011$，$[y]_{补}=10101$

$$
\begin{array}{r}
[x]_{补} \qquad 1\,0\,0\,1\,1 \\
+\quad [y]_{补} \qquad 1\,0\,1\,0\,1 \\
\hline
[x+y]_{补} \qquad 0\,1\,0\,0\,0
\end{array}
$$

两个负数相加的结果成为正数，这同样是错误的。

之所以发生错误，是因为运算结果产生了溢出。两个正数相加，结果大于机器字长所能表示的最大正数，称为正溢。而两个负数相加，结果小于机器所能表示的最小负数，称为负溢，如图 2.2 所示。

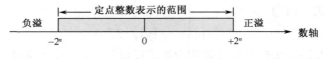

图 2.2   定点整数表示范围

为了判断"溢出"是否发生，可采用两种检测方法。第一种方法是采用双符号位法，这称为"变形补码"，从而可使模 2^{n+1} 补码所能表示的数的范围扩大一倍。

数的变形补码用同余式表示时

$$[x]_{补}=2^{n+2}+x \qquad (\mathrm{mod}\ 2^{n+2})$$

故下式也同样成立：

$$[x]_{补}+[y]_{补}=[x+y]_{补} \qquad (\mathrm{mod}\ 2^{n+2}) \tag{2.19}$$

为了得到两数变形补码之和等于两数和的变形补码，同样必须：①两个符号位都看做数码一样参加运算；②两数进行以 2^{n+2} 为模的加法，即最高符号位上产生的进位要丢掉。

采用变形补码后，任何正数，两个符号位都是"0"，即 00 $x_{n-1}x_{n-2}\cdots x_1x_0$；任何负数，两个符号位都是"1"，即 11 $x_{n-1}x_{n-2}\cdots x_1x_0$。如果两个数相加后，其结果的符号位出现"01"或"10"两种组合时，表示发生溢出。最高符号位永远表示结果的正确符号。

【例 2.18】 $x=+1100$，$y=+1000$，求 $x+y$。

解 $[x]_{补}=001100$，$[y]_{补}=001000$

$$
\begin{array}{r}
[x]_{补} \quad \mathbf{0\,0\,1\,1\,0\,0} \\
+ \quad [y]_{补} \quad \mathbf{0\,0\,1\,0\,0\,0} \\
\hline
\mathbf{0\,1\,0\,1\,0\,0}
\end{array}
$$

两个符号位出现"01"，表示正溢出，即结果大于 $+2^n$。

【例 2.19】 $x=-1100$，$y=-1000$，求 $x+y$。

解 $[x]_{补}=110100$，$[y]_{补}=111000$

$$
\begin{array}{r}
[x]_{补} \quad \mathbf{1\,1\,0\,1\,0\,0} \\
+ \quad [y]_{补} \quad \mathbf{1\,1\,1\,0\,0\,0} \\
\hline
\mathbf{1\,0\,1\,1\,0\,0}
\end{array}
$$

两个符号位出现"10"，表示负溢出，即结果小于 -2^n。

由此，我们可以得出如下结论：

(1) 当以变形补码运算，运算结果的二符号位相异时，表示溢出；相同时，表示未溢出。故溢出逻辑表达式为 $V=S_{f1}\oplus AS_{f2}$，其中 S_{f1} 和 S_{f2} 分别为最高符号位和第二符号位。此逻辑表达式可用异或门实现。

(2) 模 2^{n+2} 补码相加的结果，不论溢出与否，最高符号位始终指示正确的符号。

第二种溢出检测方法是采用单符号位法。从例 17 和例 18 中看到，当最高有效位产生进位而符号位无进位时，产生正溢；当最高有效位无进位而符号位有进位时，产生负溢。故溢出逻辑表达式为 $V=C_f\oplus C_0$，其中 C_f 为符号位产生的进位，C_0 为最高有效位产生的进位。此逻辑表达式也可用异或门实现。

在定点机中，当运算结果发生溢出时表示出错，机器通过逻辑电路自动检查出这种溢出，并进行中断处理。

2.2.4 基本的二进制加法/减法器

图 2.3(a) 示出了补码运算的二进制加法/减法器逻辑结构图。由图看到，n 个 1 位的全加器(FA) 可级联成一个 n 位的行波进位加减器。M 为方式控制输入线，当 M=0 时，做加法(A+B)运算；当 M=1，做减法(A−B)运算，在后一种情况下，A−B 运算转化成 $[A]_{补}+[-B]_{补}$ 运算，求补过程由 $\overline{B}$ +1 来实现。因此，图中最右边的全加器的起始进位输入端被连接到功能方式线 M 上，做减法时 M=1，相当于在加法器的最低位上加 1。另外，图中左边还表示出单符号位法的溢出检测逻辑：当 $C_n=C_{n-1}$ 时，运算无溢出；而当 $C_n\neq C_{n-1}$ 时，运算有溢出，经异或门产生溢出信号。

表 2.2   一位全加器真值表

输入			输出	
A_i	B_i	C_i	S_i	C_{i+1}
0	0	0	0	0
0	0	1	1	0
0	1	0	1	0
0	1	1	0	1
1	0	0	1	0
1	0	1	0	1
1	1	0	0	1
1	1	1	1	1

两个二进制数字 A_i，B_i 和一个进位输入 C_i 相加，产生一个和输出 S_i，以及一个进位输出 C_{i+1}。表 2.2 中列出一位全加器 FA 进行加法运算的输入输出真值表。

根据表 2.2 所示的真值表，三个输入端和两个输出端可按如下逻辑方程进行联系：

$$S_i = A_i \oplus B_i \oplus C_i$$

$$C_{i+1} = A_iB_i + B_iC_i + C_iA_i = A_iB_i + (A_i \oplus B_i)C_i \quad (2.20)$$

按此表达式组成的 FA 示于图 2.3(a)，进位链采用 1 个与门和 1 个或门。

对图 2.3(a) 所示的一位全加器 (FA) 来说，求和结果 S_i 的时间延迟为 $6T$(每级异或门延迟 $3T$)。

2.3a

2.3b

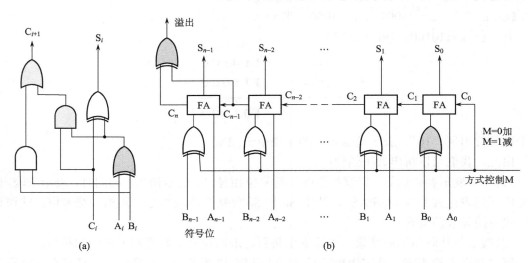

(a)   (b)

图 2.3   行波进位的补码加法/减法器

C_{i+1} 的时间延迟为 $2T$，其中 T 被定义为相应于单级逻辑电路的单位门延迟。T 通常采用一个"与"门或一个"或"门的时间延迟来作为度量单位，因此多级进位链的时间延迟可以用与-或门的级数或者 T 的数目来计算得到。

现在计算 n 位行波进位加法器图 2.3(b) 的时间延迟。假如采用图 2.3(a) 所示的一位全加器 FA 并考虑溢出检测，那么 n 位行波进位加法器的延迟时间 t_a 为

$$t_a = n \cdot 2T + 9T = (2n+9)T \quad (2.21)$$

其中，$9T$ 为最低位上的两级"异或"门再加上溢出"异或"门的总时间，$2T$ 为每级进位链的延迟时间。t_a 意味着加法器的输入端输入加数和被加数后，在最坏情况下加法器输出端得到稳定的求和输出所需的最长时间。显然这个时间越小越好。注意，加数、被加数、进位与和数都是用电平来表示的，因此，所谓稳定的求和输出，就是指稳定的电平输出。

思考题   为什么一套加法器可以实现加法和减法操作？创新点在何处？

2.3　定点乘法运算

1. 人工算法与机器算法的同异性

在定点计算机中，两个原码表示的数相乘的运算规则是：乘积的符号位由两数的符号位按异或运算得到，而乘积的数值部分则是两个正数相乘之积。

设 n 位被乘数和乘数用定点整数表示

$$被乘数 \quad [x]_原 = x_f x_{n-1} \cdots x_1 x_0$$

$$乘数 \quad [y]_原 = y_f y_{n-1} \cdots y_1 y_0$$

$$乘积 \quad [z]_原 = (x_f \oplus y_f) + (x_{n-1} \cdots x_1 x_0)(y_{n-1} \cdots y_1 y_0) \tag{2.22}$$

式中，x_f 为被乘数符号，y_f 为乘数符号。

乘积符号的运算法则是：同号相乘为正，异号相乘为负。由于被乘数和乘数的符号组合只有四种情况（$x_f y_f = 00, 01, 10, 11$），因此积的符号可按"异或"（按位加）运算得到。

数值部分的运算方法与普通的十进制小数乘法相类似，不过对于用二进制表达的数来说，其乘法规则更为简单一些。

设 $x = 1101$，$y = 1011$，先用习惯方法求其乘积，其过程如下：

$$
\begin{array}{r}
1\ 1\ 0\ 1\ (x) \\
\times \quad 1\ 0\ 1\ 1\ (y) \\
\hline
1\ 1\ 0\ 1 \\
1\ 1\ 0\ 1 \\
0\ 0\ 0\ 0 \\
+ \quad 1\ 1\ 0\ 1 \\
\hline
1\ 0\ 0\ 0\ 1\ 1\ 1\ 1\ (z)
\end{array}
$$

运算的过程与十进制乘法相似：从乘数 y 的最低位开始，若这一位为"1"，则将被乘数 x 写下；若这一位为"0"，则写下全 0。然后再对乘数 y 的高一位进行乘法运算，其规则同上，不过这一位乘数的权与最低位乘数的权不一样，因此被乘数 x 要左移一位。以此类推，直到乘数各位乘完为止，最后将它们统统加起来，便得到最后乘积 z。

如果被乘数和乘数用定点小数表示，我们也会得到同样的结果。

但是人们习惯的算法对机器并不完全适用。原因之一，机器通常只有 n 位长，两个 n 位数相乘，乘积可能为 $2n$ 位。原因之二，只有两个操作数相加的加法器，难以胜任将 n 个位积一次相加起来的运算。因此，在早期计算机中为了简化硬件结构，采用串行的 1 位乘法方案，即多次执行"加法-移位"操作来实现。这种方法并不需要很多器件。然而串行方法毕竟太慢，不能满足科学技术对高速乘法所提出的要求。

由于乘法运算大约占全部算术运算的 1/3，因此采用高速乘法部件，无论从速度上来说还是从效率上来说，都是十分必要的。自从大规模集成电路问世以来，高速的单元阵列乘法器应运而生，出现了各种形式的流水式阵列乘法器，它们属于并行乘法器。鉴于串行乘法器已被淘汰，下面只介绍并行乘法器。

2. 不带符号的阵列乘法器

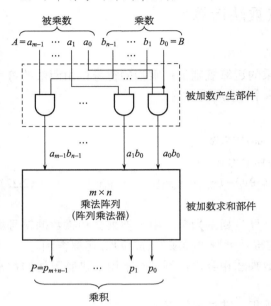

图 2.4　m 位×n 位不带符号的阵列乘法器逻辑框图

设有两个不带符号的二进制整数：

$$A=a_{m-1}\cdots a_1a_0$$

$$B=b_{n-1}\cdots b_1b_0$$

它们的数值分别为 a 和 b，即

$$a=\sum_{i=0}^{m-1}a_i2^i,\quad b=\sum_{j=0}^{n-1}b_j2^j$$

在二进制乘法中，被乘数 A 与乘数 B 相乘，产生 $m+n$ 位乘积 P：

$$P=p_{m+n-1}\cdots p_1p_0$$

乘积 P 的数值为

$$\begin{aligned}P=ab&=\left(\sum_{i=0}^{m-1}a_i2^i\right)\left(\sum_{j=0}^{n-1}b_j2^j\right)\\&=\sum_{i=0}^{m-1}\sum_{j=0}^{n-1}(a_ib_j)2^{i+j}\\&=\sum_{k=0}^{m+n-1}p_k2^k\end{aligned}$$

实现这个乘法过程所需要的操作和人们的习惯方法非常相似：

			a_{m-1}	a_{m-2}	$\cdots$	a_1	a_0	$=A$
$\times$)			b_{n-1}		$\cdots$	b_1	b_0	$=B$
			$a_{m-1}b_0$	$a_{m-2}b_0$	$\cdots$	a_1b_0	a_0b_0	
		$a_{m-1}b_1$	$a_{m-2}b_1$	$\cdots$	a_1b_1	a_0b_1		
			$\cdot\cdot$			$\cdot\cdot$		
+)	$a_{m-1}b_{n-1}$	$a_{m-2}b_{n-1}$		$\cdots$	a_1b_{n-1}	a_0b_{n-1}		
p_{m+n-1}	p_{m+n-2}	p_{m+n-3}		$\cdots$	p_{n-1}	$\cdots$	p_1	p_0	$=P$

上述过程说明了在 m 位×n 位不带符号整数的阵列乘法中加法-移位操作的被加数矩阵。每一个部分乘积项(位积) a_ib_j 叫做一个被加数。这 $m\times n$ 个被加数 $\{a_ib_j\mid 0\leqslant i\leqslant m-1$ 和 $0\leqslant j\leqslant n-1\}$ 可以用 $m\times n$ 个"与"门并行地产生，如图 2.4 的上半部分所示。显然，设计高速并行乘法器的基本问题，就在于缩短被加数矩阵中每列所包含的 1 的加法时间。

现以 5 位×5 位不带符号的阵列乘法器($m=n=5$)为例来说明并行阵列乘法器的基本原理。图 2.5 示出了 5 位×5 位阵列乘法器的逻辑电路图，其中 FA 是前面讲过的一位全加器，FA 的斜线方向为进位输出，竖线方向为和输出，而所有被加数项的排列和前述 $A\times B=P$ 乘法过程中的被加数矩阵相同。图中用虚线围住的阵列中最后一行构成了一个行波进位加法器，其求和时间延迟为 $(n-1)2T+3T$(异或门)。当然，为了缩短加法时间，最下一行的行波进位加法器也可以用先行进位加法器来代替。

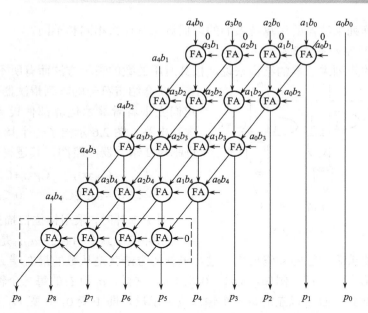

2.5

图 2.5　5 位×5 位不带符号的阵列乘法器逻辑电路图

这种乘法器要实现 n 位×n 位时，需要 $n(n-1)$ 个全加器和 n^2 个与门。该乘法器的总的乘法时间可以估算如下：

令 T_a 为与门的传输延迟时间，T_f 为全加器（FA）的进位传输延迟时间，假定用 2 级"与或"逻辑来实现 FA 的进位链功能，那么就有

$$T_a=T, \qquad T_f=2T$$

从图 2.5 可见，最坏情况下的延迟途径，即是沿着矩阵 p_4 垂直线和最下面的一行进位及 p_8 求和。参见图 2.3（b），n 位×n 位不带符号的阵列乘法器总的乘法时间估算为

$$t_m = T_a+(n-1)\times 6T+(n-1)\times T_f+3T$$
$$= T+(n-1)\times 6T+(n-1)\times 2T+3T=(8n-4)T \tag{2.23}$$

【例 2.20】　参见图 2.5，已知两个不带符号的二进制整数 $A=11011$，$B=10101$，求每一部分乘积项 a_ib_j 的值与 $p_9p_8\cdots p_0$ 的值。

解

$$
\begin{array}{r}
1\,1\,0\,1\,1 = A\,(27_{10}) \\
\times \qquad 1\,0\,1\,0\,1 = B\,(21_{10}) \\
\hline
1\,1\,0\,1\,1 \\
0\,0\,0\,0\,0 \\
1\,1\,0\,1\,1 \\
0\,0\,0\,0\,0 \\
+\qquad 1\,1\,0\,1\,1 \\
\hline
\end{array}
$$

$a_4b_0=1, a_3b_0=1, a_2b_0=0, a_1b_0=1, a_0b_0=1$

$a_4b_1=0, a_3b_1=0, a_2b_1=0, a_1b_1=0, a_0b_1=0$

$a_4b_2=1, a_3b_2=1, a_2b_2=0, a_1b_2=1, a_0b_2=1$

$a_4b_3=0, a_3b_3=0, a_2b_3=0, a_1b_3=0, a_0b_3=0$

$a_4b_4=1, a_3b_4=1, a_2b_4=0, a_1b_4=1, a_0b_4=1$

$$1\,0\,0\,0\,1\,1\,0\,1\,1\,1 = P$$

$$P = p_9p_8p_7p_6p_5p_4p_3p_2p_1p_0 = 1000110111\,(567_{10})$$

思考题　阵列乘法器的运算与人们的习惯算法有什么相同和不同？

3. 带符号的阵列乘法器

对带符号的阵列乘法器的结构来说，按其所用的数的表示方法而有所不同。

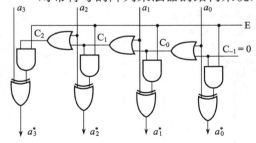

图 2.6　对 2 求补器电路图

在介绍带符号的阵列乘法器基本原理以前，我们先来看看算术运算部件设计中经常用到的求补电路。图 2.6 示出了一个具有使能控制的二进制对 2 求补器电路图，其逻辑表达式如下：

$$C_{-1}=0, \qquad C_i=a_i+C_{i-1}$$
$$a_i^*=a_i\oplus EC_{i-1}, \qquad 0\leqslant i\leqslant n$$

对 2 求补时，采用按位扫描技术来执行所需要的求补操作。令 $A=a_n\cdots a_1a_0$ 是给定的 $(n+1)$ 位带符号的数，要求确定它的补码形式。进行求补的方法就是从数的最右端 a_0 开始，由右向左，直到找出第一个 "1"，例如，$a_i=1$，$0\leqslant i\leqslant n$。这样，a_i 以右的每一个输入位，包括 a_i 自己，都保持不变，而 a_i 以左的每一个输入位都求反，即 1 变 0，0 变 1。鉴于此，横向链式线路中的第 i 扫描级的输出 C_i 为 1 的条件是：第 i 级的输入位 $a_i=1$，或者第 i 级链式输入（来自右起前 $i-1$ 级的链式输出）$C_{i-1}=1$。另外，最右端的起始链式输入 C_{-1} 必须永远置成 "0"。当控制信号线 E 为 "1" 时，启动对 2 求补的操作；当控制信号线 E 为 "0" 时，输出将和输入相等。显然，我们可以利用符号位来作为控制信号。

例如，在一个 4 位的对 2 求补器中，如果输入数为 1010，那么输出数应是 0110，其中从右算起的第 2 位，就是所遇到的第一个 "1" 的位置。用这种对 2 求补器来转换一个 $(n+1)$ 位带符号的数，所需的总时间延迟为

$$t_{TC}=n \cdot 2T+5T=(2n+5)T \tag{2.24}$$

其中每个扫描级需 $2T$ 延迟，而 $5T$ 则是由于 "与" 门和 "异或" 门引起的。

现在让我们来讨论带符号的阵列乘法器。图 2.7 给出了 $(n+1)$ 位×$(n+1)$ 位求补器的阵列乘法器逻辑方框图。通常，把包含这些求补级的乘法器又称为符号求补的阵列乘法器。在这种逻辑结构中，共使用了三个求补器。其中两个算前求补器的作用是：将两个操作数 A 和 B 在被不带符号的乘法阵列（核心部件）相乘以前，先变成正整数。而算后求补器的作用则是：当两个输入操作数的符号不一致时，把运算结果变换成带符号的数。

设 $A=a_na_{n-1}\cdots a_1a_0$ 和 $B=b_nb_{n-1}\cdots b_1b_0$ 均为用定点表示的 $(n+1)$ 位带符号整数。由图 2.7 看到，在必要的求补操作以后，A 和 B 的码值输送给 n 位×n 位不带符号的阵列乘法器，并由此产生 $2n$ 位乘积为

$$A \cdot B = P = p_{2n-1}\cdots p_1p_0$$
$$p_{2n} = a_n\oplus b_n$$

其中，p_{2n} 为符号位。

图 2.7 所示的带求补器的阵列乘法器既适用于原码乘法，也适用于间接的补码乘法。不过在原码乘法中，算前求补和算后求补都不需要，因为输入数据都是立即可用的。而间接的补码阵列乘法却需要使用三个求补器。为了完成所必需的求补与乘法操作，时间大约比原码阵列乘法增加 1 倍。

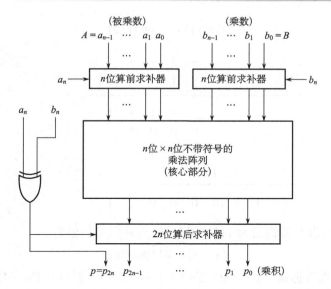

2.7

图 2.7 $(n+1)$ 位 × $(n+1)$ 位带求补器的阵列乘法器框图

【例 2.21】 设 $x=+15$，$y=-13$，用带求补器的原码阵列乘法器求出乘积 $x \cdot y$。

解 设最高位为符号位，输入数据为原码

$$[x]_原=01111, \qquad [y]_原=11101$$

因符号位单独考虑，算前求补器输出后

$$|x|=1111, \qquad |y|=1101$$

$$
\begin{array}{r}
1\ 1\ 1\ 1 \\
\times \quad 1\ 1\ 0\ 1 \\
\hline
1\ 1\ 1\ 1 \\
0\ 0\ 0\ 0 \\
1\ 1\ 1\ 1 \\
+ \quad 1\ 1\ 1\ 1 \\
\hline
1\ 1\ 0\ 0\ 0\ 0\ 1\ 1
\end{array}
$$

符号位运算：$0 \oplus 1 = 1$

算后求补级输出为 11000011，加上乘积符号位 1，得 $[x \times y]_原 = 111000011$

换算成二进制数真值是 $x \cdot y = (-11000011)_2 = (-195)_{10}$

十进制数乘法验证：$15 \times (-13) = -195$

【例 2.22】 设 $x=-15$，$y=-13$，用带求补器的补码阵列乘法器求出乘积 $x \cdot y$，并用十进制数乘法进行验证。

解 设最高位为符号位，输入数据用补码表示：

$$[x]_补=10001, \qquad [y]_补=10011$$

乘积符号位单独运算 $\qquad x_f \oplus y_f = 1 \oplus 1 = 0$

尾数部分算前求补器输出为

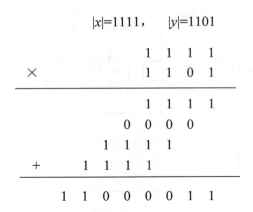

$$|x|=1111,\quad |y|=1101$$

乘积符号为 0，算后求补器输出为 11000011，最后补码乘积值为

$$[x \cdot y]_{补} = \mathbf{0}11000011$$

补码的二进制数真值是　$x \cdot y = 0 \times 2^8 + 1 \times 2^7 + 1 \times 2^6 + 1 \times 2^1 + 1 \times 2^0 = (+195)_{10}$

十进制数乘法验证：$x \cdot y = (-15) \times (-13) = +195$

除了间接补码乘法，还可以直接采用补码进行乘法运算。

直接补码
并行乘法

2.4　定点除法运算

2.4.1　原码除法算法原理

两个原码表示的数相除时，商的符号由两数的符号按位相加求得，商的数值部分由两数的数值部分相除求得。

设有 n 位定点小数(定点整数也同样适用)：

被除数 x，其原码为

$$[x]_原 = x_f.x_{n-1}\cdots x_1 x_0$$

除数 y，其原码为

$$[y]_原 = y_f.y_{n-1}\cdots y_1 y_0$$

则有商 $q=x/y$，其原码为

$$[q]_原 = (x_f \oplus y_f) + (0.x_{n-1}\cdots x_1 x_0 \,/\, 0.y_{n-1}\cdots y_1 y_0)$$

商的符号运算 $q_f = x_f \oplus y_f$ 与原码乘法一样，用模 2 求和得到。商的数值部分的运算，实质上是两个正数求商的运算。根据我们所熟知的十进制除法运算方法，很容易得到二进制数的除法运算方法，所不同的只是在二进制中，商的每一位不是"1"就是"0"，其运算法则更简单一些。

下面仅讨论数值部分的运算。设被除数 $x=0.1001$，除数 $y=0.1011$，模仿十进制除法运算，以手算方法求 $x \div y$ 的过程如下：

$$
\begin{array}{r}
0.1101 \qquad 商\ q \\
0.1011\ \overline{)\ 0.10010} \qquad x\ (r_0) \qquad 被除数小于除数，商\ 0 \\
-0.\mathbf{0}1011 \qquad 2^{-1}y \qquad 除数右移\ 1\ 位，减除数，商\ 1 \\
0.001110 \qquad r_1 \qquad 得余数\ r_1 \\
-0.\mathbf{00}1011 \qquad 2^{-2}y \qquad 除数右移\ 1\ 位，减除数，商\ 1 \\
0.0000110 \qquad r_2 \qquad 得余数\ r_2 \\
0.\mathbf{000}1011 \qquad 2^{-3}y \qquad 除数右移\ 1\ 位，不减除数，商\ 0 \\
0.00001100 \qquad r_3 \qquad 得余数\ r_3 \\
-0.\mathbf{0000}1011 \qquad 2^{-4}y \qquad 除数右移\ 1\ 位，减除数，商\ 1 \\
0.00000001 \qquad r_4 \qquad 得余数\ r_4
\end{array}
$$

得 $x \div y$ 的商 $q=0.1101$，余数为 $r=0.00000001$。

上面的笔算过程可叙述如下：

第一步，判断 x 是否小于 y，现在 $x<y$，故商的整数位商 "0"，x 的低位补 0，得余数 r_0。

第二步，比较 r_0 和 $2^{-1}y$，因 $r_0>2^{-1}y$，表示够减，小数点后第 1 位商 "1"，做 $r_0-2^{-1}y$，得余数 r_1。

第三步，比较 r_1 和 $2^{-2}y$，因 $r_1>2^{-2}y$，表示够减，小数点后第二位商 "1"，做 $r_1-2^{-2}y$，得余数 r_2。

第四步，比较 r_2 和 $2^{-3}y$，因 $r_2<2^{-3}y$，表示不够减，小数点后第三位商 "0"，不做减法，得余数 $r_3\,(=r_2)$。

第五步，比较 r_3 和 $2^{-4}y$，因 $r_3>2^{-4}y$，表示够减，小数点后第四位商 "1"，做 $r_3-2^{-4}y$，得余数 r_4，共求四位商，至此除法完毕。

在计算机中，小数点是固定的，不能简单地采用手算的办法。为便于机器操作，使 "除数右移" 和 "右移上商" 的操作统一起来。

事实上，机器的运算过程和人毕竟不同，人会心算，一看就知道够不够减。但机器却不会心算，必须先做减法，若余数为正，才知道够减；若余数为负，才知道不够减。不够减时必须恢复原来的余数，以便再继续往下运算，这种方法称为恢复余数法。要恢复原来的余数，只要当前的余数加上除数即可。但由于要恢复余数，使除法进行过程的步数不固定，因此控制比较复杂。实际运算中常用不恢复余数法，又称加减交替法。其特点是运算过程中如出现不够减，则不必恢复余数，根据余数符号，可以继续往下运算，因此步数固定，控制简单。

早期计算机中，为了简化结构，硬件除法器的设计采用串行的 1 位除法方案。即多次执行 "减法-移位" 操作来实现，并使用计数器来控制移位次数。由于串行除法器速度太慢，目前已被淘汰。

2.4.2 并行除法器

1. 可控加法/减法(CAS)单元

和阵列乘法器相似，阵列除法器也是一种并行运算部件，采用大规模集成电路制造。与早期的串行除法器相比，阵列除法器不仅所需要的控制线路少，而且能够提供令人满意的高速运算速度。

　　阵列除法器有多种形式，如加减交替阵列除法器、补码阵列除法器等。这里以加减交替阵列除法器为例，来说明这类除法器的组成原理。

　　在介绍加减交替阵列除法器以前，首先介绍可控加法/减法(CAS)单元，因为它将被采用于下面所介绍的除法流水逻辑阵列中。图 2.8(a)示出了可控加法/减法(CAS)单元的逻辑电路图，它有四个输出端和四个输入端。当输入线 P=0 时，CAS 做加法运算；当 P=1 时，CAS 做减法运算。

2.8a

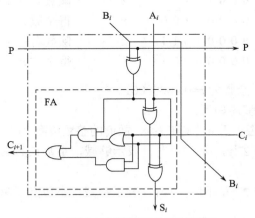

(a) 可控加法/减法(CAS)单元的逻辑图

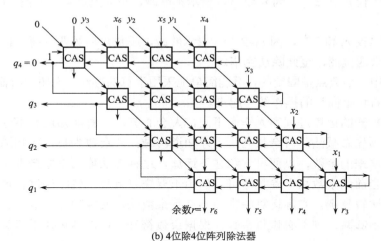

(b) 4位除4位阵列除法器

图 2.8　加减交替阵列除法器逻辑结构图

　　CAS 单元的输入与输出关系可用如下一组逻辑方程来表示：

$$S_i = A_i \oplus (B_i \oplus P) \oplus C_i$$
$$C_{i+1} = (A_i + C_i)(B_i \oplus P) + A_i C_i \tag{2.25}$$

当 P=0 时，式(2.25)就等于式(2.20)，即得我们熟悉的一位全加器(FA)的公式：

$$S_i = A_i \oplus B_i \oplus C_i$$
$$C_{i+1} = A_i B_i + B_i C_i + A_i C_i$$

当 P=1 时，则得求差公式：

$$S_i = A_i \oplus \bar{B}_i \oplus C_i$$
$$C_{i+1} = A_i\bar{B}_i + \bar{B}_iC_i + A_iC_i \tag{2.26}$$

其中，$\bar{B}_i = B_i \oplus 1$。

在减法情况下，输入 C_i 称为借位输入，而 C_{i+1} 称为借位输出。

为说明 CAS 单元的实际内部电路实现，将方程式(2.25)加以变换，可得如下形式：

$$S_i = A_i \oplus (B_i \oplus P) \oplus C_i = A_iB_i\bar{C}_iP + A_i\bar{B}_i\bar{C}_iP + \bar{A}_iB_iC_iP$$
$$+ A_iB_iC_i\bar{P} + A_i\bar{B}_iC_iP + \bar{A}_i\bar{B}_i\bar{C}_iP + \bar{A}_iB_i\bar{C}_i\bar{P} + \bar{A}_i\bar{B}_iC_i\bar{P}$$
$$C_{i+1} = (A_i + C_i)(B_i \oplus P) + A_iC_i$$
$$= A_iB_i\bar{P} + A_i\bar{B}_iP + B_iC_i\bar{P} + \bar{B}_iC_iP + A_iC_i$$

在这两个表达式中，每一个都能用一个三级组合逻辑电路(包括反相器)来实现。因此每一个基本的 CAS 单元的延迟时间为 $3T$ 单位。后面将利用这个单元的延迟时间来精确确定除法时间。

2. 加减交替的阵列除法器

现在转入讨论加减交替的阵列除法器，假定所有被处理的数都是正小数。

在加减交替的除法阵列中，每一行所执行的操作究竟是加法还是减法，取决于前一行输出的符号与被除数的符号是否一致。当出现不够减时，部分余数相对于被除数来说要改变符号。这时应该产生一个商位"0"，除数首先沿对角线右移，然后加到下一行的部分余数上。当部分余数不改变它的符号时，即产生商位"1"，下一行的操作应该是减法。

图 2.8(b)示出了 4 位除 4 位的加减交替阵列除法器的逻辑原理图。其中

被除数　$x = 0.x_6x_5x_4x_3x_2x_1$（双倍长）

除数　　$y = 0.y_3y_2y_1$

商数　　$q = 0.q_3q_2q_1$

余数　　$r = 0.00r_6r_5r_4r_3$

字长　　$n+1 = 4$

由图 2.8 看出，该阵列除法器是用一个可控加法/减法(CAS)单元所组成的流水阵列来实现的。推广到一般情况，一个 $(n+1)$ 位 $\div$ $(n+1)$ 位的加减交替除法阵列由 $(n+1)^2$ 个 CAS 单元组成，其中两个操作数(被除数与除数)都是正的。

单元之间的互联是用 $n=3$ 的阵列来表示的。这里被除数 x 是一个 6 位的小数(双倍长数值)：

$$x = 0.x_6x_5x_4x_3x_2x_1$$

它是由顶部一行和最右边的对角线上的垂直输入线来提供的。

除数 y 是一个 3 位的小数：

$$y = 0.y_3y_2y_1$$

它沿对角线方向进入这个阵列。这是因为，在除法中将所需要的部分余数保持固定，而将除数沿对角线右移。

商 q 是一个 3 位的小数：

$$q = 0.q_3q_2q_1$$

它在阵列的左边产生。

余数 r 是一个 6 位的小数：

$$r = 0.00r_6r_5r_4r_3$$

它在阵列的最下一行产生。

最上面一行所执行的初始操作一定是减法。因此最上面一行的控制线 P 固定置成"1"。减法是用 2 的补码运算来实现的，这时右端各 CAS 单元上的反馈线用作初始的进位输入，即最低位上加"1"。每一行最左边的单元的进位输出决定着商的数值。将当前的商反馈到下一行，我们就能确定下一行的操作。由于进位输出信号指示出当前的部分余数的符号，因此，正如前面所述，它决定下一行的操作将进行加法还是减法。

对加减交替阵列除法器来说，在进行运算时，沿着每一行都有进位（或借位）传播，同时所有行在它们的进位链上都是串行连接。而每个 CAS 单元的延迟时间为 $3T$ 单元，因此，对一个 $2n$ 位除以 n 位的加减交替阵列除法器来说，单元的数量为 $(n+1)^2$，考虑最大情况下的信号延迟，其除法执行时间为

$$t_d = 3(n+1)^2 T \tag{2.27}$$

其中 n 为尾数数位。

【例 2.23】 $x=0.101001$，$y=0.111$，求 $x \div y$。

解 $[x]_{补}=0.101001$，$[y]_{补}=0.111$，$[-y]_{补}=1.001$

```
        0.101001              被除数 x
  + [−y]补  1.001              第一步减除数 y
  ─────────────────────
        1.110001   <0  q₄=0   余数为负 商0，控制下步做加法
  + [y]补→  0.0111              除数右移 1 位加
  ─────────────────────
        0.001101   >0  q₃=1   余数为正 商1，控制下步做减法
  + [−y]补→ 1.11001             除数右移 2 位减
  ─────────────────────
        1.111111   <0  q₂=0   余数为负 商0，控制下步做加法
  + [y]补→  0.000111            除数右移 3 位加
  ─────────────────────
        0.000110   >0  q₁=1   余数为正 商1
```

故得

商 $q = q_4.q_3q_2q_1 = 0.101$

余数 $r = 0.00r_6r_5r_4r_3 = 0.000110$

此例可以使用图 2.8 所示的阵列除法器。注意例中除数用补码表示，右移时符号位保持不变。我们看到，当被除数 x 和除数 y 送至阵列除法器输入端后，经过 $3(n+1)^2 T$ 时间延迟，便在除法器输出端得到稳定的商数 q 和余数 r 的信号电平。与串行除法器相比，明显的优点是省去了复杂的控制电路，提高了运算速度。

2.5　定点运算器的组成

运算器是数据的加工处理部件，是 CPU 的重要组成部分。尽管各种计算机的运算器结构可能有这样或那样的不同，但是它们的最基本的结构中必须有算术/逻辑运算单元、数据缓冲寄存器、通用寄存器、多路转换器和数据总线等逻辑构件。

2.5.1　逻辑运算

计算机中除了进行加、减、乘、除等基本算术运算以外，还可对两个或一个逻辑数进行逻辑运算。所谓逻辑数，是指不带符号的二进制数。利用逻辑运算可以进行两个数的比较，或者从某个数中选取某几位等操作。例如，当利用计算机做过程控制时，我们可以利用逻辑运算对一组输入的开关量做出判断，以确定哪些开关是闭合的，哪些开关是断开的。总之，在非数值应用的广大领域中，逻辑运算是非常有用的。

计算机中的逻辑运算，主要是指逻辑非、逻辑加、逻辑乘、逻辑异等四种基本运算。

1. 逻辑非运算

逻辑非也称求反。对某数进行逻辑非运算，就是按位求它的反，常用变量上方加一横来表示。

设一个数 x 表示成：

$$x = x_0 x_1 x_2 \cdots x_n$$

对 x 求逻辑非，则有

$$\overline{x} = z = z_0 z_1 z_2 \cdots z_n$$

$$z_i = \overline{x_i}, \qquad i = 0,1,2,\cdots,n$$

【例 2.24】　$x_1 = 01001011$，$x_2 = 11110000$，求 $\overline{x_1}$，$\overline{x_2}$。

解　　　　　　　　　　　　$\overline{x_1} = 10110100$

$$\overline{x_2} = 00001111$$

2. 逻辑加运算

对两个数进行逻辑加，就是按位求它们的"或"，所以逻辑加又称逻辑或，常用记号"+"来表示。

设有两数 x 和 y，它们表示为

$$x = x_0 x_1 x_2 \cdots x_n$$

$$y = y_0 y_1 y_2 \cdots y_n$$

若

$$x + y = z = z_0 z_1 z_2 \cdots z_n$$

则

$$z_i = x_i + y_i, \qquad i = 0,1,2,\cdots,n$$

【例 2.25】　$x = 10100001$，$y = 10011011$，求 $x+y$。

解

$$\begin{array}{r} 1\,0\,1\,0\,0\,0\,0\,1\;x \\ +\quad 1\,0\,0\,1\,1\,0\,1\,1\;y \\ \hline 1\,0\,1\,1\,1\,0\,1\,1\;z \end{array}$$

即

$$x+y = 10111011$$

3. 逻辑乘运算

对两数进行逻辑乘，就是按位求它们的"与"，所以逻辑乘又称逻辑与，常用记号"·"来表示。

设有两数 x 和 y，它们表示为

$$x = x_0x_1x_2\cdots x_n$$
$$y = y_0y_1y_2\cdots y_n$$

若

$$x \cdot y = z = z_0z_1z_2\cdots z_n$$

则

$$z_i = x_i \cdot y_i, \qquad i = 0,1,2,\cdots,n$$

【例 2.26】　$x=10111001$，　$y=11110011$，求 $x \cdot y$。

解

$$\begin{array}{r} 1\,0\,1\,1\,1\,0\,0\,1\;x \\ \cdot\quad 1\,1\,1\,1\,0\,0\,1\,1\;y \\ \hline 1\,0\,1\,1\,0\,0\,0\,1\;z \end{array}$$

即

$$x \cdot y = 10110001$$

4. 逻辑异运算

对两数进行逻辑异就是按位求它们的模 2 和，所以逻辑异又称按位加，常用记号"⊕"来表示。

设有两个数 x 和 y：

$$x = x_0x_1x_2\cdots x_n$$
$$y = y_0y_1y_2\cdots y_n$$

若 x 和 y 的逻辑异为 z：

$$x \oplus y = z = z_0z_1z_2\cdots z_n$$

则

$$z_i = x_i \oplus y_i, \qquad i = 0, 1, 2, \cdots, n$$

【例 2.27】　$x=10101011$，$y=11001100$，求 $x \oplus y$。

解

$$\begin{array}{r} 1\,0\,1\,0\,1\,0\,1\,1\;\;x \\ \oplus\quad 1\,1\,0\,0\,1\,1\,0\,0\;\;y \\ \hline 0\,1\,1\,0\,0\,1\,1\,1\;\;z \end{array}$$

即

$$x \oplus y = 01100111$$

2.5.2　多功能算术/逻辑运算单元

我们在 2.2.4 节中曾介绍由一位全加器(FA)构成的行波进位加法器,它可以实现补码数的加法运算和减法运算。但是这种加法/减法器存在两个问题。一是由于串行进位,它的运算时间很长。假如加法器由 n 位全加器构成,每一位的进位延迟时间为 20ns,那么最坏情况下,进位信号从最低位传递到最高位而最后输出稳定,至少需要 $n \times 20$ns,这在高速计算中显然是不利的。二是就行波进位加法器本身来说,它只能完成加法和减法两种操作而不能完成逻辑操作。为此,本节先介绍多功能算术/逻辑运算单元(ALU),它不仅具有多种算术运算和逻辑运算的功能,而且具有先行进位逻辑,从而能实现高速运算。

1. 基本思想

2.2.4 节中给出一位全加器(FA)的逻辑表达式 (2.20)为

$$F_i = A_i \oplus B_i \oplus C_i$$

$$C_{i+1} = A_iB_i + B_iC_i + C_iA_i$$

式中,F_i 是第 i 位的和数,A_i、B_i 是第 i 位的被加数和加数,C_i 是第 i 位的进位输入,C_{i+1} 为第 i 位的进位输出。

为了将全加器的功能进行扩展以完成多种算术/逻辑运算,我们先不将输入 A_i、B_i 和下一位的进位数 C_i 直接进行全加,而是将 A_i 和 B_i 先组合成由控制参数 S_0、S_1、S_2、S_3 控制的组合函数 X_i 和

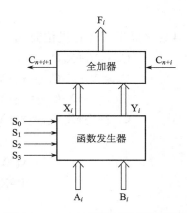

图 2.9　ALU 的逻辑结构原理框图

Y_i(图 2.9),然后再将 X_i、Y_i 和下一位进位数通过全加器进行全加。这样,不同的控制参数可以得到不同的组合函数,因而能够实现多种算术运算和逻辑运算。

因此,一位算术/逻辑运算单元的逻辑表达式修改为

$$F_i = X_i \oplus Y_i \oplus C_{n+i}$$

$$C_{n+i+1} = X_iY_i + Y_iC_{n+i} + C_{n+i}X_i \tag{2.28}$$

式(2.28)中进位下标用 $n+i$ 代替原来一位全加器中的 i,i 代表集成在一片电路上的 ALU 的二进制位数,对于 4 位一片的 ALU,$i=0, 1, 2, 3$。n 代表若干片 ALU 组成更大字长的运算器时每片电路的进位输入,如当 4 片组成 16 位字长的运算器时,$n=0, 4, 8, 12$。

2. 逻辑表达式

控制参数 S_0、S_1、S_2、S_3 分别控制输入 A_i 和 B_i,产生 Y_i 和 X_i 的函数。其中 Y_i 是受 S_0、S_1 控制的 A_i 和 B_i 的组合函数,而 X_i 是受 S_2、S_3 控制的 A_i 和 B_i 的组合函数,其函数关系如表 2.3 所示。

根据上面所列的函数关系,即可列出 X_i 和 Y_i 的逻辑表达式

$$X_i = \overline{S_2}\,\overline{S_3} + \overline{S_2}S_3(\overline{A_i} + \overline{B_i}) + S_2\overline{S_3}(\overline{A_i} + B_i) + S_2S_3\overline{A_i}$$

$$Y_i = \overline{S_0}\,\overline{S_1}\overline{A_i} + \overline{S_0}S_1\overline{A_i}B_i + S_0\overline{S_1}\overline{A_i}\overline{B_i}$$

表 2.3　X_i、Y_i 与控制参数和输入量的关系

S_0	S_1	Y_i	S_2	S_3	X_i
0	0	$\overline{A_i}$	0	0	1
0	1	$\overline{A_i}B_i$	0	1	$\overline{A_i+\overline{B_i}}$
1	0	$\overline{A_i}\overline{B_i}$	1	0	$\overline{A_i+B_i}$
1	1	0	1	1	$\overline{A_i}$

进一步化简，代入式(2.28)，ALU 的某一位逻辑表达式如下：

$$X_i = \overline{S_3 A_i B_i + S_2 A_i \overline{B_i}}$$
$$Y_i = \overline{A_i + S_0 B_i + S_1 \overline{B_i}}$$
$$F_i = Y_i \oplus X_i \oplus C_{n+i} \tag{2.29}$$
$$C_{n+i+1} = Y_i + X_i C_{n+i}$$

4 位之间采用先行进位公式，根据式(2.29)，每一位的进位公式可递推如下：

$$C_{n+1}=Y_0+X_0C_n$$
$$C_{n+2}=Y_1+X_1C_{n+1}=Y_1+Y_0X_1+X_0X_1C_n$$
$$C_{n+3}=Y_2+X_2C_{n+2}=Y_2+Y_1X_2+Y_0X_1X_2+X_0X_1X_2C_n$$
$$C_{n+4}=Y_3+X_3C_{n+3}=Y_3+Y_2X_3+Y_1X_2X_3+Y_0X_1X_2X_3+X_0X_1X_2X_3C_n$$

设

$$G=Y_3+Y_2X_3+Y_1X_2X_3+Y_0X_1X_2X_3$$
$$P=X_0X_1X_2X_3$$

则

$$C_{n+4}=G+PC_n \tag{2.30}$$

这样，对一片 ALU 来说，可有三个进位输出。其中 G 称为进位发生输出，P 称为进位传送输出。在电路中多加这两个进位输出的目的，是为了便于实现多片(组)ALU 之间的先行进位，为此还需一个配合电路，称为先行进位发生器(CLA)，将在下面介绍。

C_{n+4} 是本片(组)的最后进位输出。逻辑表达式表明，这是一个先行进位逻辑。换句话说，第 0 位的进位输入 C_n 可以直接传送到最高进位位上去，因而可以实现高速运算。

图 2.10 示出了用正逻辑表示的 4 位算术/逻辑运算单元(ALU)的逻辑电路图，它是根据上面的原始推导公式用 TTL 电路实现的。这个器件的商业标号为 74181ALU。

3. 算术逻辑运算的实现

图 2.10 中除了 $S_0\sim S_3$ 四个控制端外，还有一个控制端 M，它用来控制 ALU 进行算术运算还是进行逻辑运算。

当 M=0 时，M 对进位信号没有任何影响。此时 F_i 不仅与本位的被操作数 Y_i 和操作数 X_i 有关，而且与向本位的进位值 C_{n+i} 有关，因此 M=0 时，进行算术操作。

当 M=1 时，封锁了各位的进位输出，即 C_{n+i}=0，因此各位的运算结果 F_i 仅与 Y_i 和 X_i 有关，故 M=1 时，进行逻辑操作。

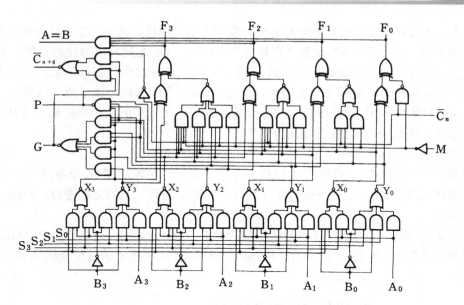

图 2.10　正逻辑操作数表示的 74181ALU 逻辑电路图

表 2.4 列出了 74181ALU 的运算功能表，它有两种工作方式。对正逻辑操作数来说，算术运算称高电平操作，逻辑运算称正逻辑操作（即高电平为"1"，低电平为"0"）。对于负逻辑操作数来说，正好相反。由于 $S_0 \sim S_3$ 有 16 种状态组合，因此对正逻辑输入与输出而言，有 16 种算术运算功能和 16 种逻辑运算功能。同样，对于负逻辑输入与输出而言，也有 16 种算术运算功能和 16 种逻辑运算功能。表 2.4 中只列出了正逻辑的 16 种算术运算和 16 种逻辑运算功能。

表 2.4　74181ALU 算术/逻辑运算功能表

工作方式选择输入				正逻辑输入与输出	
S_3	S_2	S_1	S_0	逻辑运算 M=1	算术运算 M=0　　C_n=1
0	0	0	0	$\overline{A}$	A
0	0	0	1	$\overline{A+B}$	A+B
0	0	1	0	$\overline{A}B$	$A+\overline{B}$
0	0	1	1	逻辑 0	减 1
0	1	0	0	$\overline{AB}$	A 加 $A\overline{B}$
0	1	0	1	$\overline{B}$	(A+B) 加 $A\overline{B}$
0	1	1	0	$A\oplus B$	A 减 B 减 1
0	1	1	1	$A\overline{B}$	$A\overline{B}$ 减 1
1	0	0	0	$\overline{A}+B$	A 加 AB
1	0	0	1	$\overline{A\oplus B}$	A 加 B
1	0	1	0	B	(A+B) 加 AB
1	0	1	1	AB	AB 减 1
1	1	0	0	逻辑 1	A 加 A
1	1	0	1	$A+\overline{B}$	(A+B) 加 A
1	1	1	0	A+B	$(A+\overline{B})$ 加 A
1	1	1	1	A	A 减 1

注意，表 2.4 中算术运算操作是用补码表示法来表示的。其中"加"是指算术加，运算时要考虑进位，而符号"+"是指"逻辑加"。其次，减法是用补码方法进行的，其中数的反码是内部产生的，而结果输出"A 减 B 减 1"，因此做减法时须在最末位产生一个强迫进位(加 1)，以便产生"A 减 B"的结果。另外，"A=B"输出端可指示两个数相等，因此它与其他 ALU 的"A=B"输出端按"与"逻辑连接后，可以检测两个数的相等条件。

思考题 你能说出 ALU 的创新点吗？

4. 两级先行进位的 ALU

前面说过，74181ALU 设置了 P 和 G 两个本组先行进位输出端。如果将四片 74181 的 P，G 输出端送入到 74182 先行进位部件(CLA)，又可实现第二级的先行进位，即组与组之间的先行进位。

假设 4 片(组)74181 的先行进位输出依次为 P_0，G_0，P_1，G_1，P_2，G_2，P_3，G_3，那么参考式(2.29)的进位逻辑表达式，先行进位部件 74182CLA 所提供的进位逻辑关系如下：

$$C_{n+x}=G_0+P_0C_n$$
$$C_{n+y}=G_1+P_1C_{n+x}=G_1+G_0P_1+P_0P_1C_n$$
$$C_{n+z}=G_2+P_2C_{n+y}=G_2+G_1P_2+G_0P_1P_2+P_0P_1P_2C_n \quad\quad (2.31)$$
$$C_{n+4}=G_3+P_3C_{n+z}=G_3+G_2P_3+G_1P_2P_3+G_0P_1P_2P_3+P_0P_1P_2P_3C_n=G^*+P^*C_n$$

其中

$$P^*=P_0P_1P_2P_3$$
$$G^*=G_3+G_2P_3+G_1P_2P_3+G_0P_1P_2P_3$$

根据以上表达式，用 TTL 器件实现的成组先行进位部件 74182 的逻辑电路图如图 2.11 所示。其中 G^* 称为成组进位发生输出，P^* 称为成组进位传送输出。

下面介绍如何用若干个 74181ALU 位片，与配套的 74182 先行进位部件 CLA 在一起，构成一个全字长的 ALU。

2.11

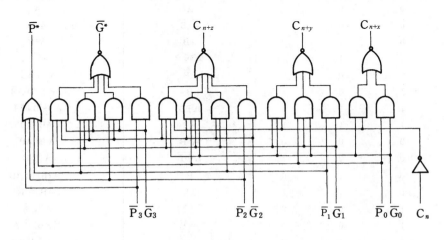

图 2.11 成组先行进位部件 CLA 的逻辑电路图

图 2.12 示出了用两个 16 位先行进位部件级联组成的 32 位 ALU 逻辑方框图。在这个电路中使用了八个 74181ALU 和两个 74182CLA 器件。很显然，对一个 16 位来说，CLA 部件构成了第二级的先行进位逻辑，即实现四个小组（位片）之间的先行进位，从而使全字长 ALU 的运算时间大大缩短。

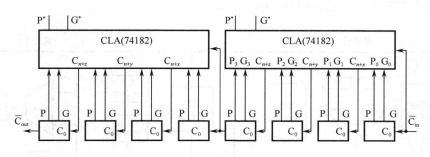

图 2.12　用两个 16 位全先行进位逻辑级联组成的 32 位 ALU

2.5.3 内部总线

由于计算机内部的主要工作过程是信息传送和加工的过程，因此在机器内部各部件之间的数据传送非常频繁。为了减少内部数据传送线并便于控制，通常将一些寄存器之间数据传送的通路加以归并，组成总线结构，使不同来源的信息在此传输线上分时传送。

根据总线所处的位置，总线分为内部总线和外部总线两类。内部总线是指 CPU 内各部件的连线，而外部总线是指系统总线，即 CPU 与存储器、I/O 系统之间的连线。本节只讨论内部总线。

按总线的逻辑结构来说，总线可分为单向传送总线和双向传送总线。所谓单向总线，就是信息只能向一个方向传送。所谓双向总线，就是信息可以向两个方向传送，既可以发送数据，也可以接收数据。

图 2.13 是带有缓冲驱动器的 4 位双向数据总线。其中所用的基本电路就是三态逻辑电路。当"发送"信号有效时，数据从左向右传送。反之，当"接收"信号有效时，数据从右向左传送。这种类型的缓冲器通常根据它们如何使用而叫做总线扩展器、总线驱动器、总线接收器等等。

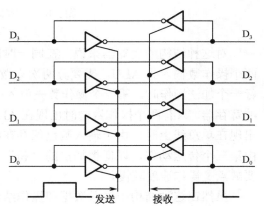

图 2.13　由三态门组成的双向数据总线

2.5.4 定点运算器的基本结构

运算器包括 ALU、阵列乘除器、寄存器、多路开关、三态缓冲器、数据总线等逻辑部件。运算器的设计，主要是围绕着 ALU 和寄存器同数据总线之间如何传送操作数和运算结果而进行的。在决定方案时，需要考虑数据传送的方便性和操作速度，在微型机和单片机中还要考虑在硅片上制作总线的工艺。计算机的运算器大体有如下三种结构形式：

1. 单总线结构的运算器

单总线结构的运算器如图 2.14(a) 所示。由于所有部件都接到同一总线上，所以数据可以在任何两个寄存器之间，或者在任一个寄存器和 ALU 之间传送。如果具有阵列乘法器或除法器，那么它们所处的位置应与 ALU 相当。

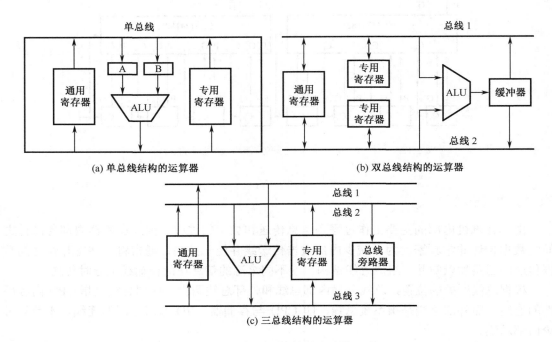

2.14

图 2.14　运算器的三种基本结构形式

对这种结构的运算器来说，在同一时间内，只能有一个操作数放在单总线上。为了把两个操作数输入到 ALU，需要分两次来做，而且还需要 A、B 两个缓冲寄存器。例如，执行一个加法操作时，第一个操作数先放入 A 缓冲寄存器，然后再把第二个操作数放入 B 缓冲寄存器。只有两个操作数同时出现在 ALU 的两个输入端，ALU 才执行加法。当加法结果出现在单总线上时，由于输入数已保存在缓冲寄存器中，它并不会打扰输入数。然后，再由第三个传送动作，以便把加法的"和"选通到目的寄存器中。由此可见，这种结构的主要缺点是操作速度较慢。

虽然在这种结构中输入数据和操作结果需要三次串行的选通操作，但它并不会对每种指令都增加很多执行时间。例如，如果有一个输入数是从存储器来的，且运算结果又送回存储器，那么限制数据传送速度的主要因素是存储器访问时间。只有在对全都是 CPU 寄存器中的两个操作数进行操作时，单总线结构的运算器才会造成一定的时间损失。但是由于它只控制一条总线，故控制电路比较简单。

2. 双总线结构的运算器

双总线结构的运算器如图 2.14(b) 所示。在这种结构中，两个操作数同时加到 ALU 进行运算，只需要一次操作控制，而且马上就可以得到运算结果。图中，两条总线各自把其数据送至 ALU 的输入端。专用寄存器分成两组，它们分别与一条总线交换数据。这样，通用寄存器中的数就可以进入到任一组专用寄存器中去，从而使数据传送更为灵活。

ALU 的输出不能直接加到总线上去。这是因为，当形成操作结果的输出时，两条总线都被输入数占据，因而必须在 ALU 输出端设置缓冲寄存器。为此，操作的控制要分两步来完成：第一步，在 ALU 的两个输入端输入操作数，形成结果并送入缓冲寄存器；第二步，把结果送入目的寄存器。假如在总线 1、2 和 ALU 输入端之间再各加一个输入缓冲寄存器，并把两个输入数先放至这两个缓冲寄存器，那么，ALU 输出端就可以直接把操作结果送至总线 1 或总线 2 上去。

3. 三总线结构的运算器

三总线结构的运算器如图 2.14(c) 所示。在三总线结构中，ALU 的两个输入端分别由两条总线供给，而 ALU 的输出则与第三条总线相连。这样，算术逻辑操作就可以在一步的控制之内完成。由于 ALU 本身有时间延迟，所以打入输出结果的选通脉冲必须考虑到这个延迟。另外，设置了一个总线旁路器(桥)。如果一个操作数不需要修改，而直接从总线 2 传送到总线 3，那么可以通过总线旁路器把数据传出；如果一个操作数传送时需要修改，那么就借助于 ALU。三总线运算器的特点是操作时间快。

思考题　你能评价三种运算器的结构特点吗？

2.6 浮点运算方法和浮点运算器

2.6.1 浮点加法、减法运算

设有两个浮点数 x 和 y，它们分别为

$$x = 2^{E_x} \cdot M_x$$
$$y = 2^{E_y} \cdot M_y$$

其中，E_x 和 E_y 分别为数 x 和 y 的阶码，M_x 和 M_y 分别为数 x 和 y 的尾数。

两浮点数进行加法和减法的运算规则是

$$z = x \pm y = (M_x 2^{E_x - E_y} \pm M_y) 2^{E_y}, \qquad E_x \leqslant E_y \tag{2.32}$$

完成浮点加减运算的操作过程大体分为四步：第一步，0 操作数检查；第二步，比较阶码大小并完成对阶；第三步，尾数进行加或减运算；第四步，结果规格化并进行舍入处理。图 2.15 示出浮点加减运算的操作流程。

1) 0 操作数检查

浮点加减运算过程比定点运算过程复杂。如果判知两个操作数 x 或 y 中有一个数为 0，即可得知运算结果而没有必要再进行后续的一系列操作，以节省运算时间。0 操作数检查步骤则用来完成这一功能。

2) 比较阶码大小并完成对阶

两浮点数进行加减，首先要看两数的阶码是否相同，即小数点位置是否对齐。若两数阶码相同，表示小数点是对齐的，就可以进行尾数的加减运算。反之，若两数阶码不同，表示小数点位置没有对齐，此时必须使两数的阶码相同，这个过程叫做对阶。

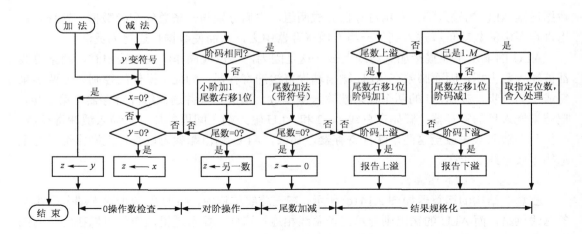

图 2.15　浮点加减运算操作流程

要对阶，首先应求出两数阶码 E_x 和 E_y 之差，即

$$\Delta E = E_x - E_y$$

若 $\Delta E=0$，表示两数阶码相等，即 $E_x=E_y$；若 $\Delta E>0$，表示 $E_x>E_y$；若 $\Delta E<0$，表示 $E_x<E_y$。

当 $E_x \neq E_y$ 时，要通过尾数的移动以改变 E_x 或 E_y，使之相等。原则上，既可以通过 M_x 移位以改变 E_x 来达到 $E_x=E_y$，也可以通过 M_y 移位以改变 E_y 来实现 $E_x=E_y$。但是，由于浮点表示的数多是规格化的，尾数左移会引起最高有效位的丢失，造成很大误差。而尾数右移虽引起最低有效位的丢失，但造成的误差较小。因此，对阶操作规定使尾数右移，尾数右移后使阶码作相应增加，其数值保持不变。很显然，一个增加后的阶码与另一个阶码相等，所增加的阶码一定是小阶。因此在对阶时，总是使小阶向大阶看齐，即小阶的尾数向右移位(相当于小数点左移)，每右移一位，其阶码加 1，直到两数的阶码相等为止，右移的位数等于阶差 ΔE。

3）尾数加减运算

对阶结束后，即可进行尾数的加减运算。不论是加法运算还是减法运算，都按加法进行操作，其方法与定点加减运算完全一样。

4）结果规格化

在浮点加减运算时，尾数求和的结果也可以得到 $01.\phi\cdots\phi$ 或 $10.\phi\cdots\phi$，即两符号位不相等，这在定点加减运算中称为溢出，是不允许的。但在浮点运算中，它表明尾数求和结果的绝对值大于 1，向左破坏了规格化。此时将尾数运算结果右移以实现规格化表示，称为向右规格化，即尾数右移 1 位，阶码加 1。当尾数不是 $1.M$ 时须向左规格化。

5）舍入处理

在对阶或向右规格化时，尾数要向右移位，这样，被右移的尾数的低位部分会被丢掉，从而造成一定误差，因此要进行舍入处理。

在 IEEE754 标准中，舍入处理提供了四种可选办法。

就近舍入　其实质就是通常所说的"四舍五入"。例如，尾数超出规定的 23 位的多余位数字是 10010，多余位的值超过规定的最低有效位值的一半，故最低有效位应增 1。若多余的 5 位是 01111，则简单的截尾即可。对多余的 5 位 10000 这种特殊情况：若最低有效位现为 0，则截尾；若最低有效位现为 1，则向上进 1 位使其变为 0。

朝 0 舍入　即朝数轴原点方向舍入，就是简单的截尾。无论尾数是正数还是负数，截尾都使取值的绝对值比原值的绝对值小。这种方法容易导致误差累积。

朝 $+\infty$ 舍入　对正数来说，只要多余位不全为 0 则向最低有效位进 1；对负数来说，则是简单的截尾。

朝 $-\infty$ 舍入　处理方法正好与朝 $+\infty$ 舍入情况相反。对正数来说，则是简单截尾；对负数来说，只要多余位不全为 0，则向最低有效位进 1。

6）溢出处理

浮点数的溢出是以其阶码溢出表现出来的。在加、减运算过程中要检查是否产生了溢出：若阶码正常，加（减）运算正常结束；若阶码溢出，则要进行相应的处理。另外对尾数的溢出也需要处理。图 2.16 表示了 32 位格式浮点数的溢出概念。

图 2.16　32 位格式浮点数的表示范围

阶码上溢　超过了阶码可能表示的最大值的正指数值，一般将其认为是 $+\infty$ 和 $-\infty$。

阶码下溢　超过了阶码可能表示的最小值的负指数值，一般将其认为是 0。

尾数上溢　两个同符号尾数相加产生了最高位向上的进位，要将尾数右移，阶码增 1 来重新对齐。

尾数下溢　在将尾数右移时，尾数的最低有效位从尾数域右端流出，要进行舍入处理。

图 2.17 示出浮点加减法运算电路的硬件框图。首先，两个加数的指数部分通过 ALU1 相减，从而判断出哪一个的指数较大、大多少。指数相减所得的差值控制着下面的三个多路开关；按从左到右的顺序，这三个多路开关分别挑选出较大的指数、较小加数的有效数位以及较大加数的有效数位。较小加数的有效数位部分右移适当的位数，然后再在 ALU2 中与另一个加数的有效数位部分相加。接下来对结果进行规格化，这是通过将求得的和向左或向右做适当的移位操作（同时相应地增大或减小和的指数部分）来实现的。最后对结果进行舍入，舍入之后可能还需要再次进行规格化，才能得到最终的结果。

【例 2.28】　设 $x=0.5_{10}$，$y=-0.4375_{10}$，假设尾数有效位为 4 位，用二进制形式求 $(x+y)_{浮}$。

解
$$x=0.5_{10}=0.1_2=0.1_2\times2^0=1.000_2\times2^{-1}$$
$$y=-0.4375_{10}=-0.0111_2=-0.0111_2\times2^0=-1.110_2\times2^{-2}$$

第 1 步，对阶：因 y 阶小，调整 y 的指数向 x 阶看齐
$$y=-1.110_2\times2^{-2}=-0.111_2\times2^{-1}$$

第 2 步，尾数相加：
$$x+y=1.000_2\times2^{-1}+(-0.111_2\times2^{-1})=0.001_2\times2^{-1}$$

第 3 步，规格化：
$$x+y=0.001_2\times2^{-1}=-0.010_2\times2^{-2}=0.100_2\times2^{-3}=1.000_2\times2^{-4}$$

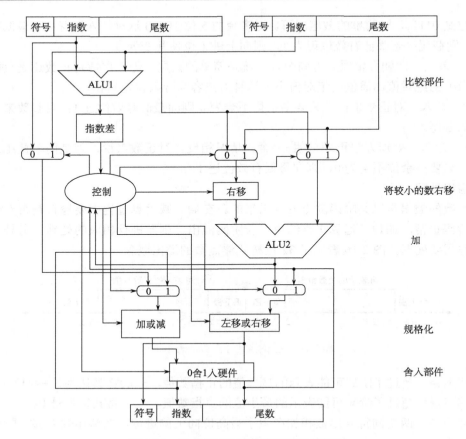

图 2.17　浮点加减法运算电路的硬件框图

第 4 步，检查上溢或下溢：

由于指数–4 用移码表示，且处于 $127 \geq -4 \geq -126$，求和结果既无上溢也无下溢。

第 5 步，舍入操作：

求和结果 $(x+y)_浮 = 1.000_2 \times 2^{-4}$，尾数有效位恰好是 4 位，舍入时无须做任何改变。

最后结果：$(x+y)_浮 = 1.000_2 \times 2^{-4} = 0.0001000_2 = 0.0001_2 = 0.0625_{10}$

十进制数验证：$x+y = 0.5_{10} + (-0.4375_{10}) = 0.0625_{10}$

为突出浮点加减法运算中小数点位置必须对齐的概念，下面再举一个十进制数浮点加减法运算的例子。

【例 2.29】　设 $x = 10^{E_x} \times M_x = 10^2 \times 0.3$，$y = 10^{E_y} \times M_y = 10^3 \times 0.2$。求 $x+y$，$x-y$。

解　$E_x=2$，$E_y=3$，$E_x < E_y$，对阶时小阶向大阶看齐。

$$x+y = (M_x \cdot 10^{E_x-E_y} + M_y) \times 10^{E_y} = (0.3 \times 10^{2-3} + 0.2) \times 10^3$$

$$= 0.23 \times 10^3 = 230$$

$$x-y = (M_x \cdot 10^{E_x-E_y} - M_y) \times 10^{E_y} = (0.3 \times 2^{2-3} - 0.2) \times 10^3$$

$$= (-0.17) \times 10^3 = -170$$

2.6.2　浮点乘法、除法运算

1. 浮点乘法、除法运算规则

设有两个浮点数 x 和 y：

$$x = 2^{E_x} \cdot M_x$$
$$y = 2^{E_y} \cdot M_y$$

浮点乘法运算的规则是

$$x \times y = 2^{(E_x + E_y)} \cdot (M_x \times M_y) \tag{2.33}$$

可见，乘积的尾数是相乘两数的尾数之积，乘积的阶码是相乘两数的阶码之和。当然，这里也有规格化与舍入等步骤。

浮点除法的运算规则是

$$x \div y = 2^{(E_x - E_y)} \cdot (M_x \div M_y) \tag{2.34}$$

可见，商的尾数是相除两数的尾数之商，商的阶码是相除两数的阶码之差。当然也有规格化和舍入等步骤。

浮点乘除法不存在两个数的对阶问题，因此与浮点加减法相比反而简单。

图 2.18 表示浮点乘法流程图。

2. 浮点乘、除法运算步骤

浮点数的乘除运算大体分为六步：第一步，0 操作数检查，如果被除数 x 为 0，则商为 0，如果除数 y 为 0，则商为 ∞；第二步，阶码加/减操作；第三步，尾数乘/除操作；第四步，结果规格化；第五步，舍入处理；第六步，确定积的符号。

1）浮点数的阶码运算

浮点乘除法中，对阶码的运算有+1、–1、两阶码求和、两阶码求差四种，运算时还必须检查结果是否溢出。

2）尾数处理

浮点加减法对结果的规格化及舍入处理也适用于浮点乘除法。

第一种简单办法是，无条件地丢掉正常尾数最低位之后的全部数值。这种办法被称为截断处理，其好处是处理简单，缺点是影响结果的精度。

第二种简单办法是，运算过程中保留右移中移出的若干高位的值，最后再按某种规则用这些位上的值修正尾数。这种处理方法被称为舍入处理。

当尾数用原码表示时，舍入规则比较简单。最简便的方法，是只要尾数最低位为 1，或移出的几位中有为 1 的数值位，就使最低位的值为 1。另一种是 0 舍 1 入法，即当丢失的最高位的值为 1 时，把这个 1 加到最低数值位上进行修正。

【例 2.30】　设有浮点数 $x=0.5_{10}$，$y=-0.4375_{10}$，用二进制求 $(x \times y)_浮$。

解　先将十进制数表示成二进制形式

$$x=0.5_{10}=1.000_2 \times 2^{-1}, \qquad y=-0.4375_{10}=-1.110_2 \times 2^{-2}$$
$$(x \times y)_浮=(1.000_2 \times 2^{-1}) \times (-1.110_2 \times 2^{-2})$$

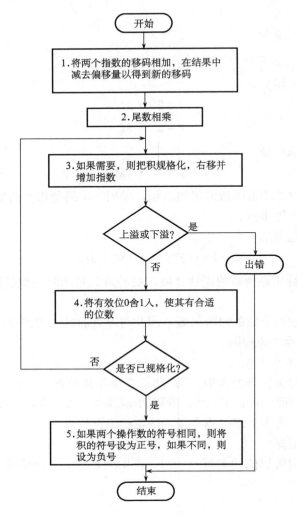

图 2.18　浮点乘法操作流程图

第 1 步，将 x 和 y 的指数部分相加：

$$e^x + e^y = -1 + (-2) = -3$$

用移码表示，则为　$(E_x + E_y) = -3 + 127 = +124$

第 2 步，将被乘数和乘数的尾数相乘：

$$
\begin{array}{r}
1.000 \\
\times \quad 1.110 \\
\hline
0\,000 \\
1\,000 \\
1\,000 \\
+ \quad 1\,000 \\
\hline
1\,110\,000
\end{array}
$$

得到的乘积为 $1.110000_2 \times 2^{-3}$，由于只需要 4 位有效数，因此将乘积结果修正为 $1.110_2 \times 2^{-3}$。

第 3 步，规格化与溢出检查。

乘积的有效数位已经规格化，由于指数 -3 处在 $127 \geq -3 \geq -126$，故没有发生上溢和下溢。

第 4 步，舍入到 4 位有效数字。这一步无需做任何操作，结果仍为

$$1.110_2 \times 2^{-3}$$

第 5 步，确定积的符号：x 和 y 符号相反，乘积为负数，即

$$(x \times y)_{浮} = -1.110_2 \times 2^{-3}$$

十进制浮点数验证：

$$-1.110 \times 2^{-3} = -0.001110_2 = -0.00111_2 = -0.21875_{10}$$
$$0.5 \times (-0.4375) = -0.21875$$

【例 2.31】　设基数 $R=10$，$x = 10^{E_x} \times M_x = 10^2 \times 0.4$，$y = 10^{E_y} \times M_y = 10^3 \times 0.2$，用浮点法求 $x \times y$，$x \div y$。

解　　　　　　　$E_x = 2$，$E_y = 3$，$M_x = +0.4$，$M_y = +0.2$
$$x \times y = 10^{(E_x + E_y)} \times (M_x \times M_y) = 10^{2+3} \times (0.4 \times 0.2) = 8000$$
$$x \div y = 10^{(E_x - E_y)} \times (M_x \div M_y) = 10^{2-3} \times (0.4 \div 0.2) = 0.2$$

2.6.3　浮点运算流水线

1. 流水线原理

计算机的流水处理过程同工厂中的流水装配线类似。为了实现流水，首先必须把输入的任务分割为一系列子任务，使各子任务能在流水线的各个阶段并发地执行。将任务连续不断地输入流水线，从而实现了子任务级的并行。因此流水处理大幅度地改善了计算机的系统性能，是在计算机上实现时间并行性的一种非常经济的方法。

在流水线中，原则上要求各个阶段的处理时间都相同。若某一阶段的处理时间较长，势必造成其他阶段的空转等待。因此对子任务的划分，是决定流水线性能的一个关键因素，它取决于操作部分的效率、所期望的处理速度，以及成本价格等。

假设作业 T 被分成 k 个子任务，可表达为

$$T = \{T_1, T_2, \cdots, T_k\}$$

各个子任务之间有一定的优先关系：若 $i < j$，则必须在 T_i 完成以后，T_j 才能开始工作。具有这种线性优先关系的流水线称为线性流水线。线性流水线的硬件基本结构如图 2.19 所示。

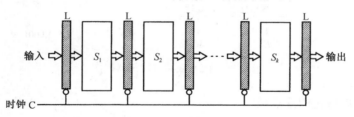

图 2.19　线性流水线的硬件基本结构

图 2.19 中，处理一个子任务的过程为过程段(S_i)。线性流水线由一系列串联的过程段组成，各个过程之间设有高速的缓冲寄存器(L)，以暂时保存上一过程子任务处理的结果。在一个统一的时钟(C)控制下，数据从一个过程段流向相邻的过程段。

设过程段 S_i 所需的时间为 τ_i，缓冲寄存器的延时为 τ_l，线性流水线的时钟周期定义为

$$\tau = \max\{\tau_i\} + \tau_l = \tau_m + \tau_l \tag{2.35}$$

故流水线处理的频率为 $f = 1/\tau$。

在流水线处理中，当任务饱满时，任务源源不断地输入流水线，不论有多少级过程段，每隔一个时钟周期都能输出一个任务。从理论上说，一个具有 k 级过程段的流水线处理 n 个任务需要的时钟周期数为

$$T_k = k + (n-1) \tag{2.36}$$

其中 k 个时钟周期用于处理第一个任务。k 个周期后，流水线被装满，剩余的 $n-1$ 个任务只需 $n-1$ 个周期就能完成。如果用非流水线的硬件来处理这 n 个任务，时间上只能串行进行，则所需时钟周期数为

$$T_L = n \cdot k \tag{2.37}$$

我们将 T_L 和 T_k 的比值定义为 k 级线性流水线的加速比：

$$C_k = \frac{T_L}{T_k} = \frac{n \cdot k}{k + (n-1)} \tag{2.38}$$

当 $n \gg k$ 时，$C_k \to k$。这就是说，理论上 k 级线性流水线处理几乎可以提高 k 倍速度。

思考题　你能举出工厂中的生产流水线实例吗？

2. 流水线浮点加法器

从图 2.15 看出，浮点加减法由 0 操作数检查、对阶操作、尾数操作、结果规格化及舍入处理共 4 步完成，因此流水线浮点加法器可由 4 个过程段组成。图 2.20 仅示出了除 0 操作数检查之外的 3 段流水线浮点加法器框图。

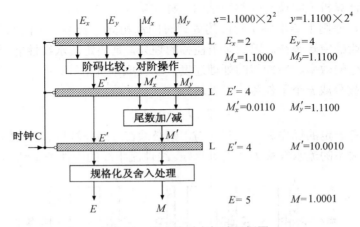

图 2.20　流水线浮点加法器框图

假设有两个规格化的浮点数

$$x = 1.1000 \times 2^2, \quad y = 1.1100 \times 2^4$$

当此二数相加时，因 x 具有较小的阶码，首先应使它向 Y 对阶，从而得到 $x=0.0110×2^4$，然后尾数再相加，即

$$
\begin{array}{r}
0.0110×2^4 \\
+\quad 1.1100×2^4 \\
\hline
10.0010×2^4
\end{array}
$$

其结果要进行规格化，将尾数向右移 1 位，阶码增 1。即规格化的结果为 $1.0001×2^5$。

　　在图 2.20 所示的流水线浮点加法器框图中，标出了上述例子在每一个过程段和锁存器 L 中保存的流水运算结果值。

　　【例 2.32】　假设有一个 4 级流水浮点加法器，每个过程段所需的时间为：0 操作数检查 $\tau_1=70\text{ns}$，对阶 $\tau_2=60\text{ns}$，相加 $\tau_3=90\text{ns}$，规格化 $\tau_4=80\text{ns}$，缓冲寄存器 L 的延时为 $\tau_t=10\text{ns}$，求：(1) 4 级流水线加法器的加速比为多少？(2) 如果每个过程段的时间都相同，即都为 75ns（包括缓冲寄存器时间）时，加速比是多少？

　　解　（1）加法器的流水线时钟周期至少为

$$\tau=90+10=100\,(\text{ns})$$

如果采用同样的逻辑电路，但不是流水线方式，则浮点加法所需的时间为

$$\tau_1+\tau_2+\tau_3+\tau_4=300\text{ns}$$

因此，4 级流水线加法器的加速比为

$$C_k=300/100=3$$

　　（2）当每个过程段的时间都是 75ns 时，加速比为

$$C_k=300/75=4$$

　　【例 2.33】　已知计算一维向量 x，y 的求和表达式如下：

$$
\begin{array}{ccc}
x & y & z
\end{array}
$$

$$
\begin{bmatrix}
56 \\ 20.5 \\ 0 \\ 114.3 \\ 69.6 \\ 3.14
\end{bmatrix}
+
\begin{bmatrix}
65 \\ 14.6 \\ 336 \\ 7.2 \\ 72.8 \\ 1.41
\end{bmatrix}
=
\begin{bmatrix}
121 \\ 35.1 \\ 336 \\ 121.5 \\ 142.4 \\ 4.55
\end{bmatrix}
$$

试用 4 段的浮点加法流水线来实现一维向量的求和运算，这 4 段流水线是阶码比较、对阶操作、尾数相加、规格化。只要求画出向量加法计算流水时空图。

　　解　运算流水线对向量计算显示出很大的优越性。我们用纵向表示空间轴（段），横向表示时间轴，这样字母 C、S、A、N 分别表示流水线的阶码比较、对阶操作、尾数相加、规格化四个段，那么向量加法计算的流水时空图如图 2.21 所示。图中左面表示 X_i、Y_i 两个元素输入流水线的时间，右面表示求和结果 Z_i 输出流水线的时间。可以看出，流水线填满后，每隔一个时钟周期，流水线便吐出一个运算结果。

2.21

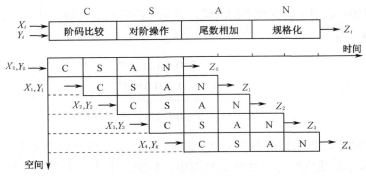

图 2.21　向量加法计算的流水时空图

本 章 小 结

一个定点数由符号位和数值域两部分组成。按小数点位置不同，定点数有纯小数和纯整数两种表示方法。

按 IEEE754 标准，一个浮点数由符号位 S、阶码 E、尾数 M 三个域组成。其中阶码 E 的值等于指数的真值 e 加上一个固定偏移值。

为了使计算机能直接处理十进制形式的数据，采用两种表示形式：①字符串形式，主要用在非数值计算的应用领域；②压缩的十进制数串形式，用于直接完成十进制数的算术运算。

数的真值变成机器码时有四种表示方法：原码表示法、反码表示法、补码表示法、移码表示法。其中移码主要用于表示浮点数的阶码 E，以利于比较两个指数的大小和对阶操作。

字符信息属于符号数据，是处理非数值领域的问题。国际上采用的字符系统是七单位的 ASCII 码。

直接使用西文标准键盘输入汉字，进行处理，并显示打印汉字，是一项重大成就。为此要解决汉字的输入编码、汉字内码、字模码等三种不同用途的编码。

为运算器构造的简单性，运算方法中算术运算通常采用补码加、减法，原码乘除法或补码乘除法。为了运算器的高速性和控制的简单性，采用了先行进位、阵列乘除法、流水线等并行技术措施。运算方法和运算器是本章的重点。

定点运算器和浮点运算器的结构复杂程度有所不同。早期微型机中浮点运算器放在 CPU 芯片外，随着高密度集成电路技术的发展，现已移至 CPU 内部。

习 题

1. 写出下列各整数的原码、反码、补码表示(用 8 位二进制数)。其中 MSB 是最高位(符号位)，LSB 是最低位。

(1) -35　(2) -128　(3) -127　(4) -1

2. 设 $[x]_{补}=a_7.a_6a_5\cdots a_0$，其中 a_i 取 0 或 1，若要 $x>-0.5$，求 $a_0, a_1, a_2, \cdots, a_6$ 的取值。

3. 有一个字长为 32 位的浮点数，符号位 1 位；阶码 8 位，用移码表示；尾数 23 位，用补码表示；基数为 2。请写出：

(1) 最大数的二进制表示；(2) 最小数的二进制表示；(3) 规格化数所能表示的数的范围。

4. 将下列十进制数表示成 IEEE754 标准的 32 位浮点规格化数。

(1) 27/64　(2) −27/64

5. 已知 x 和 y，用变形补码计算 $x+y$，同时指出结果是否溢出。

(1) x=11011，　y=00011　(2) x=11011，　y=−10101　(3) x=−10110，　y=−00001

6. 已知 x 和 y，用变形补码计算 $x-y$，同时指出结果是否溢出。

(1) x=11011，　y=−11111　(2) x=10111，　y=11011　(3) x=11011，　y=−10011

7. 用原码阵列乘法器、补码阵列乘法器分别计算 $x \times y$。

(1) x=11011，　y=−11111　(2) x=−11111，　y=−11011

8. 用原码阵列除法器计算 $x \div y$ (注：先乘 1 个比例因子变成小数)。

(1) x=11000，　y=−11111　(2) x=−01011，　y=11001

9. 设阶码 3 位，尾数 6 位，按浮点运算方法，完成下列取值的 $[x+y]$，$[x-y]$ 运算：

(1) $x=2^{-011} \times 0.100101$，　　　　$y=2^{-010} \times (-0.011110)$

(2) $x=2^{-101} \times (-0.010110)$，　　$y=2^{-100} \times (0.010110)$

10. 设数的阶码 3 位，尾数 6 位，用浮点运算方法，计算下列各式：

(1) $\left(2^3 \times \dfrac{13}{16}\right) \times \left[2^4 \times \left(-\dfrac{9}{16}\right)\right]$　　(2) $\left(2^{-2} \times \dfrac{13}{32}\right) \div \left(2^3 \times \dfrac{15}{16}\right)$

11. 某加法器进位链小组信号为 $C_4C_3C_2C_1$，低位来的进位信号为 C_0，请分别按下述两种方式写出 $C_4C_3C_2C_1$ 的逻辑表达式：

(1) 串行进位方式；(2) 并行进位方式

12. 用 IEEE 32 位浮点格式表示如下的数：

(1) −5　(2) −1.5　(3) 384　(4) 1/16　(5) −1/32

13. 下列各数使用了 IEEE 32 位浮点格式，相等的十进制是什么？

(1) 1　10000011　110　0000　0000　0000　0000　0000

(2) 0　01111110　101　0000　0000　0000　0000　0000

14. 32 位格式最多能表示 2^{32} 个不同的数。用 IEEE 32 位浮点格式最多能表示多少不同的数？为什么？

15. 设计一个带有原码阵列乘法器(使用芯片)和原码阵列除法器(使用芯片)的定点运算器。

16. 设计一个 ALU(4 位)，完成加、减、取反、取补、逻辑乘、逻辑加、传送、加 1 等 8 种运算功能。

第 3 章

存 储 系 统

存储器是计算机的关键部件之一，用于存储程序和数据。现代计算机要求存储器容量越来越大，速度越来越快，使存储器已经演变成了"存储系统"。本章首先讨论存储系统的基本概念，然后介绍基本的半导体存储器(随机读写存储器和只读存储器)的基本工作原理与接口方式；以及提高存储器访问性能的常用机制；最后讨论构成多级存储系统的高速缓冲存储器和虚拟存储器。

3.1 存储系统概述

3.1.1 存储系统的层次结构

在冯·诺依曼体系结构中，存储器是计算机系统的五大组成部件之一。早期的计算机系统只有单一的存储器存放为数不多的数据和指令。但是，随着软件复杂度的提高、多媒体技术和网络技术的普及，对存储器容量的要求不断提高。而微电子技术的发展又为大幅度提升存储器的存储密度提供了可能性，这反过来又促使对存储器容量的需求进一步提升。

由于存储器的价格相对较高，而且在整机成本中占有较大的比例，因而从性能价格比的角度不能通过简单配置更大容量的存储器满足用户的需求。为此，必须使用某种策略解决成本和性能之间的矛盾。这一策略就是存储器分层，即利用不同容量、成本、功耗和速度的多种存储器构成有机结合的多级存储系统。构成多级存储系统的依据就是程序的局部性原理。

1. 程序的局部性原理

统计表明，无论是访问存取指令还是存储数据，在一个较短的时间间隔内，程序所访问的存储器地址在很大比例上集中在存储器地址空间的很小范围内。这种在某一段时间内频繁访问某一局部的存储器地址空间，而对此范围以外的地址空间则很少访问的现象称为程序的局部性原理。

程序的局部性可以从两个角度分析。

(1)时间局部性：最近被访问的信息很可能还要被访问。

(2)空间局部性：最近被访问的信息邻近地址的信息也可能被访问。

2. 多级存储系统的组成

在 CPU 内部有少量的寄存器可以存储正在执行的指令或者正在参加运算的数据，寄存器的访问速度非常快，但数量较少。正在执行的程序的指令和数据存储在 CPU 能直接访问的存储器中，这种狭义的存储器就是内存储器。内存储器速度高、容量小、价格高，由半导体器件构成。

为了扩大存储容量，在内存储器之外增加容量更大但访问速度稍慢的外存储器(外存)，或者称为辅助存储器(辅存)。相对而言，外存储器速度低、容量大、价格便宜，可以由磁盘存储器、光盘存储器等非半导体器件或者固态半导体存储器构成。CPU 不能直接访问外存储器，外存储器的信息必须调入内存储器后才能由 CPU 处理。

内存储器和外存储器构成了两级存储系统。

随着半导体技术的发展，CPU 和内存储器的工作速度都在提高，但 CPU 速度提高得更快，而更高速度的内存储器价格非常高。为此，人们在常规内存储器与 CPU 之间增加了速度更高但容量更小的半导体高速缓冲存储器，即 cache，用于存放常规内存中正在使用的一些信息块的副本。常规的内存被称为主存。这样，内存储器就分为 cache 和主存两部分，由此构成了三级存储系统，其结构如图 3.1 所示。

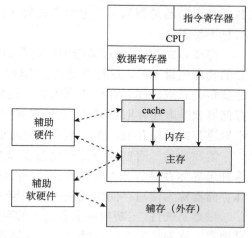

图 3.1　三级存储系统的组成

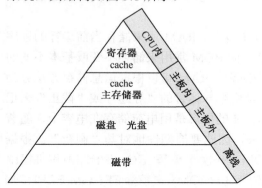

图 3.2　多级存储系统的"金字塔"结构

在三级存储系统中，cache 用于提升访问速度，以便使存取速度和 CPU 的运算速度相匹配；外存储器则主要解决存储容量问题，以满足计算机的大容量存储要求；主存储器介于 cache 与外存之间，要求选取适当的存储容量和存取周期，使它能容纳系统的核心软件和较多的用户程序。多级存储系统的出发点是提高存储系统的性能/价格比，让整个存储系统在速度上接近 cache，而在容量和价格上接近外存。

3.2

对性能要求更高的系统还可以将 cache 分成一级(L1)cache 和二级(L2)cache，甚至更多级。对存储容量要求更多的系统还可以用磁带等可更换介质实现无容量限制的存储。如图 3.2 所示，在由 cache、主存、磁盘和磁带构成的多级存储体系中，存储容量、存储密度逐级提升，访问速度和价格逐级降低，构成金字塔式的存储结构。

3.1.2　存储器的分类

构成存储器的存储介质，目前主要采用半导体器件和磁性材料。一个双稳态半导体电路或一个 CMOS 晶体管或磁性材料的存储元，均可以存储一位二进制代码。这个二进制代码位是存储器中最小的存储单位，称为存储位元。由若干存储位元组成一个存储单元，然后再由许多存储单元组成一个存储器。

　　根据存储材料的性能及使用方法不同，存储器有各种不同的分类方法。

　　存储介质　作为存储介质的基本要求，必须有两个明显区别的物理状态，分别用来表示二进制的代码 0 和 1。另外，存储器的存取速度又取决于这种物理状态的改变速度。目前使用的存储介质主要是半导体器件、磁性材料和光存储器。用半导体器件组成的存储器称为半导体存储器。用磁性材料做成的存储器称为磁表面存储器，如磁盘存储器和磁带存储器。光存储器是指只读光盘或者读写光盘。磁盘和光盘的共同特点是存储容量大，储存的信息不易丢失。

　　存取方式　如果存储器中任何存储单元的内容都能被随机存取，且存取时间和存储单元的物理位置无关，这种存储器称为随机存取存储器。如果存储器只能按某种顺序来存取，也就是说存取时间和存储单元的物理位置有关，这种存储器称为顺序存取存储器。如磁带存储器就是顺序存取存储器，它的存取周期较长。磁盘存储器则是半顺序(直接)存取存储器，沿磁道方向顺序存取，垂直半径方向随机存取。

　　读写功能　有些半导体存储器存储的内容在存储器工作过程中只能读出而不能写入，这种半导体存储器称为只读存储器(ROM)。在存储器工作过程中既能读出又能写入的半导体存储器称为读写存储器或随机存取存储器(RAM)。

　　信息易失性　断电后信息消失的存储器，称为易失性存储器。断电后仍能保存信息的存储器，称为非易失性存储器。半导体存储器中，RAM 是易失性存储器，一旦掉电，储存信息全部丢失。而 ROM 是非易失性存储器。磁性材料做成的存储器是非易失性存储器。

　　与 CPU 的耦合程度　根据存储器在计算机系统中所处的位置，可分为内部存储器和外部存储器。内存又可分为主存和高速缓冲存储器。

　　计算机系统的主存习惯上被分为 RAM 和 ROM 两类。RAM 用来储存当前运行的程序和数据，并可以在程序运行过程中反复更改其内容。而 ROM 常用来储存不变或基本不变的程序和数据(如监控程序、引导加载程序及常数表格等)。RAM 可以根据信息储存方法分为静态 RAM(SRAM)和动态 RAM(DRAM)。SRAM 是用半导体管的"导通"或"截止"来记忆的，只要不掉电，储存信息就不会丢失。而 DRAM 的信息是用电荷储存在电容上，随着时间的推移，电荷会逐渐漏掉，储存信息也会丢失，因此要周期性地对其"刷新"。根据工艺和特性的不同，只读存储器又分为掩膜 ROM、一次可编程 ROM(PROM)和可擦除 PROM(EPROM)，后者又分为紫外线擦除 EPROM(UV-EPROM)、电擦除 EPROM(EEPROM 或 E^2PROM)和闪速(Flash)只读存储器。

3.1.3　存储器的编址和端模式

　　存放一个机器字的存储单元，通常称为字存储单元，相应的单元地址称为字地址。而存放一字节的单元，称为字节存储单元，相应的地址称为字节地址。编址方式是存储器地址的组织方式，一般在设计处理器时就已经确定了。如果计算机中编址的最小单位是字存储单元，则该计算机称为按字编址的计算机。如果计算机中编址的最小单位是字节，则该计算机称为按字节编址的计算机。一个机器字可以包含数字节，所以一个存储单元也可占用数个能够单独编址的字节地址。例如，一个 16 位二进制的字存储单元包含两字节，当采用字节编址方式时，该字占两字节地址。

　　当一个存储字的字长高于八位时，就存在一个存储字内部的多字节的排列顺序问题，其排列方式称为端模式。大端(big-endian)模式将一个字的高有效字节放在内存的低地址端，低有效字节放在内存的高地址端，而小端(little-endian)模式则将一个字的低有效字节放在内存的低地址端，高有效字节放在内存的高地址端。如图 3.3 所示，如果一个 32 位数 $(0A0B0C0D)_{16}$ 按照大端模式存放在内存中，则最低地址存放最高有效字节 $(0A)_{16}$，最高地址存放最低有效字节 $(0D)_{16}$；而按照小端模式存放时，字节顺序刚好相反。

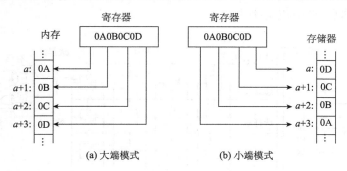

图 3.3　存储器的端模式实例

常用的英特尔 64 系列处理器采用小端模式。ARM 系列的处理器一般默认采用小端模式，但可以随时在程序中进行大小端模式的切换。

许多处理器允许在 CPU 每次访问存储器时动态确定读写的信息量大小，相应地选择不同的寻址宽度。例如，字寻址每次访存读写一个存储字，半字寻址每次访存读写半个存储字，字节寻址则每次访存读写一字节。

3.1.4　存储器的技术指标

内存储器的性能指标主要是存储容量和存取速度，后者通常可以用存取时间、存储周期和存储器带宽描述。

存储容量　存储容量指一个存储器中可存储的信息比特数，常用比特数(bit)或字节数(B)来表示，也可使用 KB、MB、GB、TB 等单位。其中 $1KB=2^{10}B$，$1MB=2^{20}B$，$1GB=2^{30}B$，$1TB=2^{40}B$。为了清楚地表示其组织结构，存储容量也可表示为：存储字数(存储单元数)×存储字长(每单元的比特数)。例如，1Mbit 容量的存储器可以组织成 $1M×1bit$，也可组织成 $128K×8bit$，或者 $512K×4bit$。

存取时间　又称存储器访问时间，是从存储器接收到读/写命令开始到信息被读出或写入完成所需的时间，取决于存储介质的物理特性和寻址部件的结构。

存储周期(存取周期)　是在存储器连续读写过程中一次完整的存取操作所需的时间，即 CPU 连续两次访问存储器的最小间隔时间。通常，存储周期略大于存取时间。

存储器带宽(数据传送速率，频宽)　单位时间里存储器所存取的信息量，通常以位/秒或字节/秒做度量单位。若系统的总线宽度为 W 位，则带宽=W/存取周期(bit/s)。

3.2　静态随机存取存储器

静态随机存取存储器(SRAM)的优点是存取速度快，但存储密度和容量不如 DRAM 大。

本节先讨论 SRAM。

3.2.1　基本的静态存储元阵列

图 3.4 表示基本的静态存储元阵列。SRAM 用锁存器(触发器)作为存储元。只要直流供电电源一直加在这个记忆电路上，它就无限期地保持记忆的 1 状态或 0 状态。如果电源断电，则存储的数据(1 或 0)就会丢失。

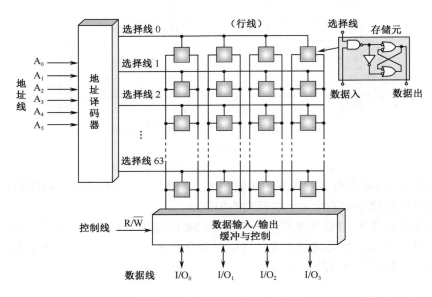

图 3.4　基本的静态存储元阵列

任何一个 SRAM，都有三组信号线与外部打交道：①地址线，本例中有 6 条，即 A_0、A_1、A_2、A_3、A_4、A_5，它指定了存储器的容量是 $2^6=64$ 个存储单元。②数据线，本例中有 4 条，即 I/O_0、I/O_1、I/O_2 和 I/O_3，说明存储器的字长是 4 位，因此存储位元的总数是 $64×4=256$。③控制线，本例中 $R/\overline{W}$ 控制线，它指定了对存储器进行读($R/\overline{W}$ 高电平)，还是进行写($R/\overline{W}$ 低电平)。注意，读写操作不会同时发生。

地址译码器输出有 64 条选择线，称为行线，其作用是打开每个存储位元的输入与非门。当外部输入数据为 1 时，锁存器便记忆了 1；当外部输入数据为 0 时，锁存器便记忆了 0。

3.2.2　基本的 SRAM 逻辑结构

目前的 SRAM 芯片采用双译码方式，以便组织更大的存储容量。这种译码方式的实质是采用了二级译码：将地址分成 x 向、y 向两部分，第一级进行 x 向(行译码)和 y 向(列译码)的独立译码，然后在存储阵列中完成第二级的交叉译码。而数据宽度有 1 位、4 位、8 位，甚至有更多的字节。

图 3.5(a)表示存储容量为 32K×8 位的 SRAM 逻辑结构图。它的地址线共 15 条，其中 x 方向 8 条(A_0～A_7)，经行译码输出 256 行，y 方向 7 条(A_8～A_{14})，经列译码输出 128 列，存储阵列为三维结构，即 256 行×128 列×8 位。双向数据线有 8 条，即 I/O_0～I/O_7。向 SRAM

写入时，8 个输入缓冲器被打开，而 8 个输出缓冲器被关闭，因而 8 条 I/O 数据线上的数据写入存储阵列中。从 SRAM 读出时，8 个输出缓冲器被打开，8 个输入缓冲器被关闭，读出的数据送到 8 条 I/O 数据线上。

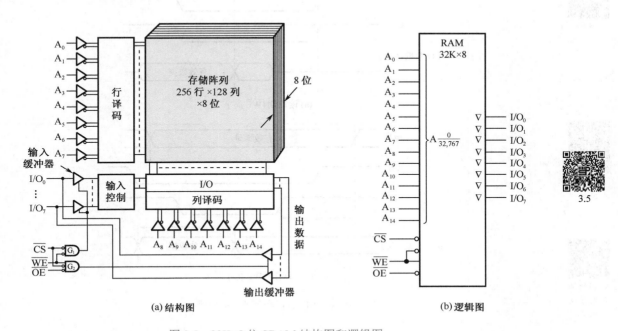

图 3.5　32K×8 位 SRAM 结构图和逻辑图

控制信号中 $\overline{\text{CS}}$ 是片选信号，$\overline{\text{CS}}$ 有效时（低电平），门 G_1、G_2 均被打开。$\overline{\text{OE}}$ 为读出使能信号，$\overline{\text{OE}}$ 有效时（低电平），门 G_2 开启，当写命令 $\overline{\text{WE}}=1$ 时（高电平），门 G_1 关闭，存储器进行读操作。写操作时，$\overline{\text{WE}}=0$，门 G_1 开启，门 G_2 关闭。注意，门 G_1 和 G_2 是互锁的，一个开启时另一个必定关闭，这样保证了读时不写，写时不读。图 3.5（b）为 32K×8 位 SRAM 的逻辑图。

3.2.3　SRAM 读/写时序

如图 3.6 所示，读/写周期波形图精确地反映了 SRAM 工作的时间关系。我们把握住地址线、控制线、数据线三组信号线何时有效，就能很容易看懂这个周期时序图。

在读周期中，地址线先有效，以便进行地址译码，选中存储单元。为了读出数据，片选信号 $\overline{\text{CS}}$ 和读出使能信号 $\overline{\text{OE}}$ 也必须有效（由高电平变为低电平）。从地址有效开始经 t_{AQ}（读出）时间，数据总线 I/O 上出现了有效的读出数据。之后 $\overline{\text{CS}}$、$\overline{\text{OE}}$ 信号恢复高电平，t_{RC} 以后才允许地址总线发生改变。t_{RC} 时间即为读周期时间。

在写周期中，也是地址线先有效，接着片选信号 $\overline{\text{CS}}$ 有效，写命令 $\overline{\text{WE}}$ 有效（低电平），此时数据总线 I/O 上必须置写入数据，在 t_{WD} 时间段将数据写入存储器。之后撤销写命令 $\overline{\text{WE}}$ 和 $\overline{\text{CS}}$。为了写入可靠，I/O 线的写入数据要有维持时间 t_{hD}，$\overline{\text{CS}}$ 的维持时间也比读周期长。t_{WC} 时间称为写周期时间。为了控制方便，一般取 $t_{\text{RC}}=t_{\text{WC}}$，通常称为存取周期。

3.6

例：SRAM
的写入
时序

错误的读
写时序及
改正

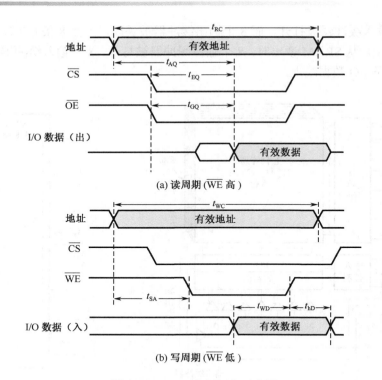

(a) 读周期（$\overline{\text{WE}}$ 高）

(b) 写周期（$\overline{\text{WE}}$ 低）

图 3.6   SRAM 读/写周期时序图

3.2.4   存储器容量的扩充

当单个存储器芯片的容量不能满足系统要求时，需要把多片存储器芯片组合起来，组成更大容量的存储器。所需芯片数为：d=设计要求的存储器容量/已知芯片存储容量。

1. 位扩展

若给定的芯片的字数(地址数)符合要求，但位数较短，不满足设计要求的存储器字长，则需要进行位扩展，让多片给定芯片并行工作。三组信号线中，地址线和控制线公用而数据线单独分开连接。

【例 3.1】   利用多片 1M×4 位的 SRAM 芯片设计一个存储容量为 1M×8 位的 SRAM 存储器。

解   设计的存储器字长为 8 位，存储器字数不变。所需芯片数

$$d=(1\text{M}\times 8)/(1\text{M}\times 4)=2（片）$$

连接的三组信号线中，地址线、控制线公用，数据线分高 4 位、低 4 位，分别与两片 SRAM 芯片的 I/O 端相连接，两片同时工作，如图 3.7 所示。

2. 字扩展

若给定的芯片存储容量较小(字数少)，不满足设计要求的总存储容量，则需要进行字扩展，让多片给定芯片分时工作。三组信号线中给定芯片的地址总线和数据总线公用，读写控制信号线公用，由地址总线的高位译码产生片选信号，让各个芯片分时工作。

【例 3.2】   利用 256K×8 位的 SRAM 芯片设计 2048K×8 位的存储器。

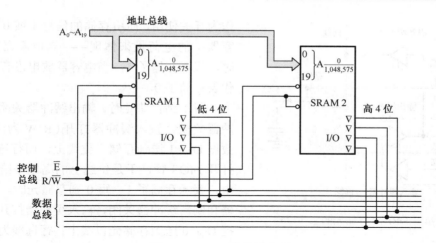

图 3.7　SRAM 位扩展实例

解　所需芯片数　$d=(2048K\times8)/(256K\times8)=8$（片）

如图 3.8 所示，8 个芯片的数据总线和读写控制信号线公用，地址总线中 $A_{17}\sim A_0$ 同时连接到 8 片 SRAM 的片内地址输入端，地址总线高位的 $A_{20}\sim A_{18}$ 通过三-八线译码器芯片分别产生 8 个片选信号，这 8 个芯片不会同时工作。

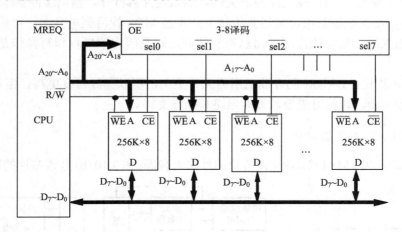

图 3.8　SRAM 字扩展实例

3. 字位扩展

若给定的芯片的字数和位数均不符合要求，则需要先进行位扩展，再进行字扩展。

3.3　动态随机存取存储器

3.3.1　DRAM 存储元的工作原理

SRAM 的存储元是一个触发器，它具有两个稳定的状态。而动态随机存取存储器（DRAM）简化了每个存储元的结构，因而 DRAM 的存储密度很高，通常用作计算机的主存储器。

图 3.9 所示为由一个 MOS 晶体管和电容器组成的单管 DRAM 记忆电路。其中 MOS 管

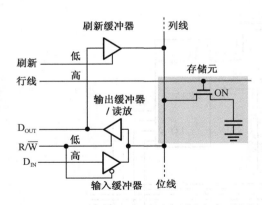

图 3.9　单管 DRAM 存储元的工作原理

作为开关使用，而所存储的信息 1 或 0 则是由电容器上的电荷量来体现——当电容器充满电荷时，代表存储了 1，当电容器放电没有电荷时，代表存储了 0。

写 1 到存储元时，输出缓冲器关闭、刷新缓冲器关闭，输入缓冲器打开（$R/\overline{W}$ 为低），输入数据 $D_{IN}=1$ 送到存储元位线上，而行选线为高，打开 MOS 管，于是位线上的高电平给电容器充电，表示存储了 1。写 0 到存储元时，输出缓冲器和刷新缓冲器关闭，输入缓冲器打开，输入数据 $D_{IN}=0$ 送到存储元位线上；行选线为高，打开 MOS 管，于是电容上的电荷通过 MOS 管和位线放电，表示存储了 0。

从存储元读出时，输入缓冲器和刷新缓冲器关闭，输出缓冲器/读放打开（$R/\overline{W}$ 为高）。行选线为高，打开 MOS 管，若当前存储的信息为 1，则电容上所存储的 1 送到位线上，通过输出缓冲器/读出放大器发送到 D_{OUT}，即 $D_{OUT}=1$。

读出过程破坏了电容上存储的信息，所以要把信息重新写入，即刷新。读出的过程中可以完成刷新。读出 1 后，输入缓冲器关闭，刷新缓冲器打开，输出缓冲器/读放打开，读出的数据 $D_{OUT}=1$ 又经刷新缓冲器送到位线上，再经 MOS 管写到电容上，存储元重写 1。

注意，输入缓冲器与输出缓冲器总是互锁的。这是因为读操作和写操作是互斥的，不会同时发生。

与 SRAM 相比，DRAM 的存储元所需元件更少，所以存储密度更高。但是 DRAM 的附属电路比较复杂，访问时需要额外的电路和操作支持。

3.3.2　DRAM 芯片的逻辑结构

图 3.10（a）示出 1M×4 位 DRAM 芯片的外部引脚图。图 3.10（b）是该芯片的逻辑结构图。

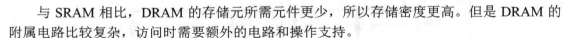

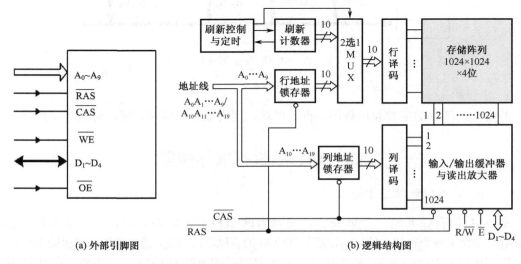

（a）外部引脚图　　　　　　　　　　（b）逻辑结构图

图 3.10　1M×4 位 DRAM 芯片

与 SRAM 不同的是，图中增加了行地址锁存器和列地址锁存器。由于 DRAM 容量很大，地址线的数目相当多，为减少芯片引脚的数量，将地址分为行、列两部分分时传送。存储容量为 1M 字，共需 20 位地址线。此芯片地址引脚的数量为 10 位，先传送行地址码 $A_0 \sim A_9$，由行选通信号 $\overline{\text{RAS}}$ 打入到行地址锁存器；然后传送列地址码 $A_{10} \sim A_{19}$，由列选通信号 $\overline{\text{CAS}}$ 打入到列地址锁存器。片选信号的功能也由增加的 $\overline{\text{RAS}}$ 和 $\overline{\text{CAS}}$ 信号实现。

3.3.3　DRAM 读/写时序

图 3.11(a) 为 DRAM 的读周期波形。当地址线上行地址有效后，用行选通信号 $\overline{\text{RAS}}$ 打入行地址锁存器；接着地址线上传送列地址，并用列选通信号 $\overline{\text{CAS}}$ 打入列地址锁存器。此时经行、列地址译码，读/写命令 $R/\overline{W}=1$（高电平表示读），数据线上便有输出数据。

图 3.11(b) 为 DRAM 的写周期波形。此时读/写命令 $R/\overline{W}=0$（低电平表示写），在此期间，数据线上必须送入欲写入的数据 D_{IN}（1 或 0）。

从图中可以看出，每个读周期或写周期是从行选通信号 $\overline{\text{RAS}}$ 下降沿开始，到下一个 $\overline{\text{RAS}}$ 信号的下降沿为止的时间，也就是连续两个读/写周期的时间间隔。通常为控制方便，读周期和写周期时间相等。

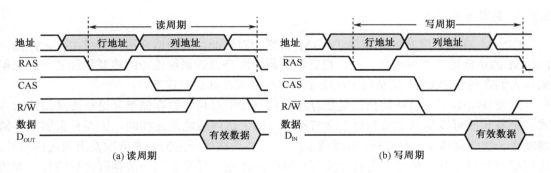

(a) 读周期　　　　　　　　　　　　(b) 写周期

图 3.11　DRAM 的读/写周期时序图

3.11

3.3.4　DRAM 的刷新操作

DRAM 存储位元是基于电容器上的电荷量存储信息的，DRAM 的读操作是破坏性的，读操作会使电容器上的电荷流失，因而读出后必须刷新。而未读写的存储元也要定期刷新，因为电荷量会逐渐泄漏而减少。从外部看，刷新操作与读操作类似，只是刷新时无须送出数据，并且可以将一行的所有存储元同时刷新。

现代的 DRAM 芯片通常会在一次读操作之后自动地刷新选中行中的所有存储位元。但是读操作出现的时间不是固定的，因此必须对 DRAM 进行周期性的刷新，以保持其记忆的信息不丢失。

早期的 DRAM 需要由存储器控制器从外部向 DRAM 芯片送入刷新行地址并启动一次刷新，而现代的 DRAM 都支持自动刷新功能，由芯片内部提供刷新行地址。故图 3.10 中增加了刷新计数器（刷新行地址发生器）和相应的控制电路。刷新计数器的宽度等于行地址锁存器的宽度。由于自动刷新不需要给出列地址，而行地址由片内刷新计数器自动生成，故

例：DRAM 存储容量扩展

可利用 $\overline{CAS}$ 信号先于 $\overline{RAS}$ 信号有效来启动一次刷新操作，此时地址线上的地址无效。

当前主流的 DRAM 器件的刷新间隔时间（刷新周期）为 64ms。周期性的刷新操作是与读/写操作交替进行的，所以通过 2 选 1 多路开关选择刷新行地址或正常读/写的行地址。常用的刷新策略有集中式刷新和分散式刷新两种。例如，对于一片有 8192 行、刷新周期为 64ms 的 DRAM 内存来说：

在集中式刷新策略中，每一个刷新周期中集中一段时间对 DRAM 的所有行进行刷新。64ms 的刷新周期时间可以分为两部分：前一段时间进行正常的读/写操作；后一段时间作为集中刷新操作时间，连续刷新 8192 行。由于刷新操作的优先级高，刷新操作时正常的读/写操作被暂停，数据线输出被封锁。等所有行刷新结束后，又开始正常的读/写周期。由于在刷新的过程中不允许读/写操作，集中式刷新策略存在"死时间"。

在分散式刷新策略中，每一行的刷新操作被均匀地分配到刷新周期时间内。由于 64ms 除以 8192 约等于 7.8μs，所以 DRAM 每隔 7.8μs 刷新一行。

由于 CPU 送出的访存地址要分行地址和列地址两次送入 DRAM 芯片，并且 DRAM 还要实现定时刷新，因而使用 DRAM 做系统主存的系统通常要通过存储器控制器或者 DRAM 控制器产生 DRAM 访问和刷新时序控制与地址信号。

3.3.5　突发传输模式

DRAM 存储密度高，大容量 DRAM 价格相对较低，因而适合用作系统主存。但是，DRAM 的访问速度相对要低一些，提升其访问速度是改进系统性能的重要途径之一。近年来，人们在传统 DRAM 的基础上应用了诸多技术提升其访问速度。

快速页
模式

突发（Burst，猝发）访问指的是在存储器同一行中对相邻的存储单元进行连续访问的方式，突发长度可以从几字节到数千字节不等。由于访问地址是连续的，因而只需要向存储器发送一次访问地址。突发访问时先激活一行，然后按照一定的顺序依次发出列选择信号，访问相应的目标存储单元。突发方式可以消除地址建立时间及第一次存取之后的行、列线的预充电时间。在第一次存取后，一系列数据能够快速地输出。

通过支持突发模式、快速页模式和扩展数据输出等方式，可以允许重复存取 DRAM 存储矩阵的行缓冲区而无须增加另外的行存取时间，以提升等效数据访问速度。

3.3.6　同步 DRAM（SDRAM）

快速页模
式读操作
的时序图

传统的 DRAM 是异步工作的，处理器送地址和控制信号到存储器后，等待存储器进行内部操作（选择行线和列线读出信号放大并送输出缓冲器等），处理器需等待一段存取延时时间后才能存取数据，因而必须消耗较长时间以确保数据传输可靠，影响了系统性能。在 DRAM 接口上增加时钟信号则可以降低存储器芯片与控制器同步的开销，优化 DRAM 与 CPU 之间的接口，这是同步 DRAM（SDRAM）的最主要改进。

1. SDRAM 的特征

SDRAM 存储体的存储单元电路仍然是标准的 DRAM 存储体结构，只是在工艺上进行了改进，如功耗更低、集成度更高等。与传统的 DRAM 相比，SDRAM 在存储体的组织方式和对外操作上作了重大改进。图 3.12 显示了 SDRAM 的逻辑结构，其主要特性如下。

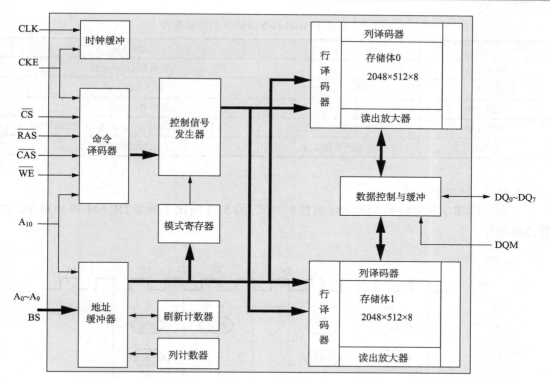

3.12

图 3.12　SDRAM 逻辑结构图

DQM：数据线 DQ 的输出使能

同步操作　处理器访问 SDRAM 时，SDRAM 的所有输入信号均在系统时钟 CLK 的上升沿被存储器内部电路锁定；SDRAM 的所有输出信号均在系统时钟 CLK 的上升沿被输出。这样做的目的是使 SDRAM 的操作在系统时钟 CLK 的控制下，与系统的高速操作严格同步进行。CKE 为时钟使能信号，只有该信号有效时，时钟输入才能作用于 SDRAM 芯片。

多存储体配置　为了进一步提高存取速度和减少内部操作冲突，SDRAM 的存储体被拆分为多个相互独立的存储体(bank)。这种内部组织结构可以支持流水线方式的并行操作。各存储体可同时和独立工作，也可选择顺序工作或交替工作。例如，当一个存储体正在刷新时，另一个存储体可以进行正常的读写操作，从而提高存取速度。通常由片内地址线的最高一位或若干位选择存储体。

命令控制　传统的异步 DRAM 是根据控制信号的电平组合选择工作方式的，而 SDRAM 将一组控制信号的电平编码组合为"命令"。例如，$\overline{RAS}$、$\overline{CAS}$、$\overline{WE}$、$\overline{CS}$ 以及特定地址线的不同组合分别代表激活存储体(active，所有存储体在读/写之前都必须被激活)、读、写、预充等不同的命令。

模式寄存器　在 SDRAM 加电后必须先对模式寄存器进行设置，控制 SDRAM 工作在不同的操作模式下。在模式寄存器中可以设置 $\overline{CAS}$ 延迟、突发类型、突发长度和测试模式等。

表 3.1 比较了传统异步 DRAM 和 SDRAM 的功能差异。

表 3.1　异步 DRAM 和 SDRAM 的功能差异

功能	异步 DRAM	SDRAM
时钟信号	无时钟	根据系统时钟运行
$\overline{RAS}$ 控制方式	$\overline{RAS}$ 为电平控制	$\overline{RAS}$ 为脉冲控制
存储体个数	单存储体	多存储体
突发传输	一次传输一个列地址	每个列地址突发传送 1、2、4、8 或 256 个字
读延迟	读延迟不能编程	读延迟可编程

2. SDRAM 的控制方式

下面以读周期为例说明 SDRAM 的控制方式。图 3.13 对比了异步 DRAM 和 SDRAM 的读操作时序。

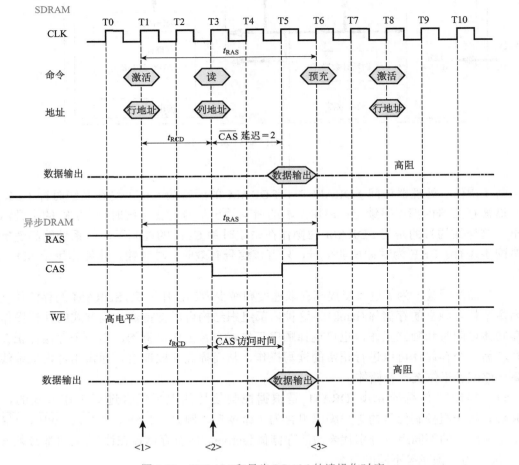

图 3.13　SDRAM 和异步 DRAM 的读操作时序

在 SDRAM 操作过程中，所有的动作都是以时钟信号为依据的。

在 T1 时钟的上升沿(图中<1>处)，激活命令 ACT 和行地址首先被锁存，表明开始一次存取操作。而异步 DRAM 并没有时钟信号，对应的动作为 $\overline{RAS}$ 有效(低)。

在 T3 时钟的上升沿(<2>处)，读命令和列地址被锁存，表明当前是一次读操作。对应异步 DRAM 的 $\overline{\text{CAS}}$ 有效(低)。

此后，SDRAM 将完成内部准备操作，并在 2 个时钟周期之后送出数据。从列地址被锁存到数据有效输出的时间间隔称为 $\overline{\text{CAS}}$ 延迟 CL，图中 CL = 2。

在 T6 时钟的上升沿(<3>处)，控制器送入预充命令。对应异步 DRAM 的 $\overline{\text{RAS}}$ 和 $\overline{\text{CAS}}$ 无效(变高)。

SDRAM 的操作时序都是确定的，在系统时钟控制下，CPU 向 SDRAM 送出地址和控制命令后，需等待事先确定好的一定数量的时钟周期。在此期间，SDRAM 完成读或写的内部操作(如行列选择、地址译码、数据读出或写入、数据放大等)，处理器则可照常安全地执行其他任务，不必单纯等待，以此来提高系统效率。

3. SDRAM 的命令

图 3.14 给出了 SDRAM 读和写命令操作的时序，可以看出 SDRAM 的命令发送方式。

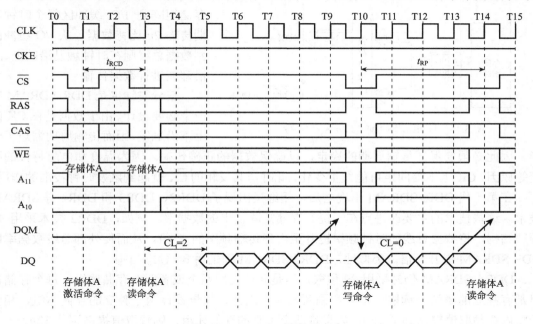

图 3.14　SDRAM 读和写命令

在 T1 时钟的上升沿，控制器发出存储体 A 的激活命令。存储体激活命令通过在时钟上升沿发出下列信号组合发出：$\overline{\text{CS}}=0$、$\overline{\text{RAS}}=0$、$\overline{\text{CAS}}=1$、$\overline{\text{WE}}=1$，地址线 $A_{11}=0$ 选择存储体 A。

在 T3 时钟的上升沿，控制器发出存储体 A 的读命令。读命令通过在时钟上升沿发出下列信号组合发出：$\overline{\text{CS}}=0$、$\overline{\text{RAS}}=1$、$\overline{\text{CAS}}=0$、$\overline{\text{WE}}=1$。

经过 2 个时钟周期的内部操作，数据在 T5 时钟的上升沿开始送出。此例中，突发长度 BL=4，故在随后的四个时钟周期内分别送出一个数据字。

在 T9 时钟的上升沿，DQ 输出被设置为高阻状态。在 T10 时钟的上升沿，控制器发出存储体 A 的写命令。写命令通过在时钟上升沿发出下列信号组合发出：$\overline{\text{CS}}=0$、$\overline{\text{RAS}}=1$、

$\overline{CAS}=0$、$\overline{WE}=0$。

在 T14 时钟的上升沿开始下一次读操作。

3.3.7　双倍数据率 SDRAM（DDR SDRAM）

在 SDRAM 出现之后，又出现了双数据率的 DDR SDRAM，故后来将单数据率的 SDRAM 称为 SDR SDRAM。狭义的 SDRAM 仅指 SDR SDRAM。

DDR SDRAM 沿袭了 SDR SDRAM 内存的制造体系，又能够提供更快的操作速度和更低的功耗。SDRAM 仅能在时钟上升沿传输数据，而 DDR SDRAM 的最大特点便是在时钟的上升沿和下降沿都能传输数据。

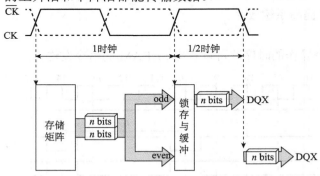

图 3.15　DDR SDRAM 的 $2n$ 预取结构

双倍数据率结构本质上是一个 $2n$ 预取结构，如图 3.15 所示。内部总线宽度是外部总线宽度的两倍，从存储矩阵到 I/O 缓冲区每个时钟周期传输 $2n$ 比特数据，从 I/O 缓冲区到数据总线则在时钟触发沿的上、下沿都能进行数据传输。

差分时钟也是 DDR SDRAM 的一个必要设计。由于数据是在 CK 的上下沿触发，因而传输周期缩短了一半，因此必须要保证传输周期的稳定，以确保数据的正确传输。因为温度和电阻特性的改变等原因，CK 上下沿间距可能发生变化，此时与其反相的 $\overline{CK}$ 就起到触发时钟校准的作用。

在第一代 DDR SDRAM 出现之后，相继又出现了 DDR2、DDR3 和 DDR4 等 SDRAM 技术。这些技术的主要改进点在于提升存储矩阵输出的数据率。例如，DDR2 技术采用 $4n$ 预取结构，将数据总线的时钟频率提升至内部传输频率的 2 倍，从而使外部总线数据率比 DDR SDRAM 提升一倍。类似地，DDR3 SDRAM 则采用 $8n$ 预取结构。

DDR4 SDRAM 仍然采用 $8n$ 预取，但是允许使用两个或者四个存储体组，每个存储体组都有独立的激活、读取、写入和刷新操作。因此，如果设计两个独立的存储体组，相当于将内存预取值提高到了 $16n$；如果是四个独立的存储体组，则预取值提高到了 $32n$。

3.3.8　DRAM 读/写校验

DRAM 通常用作主存储器，其读/写操作的正确性与可靠性至关重要。为此除了正常的数据位宽度，还增加了附加位，用于读/写操作正确性校验。增加的附加位也要同数据位一起写入 DRAM 中保存。显然这增加了 DRAM 的位成本。

图 3.16 表示 DRAM 正确性校验的概念示意图。最简单的校验是奇偶校验，除了数据位外只需增加 1 位附加位（$k=1$），进行奇校验或偶校验即可。图中的 F 部分为进行奇校验或偶校验的异或运算电路，如果存储器读/写正确，那么写入存储器前与读出存储器后两部分的 F 运算结果应该一致，否则给出错误信号。奇偶校验只能检出 1 位错误，不能纠正错误。但是由于技术简单，成本较低，所以在早期主存储器中常常使用。

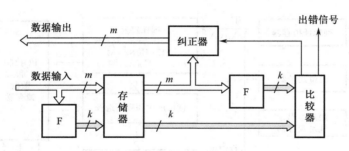

图 3.16　DRAM 正确性校验概念示意图

为了能纠正错误，纠错码设成 k 位，如果数据字为 m 位，则实际存储的字长为 $m+k$ 位。最简单的纠错码是汉明码。为了能纠错，汉明码要求的校验位长度如表 3.2 所示。

表 3.2　字长对纠错码的要求

数据位	单纠错时校验位	单纠错/双纠错时校验位
8	4	5
16	5	6
32	6	7
64	7	8

由表 3.2 可见，数据位 8 位时，附加的校验码要求为 4 位，存储器字长变成 12 位，位成本增加了 50%。但是数据位 64 位时，校验码要求为 7 位，字长变成 71 位，位成本只增加约 11%。

在汉明码校验中，F 电路的运算要比奇偶校验复杂，如 8 位数据时，F 部分有 4 位，所以有 4 个异或运算表达式。纠正器电路部分则是新、老校验位比较时形成的故障字，它也通过异或运算形成。

3.3.9　CDRAM

CDRAM（Cached DRAM）是一种附带高速缓冲存储器的动态存储器，它是在常规的 DRAM 芯片封装内又集成了一个小容量 SRAM 作为高速缓冲存储器，从而使 DRAM 芯片的访问速度得到显著提升。

1. CDRAM 芯片的结构

图 3.17 为 1M×4 位 CDRAM 芯片的结构框图。一片 512×4 位的 SRAM 构成 cache，保存最近访问的一行数据。另外增加了最后读出行地址锁存器和行地址比较器，如果后续访问的数据就在最近访问过的行中，则可直接从 cache 中读出数据而无须访问 DRAM 存储体。

访问 1M×4 位的 CDRAM 芯片需 20 位内存地址。在行选通信号 $\overline{RAS}$ 作用下，内存地址的高 11 位行地址经 $A_0 \sim A_{10}$ 地址线输入，并被锁存在行地址锁存器和最后读出行地址锁存器中。在 DRAM 阵列的 2048 行中，此地址指定行的全部 512×4 位数据被读取到 SRAM 中暂存。然后，内存地址的低 9 位列地址在列选通信号 $\overline{CAS}$ 有效时经 $A_0 \sim A_{10}$ 地址线输入，并被锁存到列地址锁存器中。如果是首次读操作，则在读命令信号有效时，SRAM 中 512 个 4 位组内的某一个 4 位组被此列地址选中，经 $D_0 \sim D_3$ 送出芯片。

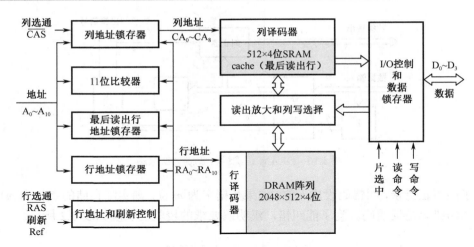

图 3.17　1M×4 位 CDRAM 芯片结构框图

下一次读取时，输入的 11 位行地址立即与最后读出行地址锁存器的内容进行比较：若相符则 SRAM 命中，由输入的列地址直接从 SRAM 中选择某一 4 位组送出即可；只在比较不相符时，才需要再次访问 DRAM 阵列，更新 SRAM 和最后读出行地址锁存器的内容，并送出指定的 4 位组。

CDRAM 在常规 DRAM 的基础上增加了一点成本，但是有几个明显的优点。一是突发操作的速度高，如果连续访问的地址的高 11 位相同（属于同一行地址），那么只需连续变动 9 位列地址就能从 SRAM 中快速读出数据。二是在 SRAM 读出期间可同时对 DRAM 阵列进行刷新。三是允许在写操作完成的同时启动同一行的读操作，因为芯片内的数据输出路径（由 SRAM 到 I/O）与数据输入路径（由 I/O 到读出放大和列写选择）是分开的。

2. CDRAM 存储模块

8 片容量为 1M×4 位的 CDRAM 芯片可以组成 1M×32 位（4MB）的存储模块，如图 3.18 所示。

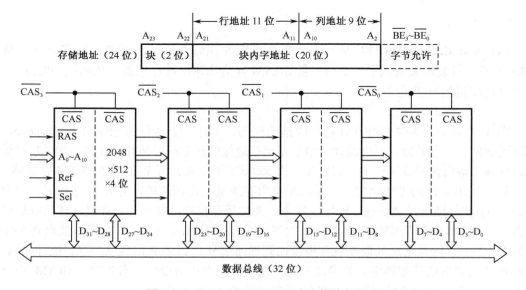

图 3.18　1M×32 位 CDRAM 内存模块的组成

8 个芯片共用片选信号 $\overline{\text{Sel}}$、行选通信号 $\overline{\text{RAS}}$、刷新信号 Ref 和地址输入信号 $A_0 \sim A_{10}$。每两片 1M×4 位的 CDRAM 芯片的列选通信号 $\overline{\text{CAS}}$ 接在一起，形成一个 1M×8 位（1MB）的片组。4 个片组组合成一个 1M×32 位的存储模块。

数据总线宽度为 32 位。为了 CPU 与存储器交换数据方便，每次访存时可以由 CPU 选择实现**字存取**（32 位）、**半字存取**（高 16 位或低 16 位）或**字节存取**（任意 8 位）。由于存储器按字节编址，因而每次访存数据总线上可能会传输 4 个地址（字）、2 个地址（半字）或者 1 个地址（字节）的数据。为此，CPU 送出的地址线中最低两位的 A_1 和 A_0 并不送出，而是送出由连续四字节组成的一个 32 位字的字地址（字地址的最低两位固定为 00），外加 4 个字节允许信号 $\overline{\text{BE}_3} \sim \overline{\text{BE}_0}$。例如，当进行 32 位存取时，$\overline{\text{BE}_3} \sim \overline{\text{BE}_0}$ 全有效；而存取低有效半字（与数据线 $D_{15} \sim D_0$ 对应）时，$\overline{\text{BE}_3} \sim \overline{\text{BE}_0}$ 为 1100（$\overline{\text{BE}_1}$ 和 $\overline{\text{BE}_0}$ 有效）；而当存取数据线 $D_{23} \sim D_{16}$ 对应的字节时，$\overline{\text{BE}_3} \sim \overline{\text{BE}_0}$ 为 1011（$\overline{\text{BE}_2}$ 有效）。

图 3.19 给出了该 CDRAM 内存模块的低位地址排列关系。该模块按小端模式安排地址，故每个字的最低有效字节（与数据线 $D_7 \sim D_0$ 对应）安排在低地址（最低两位地址为 00），而每个字的最高有效字节（与数据线 $D_{31} \sim D_{24}$ 对应）安排在高地址（最低两位地址为 11）。4 个片组的列选通信号 $\overline{\text{CAS}_3} \sim \overline{\text{CAS}_0}$ 分别与 CPU 送出的 4 个字节允许信号 $\overline{\text{BE}_3} \sim \overline{\text{BE}_0}$ 相对应。

字地址	$\overline{\text{CAS}_3}=\overline{\text{BE}_3}$ $D_{31} \sim D_{24}$	$\overline{\text{CAS}_2}=\overline{\text{BE}_2}$ $D_{23} \sim D_{16}$	$\overline{\text{CAS}_1}=\overline{\text{BE}_1}$ $D_{15} \sim D_8$	$\overline{\text{CAS}_0}=\overline{\text{BE}_0}$ $D_7 \sim D_0$
000000	000011	000010	000001	000000
000100	000111	000110	000101	000100
001000	001011	001010	001001	001000
001100	001111	001110	001101	001100
010000	010011	010010	010001	010000
010100	010111	010110	010101	010100
……	……	……	……	……

图 3.19　CDRAM 内存模块的地址排列

当某模块被选中并完成 32 位存取时，此模块的 8 个 CDRAM 芯片同时动作。8 个 4 位数据 I/O 端口 $D_3 \sim D_0$ 同时与 32 位数据总线交换数据，完成一次 32 位的存取。此 32 位存储字的模块内地址对应系统存储地址中的 $A_{21} \sim A_2$。这 20 位地址分为 11 位的行地址和 9 位的列地址，分别在 $\overline{\text{RAS}}$ 和 $\overline{\text{CAS}}$ 有效时同时输入到 8 个芯片的地址引脚端。

系统存储地址的最高两位 A_{23}、A_{22} 作为模块选择地址，译码输出可以分别驱动 4 个这样的 4MB 模块的 $\overline{\text{Sel}}$ 信号。即系统可配置 4 个这样的模块，存储器容量达到 16MB。

上述存储模块具有高速的突发存取能力。如果连续访问的数据块的高 13 位地址相同（同一行），那么只是第一个存储字需要一个完整的存取周期（如 6 个总线时钟周期），而后续存储字的存取因内容已在 SRAM 中，故存取周期大为缩短（如 2 个总线时钟周期）。这样，读取 4 个 32 位字只使用了 6-2-2-2 个总线时钟周期。存储器写入也有相似的速度提高。

3.4　只读存储器

3.4.1　只读存储器概述

半导体只读存储器（ROM）最大的特点是其非易失性，其访问速度比 RAM 稍低，可以按地址随机访问并在线执行程序，因而在计算机中用于储存固件、引导加载程序、监控程序及不变或很少改变的数据。"只读"的意思是在其工作时只能读出，不能写入。早期的只读存储器中存储的原始数据必须在其工作以前离线存入芯片中，现代的许多只读存储器

掩模ROM

ROM 阵列
结构示
意图

掩模ROM
逻辑符号
和内部逻
辑框图

EPROM
存储元

都能够支持在线更新其存储的内容，但更新操作与 RAM 的写操作完全不同，不仅控制复杂，而且耗时长，更新所需的时间比 ROM 的读操作时间长很多，可以重复更新的次数也相对较少。因此，这种更新 ROM 存储内容的操作实际上不是"写入"，而是编程。

狭义的 ROM 仅指掩模 ROM。掩模 ROM 实际上是一个存储内容固定的 ROM，由半导体生产厂家根据用户提供的信息代码在生产过程中将信息存入芯片内。一旦 ROM 芯片做成，就不能改变其中的存储内容。掩模 ROM 一般用于存储广泛使用的具有标准功能的程序或数据，或用户定做的具有特殊功能的程序或数据，当然这些程序或数据均转换成二进制码。由于成本很低，在没有更新需求的大批量的应用中适宜使用掩模 ROM。

为了让芯片的用户能更新 ROM 中存储的内容，可以使用可编程 ROM(PROM)。一次性编程 ROM、紫外线擦除 PROM、E²PROM 和闪速存储器均可由用户编程。

狭义的 PROM 即指一次性编程 ROM(OTP ROM)，只能编程一次。紫外线擦除 PROM(UV-EPROM)通常简称 EPROM，器件的上方有一个石英窗口，通常将其从电路板上的插座上拔下后，在专用的擦除器中使用一定波长的紫外线照射数分钟至十余分钟即可擦除存储的信息，且可在通用编程器或电路板上实现多次编程和验证。

电可擦 PROM(EEPROM，E²PROM)采用电擦除，因而不需要离线擦除，且擦除速度快，可以单字节编程和擦除(或者擦除块尺寸很小)，使用更方便。E²PROM 通常容量比较小，单位成本高，但可重复擦除的次数多，一般在一百万次左右，一般用于存储偶尔需要更新的系统配置信息、系统参数、加密保护数据或历史信息等。许多单片机或者简单电子模块往往会内置 E²PROM 芯片。常规并行总线 E²PROM 访问速度快，接口简单，但引脚数量多，封装尺寸较大，故近年来更多地被串行 E²PROM(SEEPROM)或闪存取代。常见的串行 E²PROM 支持 SPI、I²C、Microwire 或 1-Wire 等 1 至 4 线的串行总线，芯片封装只需 8 个或者更少的引脚。

闪速(Flash)存储器(闪存)也属于电可擦、可在线编程的非易失性只读存储器。Flash 意为擦除速度高，其擦除时间远高于传统的 UV-EPROM 和 E²PROM。闪速存储器的存储密度高，工作速度快，擦除块尺寸较大(通常在 512 字节以上)，可擦除的次数相对较少(NOR 闪存为一万到十万次)。闪存自 20 世纪 80 年代末出现以来，应用已经极为普遍，在很多情况下取代了传统的其他 ROM。

根据存储元工作原理和制造工艺的不同，闪存可以分为 NOR 技术、DINOR 技术、AND 技术和 NAND 技术等不同类别。其中应用最普遍的是 NOR 技术和 NAND 技术。

NOR 闪存通常被称为线性闪存，最早由英特尔和 AMD 等公司生产。相对于其他技术的闪存，其特点是：可以像 SRAM 和传统 ROM 那样随机读出任意地址的内容，读出速度高；存储在其中的指令代码可以直接在线执行；可以对单字节或单字进行编程(在重新编程之前需要先进行擦除操作)；以区块(sector)或芯片为单位执行擦除操作；拥有独立的数据线和地址线，因而接口方式与 SRAM 相似；信息存储的可靠性高。因此，NOR 闪存更适用于擦除和编程操作较少而直接执行代码的场合，尤其是纯代码存储应用。由于擦除和编程速度相对较慢，且区块尺寸较大，NOR 闪存不太适合纯数据存储和文件存储等应用场景。NOR 闪存可在线"写入"数据，又具有 ROM 的非易失性，因而可以取代全部的 UV-EPROM 和大部分的 E²PROM，存储监控程序、引导加载程序等不经常改变的程序代码，或者储存在掉电时需要保持的系统配置等不常改变的数据。

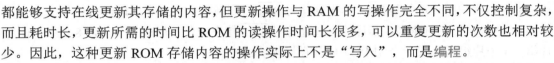

E²PROM
存储元

　　NAND 闪存通常被称为非线性闪存，最早由三星和东芝等公司生产。相对于其他技术的闪存，其特点是：每次读出以页(page)为单位，因而属于非随机访问的存储器；存储在其中的指令代码不能够直接在线执行；以页为单位进行编程操作；以数十页组成的块(block)为单位进行擦除操作；快速编程和快速擦除；数据线、地址线和控制线复用在同一组总线信号上，故其接口方式与传统 ROM 不同；位成本低、位密度高；由于工艺的限制，存在较高的比特错误率，通常需要软件处理坏块。NAND 闪存不能够随机读出，所以一般不能直接用于存储在线执行的代码；但是由于其存储密度高，价格低，通常容量较大，增加 NAND 闪存控制器后也可用于程序代码存储。由于 NAND 闪存有 10 倍于 NOR 闪存的可擦除次数，故适用于大容量存储设备，如存储卡、优盘(USB 闪存盘)、固态盘等应用。由于 NAND 闪存的数据存取无机械运动，可靠性高，存取速度快，体积小巧，因而已经部分取代了磁介质辅存。

　　表 3.3 比较了常见的各类存储器的主要特征。

Flash 存
储元

表 3.3　存储器特性比较

存储器类型	非易失性	高密度	低功耗	可在线更新	快速读出
Flash 闪存	√	√	√	√	√
SRAM	–	–	–	√	√
DRAM	–	√	–	√	√
EEPROM	√	–	√	√	√
OTP ROM	√	√	√	–	√
UV-EPROM	√	√	√	–	√
掩模 ROM	√	√	√	–	√
硬盘	√	√	√	√	–
CD-ROM 光盘	√	√	–	–	–

Flash 存储
元的基本
操作

Flash 存储
器的简化
阵列结构

3.4.2　NOR 闪存

1. NOR 闪存的外部接口与逻辑结构

NOR 闪存
的基本操
作与结构

　　下面以飞索公司(现赛普拉斯公司)生产的 S29AL016J 系列 16Mbit 闪存为例，说明 NOR 闪存的接口和工作方式。

　　图 3.20(a)给出了其外部引脚。该芯片有两种工作模式：字模式组织成 1M×16bit，需要 $A_{19} \sim A_0$ 共 20 位地址，$DQ_{15} \sim DQ_0$ 共 16 位数据线；字节模式组织成 2M×8bit，需要 $A_{19} \sim A_{-1}$ 共 21 位地址，$DQ_7 \sim DQ_0$ 共 8 位数据线。引脚 BYTE#(#代表低电平有效)为低时选择字节模式，为高时选择字模式。此外，CE#为片选信号线，OE#为输出允许线，WE#为写使能信号。闪存芯片内部需要有状态机支持其操作，复位信号 RESET#可以让其通过硬件复位恢复到初始状态。由于闪存经常存放系统上电引导程序，为了防止误操作或其他原因导致存储的信息被删除，WP#信号为低电平时可以让芯片处于写保护状态。为了获取闪存内部的工作状态，可以读取 RY/BY#(Ready/Busy#)信号的电平：高表示芯片准备好接收新的命令，低表示芯片内部正忙于处理上一操作。

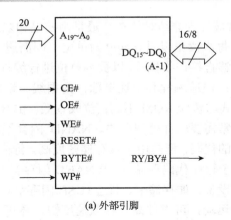

(a) 外部引脚

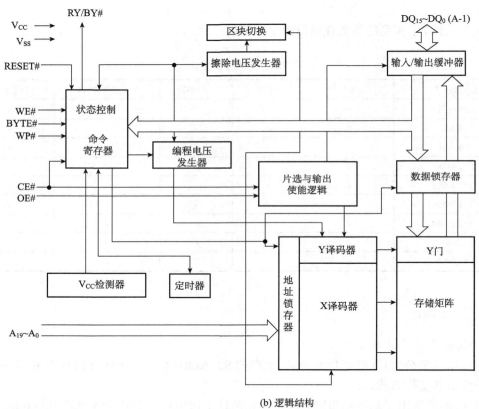

(b) 逻辑结构

图 3.20　S29AL016J 闪存芯片的外部引脚与逻辑结构

从图 3.20(b) 的逻辑结构图可以看出，闪存芯片的核心仍然是存储矩阵。该芯片由单一 3.3V 电源供电，内部集成了编程电压发生器和擦除电压发生器，无需外接高电压电源。与传统只读存储器不同，闪存可以通过命令寄存器接收外部命令。而且，闪存内部有状态机，需要有状态控制逻辑，并且通过定时器给出内部操作定时。

2. NOR 闪存的区块划分

S29AL016J 是一种区块(sector)式闪存，外部按 1M×16bit 或 2M×8bit 组织，内部组织为 35 个区块。表 3.4 给出了底部引导区版本的区块地址表，其低地址区通常存放系统引导程序和一些参数，因而区块尺寸较小并且可以附加特定的写保护措施，前 4 个区块大小分别为 16KB、8KB、8KB、32KB。SA4～SA34 大小均为 64KB。每个存储单元的地址由高位的区块地址(A_{12} 以上)和低位的区块内偏移地址两个字段组成，两个字段的长度与区块尺寸相关。

表 3.4　S29AL016J 的区块地址表(底部引导区)

区块	A_{19}	A_{18}	A_{17}	A_{16}	A_{15}	A_{14}	A_{13}	A_{12}	区块大小(K 字节/K 字)	地址范围(十六进制)	
										字节模式（x8）	字模式（x16）
SA0	0	0	0	0	0	0	0	×	16/8	000000～003FFF	00000~01FFF
SA1	0	0	0	0	0	0	1	0	8/4	004000～005FFF	02000~02FFF
SA2	0	0	0	0	0	0	1	1	8/4	006000～007FFF	03000~03FFF
SA3	0	0	0	0	0	1	×	×	32/16	008000～00FFFF	04000~07FFF
SA4	0	0	0	0	1	×	×	×	64/32	010000～01FFFF	08000~0FFFF
SA5	0	0	0	1	0	×	×	×	64/32	020000～02FFFF	10000~17FFF
SA6	0	0	0	1	1	×	×	×	64/32	030000～03FFFF	18000~1FFFF
SA7	0	0	1	0	0	×	×	×	64/32	040000～04FFFF	20000~27FFF
SA8	0	0	1	0	1	×	×	×	64/32	050000～05FFFF	28000~2FFFF
SA9	0	0	1	1	0	×	×	×	64/32	060000～06FFFF	30000~37FFF
SA10	0	0	1	1	1	×	×	×	64/32	070000～07FFFF	38000~3FFFF
SA11	0	1	0	0	0	×	×	×	64/32	080000～08FFFF	40000~47FFF
SA12	0	1	0	0	1	×	×	×	64/32	090000～09FFFF	48000~4FFFF
SA13	0	1	0	1	0	×	×	×	64/32	0A0000～0AFFFF	50000~57FFF
SA14	0	1	0	1	1	×	×	×	64/32	0B0000～0BFFFF	58000~5FFFF
SA15	0	1	1	0	0	×	×	×	64/32	0C0000～0CFFFF	60000~67FFF
SA16	0	1	1	0	1	×	×	×	64/32	0D0000～0DFFFF	68000~6FFFF
SA17	0	1	1	1	0	×	×	×	64/32	0E0000～0EFFFF	70000~77FFF
SA18	0	1	1	1	1	×	×	×	64/32	0F0000～0FFFFF	78000~7FFFF
SA19	1	0	0	0	0	×	×	×	64/32	100000～10FFFF	80000~87FFF
SA20	1	0	0	0	1	×	×	×	64/32	110000～11FFFF	88000~8FFFF
SA21	1	0	0	1	0	×	×	×	64/32	120000～12FFFF	90000~97FFF
SA22	1	0	0	1	1	×	×	×	64/32	130000～13FFFF	98000~9FFFF
SA23	1	0	1	0	0	×	×	×	64/32	140000～14FFFF	A0000~A7FFF
SA24	1	0	1	0	1	×	×	×	64/32	150000～15FFFF	A8000~AFFFF
SA25	1	0	1	1	0	×	×	×	64/32	160000～16FFFF	B0000~B7FFF
SA26	1	0	1	1	1	×	×	×	64/32	170000～17FFFF	B8000~BFFFF
SA27	1	1	0	0	0	×	×	×	64/32	180000～18FFFF	C0000~C7FFF
SA28	1	1	0	0	1	×	×	×	64/32	190000～19FFFF	C8000~CFFFF
SA29	1	1	0	1	0	×	×	×	64/32	1A0000～1AFFFF	D0000~D7FFF
SA30	1	1	0	1	1	×	×	×	64/32	1B0000～1BFFFF	D8000~DFFFF
SA31	1	1	1	0	0	×	×	×	64/32	1C0000～1CFFFF	E0000~E7FFF
SA32	1	1	1	0	1	×	×	×	64/32	1D0000～1DFFFF	E8000~EFFFF
SA33	1	1	1	1	0	×	×	×	64/32	1E0000～1EFFFF	F0000~F7FFF
SA34	1	1	1	1	1	×	×	×	64/32	1F0000～1FFFFF	F8000~FFFFF

3. NOR 闪存的总线操作与工作方式

表 3.5 给出了 S29AL016J 的部分总线操作。NOR 闪存的外部接口信号线与 SRAM 类似，

但除了读出和编程这些常规的 PROM 操作外，NOR 闪存还具有内部控制寄存器和状态寄存器，可以通过"命令写"和"状态读"操作进行灵活的控制。为了在保持与传统 ROM 兼容的情况下实现更多新功能，闪存内部通过状态机控制其操作状态。

表 3.5　S29AL016J 的部分总线操作

操作	CE#	OE#	WE#	RESET#	WP#	地址	DQ$_0$~DQ$_7$	DQ$_8$~DQ$_{15}$		
									BYTE# = 0	BYTE# = 1
读	0	0	1	1	任意	地址输入	数据输出	数据输出	DQ$_8$~DQ$_{14}$ = 高阻
写	0	1	0	1	*	地址输入	数据输入/输出	数据输入/输出	DQ$_{15}$ = A$_{-1}$
保持	V$_{CC}$±0.3V	任意	任意	V$_{CC}$±0.3V	任意	任意	高阻	高阻	高阻
输出禁止	0	1	1	1	任意	任意	高阻	高阻	高阻
复位	任意	任意	任意	0	任意	任意	高阻	高阻	高阻

*WP#=0 时，最外区块保持保护状态；WP#=1 时，最外区块的保护状态由先前的保护/去保护状态决定。

RESET#信号为低时为硬件复位。上电或复位之后，芯片内部的状态机使器件自动进入"读存储矩阵"操作状态。在该状态下，NOR 闪存的读出操作与传统 ROM 芯片相同，只需给出片选信号和一定的地址并使读信号(输出允许)线有效即可。因而其读操作与传统 ROM 完全兼容。

如果需要执行传统 ROM 不支持的其他操作，需要执行特定的命令序列，使 NOR 闪存转入其他状态，进行芯片擦除、区块擦除、编程写入、软件数据保护或者读标识码等操作。

为防止状态机的误动作，闪存的各种命令是以"向特定地址写入特定内容的命令序列"方式定义的。命令寄存器本身并不占据单独的存储器片内地址，而是通过特定的地址和特定的数据组合给出不同的命令。表 3.5 中的"写"操作是指总线上的写入操作，并非直接写入存储矩阵，而是写命令寄存器的"写周期"操作。不同命令通常要占用长短不一的若干个总线写周期。在每一次命令操作之后，可以查询状态寄存器，以使 CPU 能够了解命令的执行情况。

不同厂商生产的芯片支持的命令序列不同，常见的有 AMD/Fujitsu 的标准命令集和 Intel/Sharp 的扩展命令集。表 3.6 给出了字模式下 S29AL016J 使用的标准命令集中的部分命令。表中地址和数据均为十六进制。其中的地址是指芯片地址线上应该给出的地址模式，

表 3.6　S29AL016J 的部分命令定义(字模式)

命令序列	总线周期数	总线周期											
		周期 1		周期 2		周期 3		周期 4		周期 5		周期 6	
		地址	数据	地址	数据	地址	数据	地址	数据	地址	数据	地址	数据
复位	1	×××	F0										
读	1	读地址	读数据										
芯片擦除	6	555	AA	2AA	55	555	80	555	AA	2AA	55	555	10
区块擦除	6	555	AA	2AA	55	555	80	555	AA	2AA	55	区块地址	30
编程	4	555	AA	2AA	55	555	A0	编程地址	编程数据				

形式上为片内偏移地址，但并非向存储矩阵的相应单元写入，而是与其他地址和数据模式组合代表特定命令。

例如，芯片擦除命令将所有存储元擦除到存储 1 的状态。当芯片在连续的 6 个总线写周期中依次从其地址线/数据线上接收到 555/AA、2AA/55、555/80、555/AA、2AA/55 和 555/10 这组信息时，将会把内部状态机转到"整片擦除"状态，并启动整片擦除操作。区块擦除操作与此类似，但最后一个写周期需给出欲擦除的区块的地址，且数据线送入 30，芯片收到此命令后将启动该区块的擦除操作。

编程命令需要四个写总线周期，依次送入 555/AA、2AA/55、555/A0 和欲编程地址/欲编程数据后，芯片将转入"编程"状态。

需要注意的是，无论是擦除操作还是编程操作都不是能在接到命令后立即完成的，闪存收到擦除或编程命令后需要执行内嵌擦除/编程算法进行费时的内部复杂操作才有可能完成操作任务。在闪存完成上一命令之前，不能接收新的命令。

为了让 CPU 知晓闪存的内部操作是否完成，芯片支持多种编程/擦除状态判定方法。例如，通过通用 I/O 引脚读取 RY/BY#信号的电平可以获知闪存是处于"准备好"状态还是"忙"状态。

还有一种常用的判定编程和写入的状态的方法称为 data# polling，如图 3.21 所示。在发出编程或擦除命令之后，对欲编程的存储单元地址或者欲擦除的任意存储单元的地址 VA 发出读命令，并检查数据线返回的状态值。设欲向该地址编程的数据的第七位为 D_7，若编程未完成时，读出的 $DQ_7=\overline{D_7}$；而编程结束后，读出的 $DQ_7=D_7$。擦除操作可以看作写全 1 的操作，故擦除过程中，$DQ_7=0$；擦除完成时，$DQ_7=1$。

闪存内部状态机设置了超时时间，以判断编程或擦除是否因错误而超时。超时时，数据线上的 DQ_5 输出为 1，表示编程或擦除操作失败。在超时之前，可以通过不断读取该地址的方式轮询闪存的状态，直到 DQ_7 翻转。由于在超时的瞬间 DQ_7 仍可能翻转，故可以在超时后最后读取一次状态字，判断编程或者擦除操作是否失败。编程或擦除失败后只能通过复位命令返回读存储矩阵状态。

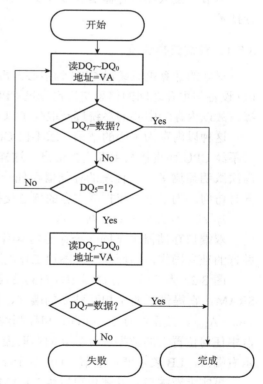

图 3.21   data# polling 算法流程

从 NOR 闪存的编程和擦除方式可以看出闪存与 RAM 的差异。闪存的存储单元在编程之前需首先擦除；闪存发出编程命令也比 RAM 发出写命令复杂许多；闪存编程的速度远低于 RAM 的写入速度；闪存的读出速度也远低于 RAM。可见，虽然闪存具有非易失性并可在线编程，但仍然属于 ROM，一般情况下闪存不能取代 RAM。

3.5　并行存储器

CPU 和主存储器之间在速度上是不匹配的，这种情况成为限制高速计算机设计的主要问题。为了提高 CPU 和主存之间的数据交换速率，可以在不同层次采用不同的技术加速存储器访问速度：

芯片技术　提高单个芯片的访问速度。可以选用更高速的半导体器件，或者改善存储芯片内部结构和对外接口方式。例如，前述的突发传输技术、同步 DRAM 技术和 CDRAM 技术等。

结构技术　为了解决存储器与 CPU 速度不匹配问题，需要改进存储器与 CPU 之间的连接方式，加速 CPU 和存储器之间的有效传输。例如，采用并行技术的双口存储器甚至是多口存储器，以及多体交叉存储器，都可以让 CPU 在一个周期中访问多个存储字。

系统结构技术　这是从整个存储系统的角度采用分层存储结构解决访问速度问题。例如，增加 cache，采用虚拟存储器等。

本节讲授双端口存储器和多体交叉存储器，前者采用空间并行技术，后者采用时间并行技术。

3.5.1　双端口存储器

早期的计算机系统以 CPU 为中心。机器内部各个部件之间的信息传递都受 CPU 控制，I/O 设备与主存之间的信息交换也经过 CPU 的运算器。这种结构严重影响了 CPU 效能的发挥，故以内存为中心的系统逐渐取代了以 CPU 为中心的结构。

这种以内存为中心的结构要求不仅 CPU 可以访问主存，而且其他部件（如 I/O 设备）也可不经 CPU 而直接与主存交换信息。这样，多个部件都可以与主存交换信息，使主存的访问次数明显增多。而传统的存储器在任一时刻只能进行一个读或写操作，不能被多个部件同时访问。为了进一步扩展主存的信息交换能力，提出了多口存储器结构。

1. 双端口存储器的逻辑结构

双端口存储器由于同一个存储器具有两组相互独立的读写控制电路而得名。由于进行并行的独立操作，因而是一种高速工作的存储器，在科研和工程中非常有用。

图 3.22 为双端口存储器 IDT7133 的逻辑框图。这是一个存储容量为 2K 字长 16 位的 SRAM，它提供了两个相互独立的端口，即左端口和右端口。它们分别具有各自的地址线（$A_0 \sim A_{10}$）、数据线（$I/O_0 \sim I/O_{15}$）和控制线（$R/\overline{W}$、$\overline{CE}$、$\overline{OE}$、$\overline{BUSY}$），因而可以对存储器中任何位置上的数据进行独立的存取操作。图中，字母符号下标中 L 表示左端口，R 表示右端口，LB 表示低位字节，UB 表示高位字节。

事实上双端口存储器也可以由 DRAM 构成。

2. 无冲突读写控制

当两个端口的地址不相同时，在两个端口上进行读写操作，一定不会发生冲突。当任一端口被选中驱动时，就可对整个存储器进行存取，每一个端口都有自己的片选控制（$\overline{CE}$）和输出驱动控制（$\overline{OE}$）。读操作时，端口的 $\overline{OE}$（低电平有效）打开输出驱动器，由存储矩阵读出的数据就出现在 I/O 线上。表 3.7 列出了无冲突的读写条件，表中符号 1 代表高电平，

0 为低电平，× 为任意，Z 为高阻态。

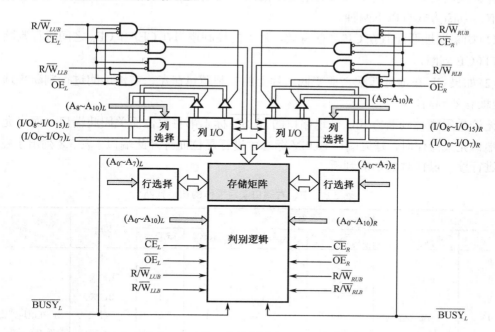

3.22

图 3.22　双端口存储器 IDT7133 逻辑框图

表 3.7　无冲突读写控制

左端口或右端口						功　能
$R/\overline{W}_{LB}$	$R/\overline{W}_{UB}$	$\overline{CE}$	$\overline{OE}$	$I/O_0 \sim I/O_7$	$I/O_8 \sim I/O_{15}$	
×	×	1	1	Z	Z	端口不用
0	0	0	×	数据入	数据入	低位和高位字节数据写入存储器（$\overline{BUSY}$ 高电平）
0	1	0	0	数据入	数据出	低位字节数据写入存储器，存储器中数据输出至高位字节
1	0	0	0	数据出	数据入	存储器中数据输出至低位字节，高位字节数据写入存储器
0	1	0	1	数据入	Z	低位字节数据写入存储器
1	0	0	1	Z	数据入	高位字节数据写入存储器
1	1	0	0	数据出	数据出	存储器中数据输出至低位字节和高位字节
1	1	0	1	Z	Z	高阻抗输出

3. 有冲突的读写控制

当两个端口同时存取存储器同一存储单元，而且至少有一个端口为写操作时，便发生读写冲突。为解决此问题，特设置了 $\overline{BUSY}$ 标志。在这种情况下，片上的判断逻辑可以决定对哪个端口优先进行写操作，而对另一个被延迟的端口置 $\overline{BUSY}$ 标志（$\overline{BUSY}$ 变为低电平），即暂时关闭此端口。换句话说，写操作对 $\overline{BUSY}$ 变为低电平的端口是不起作用的。一旦优先端口完成写操作，才将被延迟端口的 $\overline{BUSY}$ 标志复位（$\overline{BUSY}$ 变为高电平），开放此端口，允许延迟端口进行写操作。

总之，当两个端口均为开放状态（$\overline{BUSY}$ 为高电平）且存取地址相同时，发生写冲突。

此时仲裁逻辑可以根据两个端口的地址匹配或片选使能信号有效的时间决定对哪个端口进行存取。判断方式有以下两种。

(1)如果地址匹配且在 $\overline{CE}$ 之前有效,片上的控制逻辑在 $\overline{CE}_L$ 和 $\overline{CE}_R$ 之间进行判断来选择端口($\overline{CE}$ 判断)。

(2)如果 $\overline{CE}$ 在地址匹配之前变低,片上的控制逻辑在左、右地址间进行判断来选择端口(地址有效判断)。

无论采用哪种判断方式,延迟端口的 $\overline{BUSY}$ 标志都将置位而关闭此端口,而当允许存取的端口完成操作时,延迟端口 $\overline{BUSY}$ 标志才进行复位而打开此端口。表3.8列出了左、右端口进行读写操作时的功能判断。

表3.8　左、右端口读写操作的功能判断

左端口		右端口		标志		功能	说明
$\overline{CE}_L$	$(A_0\sim A_{10})_L$	$\overline{CE}_R$	$(A_0\sim A_{10})_R$	$\overline{BUSY}_L$	$\overline{BUSY}_R$		
1	×	1	×	1	1	无冲突	
0	任意	1	×	1	1	无冲突	
1	×	0	任意	1	1	无冲突	
0	$\neq (A_0\sim A_{10})_R$	0	$\neq (A_0\sim A_{10})_L$	1	1	无冲突	$\overline{CE}$ 在地址匹配之前变低的地址判断
0	LV5R	0	LV5R	1	0	左端口取胜	
0	RV5L	0	RV5L	0	1	右端口取胜	
0	相同	0	相同	1	0	消除判断	
0	相同	0	相同	0	1	消除判断	
LL5R	$=(A_0\sim A_{10})_R$	LL5R	$=(A_0\sim A_{10})_L$	1	0	左端口取胜	地址匹配在 $\overline{CE}$ 之前的 $\overline{CE}$ 判断
RL5L	$=(A_0\sim A_{10})_R$	RL5L	$=(A_0\sim A_{10})_L$	0	1	右端口取胜	
LW5R	$=(A_0\sim A_{10})_R$	LW5R	$=(A_0\sim A_{10})_L$	1	0	消除判断	
LW5R	$=(A_0\sim A_{10})_R$	LW5R	$=(A_0\sim A_{10})_L$	0	1	消除判断	

表中符号意义如下:

　　LV5R:左地址有效先于右地址50ns,　　　LL5R: $\overline{CE}_L$ 变低先于 $\overline{CE}_R$ 50ns

　　RV5L:右地址有效先于左地址50ns,　　　RL5L: $\overline{CE}_R$ 变低先于 $\overline{CE}_L$ 50ns

　　相同:左右地址均在50ns内匹配,　　　LW5R: $\overline{CE}_L$ 和 $\overline{CE}_R$ 均互在50ns内变低

双端口存
储器读写
时序

3.5.2　多模块交叉存储器

1. 存储器的模块化组织

一个由若干个模块组成的主存储器是线性编址的。这些地址在各模块中如何安排,有两种方式:一种是顺序方式,一种是交叉方式。

在常规主存储器设计中,访问地址采用顺序方式,如图3.23(a)所示。为了说明原理,设存储器容量为32字,分成 M_0、M_1、M_2、M_3 四个模块,每个模块存储8个字。访问地址按顺序分配给一个模块后,接着又按顺序为下一个模块分配访问地址。这样,存储器的32个字可由5位地址寄存器指示,其中高2位选择4个模块中的一个,低3位选择每个模块中的8个字。

可以看出，在顺序方式中某个模块进行存取时，其他模块不工作。而某一模块出现故障时，其他模块可以照常工作。另外通过增添模块来扩充存储器容量也比较方便。但顺序方式的缺点是各模块一个接一个串行工作，因此存储器的带宽受到了限制。

图 3.23(b) 表示采用交叉方式寻址的存储器模块化组织示意图。存储器容量也是 32 个字，也分成 4 个模块，每个模块 8 个字。但地址的分配方法与顺序方式不同：先将 4 个线性地址 0、1、2、3 依次分配给 M_0、M_1、M_2、M_3 模块，再将线性地址 4、5、6、7 依次分配给 M_0、M_1、M_2、M_3 模块……直到全部线性地址分配完毕为止。当存储器寻址时，用地址寄存器的低 2 位选择 4 个模块中的一个，而用高 3 位选择模块中的 8 个字。

可以看出，用地址码的低位字段经过译码选择不同的模块，而高位字段指向相应模块内的存储字。这样，连续地址分布在相邻的不同模块内，而同一个模块内的地址都是不连续的。因此，从定性分析，对连续字的成块传送，交叉方式的存储器可以实现多模块流水式并行存取，大大提高存储器的带宽。由于 CPU 的速度比主存快，假如能同时从主存取出 n 条指令，这必然会提高机器的运行速度。多模块交叉存储器就是基于这种思想提出来的。

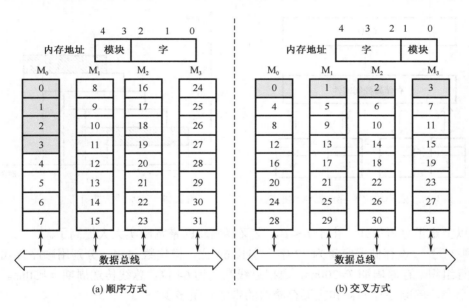

图 3.23　存储器模块的两种组织方式

2. 多模块交叉存储器的基本结构

图 3.24 示出四模块交叉存储器结构框图。主存被分成 4 个相互独立、容量相同的模块 M_0、M_1、M_2、M_3，每个模块都有自己的读写控制电路、地址寄存器和数据寄存器，各自以等同的方式与 CPU 交换信息。在理想情况下，如果程序段或数据块都是连续地在主存中存取，那么将大大提高主存的访问速度。

CPU 同时访问四个模块，由存储器控制部件控制它们分时使用数据总线进行信息传递。这样，对每一个存储模块来说，从 CPU 给出访存命令直到读出信息仍然使用了一个存取周期时间；而对 CPU 来说，它可以在一个存取周期内连续访问四个模块。各模块的读写过程将重叠进行，所以多模块交叉存储器是一种并行存储器结构。

下面进行定量分析。设模块字长等于数据总线宽度，又假设模块存取一个字的存储周期为 T，总线传送周期为 τ，存储器的交叉模块数为 m，那么为了实现流水线方式存取，应当满足

$$T \leqslant m\tau \tag{3.1}$$

即成块传送可按 τ 间隔流水方式进行，也就是每经 τ 时间延迟后启动下一个模块。图 3.25 示出了 $m=4$ 的流水线方式存取示意图。

m 的最小值 $m_{min}=T/\tau$ 称为 **交叉存取度**。交叉存储器要求其模块数必须大于或等于 m_{min}，以保证启动某模块后经 $m\tau$ 时间再次启动该模块时，它的上次存取操作已经完成。这样，连续读取 m 个字所需的时间为

$$t_1 = T + (m-1)\tau \tag{3.2}$$

而顺序方式存储器连续读取 m 个字所需时间为

$$t_2 = mT \tag{3.3}$$

3.24

3.25

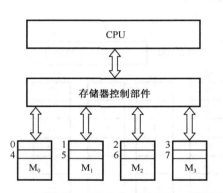

图 3.24　四模块交叉存储器结构框图

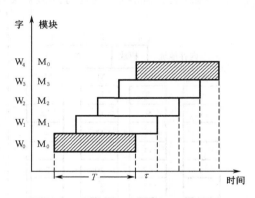

图 3.25　流水线方式存取示意图

从以上定量分析可知，由于 $t_1 < t_2$，交叉存储器的带宽确实大大提高了。

【例 3.3】　设存储器容量为 32 字，字长 64 位，模块数 $m=4$，分别用顺序方式和交叉方式进行组织。存储周期 $T=200\text{ns}$，数据总线宽度为 64 位，总线传送周期 $\tau=50\text{ns}$。若连续读出 4 个字，问顺序存储器和交叉存储器的带宽各是多少？

解　顺序存储器和交叉存储器连续读出 $m=4$ 个字的信息总量都是

$$q = 64\text{bit} \times 4 = 256\text{bit}$$

顺序存储器和交叉存储器连续读出 4 个字所需的时间分别是

$$t_2 = mT = 4 \times 200\text{ns} = 800\text{ns} = 8 \times 10^{-7}\text{s}$$

$$t_1 = T + (m-1)\tau = 200\text{ns} + 3 \times 50\text{ns} = 350\text{ns} = 3.5 \times 10^{-7}\text{s}$$

顺序存储器和交叉存储器的带宽分别是

$$W_2 = q/t_2 = 256\text{bit} \div (8 \times 10^{-7})\text{s} = 320\text{Mbit/s}$$

$$W_1 = q/t_1 = 256\text{bit} \div (3.5 \times 10^{-7})\text{s} = 730\text{Mbit/s}$$

思考题　若交叉存储器支持连续突发读写，那么交叉存储器的最大带宽是多少？

3．二模块交叉存储器举例

图 3.26 表示二模块交叉存储器方框图。每个模块的容量为 1MB（256K×32 位），由 8 片 256K×4 位的 DRAM 芯片组成（位扩展）。二模块的总容量为 2MB（512K×32 位）。数据总线宽度为 32 位，地址总线宽度为 24 位。为简化，将 2 片 DRAM 芯片用一个 256K×8 位的长条框表示。

DRAM 有读周期、写周期和刷新周期。存储器读/写周期时，在行选通信号 $\overline{\text{RAS}}$ 有效下输入行地址，在列选通信号 $\overline{\text{CAS}}$ 有效下输入列地址，于是芯片中行列矩阵中的某一位组被选中。如果是读周期，此位组内容被读出；如果是写周期，将总线上数据写入此位组。

刷新周期是在 $\overline{\text{RAS}}$ 有效下输入刷新地址，此地址指示的一行所有存储元全部被再生。刷新周期比读/写周期有高的优先权，当对同一行进行读/写与刷新操作时，存储控制器对读/写请求予以暂存，延迟到此行刷新结束后再进行。

由图 3.26 可看出：24 位的存储器物理地址指定的系统主存总容量可达 16MB，按"存储体-块-字"进行寻址。其中高 3 位用于存储体选择（字扩展），1 个存储体为 2MB，全系统有 8 个 2MB 存储体。A_{20}～A_3 的 18 位地址用于模块中 256K 个存储字的选择。读/写周期时，它们分为行、列地址两部分送至芯片的 9 位地址引脚。一个模块内所有芯片的 $\overline{\text{RAS}}$ 引脚连接到一起，模块 0 由 $\overline{\text{RAS}_0}$ 驱动，模块 1 由 $\overline{\text{RAS}_1}$ 驱动。在读/写周期时，主存地址中 $A_2=0$，$\overline{\text{RAS}_0}$ 有效；$A_2=1$，$\overline{\text{RAS}_1}$ 有效。因此 A_2 用于模块选择，连续的存储字（32 位）交错分布在两个模块上，偶字地址在模块 0，奇字地址在模块 1。

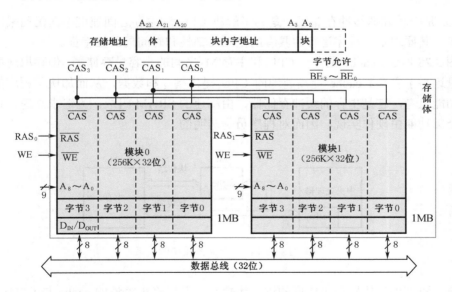

图 3.26　二模块交叉存储器方框图

CPU 给出的主存地址中没有 A_1 和 A_0 位，替代的是 4 字节允许信号 $\overline{\text{BE}_3}$～$\overline{\text{BE}_0}$，以允许对 A_{23}～A_2 指定的存储字中的字节或字完成读/写访问。当 $\overline{\text{BE}_3}$～$\overline{\text{BE}_0}$ 全有效时，即完成字存取。图 3.27 中没给出译码逻辑，只暗示了 $\overline{\text{BE}_3}$～$\overline{\text{BE}_0}$ 与 $\overline{\text{CAS}_3}$～$\overline{\text{CAS}_0}$ 的对应关系。

DRAM 需要逐行定时刷新，以使不因存储信息的电容漏电而造成信息丢失。另外，DRAM 芯片的读出是一种破坏性读出，因此在读取之后要立即按读出信息予以充电再生。

这样，若 CPU 先后两次读取的存储字使用同一 $\overline{RAS}$ 选通信号，CPU 在接收到第一个存储字之后必须插入等待状态，直至前一存储字再生完毕才开始第二个存储字的读取。为避免这种情况，模块 0 由 $\overline{RAS_0}$ 驱动，模块 1 由 $\overline{RAS_1}$ 驱动。

图 3.27 是无等待状态成块存取示意图。由于采用 $m=2$ 的交叉存取度的成块传送，两个连续地址字的读取之间不必插入等待状态，这称为零等待存取。

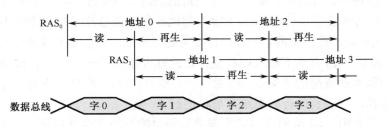

图 3.27　无等待状态成块存取示意图

3.6　cache 存储器

3.6.1　cache 基本原理

1. cache 的功能

cache 是一种高速缓冲存储器，是为了解决 CPU 和主存之间速度不匹配而采用的一项重要技术。其原理基于程序运行中具有的空间局部性和时间局部性特征。

如图 3.28 所示，cache 是介于 CPU 和主存 M_2 之间的小容量存储器，但存取速度比主存快，容量远小于主存。cache 能高速地向 CPU 提供指令和数据，从而加快了程序的执行速度。从功能上看，它是主存的缓冲存储器，由高速的 SRAM 组成。为追求高速，包括管理在内的全部功能由硬件实现，因而对程序员是透明的。

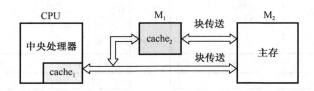

图 3.28　CPU 与存储器系统的关系

当前，随着半导体器件集成度的进一步提高，可以将小容量的 cache 与 CPU 集成到同一芯片中，其工作速度接近于 CPU 的速度，从而组成两级以上的 cache 系统。

2. cache 的基本原理

cache 除包含 SRAM 外，还要有控制逻辑。若 cache 在 CPU 芯片外，它的控制逻辑一般与主存控制逻辑合成在一起，称为主存/chace 控制器；若 cache 在 CPU 内，则由 CPU 提供它的控制逻辑。

CPU 与 cache 之间的数据交换是以字为单位，而 cache 与主存之间的数据交换是以块为单位。一个块由若干字组成，是定长的。当 CPU 读取内存中一个字时，便发出此字的内存地址到 cache 和主存。此时 cache 控制逻辑依据地址判断此字当前是否在 cache 中：若是，则 cache 命中，此字立即传送给 CPU；若非，则 cache 缺失（未命中），用主存读周期把此字从主存读出送到 CPU，与此同时，把含有这个字的整个数据块从主存读出送到 cache 中。

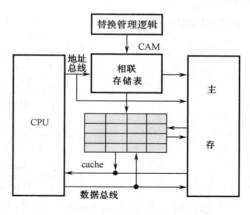

图 3.29 示出了 cache 的原理图。假设 cache 读出时间为 50ns，主存读出时间为 250ns。存储系统是模块化的，主存中每个 8K 模块和容量 16 字的 cache 相联系。cache 分为 4 行，每行 4 个字（W）。分配给 cache 的地址存放在一个相联存储器 CAM 中，它是按内容寻址的存储器。当 CPU 执行访存指令时，就把所要访问的字的地址送到 CAM；如果 W 不在 cache 中，则将 W 从主存传送到 CPU。与此同时，把包含 W 的由前后相继的 4 个字所组成的一行数据送入 cache，替换原来 cache 中的一行数据。在这里，由始终管理 cache 使用情况的硬件逻辑电路来实现替换算法。

图 3.29　cache 原理图

相联存
储器

3. cache 的命中率

从 CPU 来看，增加 cache 的目的，就是在性能上使主存的平均读出时间尽可能接近 cache 的读出时间。为了达到这个目的，在所有的存储器访问中由 cache 满足 CPU 需要的部分应占很高的比例，即 cache 的命中率应接近于 1。由于程序访问的局部性，实现这个目标是可能的。

在一个程序执行期间，设 N_c 表示 cache 完成存取的总次数，N_m 表示主存完成存取的总次数，h 定义为命中率，则有

$$h = \frac{N_c}{N_c + N_m} \tag{3.4}$$

若 t_c 表示命中时的 cache 访问时间，t_m 表示未命中时的主存访问时间，$1-h$ 表示未命中率（缺失率），则 cache/主存系统的平均访问时间 t_a 为

$$t_a = ht_c + (1-h)t_m \tag{3.5}$$

我们追求的目标是，以较小的硬件代价使 cache/主存系统的平均访问时间 t_a 越接近 t_c 越好。设 $r=t_m/t_c$ 表示主存与 cache 的访问时间之比，e 表示访问效率，则有

$$e = \frac{t_c}{t_a} = \frac{t_c}{ht_c + (1-h)t_m} = \frac{1}{h + (1-h)r} = \frac{1}{r + (1-r)h} \tag{3.6}$$

由式（3.6）看出，为提高访问效率，命中率 h 越接近 1 越好。r 值以 5～10 为宜，不宜太大。

命中率 h 与程序的行为、cache 的容量、组织方式、块的大小有关。

【例 3.4】　CPU 执行一段程序时，cache 完成存取的次数为 1900 次，主存完成存取的次数为 100 次，已知 cache 存取周期为 50ns，主存存取周期为 250ns，求 cache/主存系统的

效率和平均访问时间。

解

$$h = \frac{N_c}{N_c + N_m} = \frac{1900}{1900 + 100} = 0.95$$

$$r = \frac{t_m}{t_c} = \frac{250\text{ns}}{50\text{ns}} = 5$$

$$e = \frac{1}{r + (1-r)h} = \frac{1}{5 + (1-5) \times 0.95} = 83.3\%$$

$$t_a = \frac{t_c}{e} = \frac{50\text{ns}}{0.833} = 60\text{ns}$$

思考题   你能说出 cache 发明的科学意义和工程意义吗?

4. cache 结构设计必须解决的问题

从 cache 的基本工作原理可以看出,cache 的设计需要遵循两个原则:一是希望 cache 的命中率尽可能高,实际应接近于 1;二是希望 cache 对 CPU 而言是透明的,即不论是否有 cache,CPU 访存的方法都是一样的,软件不需增加任何指令就可以访问 cache。解决了命中率和透明性问题,就 CPU 访存的角度而言,内存将具有主存的容量和接近 cache 的速度。为此,必须增加一定的硬件电路完成控制功能,即 cache 控制器。

在设计 cache 结构时,必须解决几个问题:①主存的内容调入 cache 时如何存放?②访存时如何找到 cache 中的信息?③当 cache 空间不足时如何替换 cache 中已有的内容?④需要写操作时如何改写 cache 的内容?

其中,前两个问题是相互关联的,即如何将主存信息定位在 cache 中,如何将主存地址变换为 cache 地址。与主存容量相比,cache 的容量很小,它保存的内容只是主存内容的一个子集,且 cache 与主存的数据交换是以块为单位。为了把主存块放到 cache 中,必须应用某种方法把主存地址定位到 cache 中,称为地址映射。"映射"一词的物理含义是确定位置的对应关系,并用硬件来实现。这样当 CPU 访问存储器时,它所给出的一个字的内存地址会自动变换成 cache 的地址,即 cache 地址变换。

cache 替换问题主要是选择和执行替换算法,以便在 cache 不命中时替换 cache 中的内容。

最后一个问题涉及 cache 的写操作策略,重点是在更新时保持主存与 cache 的一致性。

3.6.2   主存与 cache 的地址映射

地址映射方式有全相联方式、直接方式和组相联方式三种,下面分别介绍。

1. 全相联映射方式

cache 的数据块大小称为行,用 L_i 表示,其中 $i=0,1,2,\cdots,m-1$,共有 $m=2^r$ 行。主存的数据块大小称为块,用 B_j 表示,其中 $j=0,1,2,\cdots,n-1$,共有 $n=2^s$ 块。行与块是等长的,每个块(行)由 $k=2^w$ 个连续的字组成,字是 CPU 每次访问存储器时可存取的最小单位。

在全相联映射中,将主存中一个块的地址(块号)与块的内容(字)一起存于 cache 的行中,其中块地址存于 cache 行的标记(tag)部分中。这种带全部块地址一起保存的方法,可使主存的一个块直接复制到 cache 中的任意一行上,非常灵活。图 3.30(a)是全相联映射的多对一示意图,其中 cache 为 8 行,主存为 256 块,每块(行)中有同样多的字。

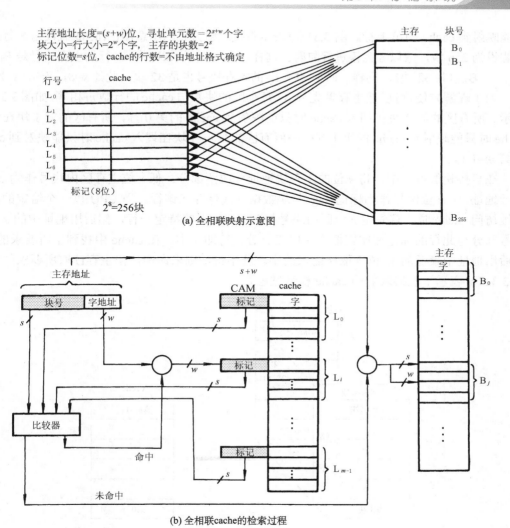

主存地址长度=$(s+w)$位，寻址单元数=2^{s+w}个字
块大小=行大小=2^w个字，主存的块数=2^s
标记位数=s位，cache 的行数=不由地址格式确定

(a) 全相联映射示意图

3.30

(b) 全相联cache的检索过程

图 3.30　全相联映射的 cache 组织

图 3.30(b)表示全相联映射方式的检索过程。CPU 访问指令指定了一个主存地址，为了快速检索，指令中的块号与 cache 中所有行的标记同时在比较器中进行比较。如果块号命中，则按字地址从 cache 中读取一个字；如果块号未命中，则按主存地址从主存中读取这个字。在全相联 cache 中，全部标记用一个相联存储器来实现，全部数据存储用一个普通 RAM 来实现。全相联方式的主要缺点是高速比较器电路难于设计和实现，因此只适合于小容量 cache 采用。

2. 直接映射方式

直接映射方式也是一种多对一的映射关系，但一个主存块只能拷贝到 cache 的一个特定行位置上去。cache 的行号 i 和主存的块号 j 有如下函数关系：

$$i = j \bmod m \tag{3.7}$$

式中，m 为 cache 中的总行数。显然，主存的第 0 块，第 m 块，第 $2m$ 块，…，第 2^s-m 块只能映射到 cache 的第 0 行；而主存的第 1 块，第 $m+1$ 块，第 $2m+1$ 块，…，第 2^s-m+1 块

只能映射到 cache 的第 1 行。图 3.31(a)表示直接映射方式的示意图，cache 假设为 8 行，主存假设为 256 块，故以 8 为模进行映射。这样，允许存于 cache 第 L_0 行的主存块号是 B_0, B_8, B_{16}, …, B_{248}(共 32 块)。同样，映射到第 L_7 的主存块号也是 32 块。此处 $s=8$，$Y=3$，$s-Y=5$。

为了理解方便，可以把主存首先分区，每个区的块数与 cache 的行数 m 相等。如图 3.31(a)所示。所有区的第 0 块在调入 cache 时只能映射到 cache 的第 0 行，所有区的第 1 块在调入 cache 时只能映射到 cache 的第 1 行……所有区的第 $m-1$ 块在调入 cache 时只能映射到 cache 的第 $m-1$ 行。

在直接映射方式中，将 s 位的主存块地址分成两部分：低 r 位主存区内块号作为 cache 的行地址，$s-r$ 位区号作为标记(tag)与块数据一起保存在该行。当 CPU 以一个给定的内存地址访问 cache 时，首先用 r 位区内块号找到 cache 中的特定一行，然后用地址中的 $s-r$ 位区号部分与此行的标记在比较器中做比较。若相符即命中，在 cache 中找到了所要求的块，而后用地址中最低的 w 位读取所需求的字。若不符，则未命中，由主存读取所要求的字。图 3.31(b)表示了直接映射的 cache 检索过程。

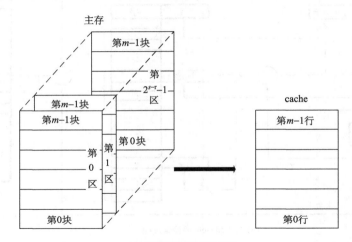

(a) 直接映射的对应关系

主存地址长度=$(s+w)$位
寻址单元数=2^{s+w}个字
块大小=行大小=2^w个字
主存的块数=2^s
cache的行数=$m=2^r$
标记位数=$(s-r)$位
主存区内块号=cache行号

3.31

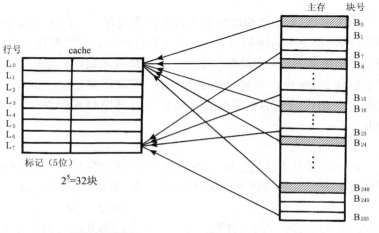

(b) 直接映射示意图

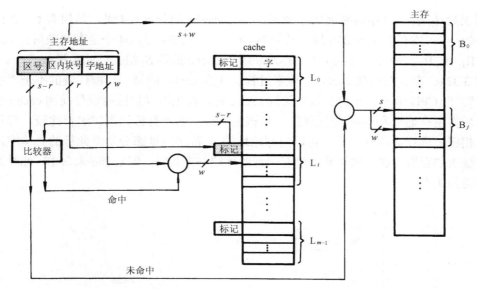

(c) 直接映射cache的检索过程

图 3.31　直接映射的 cache 组织

　　直接映射方式的优点是硬件简单，成本低，地址变换速度快。缺点是每个主存块只有一个固定的行位置可存放。如果连续访问块号相距 m 整数倍的两个块，因两个块映射到同一 cache 行时，就会发生冲突。发生冲突时就要将原先存入的行换出去，但很可能过一段时间又要换入。频繁的置换会使 cache 效率下降。因此直接映射方式适合于需要大容量 cache 的场合，更多的行数可以减小冲突的机会。

　　思考题　可否将第 0 区的所有页映射到 cache 第 0 行？可否将第 1 区的所有页映射到 cache 第 1 行？……请与上面的映射方式对比。

　　3. 组相联映射方式

　　全相联映射和直接映射两种方式的优缺点正好相反。从存放位置的灵活性和命中率来看，前者为优；从比较器电路简单及硬件投资来说，后者为佳。而组相联映射方式是前两种方式的折中方案，它适度地兼顾了二者的优点又尽量避免二者的缺点，因此被普遍采用。

　　如图 3.32(a) 所示，所有区的第 0 块在调入 cache 时只能映射到 cache 的第 0 组，所有区的第 1 块在调入 cache 时只能映射到 cache 的第 1 组，所有区的第 $u-1$ 块在调入 cache 时只能映射到 cache 的第 $u-1$ 组。在直接映射方式中，每个区第 i 块只能映射到 cache 唯一的第 i 行，冲突的概率可能会很大。而在组相联映射方式中，每个区第 i 块可以映射到第 i 组的 v 行中（图中 $v=2$），而且在 v 行中可以自由选择空余的行。

　　这种方式将 cache 分成 u 组，每组 v 行。主存块存放到哪个组是固定的，取决于主存块在主存区中是第几块。至于存到该组哪一行是灵活的，即有如下函数关系：

$$m = u \times v$$

$$组号 \quad q = j \mod u \tag{3.8}$$

　　内存地址中，s 位块号划分成两部分：低 d 位（$2^d=u$）主存区内块号用于表示cache组号（而不是 cache 行号），高 $s-d$ 位区号作为标记与块数据一起存于此组的某行中。

图 3.32(b)表示组相联映射的示意图。例中 cache 划分 $u = 4$ 组，每组有 $v = 2$ 行，即 $m = u \times v = 8$。主存容量为 256 块，其中 B_0, B_4, B_9, …, B_{252} 共 64 个主存块映射到 cache 第 S_0 组；B_1, B_5, B_{10}, …, B_{253} 共 64 个主存块映射到 cache 的第 S_1 组；以此类推。

图 3.32(c)表示组相联 cache 的检索过程。注意 cache 的每一小框代表的不是"字"而是"行"。当 CPU 给定一个内存地址访问 cache 时，首先用 d 位区内块号找到 cache 的相应组，然后将主存地址高 $s-d$ 位区号部分与该组 v 行中的所有标记同时进行比较。哪行的标记与之相符，哪行即命中。此后再以内存地址的 w 位字地址部分检索此行的具体字，并完成所需要求的存取操作。如果此组没有一行的标记与之相符，即 cache 未命中，此时需按主存地址访问主存。

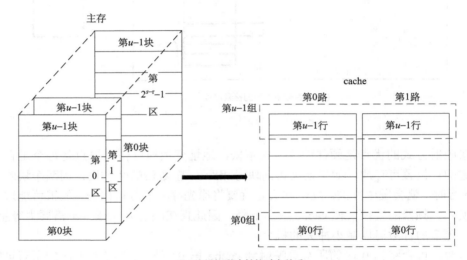

(a) 2路组相联映射的对应关系

3.32

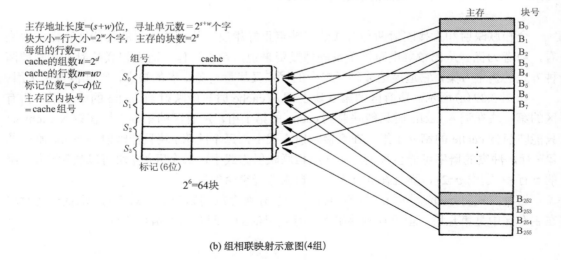

(b) 组相联映射示意图(4组)

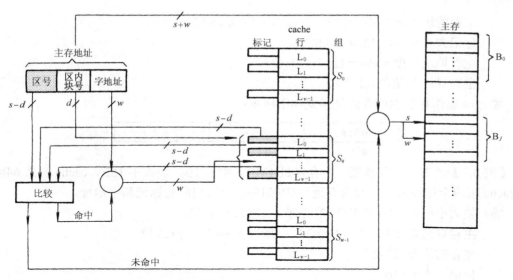

(c) 组相联cache的检索过程

图 3.32　组相联映射的 cache 组织

组相联映射方式中的每组行数 v 一般取值较小,典型值是 2、4、8、16。这种规模的 v 路比较器容易设计和实现。而块在组中的排放又有一定的灵活性,使冲突减少。为强调比较器的规模和存放的灵活程度,常称之为 v 路组相联 cache[①]。

思考题　你能说出三种映射方式的优缺点吗?

【例 3.5】　直接映射方式的内存地址格式如下所示:

标记 $s-r$	行 r	字地址 w
8 位	14 位	2 位

若主存地址用十六进制表示为 BBBBBB,请用十六进制格式表示直接映射方法 cache 的标记、行、字地址的值。

解　$(BBBBBB)_{16}=(1011\ 1011\ 1011\ 1011\ 1011\ 1011)_2$

　　　标记 $s-r=(1011\ 1011)_2=(BB)_{16}$

　　　行 $r=(1011\ 1011\ 1011\ 10)_2=(2EEE)_{16}$

　　　字地址 $w=(11)_2=(3)_{16}$

【例 3.6】　一个组相联 cache 由 64 个行组成,每组 4 行。主存储器包含 4K 个块,每块 128 字。请表示内存地址的格式。

解　块大小=行大小=2^w 个字,　$2^w=128=2^7$,　所以 $w=7$

　　　每组的行数 $=v=4$

　　　cache 的行数 $=uv=2^d\times v=2^d\times4=64$,　所以 $d=4$

　　　组数 $u=2^d=2^4=16$

---

① 组相联映射还存在另外一种映射方式,主存和 cache 都分组,主存组内各块可任意映射到 cache 组内任意一行中。有兴趣的读者可参阅相关文献。

主存的块数 $=2^s=4K=2^2 \times 2^{10}=2^{12}$，所以 $s=12$

标记大小 $=s-d=12-4=8$（位）

主存地址长度 $=s+w=12+7=19$（位）

主存寻址单元数 $=2^{s+w}=2^{19}$

故 $v=4$ 路组相联的内存地址格式如下所示：

标记 $s-d$	组号 d	字地址 w
8 位	4 位	7 位

【例 3.7】 有一个处理器，主存容量 1MB，字长 1B，块大小 16B，cache 容量 64KB。若 cache 采用全相联映射，对内存地址 $(B0010)_{16}$ 给出相应的标记和字地址。

解 块大小=行大小$=2^4$ 字节$=2^w$ 字节，所以 $w=4$ 位

主存寻址单元数$=2^{s+w}=1M=2^{20}$，所以 $s+w=20$，$s=16$ 位

主存的块数$=2^s=2^{16}$

标记大小$=s=16$ 位

内存地址格式如下所示：

标记 s	字地址 w
16 位	4 位

由于内存地址 $(B0010)_{16}=(1011\ 0000\ 0000\ 0001\ 0000)_2$

故对应的标记 $s=(1011\ 0000\ 0000\ 0001)_2$ 字地址 $w=(0000)_2$

3.6.3 cache 的替换策略

cache 工作原理要求它尽量保存最新数据。当一个新的主存块需要拷贝到 cache，而允许存放此块的行位置都被其他主存块占满时，就要产生替换。

替换问题与 cache 的组织方式紧密相关。对直接映射的 cache 来说，因一个主存块只有一个特定的行位置可存放，所以解决问题很简单，只要把此特定位置上的原主存块换出 cache 即可。对全相联和组相联 cache 来说，就要从允许存放新主存块的若干特定行中选取一行换出。如何选取就涉及替换策略，又称替换算法。硬件实现的常用算法主要有以下三种。

1）最不经常使用（LFU）算法

LFU 算法认为应将一段时间内被访问次数最少的那行数据换出。为此，每行设置一个计数器。新行调入后从 0 开始计数，每访问一次，被访行的计数器增 1。当需要替换时，对这些特定行的计数值进行比较，将计数值最小的行换出，同时将这些特定行的计数器都清零。这种算法将计数周期限定在两次替换之间的间隔时间内，因而不能严格反映近期访问情况。

2）近期最少使用（LRU）算法

LRU 算法将近期内长久未被访问过的行换出。为此，每行也设置一个计数器，但它们是 cache 每命中一次，命中行计数器清零，其他各行计数器增 1。当需要替换时，比较各特定行的计数值，将计数值最大的行换出。这种算法保护了刚复制到 cache 中的新数据行，符合 cache 工作原理，因而使 cache 有较高的命中率。

对 2 路组相联的 cache 来说，LRU 算法的硬件实现可以简化。因为一个主存块只能在一个特定组的两行中来做存放选择，二选一完全不需要计数器，只需一个二进制位即可。例如，规定一组中的 A 行复制进新数据可将此位置"1"，B 行复制进新数据可将此位置"0"。当需要置换时，只需检查此二进制位状态即可：为 0 换出 A 行，为 1 换出 B 行，实现了保护新行的原则。奔腾 CPU 内的数据 cache 是一个 2 路组相联结构，就采用这种简捷的 LRU 替换算法。

3）随机替换

随机替换策略实际上是不要什么算法，从特定的行位置中随机地选取一行换出即可。这种策略在硬件上容易实现，且速度也比前两种策略快。缺点是随意换出的数据很可能马上又要使用，从而降低命中率和 cache 工作效率。但这个不足随着 cache 容量增大而减小。研究表明，随机替换策略的性能只是稍逊于前两种策略。

3.6.4 cache 的写操作策略

由于 cache 的内容只是主存部分内容的副本，它应当与主存内容保持一致。而 CPU 对 cache 的写入更改了 cache 的内容。如何与主存内容保持一致，可选用如下三种写操作策略。

1）写回法（write back, copy back）

写回法要求：当 CPU 写 cache 命中时，只修改 cache 的内容，而不立即写入主存；只有当此行被换出时才写回主存。这种方法使 cache 真正在 CPU-主存之间读/写两方面都起到高速缓存作用。对一个 cache 行的多次写命中都在 cache 中快速完成，只是需要替换时才写回速度较慢的主存，减少了访问主存的次数。实现这种方法时，每个 cache 行必须配置一个修改位，以反映此行是否被 CPU 修改过。当某行被换出时，根据此行修改位是 1 还是 0，来决定将该行内容写回主存还是简单弃去。

如果 CPU 写 cache 未命中，为了包含欲写字的主存块在 cache 分配一行，将此块整个复制到 cache 后对其进行修改。主存的写修改操作统一留到换出时再进行。显然，这种写 cache 与写主存异步进行的方式可显著减少写主存次数，但是存在不一致性的隐患。

2）全写法（write through）

全写法要求：当写 cache 命中时，cache 与主存同时发生写修改，因而较好地维护了 cache 与主存的内容的一致性。当写 cache 未命中时，只能直接向主存进行写入。但此时是否将修改过的主存块取到 cache，有两种选择方法：一种称为 WTWA 法，取主存块到 cache 并为它分配一个行位置；另一种称为 WTNWA 法，不取主存块到 cache。

全写法是写 cache 与写主存同步进行，优点是 cache 中每行无须设置一个修改位，以及相应的判断逻辑。缺点是，cache 对 CPU 向主存的写操作无高速缓冲功能，降低了 cache 的性能。

3）写一次法（write once）

写一次法是基于写回法并结合全写法的写策略：写命中与写未命中的处理方法和写回法基本相同，只是第一次写命中时要同时写入主存。这是因为第一次写 cache 命中时，CPU 要在总线上启动一个存储写周期，其他 cache 监听到此主存块地址及写信号后，即可复制该块或及时作废，以便维护系统全部 cache 的一致性。奔腾 CPU 的片内数据 cache 就采用了写一次法。

3.6.5 Pentium 4 的 cache 组织

我们可以从 Intel 微处理器的演变中清楚地看到 cache 组织的演变。80386 不包含片内 cache。80486 包含 8KB 的片内 cache，它采用每行 16B 的 4 路组相联结构。所有的 Pentium 处理器包含两个片内 L_1 cache，一个是 D-cache（数据 cache），一个是 I-cache（指令 cache）。Pentium 2 还包含一个 L_2 cache，其容量是 256KB，每行 128B，采用 8 路组相联结构。Pentium 3 增加了一个 L_3 cache。到 Pentium 4，L_3 cache 已移到处理器芯片中。图 3.33 示出了 Pentium 4 的三级 cache 的布局。

3.33

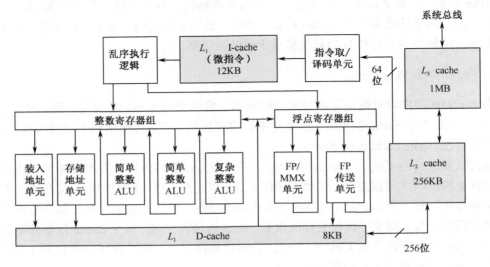

图 3.33　Pentium 4 的 cache 布局图

Pentium 4 处理器的核心由下列四个主要部件组成：

取指/译码单元　按顺序从 L_2 cache 中取程序指令，将它们译成一系列的微指令，并存入 L_1 指令 cache 中。

乱序执行逻辑　依据数据相关性和资源可用性，调度微指令的执行，因而微指令可按不同于所取机器指令流的顺序被调度执行。

执行单元　它执行微指令，从 L_1 数据 cache 中取所需数据，并在寄存器组中暂存运算结果。

存储器子系统　这部分包括 L_2 cache、L_3 cache 和系统总线。当 L_1、L_2 cache 未命中时，使用系统总线访问主存。系统总线还用于访问 I/O 资源。

不同于所有先前 Pentium 模式和大多数处理器所采用的结构，Pentium 4 的指令 cache 位于指令译码逻辑和执行部件之间。其设计理念是：Pentium 4 将机器指令译成由微指令组成的简单 RISC 类指令，而使用简单定长的微指令可允许采用超标量流水线和调度技术，从而增强机器的性能。关于流水线技术，将留在第五章中讨论。

思考题　Pentium 4 中为什么设置 L_1、L_2、L_3 三个 cache？L_1 cache 分成 I-cache 和 D-cache 有什么好处？

3.6.6　使用多级 cache 减少缺失损失

所有现代计算机都使用了 cache。大多数情况下，这些 cache 和组成 CPU 的微处理器集成到一个芯片上。为进一步缩小现代处理器高时钟频率和访问 DRAM 相对较慢之间的差距，高性能微处理器可支持附加一级的 cache。这种二级的 cache，位于处理器芯片内或是位于处理器芯片外单独的一组 SRAM，当访问主 cache 缺失后就会访问它。如果二级 cache 包含所请求的数据，缺失损失就是二级 cache 的访问时间，这要比主存的访问时间少得多。如果第一级 cache、第二级 cache 都不包含这个数据，就需要访问主存储器，产生更大的缺失损失。使用二级 cache 能使性能提高多少？下面通过例子来说明。

【例 3.8】　现有一处理器，基本 CPI 为 1.0，所有访问在第一级 cache 中命中，时钟频率为 5GHz。假定访问一次主存储器的时间为 100ns，其中包括所有的缺失处理。设平均每条指令在第一级 cache 中所产生的缺失率为 2%。如果增加一个二级 cache，命中或缺失的访问时间都为 5ns，而且容量大到可使必须访问主存的缺失率减为 0.5%，问处理器速率提高多少？

解　必须访问主存储器的缺失损失为

$$\frac{100\text{ns}}{0.2\text{ns/时钟周期}} = 500个时钟周期$$

只有一级 cache 的机器有效 CPI 由下式给出：

总的 CPI=基本 CPI+每条指令中存储器停顿的时钟周期

对只有一级 cache 的本例中处理器来说：

总的 CPI=1.0+每条指令存储器停顿的时钟周期=1.0+2%×500=11.0

对二级 cache，主 cache（第一级 cache）中发生缺失后可以被第二级 cache 或者主存处理。访问第二级 cache 的缺失损失为

$$\frac{5\text{ns}}{0.2\text{ns/时钟周期}} = 25个时钟周期$$

如果第二级 cache 能处理全部缺失，那么这就是整个的缺失损失。如果缺失要求访问主存储器，那么总的缺失损失为访问第二级 cache 和访问主存储器的时间之和。

因此，对一个二级的 cache 而言，总的 CPI 为基本 CPI 和两级 cache 停顿的时钟周期之和：

总的 CPI=1+每条指令的一级停顿+每条指令的二级停顿

=1+2%×25+0.5%×500=1+0.5+2.5=4.0

因此，有二级 cache 的处理器性能是没有二级 cache 的处理器性能的 2.8 倍，即

$$11.0 \div 4.0 \approx 2.8$$

3.7　虚拟存储器

3.7.1　虚拟存储器的基本概念

1. 实地址与虚地址

在早期的单用户单任务操作系统（如 DOS）中，每台计算机只有一个用户，每次运行一

个程序，且程序不是很大，单个程序完全可以存放在实际内存中。这时虚拟存储器（简称虚存）并没有太大的用处。

但随着程序占用存储器容量的增长和多用户多任务系统的出现，在程序设计时，程序所需的存储器容量与计算机系统实际配备的主存储器的容量之间往往存在着矛盾。例如，在某些低档的计算机中，物理内存的容量较小，而某些程序却需要很大的内存才能运行；而在多用户多任务系统中，多个用户或多个任务共享全部主存，要求同时执行多道程序。这些同时运行的程序到底占用实际内存中的哪一部分，在编制程序时是无法确定的，必须等到程序运行时才动态分配。

为此，希望在编制程序时独立编址，既不考虑程序是否能在物理存储器中存放得下（因为这与程序运行时的系统配置和当时其他程序的运行情况有关，在编程时一般无法确定），也不考虑程序应该存放在什么物理位置。而在程序运行时，则分配给每个程序一定的运行空间，由地址转换部件（硬件或软件）将编程时的地址转换成实际内存的物理地址。如果分配的内存不够，则只调入当前正在运行的或将要运行的程序块（或数据块），其余部分暂时驻留在辅存中。

这样，用户编制程序时使用的地址称为虚地址或逻辑地址，其对应的存储空间称为虚存空间或逻辑地址空间；而计算机物理内存的访问地址则称为实地址或物理地址，其对应的存储空间称为物理存储空间或主存空间。程序进行虚地址到实地址转换的过程称为程序的再定位。

2. 虚存的访问过程

虚存空间的用户程序按照虚地址编程并存放在辅存中。程序运行时，由地址变换机构依据当时分配给该程序的实地址空间把程序的一部分调入实存。

每次访存时，首先判断该虚地址所对应的部分是否在实存中：如果是，则进行地址转换并用实地址访问主存；否则按照某种算法将辅存中的部分程序调度进内存，再按同样的方法访问主存。

由此可见，每个程序的虚地址空间可以远大于实地址空间，也可以远小于实地址空间。前一种情况以提高存储容量为目的，后一种情况则以地址变换为目的。后者通常出现在多用户或多任务系统中：实存空间较大，而单个任务并不需要很大的地址空间，较小的虚存空间则可以缩短指令中地址字段的长度。

有了虚存机制后，应用程序就可以透明地使用整个虚存空间。对应用程序而言，如果主存的命中率很高，虚存的访问时间就接近于主存访问时间，而虚存的大小仅仅依赖于辅存的大小。

这样，每个程序就可以拥有一个虚拟的存储器，它具有辅存的容量和接近主存的访问速度。但这个虚存是由主存和辅存以及辅存管理部件构成的概念模型，不是实际的物理存储器。

虚存是在主存和辅存之外附加一些硬件和软件实现的。由于软件的介入，虚存对设计存储管理软件的系统程序员而言是不透明的，但对应用程序员而言仍然是透明的。

3. cache 与虚存的异同

从虚存的概念可以看出，主存-辅存的访问机制与 cache-主存的访问机制是类似的。这是由 cache 存储器、主存和辅存构成的三级存储体系中的两个层次。

cache 和主存之间以及主存和辅存之间分别有辅助硬件和辅助软硬件负责地址变换与管理,以便各级存储器能够组成有机的三级存储体系。cache 和主存构成了系统的内存,而主存和辅存依靠辅助软硬件的支持支撑虚拟存储器工作。

在三级存储体系中,cache-主存和主存-辅存这两个存储层次有许多相同点。

(1) 出发点相同 二者都是为了提高存储系统的性能价格比而构造的分层存储体系,都力图使存储系统的性能接近高速存储器,而价格和容量接近低速存储器。

(2) 原理相同 都是利用了程序运行时的局部性原理把最近常用的信息块从相对慢速而大容量的存储器调入相对高速而小容量的存储器。

但 cache-主存和主存-辅存这两个存储层次也有许多不同之处。

(1) 侧重点不同 cache 主要解决主存与 CPU 的速度差异问题;而就性能价格比的提高而言,虚存主要是解决存储容量问题,另外还包括存储管理、主存分配和存储保护等方面。

(2) 数据通路不同 CPU 与 cache 和主存之间均可以有直接访问通路,cache 不命中时可直接访问主存;而虚存所依赖的辅存与 CPU 之间不存在直接的数据通路,当主存不命中时只能通过调页解决,CPU 最终还是要访问主存。

(3) 透明性不同 cache 的管理完全由硬件完成,对系统程序员和应用程序员均透明;而虚存管理由软件(操作系统)和硬件共同完成,由于软件的介入,虚存对实现存储管理的系统程序员不透明,而只对应用程序员透明(段式和段页式管理对应用程序员"半透明")。

(4) 未命中时的损失不同 由于主存的存取时间是 cache 的存取时间的 5~10 倍,而主存的存取速度通常比辅存的存取速度快上千倍,故主存未命中时系统的性能损失要远大于 cache 未命中时的损失。

4. 虚存机制要解决的关键问题

虚存机制也要解决一些关键问题。

(1) 调度问题 决定哪些程序和数据应被调入主存。

(2) 地址映射问题 在访问主存时把虚地址变为主存物理地址(这一过程称为内地址变换);在访问辅存时把虚地址变成辅存的物理地址(这一过程称为外地址变换),以便换页。此外还要解决主存分配、存储保护与程序再定位等问题。

(3) 替换问题 决定哪些程序和数据应被调出主存。

(4) 更新问题 确保主存与辅存的一致性。

在操作系统的控制下,硬件和系统软件为用户解决了上述问题,从而使应用程序的编程大大简化。

3.7.2 页式虚拟存储器

1. 页式虚存地址映射

页式虚拟存储系统中,虚地址空间被分成等长的页,称为逻辑页;主存空间也被分成同样大小的页,称为物理页。相应地,虚地址分为两个字段:高字段为逻辑页号,低字段为页内地址(偏移量);实存地址也分为两个字段:高字段为物理页号,低字段为页内地址。通过页表可以把虚地址(逻辑地址)转换成物理地址。

在大多数系统中,每个进程对应一个页表。页表中对应每一个虚存页面有一个表项,表项的内容包含该虚存页面所在的主存页面的地址(物理页号),以及指示该逻辑页是否已调入主存的有效位。地址变换时，用逻辑页号作为页表内的偏移地址索引页表（将虚页号看作页表数组下标）并找到相应物理页号，用物理页号作为实存地址的高字段，再与虚地址的页内偏移量拼接，就构成了完整的物理地址。现代的中央处理器通常有专门的硬件支持地址变换。图 3.34 显示了页式虚拟存储器的地址映射过程。

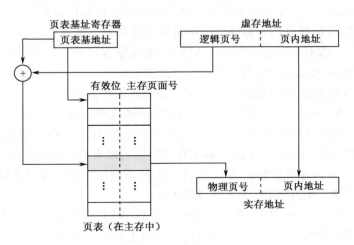

图 3.34　页式虚拟存储器的地址映射过程

　　每个进程所需的页数并不固定，所以页表的长度是可变的，因此通常的实现方法是把页表的基地址保存在寄存器中，而页表本身则放在主存中。由于虚存地址空间可以很大，因而每个进程的页表有可能非常长。例如，如果一个进程的虚地址空间为 2GB，每页的大小为 512B，则总的虚页数为 $2^{31}/2^9=2^{22}$。

　　为了节省页表本身占用的主存空间，一些系统把页表安排存储在虚存空间，因而页表本身也要进行分页。当一个进程运行时，其页表中一部分在主存中，另一部分则在辅存中保存。

　　另一些系统采用二级页表结构。每个进程有一个页目录表，其中的每个表项指向一个页表。因此，若页目录表的长度（表项数）是 m，每个页表的最大长度（表项数）为 n，则一个进程最多可以有 $m\times n$ 个页。

　　在页表长度较大的系统中，还可以采用反向页表（inverted page table）实现物理页号到逻辑页号的反向映射。页表中对应每一个物理页号有一个表项，表项的内容包含该物理页所对应的逻辑页号。访存时，通过逻辑页号在反向页表中逐一查找。如果找到匹配的页，则用表项中的物理页号取代逻辑页号；如果没有匹配表项，则说明该页不在主存中。这种方式的优点是页表所占空间大大缩小，但代价是需要对反向页表进行检索，查表的时间很长。有些系统通过散列（哈希）表加以改进。

2. 内页表和外页表

　　上面所说的页表是虚地址到主存物理地址的变换表，通常称为内页表。与内页表对应的还有外页表，用于虚地址与辅存地址之间的变换。当主存缺页时，调页操作首先要定位辅存，而外页表的结构与辅存的寻址机制密切相关。例如，对磁盘而言，辅存地址包括磁盘机号、磁头号、磁道号和扇区号等。

外页表通常放在辅存中，在需要时可调入主存。当主存不命中时，由存储管理部件向 CPU 发出"缺页中断"，进行调页操作。

3. 转换后援缓冲器(TLB)

由于页表通常在主存中，因而即使逻辑页已经在主存中，也至少要访问两次物理存储器才能实现一次访存，这将使虚拟存储器的存取时间加倍。为了避免对主存访问次数的增多，可以对页表本身实行二级缓存，把页表中最活跃的部分存放在高速存储器中。这个专用于页表缓存的高速存储部件通常称为**转换后援缓冲器(TLB)**，又称为**快表**。而保存在主存中的完整页表则称为**慢表**。快表的作用是加快地址变换。

TLB 的作用与主存和 CPU 之间的 cache 作用相似，通常由相联存储器实现，容量比慢表小得多，存储慢表中部分信息的副本，可以完成硬件高速检索操作。地址变换时，根据逻辑页号同时查快表和慢表，当在快表中有此逻辑页号时，就能很快地找到对应的物理页号。根据程序的局部性原理，多数虚拟存储器访问都将通过 TLB 进行，从而有效降低访存的时间延迟。图 3.35 显示了 TLB 的地址映射过程。

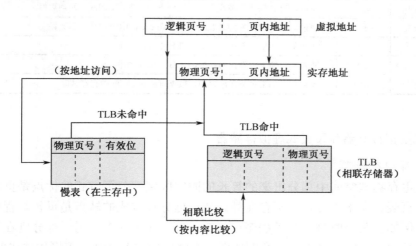

3.35

图 3.35　TLB 的地址映射过程

由于 TLB 的缓冲过程与 cache 的缓冲过程是独立的，所以在每次存储器访问过程中有可能要经历多次变换。存储管理部件首先用虚地址中的虚页号部分检索 TLB：匹配成功时则通过实页号与偏移量拼接出物理地址；TLB 匹配不成功则需查询主存中的页表，然后通过实页号与偏移量拼接出物理地址。而该物理地址所在的主存空间可能已经被调入 cache 中，也可能还在主存中，甚至还有可能在辅存中。对后一种情况，包含该地址的页必须被调入主存，并将其所在的块装入 cache 中，修改相应的页表和 TLB 表项。可见虚拟存储器的地址映射与地址变换过程是相当复杂的过程。

4. 虚拟存储器、TLB 和 cache 的协同操作

虚拟存储器和 cache 系统如同一个层次结构般一起工作。操作系统在管理该层次结构时起到关键作用，当它决定要把某一页移到磁盘上去时，就迫使该页的全部内容从 cache 中删除。同时，操作系统修改页表和 TLB，而试图访问该页上的任何数据可能将导致缺页。

在最好的情况下，虚拟地址由 TLB 进行转换，然后被送到 cache，找到正确的数据并

取回处理器。在最坏的情况下，一次访问会在存储器层次结构的三个组成部分都产生缺失：TLB、页表和cache。

【例3.9】　由页式虚拟存储器、TLB和cache组成的存储器层次结构中，访问存储器可能会遇到三种不同类型的缺失：cache缺失、TLB缺失和缺页。研究这三种缺失会发生一个或多个时的所有可能的组合(7种可能性)。对每种可能性，说明这种情况是否真的会发生，在什么条件下会发生？

解　表3.9说明了可能的发生背景以及事实上它们是否真的可能发生。这些组合中有三种是不可能的，四种是可能的。

表3.9　虚拟存储器、TLB和cache发生事件的可能组合

TLB	页表	cache	可能发生吗？如果可能，发生背景是什么？
命中	命中	缺失	可能，但若TLB命中就无需检查页表
缺失	命中	命中	可能，TLB缺失，但在页表中找到表项；在cache中找到数据
缺失	命中	缺失	可能，TLB缺失，但在页表中找到表项；未在cache中找到数据
缺失	缺失	缺失	可能，TLB缺失并随之发生缺页；在cache中一定找不到数据
命中	缺失	缺失	不可能：如果页不在内存中，TLB不可能命中
命中	缺失	命中	不可能：如果页不在内存中，TLB不可能命中
缺失	缺失	命中	不可能：如果页不在内存中，数据可能在cache中存在

3.7.3　段式虚拟存储器和段页式虚拟存储器

1. 段式虚拟存储器

页面是主存物理空间中划分出来的等长的固定区域。分页方式的优点是页长固定，因而便于构造页表、易于管理，且不存在外碎片。但分页方式的缺点是页长与程序的逻辑大小不相关。例如，某个时刻一个子程序可能有一部分在主存中，另一部分则在辅存中。这不利于编程时的独立性，并给换入换出处理、存储保护和存储共享等操作造成麻烦。

另一种划分可寻址的存储空间的方法称为分段。段是按照程序的自然分界划分的长度可以动态改变的区域。通常，程序员把子程序、操作数和常数等不同类型的数据划分到不同的段中，并且每个程序可以有多个相同类型的段。

在段式虚拟存储系统中，虚地址由段号和段内地址(偏移量)组成。虚地址到实主存地址的变换通过段表实现。每个程序设置一个段表，段表的每一个表项对应一个段。每个表项至少包含下面三个字段：

(1)有效位　指明该段是否已经调入实存。

(2)段起址　指明在该段已经调入实存的情况下，该段在实存中的首地址。

(3)段长　记录该段的实际长度。设置段长字段的目的是保证访问某段的地址空间时，段内地址不会超出该段长度导致地址越界而破坏其他段。

段表本身也是一个段，可以存在辅存中，但一般驻留在主存中。

针对每个虚地址，存储管理部件首先以段号 s 为索引访问段表的第 s 个表项。若该表项的有效位为1，则将虚地址的段内偏移量 d 与该表项的段长字段比较；若偏移量较大则说明

地址越界，将产生地址越界中断；否则，将该表项的段起址与段内偏移量相加，求得主存实地址并访存。如果该表项的有效位为 0，则产生缺段中断，从辅存中调入该段，并修改段表。

段式虚地址向实存地址的变换过程如图 3.36 所示。

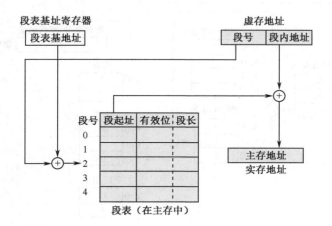

3.36

图 3.36   段式虚存的地址映射过程

分页对程序员而言是不可见的，而分段通常对程序员而言是可见的，因而分段为组织程序和数据提供了方便。与页式虚拟存储器相比，段式虚拟存储器有许多优点：①段的逻辑独立性使其易于编译、管理、修改和保护，也便于多道程序共享。②段长可以根据需要动态改变，允许自由调度，以便有效利用主存空间。

因为段的长度不固定，段式虚拟存储器也有一些缺点：①主存空间分配比较麻烦。②容易在段间留下许多外碎片，造成存储空间利用率降低。③由于段长不一定是 2 的整数次幂，因而不能简单地像分页方式那样用虚地址和实地址的最低若干二进制位作为段内偏移量，并与段号进行直接拼接，必须用加法操作通过段起址与段内偏移量的求和运算求得物理地址。因此，段式存储管理比页式存储管理方式需要更多的硬件支持。

2. 段页式虚拟存储器

段页式虚拟存储器是段式虚拟存储器和页式虚拟存储器的结合。

实存被等分成页。每个程序先按逻辑结构分段，每段再按照实存的页大小分页，程序按页进行调入和调出操作，但可按段进行编程、保护和共享。

在段页式虚拟存储系统中，每道程序均通过一个段表和多个页表进行两级再定位。段表中的每个表项对应一个段，每个表项有一个指针指向该段的页表。页表则指明该段各页在主存中的位置，以及是否已装入、是否已修改等状态信息。

一个虚地址由段号、段内页号和页内偏移量构成。在多任务系统中，操作系统还会在每个虚地址前面增加一个表明该程序在系统中的序号的基号。一个虚地址可以看作由四个字段构成：

(基号 N)	段号 S	段内逻辑页号 P	页内地址偏移量 D

【例 3.10】   假设有三道程序，基号用 A、B 和 C 表示，其基址寄存器的内容分别为

S_A、S_B 和 S_C。程序 A 由 4 个段构成，程序 C 由 3 个段构成。段页式虚拟存储系统的逻辑地址到物理地址的变换过程如图 3.37 所示。

3.37

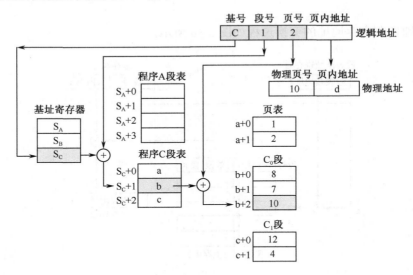

图 3.37   段页式虚存的地址变换过程

在主存中，每道程序都有一张段表，A 程序有 4 段，C 程序有 3 段，每段应有一张页表，段表的每行就表示相应页表的起始位置，而页表内的每行即为相应的物理页号。请说明虚实地址变换过程。

解   地址变换过程如下：

（1）由存储管理部件根据基号 C 找到段表基址寄存器表第 c 个表项，获得程序 C 的段表基址 S_C。再根据段号 S（=1）找到程序 C 段表的第 S 个表项，得到段 S 的页表起始地址 b。

（2）根据段内逻辑页号 P（=2）检索页表，得到物理页号（图中为 10）。

（3）物理页号与页内地址偏移量拼接即得物理地址。

假如计算机系统中只有一个基址寄存器，则基号可不要。多道程序切换时，由操作系统修改基址寄存器内容。

实际上，上述每个段表和页表的表项中都应设置一个有效位。只有在有效位为 1 时才按照上述流程操作，否则需中断当前操作先进行建表或调页。

可以看出，段页式虚拟存储器的缺点是在由虚地址向主存地址的映射过程中需要多次查表，因而实现复杂度较高。

3.7.4   虚存的替换算法

当从辅存调页至主存而主存已满时，也需要进行主存页面的替换。虚拟存储器的替换算法与 cache 的替换算法类似，有 FIFO 算法、LRU 算法、LFU 算法等。

虚拟存储器的替换算法与 cache 的替换算法不同的是：

（1）cache 的替换全部靠硬件实现，而虚拟存储器的替换有操作系统的支持。

（2）虚存缺页对系统性能的影响比 cache 未命中要大得多，因为调页需要访问辅存，并且要进行任务切换。

（3）虚存页面替换的选择余地很大，属于一个进程的页面都可替换。

为支持虚存的替换，通常在页表或段表的每一表项中设置一个修改位，标识该表项所对应的主存页或段空间在被调入主存后是否被修改过。对于将被替换出去的空间，假如其内容没有被修改过，就不必进行额外处理；否则就需把该空间存储的内容重新写入辅存，以保证辅存中数据的正确性。

【例 3.11】　假设主存只允许存放 a、b、c 三个页面，逻辑上构成 a 进 c 出的 FIFO 队列。某次操作中进程访存的序列是 0，1，2，4，2，3，0，2，1，3，2（虚页号）。若分别采用 FIFO 算法、FIFO+LRU 算法，请用列表法分别求两种替换策略情况下主存的命中率。

解　两种替换策略下主存替换过程和命中率如下表所示。

页面访问序列		0	1	2	4	②	3	0	②	1	3	②	命中率
FIFO 算法	a	0	1	2	4	4	3	0	2	1	3	3	2/11=18.2%
	b		0	1	2	②	4	3	0	2	1	1	
	c			0	1	1	2	4	3	0	2	②	
						命中				命中			
FIFO+LRU 算法	a	0	1	2	4	②	3	0	②	1	3	②	3/11=27.3%
	b		0	1	②	4	2	3	0	2	1	3	
	c			0	1	1	4	②	3	0	②	1	
						命中			命中			命中	

在 FIFO 算法中，FIFO 队列中的页面始终按照从 a 到 c 的顺序依次推进，页面从 a 位置进入队列，替换始终在页面 c 的位置进行。

FIFO+LRU 算法是对 FIFO 算法的一种改进。但与 FIFO 算法不同的是，如果某个页面命中，则将该页面移动到 FIFO 队列入口位置（页面 a 所在的位置）。因为根据程序的局部性原理，刚被访问的页面在最近的将来被再次访问的概率较大，故将其被替换的时间延后。上面的例子说明 FIFO+LRU 算法比 FIFO 算法的命中率高。

3.7.5　存储管理部件

存储管理部件（Memory Management Unit，MMU）是系统中进行虚实地址转换的核心部件。MMU 的主要功能有：在 TLB 的协助下完成虚实地址转换；维护 TLB 的控制机制；负责存储保护；在 TLB 失效或非法访问时向处理器发起中断；维护一个 TLB 失效后的再填充机制（table walking）。

MMU 的工作流程大致如下：CPU 发出访存的虚拟地址后，MMU 通过页表查找机制访问主存页表，获得映射关系；如果主存命中，MMU 将虚页号变换为物理页号，产生物理地址访存；如果主存缺页，CPU 将转到操作系统的页面失效程序入口，由操作系统进行调页操作。

3.8　奔腾系列机的虚存组织

基于英特尔 IA-32 体系结构的奔腾系列机为存储管理提供了硬件支持。目前广泛使用的奔腾处理机的存储管理机制与英特尔 80386 和 80486 基本相同。

3.8.1　存储器模型

IA-32 体系结构微处理机的存储管理硬件支持三种存储器模型，如图 3.38 所示。

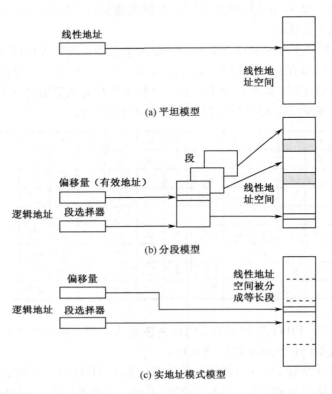

图 3.38　IA-32 的三种存储器模型

平坦存储器模型（flat memory model）内存被组织成单一的、连续的地址空间，称为"线性地址空间"。所有的代码、数据和堆栈均包含在该地址空间内，该空间的字节地址范围为 $0 \sim 2^{32}-1$。

分段存储器模型（segmented memory model）每个程序均使用一组独立的地址空间，每个地址空间就是一个段，段的最大长度为 2^{32}B。逻辑地址由段选择器和偏移量组成，处理机将逻辑地址透明地转换为线性地址。

实地址模式存储器模型（real-address mode memory model）是为保持与早期的 8086 处理机兼容的存储器模式。线性地址空间被分为段，段的最大长度为 64KB。线性地址空间的最大长度为 2^{20}B。

3.8.2　虚地址模式

IA-32 体系结构微处理机的虚拟存储器可以通过两种方式实现：分段和分页。存储管理部件包括分段部件（SU）和分页部件（PU）两部分。分段部件将程序中使用的虚地址转换成线性地址。而分页部件则将线性地址转换为物理地址。

在分段部件和分页部件中，每一部分都可以独立地打开或关闭，因而可出现四种组合方式：

（1）**不分段不分页模式**　程序中使用的逻辑地址与物理地址相同。

（2）**分段不分页模式**　相当于段式虚拟存储器。程序中使用的逻辑地址由一个 16 位段选择器和一个 32 位偏移量组成。段选择器中的最低两位用于存储保护，其余 14 位选择一个特定的段。因此，对于分段的存储器，用户的虚拟地址空间是 $2^{14+32}=2^{46}=64TB$。而物理地址空间使用 32 位地址，最大 4GB。由分段部件将二维的虚拟地址转换为一维的线性地址。在分页部件不工作的情况下，线性地址也就是主存物理地址。

（3）**不分段分页模式**　相当于页式虚拟存储器。程序中使用的是 32 位线性地址，由分页部件将其转换成 32 位物理地址。用户的虚拟地址空间是 $2^{32}=4GB$。

（4）**分段分页模式**　在分段基础上增加分页存储管理的模式，即段页式虚拟存储器。程序中使用的逻辑地址由一个 16 位段选择器和一个 32 位偏移量组成，由分段部件将二维的虚拟地址转换为一维的线性地址，再由分页部件将其转换成 32 位物理地址。用户的虚拟地址空间是 $2^{14+32}=2^{46}=64TB$。

3.8.3　分页模式下的地址转换

在分页模式下，有两种页大小，其地址映射方式不同：一种是兼容早期的 80386 和 80486 的 4KB 的页大小，使用页目录表和页表两级结构进行地址转换；另一种是从奔腾处理机开始采用的 4MB 页大小，使用单级页表结构。

4MB 分页方式的地址转换如图 3.39 所示。32 位线性地址分为高 10 位的页号和低 22 位的页内偏移量两个字段。

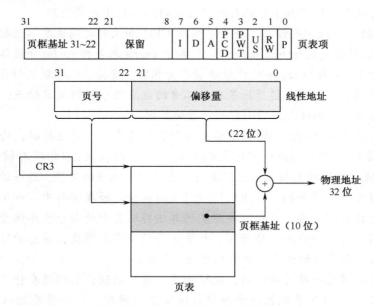

3.39

图 3.39　4MB 分页方式的地址转换

系统中由一个有 1024 个表项的页表实现地址转换。控制寄存器 CR3 指向页表，页表的每个表项为 32 位。其中：

I 位指示页大小   I=1 为 4MB 页大小；I=0 为 4KB 大小。

P 为出现位   P=1 表示此页已被装入主存；P=0 时访问此页将引起缺页中断。

A 为已访问位   若在装入主存后此页被访问过，则 A 被置为 1；否则置 A 为 0。

D 为脏位   若该页在调入主存后被修改过，则 D 被置为 1，表示在该页被换出主存时应写回辅存。

R/W 为读/写控制位   用于指明用户对该页的权限是只读还是可读写。

U/S 为用户/管理员权限控制位   指明该页是只能被操作系统访问还是同时允许操作系统和用户程序访问。

本 章 小 结

对存储器的要求是容量大、速度快、成本低。为了解决这三方面的矛盾，计算机采用多级存储体系结构，即 cache、主存和外存。CPU 能直接访问内存(cache、主存)，但不能直接访问外存。存储器的技术指标有存储容量、存取时间、存储周期、存储器带宽。

广泛使用的 SRAM 和 DRAM 都是半导体随机读写存储器，前者速度比后者快，但集成度不如后者高。二者的优点是体积小，可靠性高，价格低廉，缺点是断电后不能保存信息。

只读存储器和闪速存储器正好弥补了 SRAM 和 DRAM 的缺点，即使断电也仍然保存原先写入的数据。特别是闪速存储器能提供高性能、低功耗、高可靠性以及移动性，是一种全新的存储器体系结构。

双端口存储器和多模块交叉存储器属于并行存储器结构。前者采用空间并行技术，后者采用时间并行技术。这两种类型的存储器在科研和工程中大量使用。

cache 是一种高速缓冲存储器，是为了解决 CPU 和主存之间速度不匹配而采用的一项重要的硬件技术，并且发展为多级 cache 体系，指令 cache 与数据 cache 分设体系。要求 cache 的命中率接近于 1。主存与 cache 的地址映射有全相联、直接、组相联三种方式。其中组相联方式是前二者的折中方案，适度地兼顾了二者的优点又尽量避免其缺点，从灵活性、命中率、硬件投资来说较为理想，因而得到了普遍采用。

用户程序按照虚地址(逻辑地址)编程并存放在辅存中。程序运行时，由地址变换机构依据当时分配给该程序的实地址空间把程序的一部分调入实存(物理存储空间或主存空间)。由操作系统在硬件的支持下对程序进行虚地址到实地址的变换，这一过程称为程序的再定位。每次访存时，首先判断该虚地址所对应的部分是否在实存中：如果是，则进行地址转换并用实地址访问主存；否则，按照某种算法将辅存中的部分程序调度进内存，再按同样的方法访问主存。对应用程序而言，如果主存的命中率很高，虚存的访问时间就接近于主存访问时间，而虚存的大小仅仅依赖于辅存的大小。

虚存机制也要解决一些关键问题，包括调度问题、地址映射问题和替换问题等。在操作系统的控制下，硬件和系统软件为用户解决了上述问题，从而使应用程序的编程大大简化。

页式虚拟存储系统中，虚地址空间和主存空间都被分成大小相等的页，通过页表可以把虚地址转换成物理地址。为了避免对主存访问次数增多，可以对页表本身实行二级缓存，把页表中的最活跃部分存放在转换后援缓冲器(TLB)中。

分页方式的缺点是页长与程序的逻辑大小不相关，而分段方式则可按照程序的自然分界将内存空间划分为长度可以动态改变的存储区域。在段式虚拟存储系统中，虚地址由段号和段内地址(偏移量)组成。虚地址到实主存地址的变换通过段表实现。

段页式虚拟存储器是段式虚拟存储器和页式虚拟存储器的结合，程序按页进行调入和调出操作，但可按段进行编程、保护和共享。

虚拟存储器还解决了存储保护等问题。在虚拟存储系统中，通常采用页表保护、段表保护和键式保护方法实现存储区域保护。还可以结合对主存信息的使用方式实现访问方式保护。

习　题

1. 设有一个具有 20 位地址和 32 位字长的存储器，问：

(1) 该存储器能存储多少字节的信息？

(2) 如果存储器由 512K×8 位 SRAM 芯片组成，需要多少片？

(3) 需要多少位地址作芯片选择？

2. 已知某 64 位机主存采用半导体存储器，其地址码为 26 位，若使用 4M×8 位的 DRAM 芯片组成该机所允许的最大主存空间，并选用内存条结构形式，问：

(1) 若每个内存条为 16M×64 位，共需几个内存条？

(2) 每个内存条内共有多少 DRAM 芯片？

(3) 主存共需多少 DRAM 芯片？CPU 如何选择各内存条？

3. 用 16K×8 位的 DRAM 芯片构成 64K×32 位存储器，请画出该存储器的组成逻辑框图。

4. 有一个 1024K×32 位的存储器，由 128K×8 位的 DRAM 芯片构成。问：

(1) 总共需要多少 DRAM 芯片？

(2) 设计此存储体组成框图。

5. 要求用 256K×16 位 SRAM 芯片设计 1024K×32 位的存储器。SRAM 芯片有两个控制端：当 $\overline{CS}$ 有效时，该片选中。当 $\overline{W}/R=1$ 时执行读操作，当 $\overline{W}/R=0$ 时执行写操作。

6. 用 32K×8 位的 E²PROM 芯片组成 128K×16 位的只读存储器，试问：

(1) 数据寄存器多少位？

(2) 地址寄存器多少位？

(3) 共需多少个 E²PROM 芯片？

(4) 画出此存储器组成框图。

7. 某机器中，已知配有一个地址空间为 0000H～3FFFH 的 ROM 区域。现在再用一个 RAM 芯片(8K×8)形成 40K×16 位的 RAM 区域，起始地为 6000H。假设 RAM 芯片有 $\overline{CS}$ 和 $\overline{WE}$ 信号控制端。CPU 的地址总线为 A_{15}～A_0，数据总线为 D_{15}～D_0，控制信号为 R/W(读/写)，$\overline{MREQ}$(访存)，要求：

(1) 画出地址译码方案。

(2) 将 ROM 与 RAM 同 CPU 连接。

8. 设存储器容量为 64MB，字长为 64 位，模块数 $m=8$，分别用顺序和交叉方式进行组织。存储周期 $T=100ns$，数据总线宽度为 64 位，总线传送周期 $\tau=50ns$。求：顺序存储器和交叉存储器的带宽各是多少？

9. CPU 执行一段程序时，cache 完成存取的次数为 2420 次，主存完成存取的次数为 80 次，已知 cache 存储周期为 40ns，主存存储周期为 240ns，求 cache/主存系统的效率和平均访问时间。

10. 已知 cache 存储周期 40ns，主存存储周期 200ns，cache/主存系统平均访问时间为 50ns，求 cache 的命中率是多少？

11. 某机器采用四体交叉存储器，今执行一段小循环程序，此程序放在存储器的连续地址单元中。假设每条指令的执行时间相等，而且不需要到存储器存取数据，请问在下面两种情况中（执行的指令数相等），程序运行的时间是否相等？

(1)循环程序由 6 条指令组成，重复执行 80 次。

(2)循环程序由 8 条指令组成，重复执行 60 次。

12. 一个由主存和 cache 组成的二级存储系统，参数定义如下：T_a 为系统平均存取时间，T_1 为 cache 的存取时间，T_2 为主存的存取时间，H 为 cache 命中率，请写出 T_a 与 T_1、T_2、H 参数之间的函数关系式。

13. 一个组相联 cache 由 64 个行组成，每组 4 行。主存储器包含 4K 个块，每块 128 字。请表示内存地址的格式。

14. 有一个处理机，主存容量 1MB，字长 1B，块大小 16B，cache 容量 64KB，若 cache 采用直接映射式，请给出两个不同标记的内存地址，它们映射到同一个 cache 行。

15. 假设主存容量 16M×32 位，cache 容量 64K×32 位，主存与 cache 之间以每块 4×32 位大小传送数据，请确定直接映射方式的有关参数，并画出主存地址格式。

16. 下述有关存储器的描述中，正确的是（　　）。

　　A. 多级存储体系由 cache、主存和虚拟存储器构成

　　B. 存储保护的目的是：在多用户环境中，既要防止一个用户程序出错而破坏系统软件或其他用户程序，又要防止一个用户访问不是分配给他的主存区，以达到数据安全与保密的要求

　　C. 在虚拟存储器中，外存和主存以相同的方式工作，因此允许程序员用比主存空间大得多的外存空间编程

　　D. cache 和虚拟存储器这两种存储器管理策略都利用了程序的局部性原理

17. 引入多道程序的目的在于（　　）。

　　A. 充分利用 CPU，减少 CPU 等待时间　　　　　　B. 提高实时响应速度

　　C. 有利于代码共享，减少主辅存信息交换量　　　　D. 充分利用存储器

18. 虚拟段页式存储管理方案的特性为（　　）。

　　A. 空间浪费大、存储共享不易、存储保护容易、不能动态连接

　　B. 空间浪费小、存储共享容易、存储保护不易、不能动态连接

　　C. 空间浪费大、存储共享不易、存储保护容易、能动态连接

　　D. 空间浪费小、存储共享容易、存储保护容易、能动态连接

19. 某虚拟存储器采用页式存储管理，使用 LRU 页面替换算法。若每次访问在一个时间单位内完成，页面访问的序列如下：1，8，1，7，8，2，7，2，1，8，3，8，2，1，3，1，7，1，3，7。已知主存只允许存放 4 个页面，初始状态时 4 个页面是全空的，则页面失效次数是_____。

20. 主存容量为 4MB，虚存容量为 1GB，则虚地址和物理地址各为多少位？如页面大小为 4KB，则页表长度是多少？

21. 设某系统采用页式虚拟存储管理，页表存放在主存中。

(1)如果一次内存访问使用 50ns，访问一次主存需用多少时间？

(2)如果增加 TLB，忽略查找 TLB 表项占用的时间，并且 75% 的页表访问命中 TLB，内存的有效访问时间是多少？

22. 某计算机的存储系统由 cache、主存和磁盘构成。cache 的访问时间为 15ns；如果被访问的单元在主存中但不在 cache 中，需要用 60ns 的时间将其装入 cache，然后再进行访问；如果被访问的单元不在主存中，则需要 10ms 的时间将其从磁盘中读入主存，然后再装入 cache 中并开始访问。若 cache 的命中率为 90%，主存的命中率为 60%，求该系统中访问一个字的平均时间。

23. 某页式存储管理，页大小为 2KB。逻辑地址空间包含 16 页，物理地址空间共有 8 页。逻辑地址应有多少位？主存物理空间有多大？

24. 在一个分页虚存系统中，用户虚地址空间为 32 页，页长 1KB，主存物理空间为 16KB。已知用户程序有 10 页长，若虚页 0、1、2、3 已经被分别调入主存 8、7、4、10 页中，请问虚地址 0AC5 和 1AC5（十六进制）对应的物理地址是多少？

25. 段式虚拟存储器对程序员是否透明？请说明原因。

26. 在一个进程的执行过程中，是否其所有页面都必须处在主存中？

27. 为什么在页式虚拟存储器地址变换时可以用物理页号与页内偏移量直接拼接成物理地址，而在段式虚拟存储器地址变换时必须用段起址与段内偏移量相加才能得到物理地址？

28. 在虚存实现过程中，有些页面会在内存与外存之间被频繁地换入和换出，使系统效率急剧下降。这种现象称为颠簸。请解释产生颠簸的原因，并说明防止颠簸的办法。

29. 某 16 位数 0x1234 存放在内存地址 0x6000 开始的单元中，内存按字节编址。请分别说明在小端模式和大端模式中，内存地址 0x6000 和 0x6001 存放的数据值。

第 *4* 章

指 令 系 统

本章首先说明指令系统的发展与性能要求，然后介绍指令的一般格式。之后重点讲述寻址方式，指令的分类和功能，并给出几个指令系统实例。

4.1 指令系统的发展与性能要求

4.1.1 指令系统的发展

计算机的程序是由一系列的机器指令组成的。

指令就是要计算机执行某种操作的命令。从计算机组成的层次结构来说，计算机的指令有微指令、机器指令和宏指令之分。微指令是微程序级的命令，它属于硬件；宏指令是由若干条机器指令组成的软件指令，它属于软件；而机器指令则介于微指令与宏指令之间，通常简称为指令，每一条指令可完成一个独立的算术运算或逻辑运算操作。

本章所讨论的指令，是机器指令。一台计算机中所有机器指令的集合，称为这台计算机的指令系统(指令集)。指令系统是表征一台计算机性能的重要因素，它的格式与功能不仅影响到机器的硬件结构，而且影响到系统软件。因为指令是设计一台计算机的硬件与低层软件的接口。

20 世纪 50 年代，由于受器件限制，计算机的硬件结构比较简单，所支持的指令系统只有定点加减、逻辑运算、数据传送、转移等十几至几十条指令。60 年代后期，随着集成电路的出现，硬件功能不断增强，指令系统越来越丰富，除以上基本指令外，还设置了乘除运算、浮点运算、十进制运算、字符串处理等指令，指令数目多达一二百条，寻址方式也趋多样化。

随着集成电路的发展和计算机应用领域的不断扩大，60 年代后期开始出现系列计算机。所谓系列计算机，是指基本指令系统相同、基本体系结构相同的一系列计算机，如 Pentium 系列就是曾经流行的一种个人机系列。一个系列往往有多种型号，但由于推出时间不同，采用器件不同，它们在结构和性能上有所差异。通常是新机种在性能和价格方面比旧机种优越。系列机解决了各机种的软件兼容问题，其必要条件是同一系列的各机种有共同的指令系统，而且新推出的机种指令系统一定包含所有旧机种的全部指令。因此旧机种上运行的各种软件可以不加任何修改便可在新机种上运行，大大减少了软件开发费用。

70 年代末期，计算机硬件结构随着 VLSI 技术的飞速发展而越来越复杂化，大多数计算机的指令系统多达几百条。我们称这些计算机为复杂指令系统计算机，简称 CISC。但是如此庞大的指令系统不但使计算机的研制周期变长，且由于采用了大量使用频率很低的复杂指令而造成硬件资源浪费，产生指令系统所谓百分比 20∶80 的规律，即最常使用的简单指令仅占指令总数的 20%，但在程序中出现的频率却占 80%。为此人们又提出了便于 VLSI 技术实现的精简指令系统计算机，简称 RISC。

思考题　为什么会出现 CISC 到 RISC 的转变？

4.1.2　指令系统的性能要求

指令系统的性能如何，决定了计算机的基本功能，因而指令系统的设计是计算机系统设计中的一个核心问题，它不仅与计算机的硬件结构紧密相关，而且直接关系到用户的使用需要。一个完善的指令系统应满足如下四方面的要求：

完备性　完备性是指用汇编语言编写各种程序时，指令系统直接提供的指令足够使用，而不必用软件来实现。完备性要求指令系统丰富、功能齐全、使用方便。

一台计算机中最基本、必不可少的指令是不多的。许多指令可用最基本的指令编程来实现。例如，乘除运算指令、浮点运算指令可直接用硬件来实现，也可用基本指令编写的程序来实现。采用硬件指令的目的是提高程序执行速度，便于用户编写程序。

有效性　有效性是指利用该指令系统所编写的程序能够高效率地运行。高效率主要表现在程序占据存储空间小、执行速度快。一般来说，一个功能更强、更完善的指令系统，必定有更好的有效性。

规整性　规整性包括指令系统的对称性、匀齐性、指令格式和数据格式的一致性。对称性是指：在指令系统中所有的寄存器和存储器单元都可同等对待，所有的指令都可使用各种寻址方式；匀齐性是指：一种操作性质的指令可以支持各种数据类型，如算术运算指令可支持字节、字、双字整数的运算，十进制数运算和单、双精度浮点数运算等；指令格式和数据格式的一致性是指：指令长度和数据长度有一定的关系，以方便处理和存取。例如，指令长度和数据长度通常是字节长度的整数倍。

兼容性　系列机各机种之间具有相同的基本结构和共同的基本指令系统，因而指令系统是兼容的，即各机种上基本软件可以通用。但由于不同机种推出的时间不同，在结构和性能上有差异，做到所有软件都完全兼容是不可能的，只能做到"向上兼容"，即低档机上运行的软件可以在高档机上运行。

4.1.3　低级语言与硬件结构的关系

计算机的程序，就是人们把需要用计算机解决的问题变换成计算机能够识别的一串指令或语句。编写程序的过程，称为程序设计，而程序设计所使用的工具则是计算机语言。

计算机语言有高级语言和低级语言之分。高级语言如 C，FORTRAN 等，其语句和用法与具体机器的指令系统无关。低级语言分为机器语言（二进制语言）和汇编语言（符号语言），这两种语言都是面向机器的语言，它们和具体机器的指令系统密切相关。机器语言用指令代码编写程序，而符号语言用指令助记符来编写程序。表 4.1 列出了高级语言与低级语言的性能比较。

计算机能够直接识别和执行的唯一语言是二进制机器语言，但人们用它来编写程序很不方便。另一方面，人们采用符号语言或高级语言编写程序，虽然对人提供了方便，但是机器却不懂这些语言。为此，必须借助汇编器（汇编程序）或编译器（编译程序），把符号语言或高级语言翻译成二进制码组成的机器语言。

表 4.1　高级语言与低级语言的性能比较

	比较内容	高级语言	低级语言
1	对程序员的训练要求： (1)通用算法 (2)语言规则 (3)硬件知识	有 较少 不要	有 较多 要
2	对机器独立的程度	独立	不独立
3	编制程序的难易程度	易	难
4	编制程序所需时间	短	较长
5	程序执行时间	较长	短
6	编译过程中对计算机资源(时间和存储容量)的要求	多	少

　　汇编语言依赖于计算机的硬件结构和指令系统。不同的机器有不同的指令，所以用汇编语言编写的程序不能在其他类型的机器上运行。

　　高级语言与计算机的硬件结构及指令系统无关，在编写程序方面比汇编语言优越。但是高级语言程序"看不见"机器的硬件结构，因而不能用它来编写直接访问机器硬件资源(如某个寄存器或存储器单元)的系统软件或设备控制软件。为了克服这一缺陷，一些高级语言(如 C，FORTRAN 等)提供了与汇编语言之间的调用接口。用汇编语言编写的程序，可作为高级语言的一个外部过程或函数，利用堆栈来传递参数或参数的地址。两者的源程序通过编译或汇编生成目标(OBJ)文件后，利用连接程序(LINKER)把它们连接成可执行文件便可运行。采用这种方法，用高级语言编写程序时，若用到硬件资源，则可用汇编程序来实现。

　　机器语言程序员看到的计算机的属性就是指令系统体系结构，简称 ISA(Instruction Set Architecture)，是与程序设计有关的计算机架构。指令系统体系结构主要包括：寄存器组织，存储器的组织和寻址方式，I/O 系统结构，数据类型及其表示，指令系统，中断机制，机器工作状态的定义及切换，以及保护机制等。

4.2　指　令　格　式

　　机器指令是用机器字来表示的。表示一条指令的机器字，就称为指令字，通常简称指令。

　　指令格式，则是指令字用二进制代码表示的结构形式，通常由操作码字段和地址码字段组成。操作码字段表征指令的操作特性与功能，而地址码字段通常指定参与操作的操作数的地址。因此，一条指令的结构可用如下形式来表示：

操作码字段 OP	地址码字段 A

4.2.1　操作码

　　设计计算机时，对指令系统的每一条指令都要规定一个操作码。

  指令的操作码 OP 表示该指令应进行什么性质的操作,如进行加法、减法、乘法、除法、取数、存数等。不同的指令用操作码字段的不同编码来表示,每一种编码代表一种指令。例如,操作码 001 可以规定为加法操作;操作码 010 可以规定为减法操作;而操作码 110 可以规定为取数操作等。CPU 中的专门电路用来解释每个操作码,因此机器就能执行操作码所表示的操作。

  组成操作码字段的位数一般取决于计算机指令系统的规模。较大的指令系统就需要更多的位数来表示每条特定的指令。例如,一个指令系统只有 8 条指令,则有 3 位操作码就够了(2^3=8)。如果有 32 条指令,那么就需要 5 位操作码(2^5=32)。一般来说,一个包含 n 位的操作码最多能够表示 2^n 条指令。

  对于一个机器的指令系统,在指令字中操作码字段和地址码字段长度通常是固定的。在单片机中,由于指令字较短,为了充分利用指令字长度,指令字的操作码字段和地址码字段是不固定的,即不同类型的指令有不同的划分,以便尽可能用较短的指令字长来表示越来越多的操作种类,并在越来越大的存储空间中寻址。

4.2.2　地址码

  根据一条指令中有几个操作数地址,可将该指令称为几操作数指令或几地址指令。一般的操作数有被操作数、操作数及操作结果这三种数,因而就形成了三地址指令格式,这是早期计算机指令的基本格式。在三地址指令格式的基础上,后来又发展成二地址格式、一地址格式和零地址格式。各种不同操作数的指令格式如下所示:

三地址指令	OP码	A_1	A_2	A_3
二地址指令	OP码	A_1		A_2
一地址指令	OP码	A		
零地址指令	OP码			

  (1)零地址指令的指令字中只有操作码,而没有地址码。例如,停机指令就不需要地址码,因为停机操作不需要操作数。

  (2)一地址指令只有一个地址码,它指定一个操作数,另一个操作数地址是隐含的。例如,以运算器中累加寄存器 AC 中的数据为隐含的被操作数,指令字的地址码字段所指明的数为操作数,操作结果又放回累加寄存器 AC 中,而累加寄存器中原来的数即被覆盖掉了,其数学含义为

$$AC \leftarrow (AC)\,OP\,(A)$$

式中,OP 表示操作性质,如加、减、乘、除等;(AC)表示累加寄存器 AC 中的数;(A)表示内存中地址为 A 的存储单元中的数,或者是运算器中地址为 A 的通用寄存器中的数;← 表示把操作(运算)结果传送到指定的地方。

  注意:地址码字段 A 指明的是操作数的地址,而不是操作数本身。

  (3)二地址指令常称为双操作数指令,它有两个地址码字段 A_1 和 A_2,分别指明参与操作的两个数在内存中或运算器中通用寄存器的地址,其中地址 A_1 兼作存放操作结果的地址。

其数学含义为

$$A_1 \leftarrow (A_1) \, OP \, (A_2)$$

(4)三地址指令字中有三个操作数地址 A_1，A_2 和 A_3，其数学含义为

$$A_3 \leftarrow (A_1) \, OP \, (A_2)$$

式中，A_1 为被操作数地址，也称源操作数地址；A_2 为操作数地址，也称终点操作数地址；A_3 为存放操作结果的地址。

三地址指令中 A_1，A_2，A_3 通常指定为运算器中通用寄存器的地址，这是为了加快指令执行速度。

在二地址指令格式中，从操作数的物理位置来说，又可归结为三种类型：

第一种是访问内存的指令格式，我们称这类指令为存储器存储器(SS)型指令。这种指令操作时都是涉及内存单元，即参与操作的数都放在内存里。从内存某单元中取操作数，操作结果存放至内存另一单元中，因此机器执行这种指令需要多次访问内存。

第二种是访问寄存器的指令格式，我们称这类指令为寄存器寄存器(RR)型指令。机器执行这类指令过程中，需要多个通用寄存器或个别专用寄存器，从寄存器中取操作数，把操作结果放到另一寄存器。机器执行寄存器–寄存器型指令的速度很快，因为执行这类指令，不需要访问内存。

第三种类型为寄存器-存储器(RS)型指令，执行此类指令时，既要访问内存单元，又要访问寄存器。

在 CISC 计算机中，一个指令系统中指令字的长度和指令中的地址结构并不是单一的，往往采用多种格式混合使用，这样可以增强指令的功能。

4.2.3　指令字长度

一个指令字中包含二进制代码的位数，称为指令字长度。而机器字长是指计算机能直接处理的二进制数据的位数，它决定了计算机的运算精度。机器字长通常与主存单元的位数一致。指令字长度等于机器字长度的指令，称为单字长指令；指令字长度等于半个机器字长度的指令，称为半字长指令；指令字长度等于两个机器字长度的指令，称为双字长指令。例如，IBM370 系列，它的指令格式有 16 位(半字)的，有 32 位(单字)的，还有 48 位(一个半字)的。在 Pentium 系列机中，指令格式也是可变的：有 8 位、16 位、32 位、64 位不等。

早期计算机使用多字长指令的目的，在于提供足够的地址位来解决访问内存任何单元的寻址问题。但是使用多字长指令的缺点是必须两次或三次访问内存以取出一整条指令，这就降低了 CPU 的运算速度，同时又占用了更多的存储空间。

在一个指令系统中，如果各种指令字长度是相等的，称为等长指令字结构，它们可以都是单字长指令或半字长指令。这种指令字结构简单，且指令字长度是不变的。如果各种指令字长度随指令功能而异，如有的指令是单字长指令，有的指令是双字长指令，就称为变长指令字结构。这种指令字结构灵活，能充分利用指令长度，但指令的控制较复杂。随着技术发展，指令字长度逐渐变成多于 32 位的固定长度。

【例 4.1】　设某等长指令字结构机器的指令长度为 16 位，包括 4 位基本操作码字段和三个 4 位地址字段。

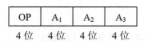

	OP	A_1	A_2	A_3
	4位	4位	4位	4位

4 位基本操作码若全部用于三地址指令，则只能安排 16 种三地址指令。通常一个指令系统中指令的地址码个数不一定相同，为了确保指令字长度尽可能统一，可以采用扩展操作码技术，向地址码字段扩展操作码的长度。如表 4.2 所示，三地址指令的操作码占用 4 位基本操作码编码空间的 0000～1110 共 $2^4-1=15$ 种组合，剩下一个编码 1111 用于把操作码扩展到 A_1 地址域，即从 4 位操作码扩展到 8 位。二地址指令的操作码占用 8 位操作码编码空间的 1111, 0000～1111, 1101 共 $2^4-2=14$ 种，剩下两个编码 1111, 1110 和 1111, 1111 用于把操作码扩展到 A_2 地址域，即从 8 位操作码扩展到 12 位。一地址指令的操作码占用 12 位操作码编码空间的 1111, 1110, 0000～1111, 1111,

表 4.2　扩展操作码实例

	OP 域	A_1 域	A_2 域	A_3 域
三地址指令 15 条	0000			
	0001			
	……			
	1110			
二地址指令 14 条	1111	0000		
	1111	0001		
		……		
	1111	1101		
一地址指令 31 条	1111	1110	0000	
	1111	1110	0001	
			……	
	1111	1111	1110	
零地址指令 16 条	1111	1111	1111	0000
	1111	1111	1111	0001
			……	
	1111	1111	1111	1111

1110 共 $2^5-1=31$ 种编码，剩下一个编码 1111,1111,1111 用于把操作码扩展到 A_3 地址域，即从 12 位操作码扩展到 16 位。零地址指令的操作码占用 16 位操作码编码空间的 1111,1111,1111,0000～1111,1111,1111,1111 共 $2^4=16$ 种编码。

4.2.4　指令助记符

由于硬件只能识别 1 和 0，所以采用二进制操作码是必要的，但是我们用二进制来书写程序却非常麻烦。为了便于书写和阅读程序，每条指令通常用 3 个或 4 个英文缩写字母来表示。这种缩写码称为指令助记符，如表 4.3 所示。这里我们假定指令系统只有 7 条指令，所以操作码只需 3 位二进制。

表 4.3　指令助记符举例

典型指令	指令助记符	二进制操作码
加法	ADD	001
减法	SUB	010
传送	MOV	011
跳转	JMP	100
转子	JSR	101
存数	STO	110
取数	LAD	111

由于指令助记符提示了每条指令的意义，因此比较容易记忆，书写起来比较方便，阅读程序容易理解。例如，一条加法指令，我们可以用助记符 ADD 来代表操作码 001。而对

于一条存数指令，可以用助记符 STO 表示操作码 110。

需要注意的是，在不同的计算机中，指令助记符的规定是不一样的。

我们知道，硬件只能识别二进制语言。因此，指令助记符还必须转换成与它们相对应的二进制操作码。这种转换借助汇编器可以自动完成，汇编器的作用相当于一个"翻译"。

4.2.5 指令格式举例

1. 八位微型计算机的指令格式

早期的 8 位微型机字长只有 8 位。由于指令字较短，所以指令结构是一种可变字长形式。指令格式包含单字长指令、双字长指令、三字长指令等多种。指令格式如下：

单字长指令只有操作码，没有操作数地址。双字长或三字长指令包含操作码和地址码。由于内存按字节编址，所以单字长指令每执行一条指令后，指令地址加 1。双字长指令或三字长指令每执行一条指令时，必须从内存连续读出 2 字节或 3 字节代码，所以，指令地址要加 2 或加 3，可见多字长的指令格式不利于提高机器速度。

2. MIPS R4000 指令格式

MIPS R4000 是 20 世纪 80 年代后期推出的 RISC 系统，字长 32 位，字节寻址。它的指令格式简单，指令数量少，通用寄存器 32 个。其算术指令格式如下：

6 位	5 位	5 位	5 位	5 位	6 位	
OP	rs	rt	rd	shamt	funct	R 型

指令格式中各个字段的含义如下：

OP 字段——操作码，指定一条指令的基本操作。

rs 字段——指定第 1 个源操作数寄存器，最多有 32 个寄存器。

rt 字段——指定第 2 个源操作数寄存器，最多有 32 个寄存器。

rd 字段——指定存放操作结果的目的数寄存器，最多有 32 个寄存器。

shamt 字段——移位值，用于移位指令。

funct 字段——函数码，指定 R 型指令的特定操作。

在 MIPS 中，所有的算术运算，数据必须放在通用寄存器中。此时的指令格式称为 R 型(寄存器)指令。R 型指令格式就是上面所示的算术指令格式。

在 MIPS 中，访问存储器(取数或存数)需要使用数据传送指令。此时的指令格式，称为 I 型(立即数)指令，其指令格式如下所示：

6 位	5 位	5 位	16 位	
OP	rs	rt	常数或地址（address）	I 型

16 位字段 address(地址)提供取字指令(IW)，存字指令(SW)访问存储器的基值地址码

（也称位移量）。

保持指令格式基本一致可以降低硬件复杂程度。例如，R 型和 I 型格式的前 3 个字段长度相等，并且名称也一样；I 型格式的第四个字段和 R 型后三个字段的长度相等。

指令格式由第一个字段的值来区分：每种格式的第一个字段(OP)都被分配了一套不同的值，因此计算机硬件可以根据 OP 来确定指令的后半部分是三个字段(R 型)还是一个字段(I 型)。表 4.4 给出了 MIPS 指令的每一字段的值(十进制)。

表 4.4　MIPS 指令的字段值

指令	格式	OP	rs	rt	rd	shamt	funct	常数或地址
add(加)	R	0	reg	reg	reg	0	32	—
sub(减)	R	0	reg	reg	reg	0	34	—
立即数加	I	8	reg	reg				常数
lw(取字)	I	35	reg	reg	—	—	—	address
sw(存字)	I	43	reg	reg	—	—	—	address

表中，reg 表示 0~31 中间的一个寄存器号，address 表示一个 16 位地址，而—表示该格式中这个字段没有出现。注意：加法(add)指令和减法(sub)指令的 OP 字段值相同；硬件根据 funct 字段来确定操作类型：加法(32)或减法(34)。

3. ARM 的指令格式

ARM 是字长 32 位的嵌入式处理机，2008 年生产了 4 亿片，它具有世界上最流行的指令系统。下面是 ARM 指令系统的一种指令格式：

cond	F	I	opcode	S	Rn	Rd	operand 2
4 位	2 位	1 位	4 位	1 位	4 位	4 位	12 位

各字段的含义如下：

opcode——指明指令的基本操作，称为操作码。

Rd——指明目标寄存器地址(4 位)，共 16 个寄存器。

Rn——指明源寄存器地址(4 位)，共 16 个寄存器。

operand 2——指明第 2 个源操作数。

I——指明立即数，如果 I=0，第 2 个源操作数在寄存器中；如果 I=1，第 2 个源操作数是 12 位的立即数。

S——设置状态，该字段涉及条件转移指令。

cond——指明条件，该字段涉及条件转移指令。

F——说明指令类型，当需要时该字段允许设置不同的指令。

4. Pentium 指令格式

Pentium 机的指令字长度是可变的：从 1B 到 12B，1B 表示 1 字节。指令格式如下所示。这种非固定长度的指令格式是典型的 CISC 结构特征。之所以如此，一是为了与它的前身 80486 保持兼容，二是希望能给编译程序写作者以更多灵活的编程支持。

1 或 2	0 或 1	0 或 1		0 或 1			0,1,2,4	0,1,2,4(字节数)
操作码	Mod	Reg 或操作码	R/M	比例 S	变址 I	基址 B	位移量	立即数
	2 位	3 位	3 位	2 位	3 位	3 位		

指令本身由操作码字段、Mod-R/M 字段、SIB 字段、位移量字段、立即数字段组成。除操作码字段外,其他四个字段都是可选字段(不选时取 0 字节)。

Mod-R/M 字段规定了存储器操作数的寻址方式,给出了寄存器操作数的寄存器地址号。除少数预先规定寻址方式的指令外,绝大多数指令都包含这个字段。

SIB 字段由比例系数 S、变址寄存器号 I、基址寄存器号 B 组成。利用该字段,可和 Mod-R/M 字段一起,对操作数来源进行完整的说明。显然,Pentium 采用 RS 型指令,指令格式中只有一个存储器操作数。

【例 4.2】　某 16 位机的指令格式如下所示,其中 OP 为操作码,试分析指令格式的特点。

15　　　　9	7　　　4	3　　　0
OP	—	源寄存器	目标寄存器

解　(1)单字长二地址指令。

(2)操作码字段 OP 可以指定 $2^7=128$ 条指令。

(3)源寄存器和目标寄存器都是通用寄存器(可分别指定 16 个),所以是 RR 型指令,两个操作数均在寄存器中。

(4)这种指令结构常用于算术逻辑运算类指令。

【例 4.3】　某 16 位机的指令格式如下所示,其中 OP 为操作码,试分析指令格式的特点。

15　　10	7　　　4	3　　　0
OP	—	源寄存器	变址寄存器
位移量 (16 位)		

解　(1)双字长二地址指令,用于访问存储器。

(2)操作码字段 OP 为 6 位,可以指定 $2^6=64$ 种操作。

(3)一个操作数在源寄存器(共 16 个),另一个操作数在存储器中(由变址寄存器和位移量决定),所以是 RS 型指令。

【例 4.4】　MIPS R4000 汇编语言中,寄存器 $s0～$s7 对应寄存器号为 16～23(十进制),寄存器 $t0～$t7 对应的寄存器号为 8～15。表 4.5 列出了 2 条 R 型指令(add、sub)、2 条 I 型指令(iw、sw)的汇编语言表示。请将 4 条汇编语言手工翻译成对应的机器语言(十进制数)表示。

表 4.5　例 4.4 MIPS 汇编语言

类别	指令	示例	语义	说明
算术运算	加	add $s1, $s2, $s3	$s1=$s2+$s3	三个操作数:数据都在寄存器中
	减	sub $s1, $s2, $s3	$s1=$s2-$s3	三个操作数:数据都在寄存器中
数据传送	取字	lw $s1, 100($s2)	$s1=Memory[$s2+100]	数据从存储器到寄存器
	存字	sw $s1, 100($s2)	Memory[$s2+100]=$s1	数据从寄存器到存储器

解　MIPS 机器语言如表 4.6 所示。

表 4.6 例 4.4MIPS 机器语言

名称	格式	示 例						说 明
add	R	0	18	19	17	0	32	add $s1, $s2, $s3
sub	R	0	18	19	17	0	34	sub $s1, $s2, $s3
lw	I	35	18	17	100			lw $s1, 100($s2)
sw	I	43	18	17	100			sw $s1, 100($s2)
字段大小		6 位	5 位	5 位	5 位	5 位	6 位	所有 MIPS 指令都为 32 位
R 型	R	OP	rs	rt	rd	shamt	funct	算术指令格式
I 型	I	OP	rs	rt	address			数据传送指令格式

4.3 操作数类型

4.3.1 一般的数据类型

机器指令对数据进行操作，数据通常分以下四类：

地址数据 地址实际上也是一种形式的数据。多数情况下，对指令中操作数的引用必须完成某种计算，才能确定它们在主存中的有效地址。此时，地址将被看作无符号整数。

数值数据 计算机中普遍使用的三种类型的数值数据是：①定点整数或定点小数；②浮点数；③压缩十进制数，1 字节用 2 位 BCD 码表示。

字符数据 也称为文本数据或字符串，目前广泛使用 ASCII 码。以这种编码，每个字符被表示成唯一的 7 位代码，共有 128 个可表示字符，加上最高位 (b_7) 用作奇偶校验，因此每个字符总是以 8 位的字节来存储和传送。

逻辑数据 一个单元由若干二进制位项组成，每个位的值可以是 1 或 0。当数据以这种方式看待时，称为逻辑性数据，它创造了对某个具体位进行布尔逻辑运算的机会。

4.3.2 Pentium 数据类型

Pentium 能处理 8 位(字节)、16 位(字)、32 位(双字)、64 位(四字)各种长度的数据类型。为求得数据结构最大的灵活性和最有效地使用存储器，单字不需要在偶数地址上对齐，双字也不需要在 4 倍(字节)整数地址上对齐，四字不需要在 8 倍(字节)整数地址上对齐。然而当经 32 位数据总线存取数据时，数据传送是以双字为单位进行的，双字的起始地址是能被 4 整除的。表 4.7 列出了 Pentium 的数据类型。

表 4.7 Pentium 数据类型

数据类型	说 明
常规	字节、字(16 位)、双字(32 位)和四字(64 位)，可位于任意存储位置上
整数	字节、字、双字、四字中的有符号二进制值，使用 2 的补码表示法
序数	字节、字、双字、四字中的无符号整数
未压缩的 BCD	范围 0~9 的 BCD 数字表示，每字节一个数字
压缩的 BCD	每字节表示两个 BCD 数字，值是 0~99

续表

数据类型	说　明
近指针	表示段内偏移的 32 位有效地址。用于不分段存储器中的所有指针和分段存储器中的段内访问
位串	一个连续的位序列，每位位置都认为是一个独立的单位。能以任何字节的任何位置开始一个位串，位串最长可有 $2^{32}-1$ 位
字符串	一个连续的字节、字或双字的序列，最长可有 $2^{32}-1B$
浮点数	单精度(32 位)、双精度(64 位)、扩展双精度(80 位)

4.3.3　Power PC 数据类型

Power PC 是精简指令系统计算机，能处理 8 位(字节)、16 位(半字)、32 位(字)和 64 位(双字)各种长度的数据。处理器能识别如下数据类型：

(1)无符号字节　用于逻辑和整数算术运算。它由存储器取出装入通用寄存器时，寄存器左端以 0 填充。

(2)无符号半字　同无符号字节，只是一个 16 位的量。

(3)有符号半字　用于 16 位算术运算。由存储器取出装入通用寄存器时，要进行符号位扩展，即所有空出位用符号位填充。

(4)无符号字　用于 32 位逻辑运算，或作为地址指针。

(5)有符号字　用于 32 位算术运算。

(6)无符号双字　用作 64 位地址指针。

(7)字节串　可从 0 到 128 字节长。

(8)浮点数　支持 IEEE 754 中定义的单、双精度浮点数据类型。

4.4　指令和数据的寻址方式

存储器既可用来存放数据，又可用来存放指令。因此，当某个操作数或某条指令存放在某个存储单元时，其存储单元的编号，就是该操作数或指令在存储器中的地址。

在存储器中，操作数或指令字写入或读出的方式，有地址指定方式、相联存储方式和堆栈存取方式。几乎所有的计算机，在内存中都采用地址指定方式。当采用地址指定方式时，形成操作数或指令地址的方式，称为寻址方式。寻址方式分为两类，即指令寻址方式和数据寻址方式，前者比较简单，后者比较复杂。值得注意的是，在冯·诺依曼型结构的计算机中，内存中指令的寻址与数据的寻址是交替进行的。而哈佛型计算机中指令寻址和数据寻址是独立进行的。

4.4.1　指令的寻址方式

指令的寻址方式有两种，一种是顺序寻址方式，另一种是跳跃寻址方式。

1. 顺序寻址方式

由于指令地址在内存中按顺序安排，当执行一段程序时，通常是按一条指令接一条指令的顺序进行。就是说，从存储器取出第一条指令，然后执行这条指令；接着从存储器取出第二条指令，再执行第二条指令；接着再取出第三条指令……这种程序顺序执行的过程，我们称为指令的顺序寻址方式。为此，必须使用程序计数器（又称指令指针寄存器）PC 来计数指令的顺序号，该顺序号就是指令在内存中的地址。图 4.1(a)是指令顺序寻址方式的示意图。

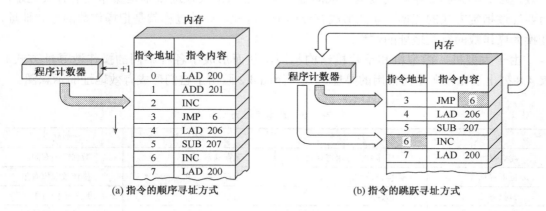

4.1

(a) 指令的顺序寻址方式　　　　　　(b) 指令的跳跃寻址方式

图 4.1　指令的寻址方式

2. 跳跃寻址方式

当程序转移执行的顺序时，指令的寻址就采取跳跃寻址方式。所谓跳跃，是指下条指令的地址码不是由程序计数器给出的，而是由本条指令给出。图 4.1(b)画出了指令跳跃寻址方式的示意图。注意，程序跳跃后，按新的指令地址开始顺序执行。因此，指令计数器的内容也必须相应改变，以便及时跟踪新的指令地址。

采用指令跳跃寻址方式，可以实现程序转移或构成循环程序，从而能缩短程序长度，或将某些程序作为公共程序引用。指令系统中的各种条件转移或无条件转移指令，就是为了实现指令的跳跃寻址而设置的。

4.4.2　操作数基本寻址方式

在指令执行过程中，操作数的来源一般有三个：①由指令中的地址码部分直接给出操作数，虽然简便快捷，但是操作数是固定不变的；②将操作数存放在 CPU 内的通用数据寄存器中，这样可以很快获取操作数，但是可以存储的操作数的数量有限；③更一般化的方式是将操作数存放在内存的数据区中。而对于内存寻址，既可以在指令中直接给出操作数的实际访问地址（称为有效地址），也可以在指令的地址字段给出所谓的形式地址，在指令执行时，将形式地址依据某种方式变换为有效地址再取操作数。

形成操作数的有效地址的方法，称为操作数的寻址方式。

例如，一种单地址指令的结构如下所示，其中用 X、I、A 各字段组成该指令的操作数地址。

操作码 OP	变址 X	间址 I	形式地址 A

由于指令中操作数字段的地址码由形式地址和寻址方式特征位等组合形成，因此，一般来说，指令中所给出的地址码，并不是操作数的有效地址。

形式地址 A，也称偏移量，它是指令字结构中给定的地址量。寻址方式特征位，此处由间址位和变址位组成。如果这条指令无间址和变址的要求，那么形式地址就是操作数的有效地址。如果指令中指明要变址或间址变换，那么形式地址就不是操作数的有效地址，而要经过指定方式的变换，才能形成有效地址。因此，寻址过程就是把操作数的形式地址，变换为操作数的有效地址的过程。

由于大型机、微型机和单片机结构不同，从而形成了各种不同的操作数寻址方式。表 4.8 列出了比较典型而常用的寻址方式，而图 4.2 画出了它们形成有效地址的示意图。

表 4.8   基本寻址方式

方　式	算　法	主要优点	主要缺点
隐含寻址	操作数在专用寄存器	无存储器访问	数据范围有限
立即寻址	操作数=A	无存储器访问	操作数幅值有限
直接寻址	EA=A	简单	地址范围有限
间接寻址	EA=(A)	大的地址范围	多重存储器访问
寄存器寻址	EA=R	无存储器访问	地址范围有限
寄存器间接寻址	EA=(R)	大的地址范围	额外存储器访问
偏移寻址	EA=A+(R)	灵活	复杂
段寻址	EA=A+(R)	灵活	复杂
堆栈寻址	EA=栈顶	无需给出存储器地址	需要堆栈指示器

1. 隐含寻址

这种类型的指令，不是明显地给出操作数的地址，而是在指令中隐含着操作数的地址，如图 4.2(a) 所示。例如，单地址的指令格式，就不是明显地在地址字段中指出第二操作数的地址，而是规定累加寄存器 AC 作为第二操作数地址。指令格式明显指出的仅是第一操作数的地址 D。因此，累加寄存器 AC 对单地址指令格式来说是隐含地址。

2. 立即寻址

指令的地址字段指出的不是操作数的地址，而是操作数本身，这种寻址方式称为立即寻址，如图 4.2(b) 所示。指令中的操作数称为立即数。立即寻址方式的特点是指令中包含的操作数立即可用，节省了访问内存的时间。

3. 直接寻址

直接寻址是一种基本的寻址方法，其特点是：在指令格式的地址字段中直接指出操作数在内存的地址 A。由于操作数的地址直接给出而不需要经过某种变换，所以称这种寻址方式为直接寻址方式。图 4.2(c) 是直接寻址方式的示意图。

采用直接寻址方式时，指令字中的形式地址 A 就是操作数的有效地址 EA。因此通常把形式地址 A 又称为直接地址。此时，由寻址模式给予指示，如 $X_1=0$。

如果用 D 表示操作数，那么直接寻址的表达式为 D=(A)。

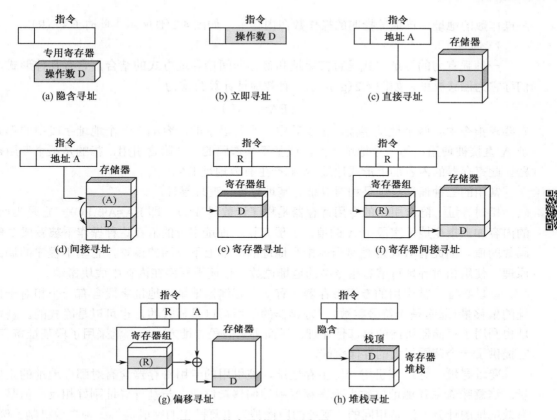

图 4.2　基本寻址方式示意图

4. 间接寻址

间接寻址是相对于直接寻址而言的，在间接寻址的情况下，指令地址字段中的形式地址 A 不是操作数 D 的真正地址，而是操作数地址的指示器。图 4.2(d) 画出了间接寻址方式的示意图。通常，在间接寻址情况下，由寻址特征位给予指示。如果把直接寻址和间接寻址结合起来，指令有如下形式：

操作码	I	A

若寻址特征位 I=0，表示直接寻址，这时有效地址 EA=A；若 I=1，则表示间接寻址，这时有效地址 EA=(A)。

间接寻址方式是早期计算机中经常采用的方式，但由于两次访存，影响指令执行速度，现在较少使用。

5. 寄存器寻址

当操作数不在内存中，而是放在 CPU 的通用寄存器中时，可采用寄存器寻址方式，如图 4.2(e) 所示。显然，此时指令中给出的操作数地址不是内存的地址单元号，而是通用寄存器的编号，EA=R。指令结构中的 RR 型指令，就是采用寄存器寻址方式的例子。

6. 寄存器间接寻址

寄存器间接寻址与寄存器寻址的区别在于：指令格式中的寄存器内容不是操作数，而是操作数的地址，该地址指明的操作数在内存中，如图4.2(f)所示。此时 EA=(R)。

7. 偏移寻址

一种强有力的寻址方式是直接寻址和寄存器间接寻址方式的结合，它有几种形式，我们称它为偏移寻址，如图4.2(g)所示。有效地址计算公式为

$$EA=A+(R)$$

它要求指令中有两个地址字段，至少其中一个是显示的。容纳在一个地址字段中的形式地址 A 直接被使用；另一个地址字段，或基于操作码的一个隐含引用，指的是某个专用寄存器。此寄存器的内容加上形式地址 A 就产生有效地址 EA。

常用的三种偏移寻址是相对寻址、基址寻址、变址寻址。

相对寻址   隐含引用的专用寄存器是程序计数器(PC)，即 EA=A+(PC)，它是当前 PC 的内容加上指令地址字段中 A 的值。一般来说，地址字段的值在这种操作下被看成 2 的补码数的值。因此有效地址是对当前指令地址的一个上下范围的偏移，它基于程序的局部性原理。使用相对寻址可节省指令中的地址位数，也便于程序在内存中成块搬动。

基址寻址   被引用的专用寄存器含有一个存储器地址，地址字段含有一个相对于该地址的偏移量(通常是无符号整数)。寄存器的引用可以是显式的，也可以是隐式的。基址寻址也利用了存储器访问的局部性原理。后面讲到的段寻址方式中，就采用了段基址寄存器，它提供了一个范围很大的存储空间。

变址寻址   地址域引用一个主存地址，被引用的专用寄存器含有对那个地址的正偏移量。这意味着主存地址位数大于寄存器中的偏移量位数，与基址寻址刚好相反。但是二者有效地址的计算方法是相同的。变址的用途是为重复操作的完成提供一种高效机制。例如，主存位置 A 处开始放一个数值列表，打算为表的每个元素加 1。我们需要取每个数位，对它加 1，然后再存回，故需要的有效地址序列是 A, A+1, A+2, …直到最后一个位置。此时值 A 存入指令地址字段，再用一个变址寄存器(初始化为 0)。每次操作之后，变址寄存器内容增 1。此时，EA=A+(R)，R←(R+1)。

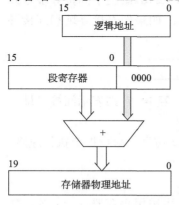

图 4.3   段寻址方式

8. 段寻址

微型机中采用了段寻址方式，例如，它们可以给定一个 20 位的地址，从而有 2^{20}=1MB 存储空间的直接寻址能力。为此将整个 1MB 空间存储器按照最大长度 64KB 划分成若干段。在寻址一个内存具体单元时，由一个基地址再加上某些寄存器提供的 16 位偏移量来形成实际的 20 位物理地址。这个基地址就是 CPU 中的段寄存器。在形成 20 位物理地址时，段寄存器中的 16 位数会自动左移 4 位，然后与 16 位偏移量相加，即可形成所需的内存地址，如图 4.3 所示。这种寻址方式的实质还是基址寻址。

思考题   你能说出段寻址方式的创新点吗？

9. 堆栈寻址

堆栈有寄存器堆栈和存储器堆栈两种形式，它们都以先进后出的原理存储数据，如图 4.2(h)所示。不论是寄存器堆栈，还是存储器堆栈，数据的存取都与栈顶地址打交通，

为此需要一个隐式或显式的堆栈指示器(寄存器)。数据进栈时使用 PUSH 指令,将数据压入栈顶地址,堆栈指示器减 1;数据退栈时,使用 POP 指令,数据从栈顶地址弹出,堆栈指示器加 1。从而保证了堆栈中数据先进后出的存取顺序。

不同的指令系统采用不同的方式指定寻址方式。一般而言,有些指令固定使用某种寻址方式;有些指令则允许使用多种寻址方式,或者在指令中加入寻址方式字段指明,或者对不同的寻址方式分配不同的操作码而把它们看作不同的指令。有些指令系统会把常见的寻址方式组合起来,构成更复杂的复合寻址方式。

4.4.3　寻址方式举例

1. Pentium 的寻址方式

Pentium 的外部地址总线宽度是 36 位,但它也支持 32 位物理地址空间。

在实地址模式下,逻辑地址形式为段寻址方式:将段名所指定的段寄存器内容(16 位)左移 4 位,低 4 位补全 0,得到 20 位段基地址,再加上段内偏移,即得 20 位物理地址。

在保护模式下,32 位段基地址加上段内偏移得到 32 位线性地址 LA。由存储管理部件将其转换成 32 位的物理地址,如图 4.4 所示。这个转换过程对指令系统和程序员是透明的。有 6 个用户可见的段寄存器,每个保存相应段的起始地址、段长和访问权限。

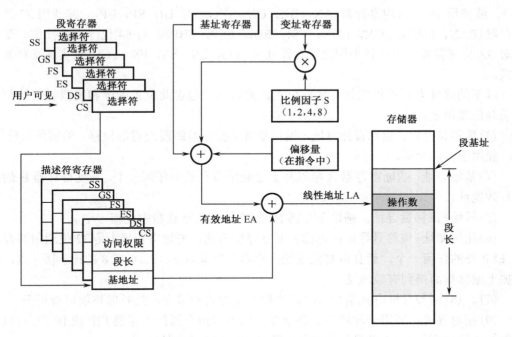

图 4.4　Pentium 寻址方式的计算

无论是实地址模式还是保护模式,段基地址的获取方式已是固定的方式。因此这里介绍的寻址方式主要是指有效地址的获取方式,用字母 EA 表示。表 4.9 列出了 Pentium 机的9 种寻址方式。

表 4.9 Pentium 的寻址方式

序号	寻址方式名称	有效地址 EA 算法	说　明
(1)	立即寻址	操作数=A	操作数 A 在指令中
(2)	寄存器寻址	EA=R	操作数在某寄存器内，指令给出寄存器号
(3)	偏移量寻址	EA=A	偏移量 A 在指令中，可以是 8 位、16 位、32 位
(4)	基址寻址	EA=(B)	B 为基址寄存器，(B) 为该寄存器内容
(5)	基址+偏移量	EA=(B)+A	
(6)	比例变址+偏移量	EA=(I)×S+A	I 为变址寄存器，S 为比例因子(1, 2, 4, 8)
(7)	基址+变址+偏移	EA=(B)+(I)+A	
(8)	基址+比例变址+偏移量	EA=(B)+(I)×S+A	
(9)	相对寻址	指令地址=(PC)+A	PC 为程序计数器或当前指令指针寄存器

下面对 32 位寻址方式作几点说明。

(1)立即寻址：立即数可以是 8 位、16 位、32 位的操作数，包含在指令中。

(2)寄存器寻址：一般指令或使用 8 位通用寄存器(AH，AL，BH，BL，CH，CL，DH，DL)，或使用 16 位通用寄存器(AX，BX，CX，DX，SI，DI，SP，BP)，或使用 32 位通用寄存器(EAX，EBX，ECX，EDX，ESI，EDI，ESP，EBP)。对 64 位浮点数操作，要使用一对 32 位寄存器。有些指令用段寄存器(CS，DS，ES，SS，FS ，GS)来实施寄存器寻址方式。

以下的寻址方式引用的是存储器位置，通过指定包含此位置的段和离段起点的位移来说明存储器位置。

(3)偏移量寻址：也称直接寻址，偏移量就是操作数距段起点的位移。偏移量长度达 32 位，能用于访问全局。

(4)基址寻址：基址寄存器 B 可以是上述通用寄存器中任何一个。基址寄存器 B 的内容为有效地址。

(5)基址+偏移量寻址：基址寄存器 B 是 32 位通用寄存器中任何一个。

(6)比例变址+偏移量寻址：也称为变址寻址方式，变址寄存器 I 是 32 位通用寄存器中除 ESP 外的任何一个，而且可将此变址寄存器内容乘以 1、2、4 或 8 的比例因子 S，然后再加上偏移量而得到有效地址。

(7)、(8)两种寻址方式是(4)、(6)两种寻址方式的组合，此时偏移量可有可无。

(9)相对寻址：适用于转移控制类指令。用当前指令指针寄存器 EIP 或 IP 的内容(下一条指令地址)加上一个有符号的偏移量，形成 CS 段的段内偏移。

2. Power PC 寻址方式

不像 Pentium 和大多数 CISC 机器，Power PC 是 RISC 机器，它采用了相当简单的一组寻址方式。如表 4.10 所示，这些寻址方式按指令类型来分类。

表 4.10　Power PC 寻址方式

指　　令	方　　式	算　　法
取数/存数寻址	间接寻址	EA=(BR)+D
	间接变址寻址	EA=(BR)+(IR)
转移寻址	绝对寻址	EA=I
	相对寻址	EA=(PC)+I
	间接寻址	EA=(L/CR)
定点计算	寄存器寻址	EA=GPR
	立即寻址	操作数=I
浮点计算	寄存器寻址	EA=FPR

注：EA=有效地址，(X)=X 的内容，BR=基址寄存器，IR=变址寄存器，L/CR=链接或计数寄存器，GPR=通用寄存器，FPR=浮点寄存器，D=偏移量，I=立即值，PC=程序计数器。

【例 4.5】　一种二地址 RS 型指令的结构如下所示：

6 位		4 位	1 位	2 位	16 位
OP	—	通用寄存器	I	X	偏移量 D

其中，I 为间接寻址标志位，X 为寻址模式字段，D 为偏移量字段。通过 I、X、D 的组合，可构成表 4.11 所示的寻址方式。请写出 6 种寻址方式的名称。

表 4.11　例 4.5 的寻址方式

寻址方式	I	X	有效地址 E 算法	说　　明
(1)	0	00	E=D	
(2)	0	01	E=(PC) $\pm$ D	PC 为程序计数器
(3)	0	10	E=(R_2) $\pm$ D	R_2 为变址寄存器
(4)	1	11	E=(R_3)	
(5)	1	00	E=(D)	
(6)	0	11	E=(R_1) $\pm$ D	R_1 为基址寄存器

解　(1) 直接寻址　　(2) 相对寻址
　　(3) 变址寻址　　(4) 寄存器间接寻址
　　(5) 间接寻址　　(6) 基址寻址

4.5　典 型 指 令

4.5.1　指令的分类

不同机器的指令系统是各不相同的。从指令的操作码功能来考虑，一个较完善的指令系统，应当有数据处理、数据存储、数据传送、程序控制四大类指令，具体有数据传送类指令、算术运算类指令、逻辑运算类指令、程序控制类指令、输入输出类指令、字符串类指令、系统控制类指令。

1. 数据传送指令

数据传送指令主要包括取数指令、存数指令、传送指令、成组传送指令、字节交换指令、清寄存器指令、堆栈操作指令等，这类指令主要用来实现主存和寄存器之间，或寄存器和寄存器之间的数据传送。例如，通用寄存器 R_i 中的数存入主存；通用寄存器 R_i 中的数送到另一通用寄存器 R_j；从主存中取数至通用寄存器 R_i；寄存器清零或主存单元清零等。

2. 算术运算指令

这类指令包括二进制定点加、减、乘、除指令，浮点加、减、乘、除指令，求反、求补指令，算术移位指令，算术比较指令，十进制加、减运算指令等。这类指令主要用于定点或浮点的算术运算，大型机中有向量运算指令，直接对整个向量或矩阵进行求和、求积运算。

3. 逻辑运算指令

这类指令包括逻辑加、逻辑乘、按位加、逻辑移位等指令，主要用于无符号数的位操作、代码的转换、判断及运算。

移位指令用来对寄存器的内容实现左移、右移或循环移位。左移时，若寄存器的数看作算术数，符号位不动，其他位左移，低位补零，右移时则高位补零，这种移位称算术移位。移位时，若寄存器的数为逻辑数，则左移或右移时，所有位一起移位，这种移位称逻辑移位。

4. 程序控制指令

程序控制指令也称转移指令。计算机在执行程序时，通常情况下按指令计数器的现行地址顺序取指令。但有时会遇到特殊情况：机器执行到某条指令时，出现了几种不同结果，这时机器必须执行一条转移指令，根据不同结果进行转移，从而改变程序原来执行的顺序。这种转移指令称为条件转移指令。转移条件有进位标志(C)、结果为零标志(Z)、结果为负标志(N)、结果溢出标志(V)和结果奇偶标志(P)等。

除各种条件转移指令外，还有无条件转移指令、转子程序指令、返回主程序指令、中断返回指令等。

转移指令的转移地址一般采用直接寻址和相对寻址方式来确定。若采用直接寻址方式，则称为绝对转移，转移地址由指令地址码部分直接给出。若采用相对寻址方式，则称为相对转移，转移地址为当前指令地址(PC 的值)和指令地址部分给出的偏移量之和。

5. 输入输出指令

输入输出指令主要用来启动外围设备，检查测试外围设备的工作状态，并实现外部设备和 CPU 之间，或外围设备与外围设备之间的信息传送。

各种不同机器的输入输出指令差别很大。例如，有的机器指令系统中含有输入输出指令，而有的机器指令系统中没有设置输入输出指令。这是因为后一种情况下外部设备的寄存器和存储器单元统一编址，CPU 可以和访问内存一样去访问外部设备。换句话说，可以使用取数、存数指令来代替输入输出指令。

6. 字符串处理指令

字符串处理指令是一种非数值处理指令，一般包括字符串传送、字符串转换(把一种编码的字符串转换成另一种编码的字符串)、字符串比较、字符串查找(查找字符串中某一子串)、字符串抽取(提取某一子串)、字符串替换(把某一字符串用另一字符串替换)等。这类指令在文字编辑中对大量字符串进行处理。

7. 特权指令

特权指令是指具有特殊权限的指令。由于指令的权限最大，若使用不当，会破坏系统和其他用户信息。因此这类指令只用于操作系统或其他系统软件，一般不直接提供给用户使用。

在多用户、多任务的计算机系统中特权指令必不可少。它主要用于系统资源的分配和管理，包括改变系统工作方式，检测用户的访问权限，修改虚拟存储器管理的段表、页表，完成任务的创建和切换等。

8. 其他指令

除以上各类指令外，还有状态寄存器置位、复位指令、测试指令、暂停指令、空操作指令，以及其他一些系统控制用的特殊指令。

4.5.2　基本指令系统的操作

CISC 的指令系统一般多达二三百条，如 VAX11/780 计算机有 303 条指令，18 种寻址方式。Pentium 机也有 191 条指令，9 种寻址方式。但是对 CISC 进行的测试表明，最常使用的是一些最简单最基本的指令，仅占指令总数的 20%，但在程序中出现的频率却占 80%。因此从教学目的考虑，下面给出一个基本指令系统的操作，如表 4.12 所示。从应用角度考虑，这些指令的功能也具有普遍意义，几乎所有计算机的指令系统中都能找到这些指令。

表 4.12　基本指令系统的操作

指令类型	操作名称		说　明
数据传送	MOV	传送	由源向目标传送字，源和目标是寄存器
	STO	存数	由 CPU 向存储器传送字
	LAD	取数	由存储器向 CPU 传送字
	EXC	交换	源和目标交换内容
	CLA	清零	传送全 0 字到目标
	SET	置 1	传送全 1 字到目标
	PUS	进栈	由源向堆栈顶传送字
	POP	退栈	由堆栈顶向目标传送字
算术运算	ADD	加法	计算两个操作数的和
	SUB	减法	计算两个操作数的差
	MUL	乘法	计算两个操作数的积
	DIV	除法	计算两个操作数的商
	ABS	绝对值	以其绝对值替代操作数
	NEG	变负	改变操作数的符号
	INC	增量	操作数加 1
	DEC	减量	操作数减 1

续表

指令类型	操作名称		说　明
逻辑运算	AND	与	按位完成指定的逻辑操作
	OR	或	
	NOT	求反	
	EOR	异或	
	TES	测试	测试指令的条件；根据结果设置标志
	COM	比较	对两个操作数进行逻辑或算术比较；根据结果设置标志
		设置控制变量	为保护目的，中断管理，时间控制等设置控制的指令
	SHI	移位	左(右)移位操作数，一端引入常数
	ROT	循环移	左(右)移位操作数，两端环绕
控制传送	JMP	无条件转移	无条件转移；以指定地址装入 PC
	JMPX	条件转移	根据测试条件，将指定地址装入 PC，或什么也不做
	JMPC	转子	将当前程序控制信息放到一个已知位置；转移到指定地址
	RET	返回	由已知位置内容替代 PC 和其他寄存器的内容

4.5.3　RISC 指令系统

RISC 指令系统的最大特点是：①选取使用频率最高的一些简单指令，指令条数少；②指令长度固定，指令格式种类少，寻址方式种类少；③只有取数/存数指令访问存储器，其余指令的操作都在寄存器之间进行。表 4.13 列出了典型 RISC 指令系统的基本特征。

表 4.13　典型 RISC 指令系统的基本特征

型　号	指令数	寻址方式	指令格式	通用寄存器数	主频/MHz
RISC-I	31	2	2	78	8
RISC-II	39	2	2	138	12
MIPS	55	3	4	16	4
SPARC	75	4	3	120~136	25~33
MIPSR3000	91	3	3	32	25
i860	65	3	4	32	50
Power PC	64	6	5	32	

表 4.14 比较了 RISC 和 CISC 的性能。设高级语言程序经编译后在机器上运行的机器指令数为 I，每条机器指令执行时所需要的平均机器周期数是 C，每个机器周期的执行时间为 T。表中 I、T 为比值，C 为实际周期数。由计算机执行程序的时间 P 的计算公式可以看出两种类型的机器的性能差异：

$$P = I \times C \times T \tag{4.1}$$

表 4.14 RISC 与 CISC 比较

	I	C	T
RISC	1.2～1.4	1.3～1.7	<1
CISC	1	4～6	1

下面以 Power PC 机为例来说明，该机是一个 32 位字长的计算机，共有 64 条指令。图 4.5 示出了它的指令类型与格式。

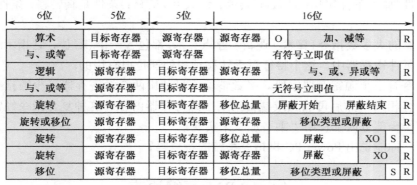

(a) 整数算术、逻辑、移位/旋转指令

(b) 浮点算术指令

(c) 取数/存数指令

(d) 条件寄存器逻辑指令

(e) 转移指令

A= 绝对或 PC 相对　　O=XER 中记录溢出　　XO= 操作码扩展
L= 链接到子程序　　　R=CRI 中记录条件　　S= 移位总量域的部分

图 4.5 Power PC 机指令类型与格式

Power PC 机有如下五种指令类型：
(1) 整数算术、逻辑、移位/旋转(循环移位)指令；
(2) 浮点算术指令；
(3) 取数/存数指令；
(4) 条件寄存器指令；
(5) 转移指令。

　　所有的指令都是 32 位长,并有规整的格式。指令的前 6 位(网点表示)指定操作码部分。在某些情况下在其他部分有此操作码的扩展,用于指定操作的细节(也用网点表示)。

　　所有的取数/存数、算术、逻辑指令,在操作码之后是两个 5 位的寄存器字段,这表示可以使用 32 个通用寄存器。

　　转移指令包括了一个链接(L)位,它指示此转移指令之后的那条指令的有效地址是否放入链接寄存器。两种转移指令格式还包含一个(A)位,它指示寻址方式是绝对寻址还是 PC 相对寻址。对于条件转移指令,CR 位字段指定条件寄存器中被测试的位,选项字段指向转移发生的条件(如无条件转移;计数=0 转移;计数≠0 转移;条件是真转移;条件是假转移;等等)。

　　进行计算的大多数指令(算术、逻辑、浮点算术)都包含一个(R)位,它指示运算结果是否应记录在条件寄存器中。这个特征对于转移预测处理是很有用的。

　　浮点指令有三个源寄存器字段。多数情况下只使用两个源寄存器,少数指令涉及两个源寄存器内容相乘,然后再加上或减去第三个源寄存器内容。这种复合指令经常用在矩阵运算中,使得一部分内部积用“乘—加”来实现。

　　思考题　你能说出 Power PC 机指令系统的特点吗?

4.6　ARM 汇编语言

　　汇编语言是计算机机器语言(二进制指令代码)进行符号化的一种表示方式,每一个基本汇编语句对应一条机器指令。为了有一个完整概念,表 4.15 列出了嵌入式处理机 ARM 的汇编语言。其中操作数使用 16 个寄存器(r0,r1~r12,SP,Ir,PC),2^{30} 个存储字(字节编址,连续的字的地址之间相差 4)。

表 4.15　ARM 汇编语言

指令类别	指令	示例	含义	说明
算术运算	加	ADD r1,r2,r3	r1=r2+r3	三寄存器操作数
	减	SUB r1,r2,r3	r1=r2−r3	三寄存器操作数
数据传送	取数(字)至寄存器	LDR r1,[r2,#20]	r1=存储单元[r2+20]	内存单元至寄存器字传送
	自寄存器存数(字)	STR r1,[r2,#20]	存储单元[r2+20]=r1	寄存器至内存单元字传送
	取半字数至寄存器	LDRH r1,[r2,#20]	r1=存储单元[r2+20]	内存单元至寄存器半字传送
	取半字带符号数至寄存器	LDRHS r1,[r2,#20]	r1=存储单元[r2+20]	内存单元至寄存器半字带符号数传送
	自寄存器存半字数	STRH r1,[r2,#20]	存储单元[r2+20]=r1	寄存器至内存单元半字传送
	取字节数至寄存器	LDRB r1,[r2,#20]	r1=存储单元[r2+20]	内存单元至寄存器字节传送
	取字节带符号数至寄存器	LDRBS r1,[r2,#20]	r1=存储单元[r2+20]	内存单元至寄存器字节带符号数传送
	自寄存器存字节数	STRB r1,[r2,#20]	存储单元[r2+20]=r1	寄存器至内存单元字节传送
	交换	SWP r1,[r2,#20]	r1=存储单元[r2+20],存储单元[r2+20]=r1	自动交换存储单元和寄存器
	传送	MOV r1,r2	r1=r2	寄存器间复制

续表

指令类别	指令	示例	含义	说明
逻辑运算	与	AND r1,r2,r3	r1=r2&r3	三寄存器操作数，比特间相与
	或	ORR r1,r2,r3	r1=r2|r3	三寄存器操作数，比特间相或
	非	MVN r1,r2	r1=~r2	双寄存器操作数，比特取反
	逻辑左移(可选操作)	LSL r1,r2,#10	r1=r2≪10	逻辑左移，位数为常数
	逻辑右移(可选操作)	LSR r1,r1,#10	r1=r2≫10	逻辑右移，位数为常数
条件转移	比较	CMP r1,r2	条件标志=r1–r2	用于条件转移的比较操作
	根据 EQ,NE,LT,LE,GT,GE,LO,LS,HI,HS,VS,VC,MI,PL 转移	BEQ 25	若(r1==r2)，则转移至 PC+8+100	条件测试：相对于 PC 转移
无条件转移	转移(无条件)	B 2500	转移至 PC+8+10000	转移
	转移并链接	BL 2500	r14=PC+4;转移至 PC+8+10000	用于子程序调用

在进行汇编语言程序设计时，可直接使用英文单词或其缩写表示指令，使用标识符表示数据或地址，从而有效地避免了记忆二进制的指令代码，不再由程序设计人员为指令和数据分配内存地址，直接调用操作系统的某些程序段完成输入输出及读写文件等操作功能。用编辑程序建立好的汇编语言源程序，需要经过系统软件中的"汇编器"翻译为机器语言程序之后，才能交付给计算机硬件系统去执行。

【例 4.6】 将 ARM 汇编语言翻译成机器语言。已知 5 条 ARM 指令格式译码见表 4.16 所示。

表 4.16 ADD、SUB、LDR、STR 等指令的指令译码格式

指令名称	cond	F	I	opcode	S	Rn	Rd	operand 2
ADD(加)	14	0	0	4	0	reg	reg	reg
SUB(减)	14	0	0	2	0	reg	reg	reg
ADD(立即数加)	14	0	1	4	0	reg	reg	address(12 位)
LDR(取字)	14	1	—	24	—	reg	reg	address(12 位)
STR(存字)	14	1	—	25	—	reg	reg	constant(12 位)

设 r3 寄存器中保存数组 A 的基地址，h 放在寄存器 r2 中。C 语言程序语句

A[30]=h+A[30]

可编译成如下 3 条汇编语言指令：

```
LDR    r5,[r3,#120]    ；寄存器 r5 中获得 A[30]
ADD    r5,r2,r5        ；寄存器 r5 中获得 h+A[30]
STR    r5,[r3,#120]    ；将 h+A[30]存入到 A[30]
```

请问这 3 条汇编语言指令的机器语言是什么？

解 首先利用十进制数来表示机器语言指令，然后转换成二进制机器指令。从表 4.16

中我们可以确定 3 条机器语言指令：

LDR 指令在第 3 字段（opcode）用操作码 24 确定。基值寄存器 3 指定在第 4 字段（Rn），目的寄存器 5 指定在第 6 字段（Rd），选择 A[30]（120=30×4）的 offset 字段放在最后一个字段（offset 12）。

ADD 指令在第 4 字段（opcode）用操作码 4 确定。3 个寄存器操作（2、5 和 5）分别被指定在第 6、7、8 字段。

STR 指令在第 3 字段用操作码 25 确定，其余部分与 LDR 指令相同。

| | cond | F | opcode | | Rn | Rd | offset 12 | |
			I	opcode	S			operand 12	
								offset 12 / operand 12
十进制	14	1		24		3	5	120
	14	0	0	4	0	2	5	5
	14	1		25		3	5	120
二进制	1110	1		11000		0011	0101	0000 1111 0000
	1110	0	0	100	0	0010	0101	0000 0000 0101
	1110	1		11001		0011	0101	0000 1111 0000

本 章 小 结

一台计算机中所有机器指令的集合，称为这台计算机的指令系统。指令系统是表征一台计算机性能的重要因素，它的格式与功能不仅直接影响到机器的硬件结构，而且影响到系统软件。

指令格式是指令字用二进制代码表示的结构形式，通常由操作码字段和地址码字段组成。操作码字段表征指令的操作特性与功能，而地址码字段指示操作数的地址。目前多采用二地址、单地址、零地址混合方式的指令格式。指令字长度分为：单字长、半字长、双字长三种形式。高档微机采用 32 位长度的单字长形式。

形成指令地址的方式，称为指令寻址方式。有顺序寻址和跳跃寻址两种，由指令计数器来跟踪。

形成操作数地址的方式，称为数据寻址方式。操作数可放在专用寄存器、通用寄存器、内存和指令中。数据寻址方式有隐含寻址、立即寻址、直接寻址、间接寻址、寄存器寻址、寄存器间接寻址、相对寻址、基值寻址、变址寻址、块寻址、段寻址等多种。按操作数的物理位置不同，有 RR 型和 RS 型。前者比后者执行的速度快。堆栈是一种特殊的数据寻址方式，采用"先进后出"原理。按结构不同，分为寄存器堆栈和存储器堆栈。

不同机器有不同的指令系统。一个较完善的指令系统应当包含数据传送类指令、算术运算类指令、逻辑运算类指令、程序控制类指令、I/O 类指令、字符串类指令、系统控制类指令。

RISC 指令系统是目前计算机发展的主流，也是 CISC 指令系统的改进，它的最大特点是：①指令条数少；②指令长度固定，指令格式和寻址方式种类少；③只有取数/存数指令访问存储器，其余指令的操作均在寄存器之间进行。

汇编语言与具体机器的依赖性很强。为了了解该语言的特点，列出了目前较流行的嵌入式处理机 ARM 的汇编语言，以举一反三。

习　题

1. ASCII 码是 7 位，如果设计主存单元字长为 32 位，指令字长为 12 位，是否合理？为什么？

2. 假设某计算机指令长度为 32 位，具有双操作数、单操作数、无操作数三类指令形式，指令系统共有 70 条指令，请设计满足要求的指令格式。

3. 指令格式结构如下所示，试分析指令格式及寻址方式特点。

15　　　　　10		7　　　　4　3　　　　0	
OP	—	目标寄存器	源寄存器

4. 指令格式结构如下所示，试分析指令格式及寻址方式特点。

15　　　　　10		7　　　　4　3　　　　0	
OP		源寄存器	变址寄存器
偏移量（16 位）			

5. 指令格式结构如下所示，试分析指令格式及寻址方式特点。

15　　　12	11　　　9　8	6　5	3　2　　　0
OP	寻址方式	寄存器	寻址方式　寄存器
	←——源地址——→		←——目标地址——→

6. 一种单地址指令格式如下所示，其中 I 为间接特征，X 为寻址模式，D 为形式地址。I，X，D 组成该指令的操作数有效地址 E。设 R 为变址寄存器，R_1 为基址寄存器，PC 为程序计数器，请在下表中第一列位置填入适当的寻址方式名称。

OP	I	X	D

寻址方式名称	I	X	有效地址 E
①	0	00	E=D
②	0	01	E=(PC)+D
③	0	10	E=(R)+D
④	0	11	E=(R_1)+D
⑤	1	00	E=(D)
⑥	1	11	E=((R_1)+D)，D=0

7. 某计算机字长为 32 位，主存容量为 64KB，采用单字长单地址指令，共有 40 条指令。试采用直接、立即、变址、相对四种寻址方式设计指令格式。

8. 某机字长为 32 位，主存容量为 1MB，单字长指令，有 50 种操作码，采用寄存器寻址、寄存器间接寻址、立即寻址、直接寻址等方式。CPU 中有 PC，IR，AR，DR 和 16 个通用寄存器。问：

(1) 指令格式如何安排？

(2) 能否增加其他寻址方式？

9. 设某机字长为 32 位，CPU 中有 16 个 32 位通用寄存器，设计一种能容纳 64 种操作的指令系统。如果采用通用寄存器作基址寄存器，则 RS 型指令的最大存储空间是多少？

10. 将表 4.9 的指令系统设计成二地址格式的指令系统。

11. 从以下有关 RISC 的描述中，选择正确答案。

　　A. 采用 RISC 技术后，计算机的体系结构又恢复到早期的比较简单的情况。

　　B. 为了实现兼容，新设计的 RISC，是从原来 CISC 系统的指令系统中挑选一部分实现的。

　　C. RISC 的主要目标是减少指令数。

　　D. RISC 设有乘、除法指令和浮点运算指令。

12. 根据操作数所在位置，指出其寻址方式（填空）：

(1) 操作数在寄存器中，为 (A) 寻址方式。

(2) 操作数地址在寄存器，为 (B) 寻址方式。

(3) 操作数在指令中，为 (C) 寻址方式。

(4) 操作数地址（主存）在指令中，为 (D) 寻址方式。

(5) 操作数的地址，为某一寄存器内容与位移量之和，可以是 (E，F，G) 寻址方式。

13. 将 C 语句翻译成 MIPS R4000 汇编语言代码。C 赋值语句是：

$$f = (g+h) - (i+j)$$

假设变量 f、g、h、i、j 分别分配给寄存器 \$s0、\$s1、\$s2、\$s3、\$s4。

14. 将如下 MIPS R4000 汇编语言翻译成机器语言指令。

　　　　IW　　\$t0，1200(\$t1)

　　　　add　　\$t0，\$s2，\$t0

　　　　SW　　\$t0，1200(\$t1)

15. 将下面一条 ARM 汇编语言指令翻译成用十进制和二进制表示的机器语言指令：

　　　　ADD　　r5，r1，r2

16. 将下面 C 语句翻译成 ARM 汇编语言代码。C 赋值语句是：

$$f = (g+h) - (i+j)$$

假设变量 f、g、h、i、j 分别放在寄存器 r0、r1、r2、r3、r4 中。

17. 设某指令系统字长为 16 位，地址码为 4 位。试设计指令格式，使该系统中有 11 条三地址指令、70 条二地址指令和 150 条单地址指令。并指明该系统中最多还可以有多少条零地址指令。

第 5 章

中央处理器

中央处理器称为 CPU。本章前面部分详细讲述 CPU 的功能和基本组成,指令周期的概念,时序产生器,微程序控制器,硬布线控制器。在此基础上,介绍流水 CPU、RISC CPU。

5.1 CPU 的功能和组成

5.1.1 CPU 的功能

当用计算机解决某个问题时,我们首先必须为它编写程序。程序是一个指令序列,这个序列明确告诉计算机应该执行什么操作,在什么地方找到用来操作的数据。一旦把程序装入内存储器,就可以由计算机部件来自动完成取指令和执行指令的任务。专门用来完成此项工作的计算机部件称为中央处理器,通常简称 CPU。

CPU 对整个计算机系统的运行是极其重要的,它具有如下四方面的基本功能。

指令控制 程序的顺序控制,称为指令控制。由于程序是一个指令序列,这些指令的相互顺序不能任意颠倒,必须严格按程序规定的顺序进行,因此,保证机器按顺序执行程序是 CPU 的首要任务。

操作控制 一条指令的功能往往是由若干个操作信号的组合来实现的,因此,CPU 管理并产生由内存取出的每条指令的操作信号,把各种操作信号送往相应的部件,从而控制这些部件按指令的要求进行动作。

时间控制 对各种操作实施时间上的定时,称为时间控制。因为在计算机中,各种指令的操作信号均受到时间的严格定时。另外,一条指令的整个执行过程也受到时间的严格定时。只有这样,计算机才能有条不紊地自动工作。

数据加工 所谓数据加工,就是对数据进行算术运算和逻辑运算处理。完成数据的加工处理,是 CPU 的根本任务。因为,原始信息只有经过加工处理后才能对人们有用。

5.1.2 CPU 的基本组成

运算器和控制器是组成 CPU 的两大核心部件。随着 VLSI 技术的发展,CPU 芯片外部的一些逻辑功能部件,如浮点运算器、cache、总线仲裁器等往往集成到 CPU 芯片内部。

从教学目的出发,本章以 CPU 执行指令为主线来组织教学内容。为便于读者建立计算机的整机概念,突出主要矛盾,给出图 5.1 所示的 CPU 模型。

5.1

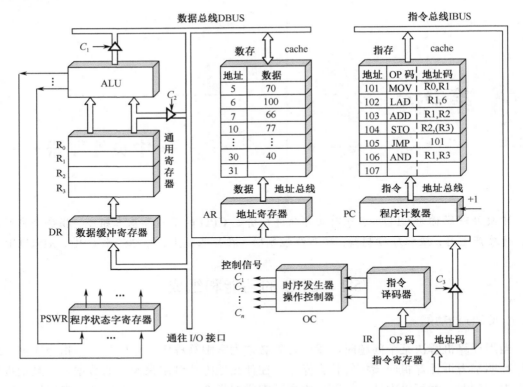

图 5.1　CPU 模型

控制器　由程序计数器、指令寄存器、指令译码器、时序产生器和操作控制器组成，它是发布命令的"决策机构"，即完成协调和指挥整个计算机系统的操作。控制器的主要功能有：

（1）从指令 cache 中取出一条指令，并指出下一条指令在指令 cache 中的位置。

（2）对指令进行译码或测试，并产生相应的操作控制信号，以便启动规定的动作。比如，一次数据 cache 的读/写操作，一个算术逻辑运算操作，或一个输入/输出操作。

（3）指挥并控制 CPU、数据 cache 和输入/输出设备之间数据流动的方向。

运算器　由算术逻辑运算单元(ALU)、通用寄存器、数据缓冲寄存器(DR)和程序状态字寄存器(状态条件寄存器，PSWR)组成，它是数据加工处理部件。相对控制器而言，运算器接受控制器的命令而进行动作，即运算器所进行的全部操作都是由控制器发出的控制信号来指挥的，所以它是执行部件。运算器有两个主要功能：

（1）执行所有的算术运算。

（2）执行所有的逻辑运算，并进行逻辑测试，如零值测试或两个值的比较。

通常，一个算术操作产生一个运算结果，而一个逻辑操作则产生一个判决。

鉴于第 2、3 章中已经详细讨论了运算器和存储器，所以本章重点放在控制器上。

5.1.3　CPU 中的主要寄存器

各种计算机的 CPU 可能有这样或那样的不同，但是在 CPU 中至少要有六类寄存器，如图 5.1 所示。这些寄存器是：数据缓冲寄存器(DR)，指令寄存器(IR)，程序计数器(PC)，数据地址寄存器(AR)，通用寄存器(R0～R3)，程序状态字寄存器(PSWR)。

上述这些寄存器用来暂存一个计算机字。根据需要，可以扩充其数目。下面详细介绍这些寄存器的功能与结构。

(1)数据缓冲寄存器(DR)　数据缓冲寄存器用来暂时存放 ALU 的运算结果，或由数据存储器读出的一个数据字，或来自外部接口的一个数据字。缓冲寄存器的作用是：

① 作为 ALU 运算结果和通用寄存器之间信息传送中时间上的缓冲；

② 补偿 CPU 和内存、外围设备之间在操作速度上的差别。

(2)指令寄存器(IR)　指令寄存器用来保存当前正在执行的一条指令。当执行一条指令时，先把它从指令存储器(简称指存)读出，然后再传送至指令寄存器。指令划分为操作码和地址码字段，由二进制数字组成。为了执行任何给定的指令，必须对操作码进行测试，以便识别所要求的操作。一个叫做指令译码器的部件就是做这项工作的。指令寄存器中操作码字段 OP 的输出就是指令译码器的输入。操作码一经译码后，即可向操作控制器发出具体操作的特定信号。

(3)程序计数器(PC)　为了保证程序能够连续地执行下去，CPU 必须具有某些手段来确定下一条指令的地址。而程序计数器(PC)正是起到这种作用，所以它又称为指令计数器。在程序开始执行前，必须将它的起始地址，即程序的第一条指令所在的指存单元地址送入 PC，因此 PC 的内容即是从指存提取的第一条指令的地址。当执行指令时，CPU 将自动修改 PC 的内容，以便使其保持的总是将要执行的下一条指令的地址。由于大多数指令都是按顺序来执行的，所以修改的过程通常只是简单的对 PC 加 1。

但是，当遇到转移指令如 JMP 指令时，那么后继指令的地址(即 PC 的内容)必须从指令寄存器中的地址字段取得。在这种情况下，下一条从指存取出的指令将由转移指令来规定，而不是像通常一样按顺序来取得。因此程序计数器的结构应当是具有寄存器和计数两种功能的结构。

(4)数据地址寄存器(AR)　数据地址寄存器用来保存当前 CPU 所访问的数据存储器(简称数存)单元的地址。由于要对存储器阵列进行地址译码，所以必须使用地址寄存器来保持地址信息，直到一次读/写操作完成。

地址寄存器的结构和数据缓冲寄存器、指令寄存器一样，通常使用单纯的寄存器结构。信息的存入一般采用电位–脉冲方式，即电位输入端对应数据信息位，脉冲输入端对应控制信号，在控制信号作用下，瞬时将信息打入寄存器。

(5)通用寄存器　在我们的模型中，通用寄存器有 4 个(R_0～R_3)，其功能是：当算术逻辑单元(ALU)执行算术或逻辑运算时，为 ALU 提供一个工作区。例如，在执行一次加法运算时，选择两个操作数(分别放在两个寄存器)相加，所得的结果送回其中一个寄存器(如 R_2)中，而 R_2 中原有的内容随即被替换。

目前 CPU 中的通用寄存器，可多达 64 个，甚至更多。其中任何一个可存放源操作数，也可存放结果操作数。在这种情况下，需要在指令格式中对寄存器号加以编址。从硬件结构来讲，需要使用通用寄存器堆结构，以便选择输入信息源。通用寄存器还用作地址指示器、变址寄存器、堆栈指示器等。

(6)程序状态字寄存器(PSWR)　程序状态字寄存器又称为状态条件寄存器，保存由算术运算指令和逻辑运算指令运算或测试结果建立的各种条件代码，如运算结果进位标志

(C)，运算结果溢出标志(V)，运算结果为零标志(Z)，运算结果为负标志(N)，等等。这些标志位通常分别由 1 位触发器保存。

除此之外，状态条件寄存器还保存中断和系统工作状态等信息，以便使 CPU 和系统能及时了解机器运行状态和程序运行状态。因此，状态条件寄存器是一个由各种状态条件标志拼凑而成的寄存器。

5.1.4 操作控制器与时序产生器

从上面叙述可知，CPU 中的 6 类主要寄存器，每一类完成一种特定的功能。然而信息怎样才能在各寄存器之间传送呢?也就是说，数据的流动是由什么部件控制的呢?

通常把许多寄存器之间传送信息的通路，称为数据通路。信息从什么地方开始，中间经过哪个寄存器或三态门，最后传送到哪个寄存器，都要加以控制。在各寄存器之间建立数据通路的任务，是由称为操作控制器的部件来完成的。操作控制器的功能，就是根据指令操作码和时序信号，产生各种操作控制信号，以便正确地选择数据通路，把有关数据打入到一个寄存器，从而完成取指令和执行指令的控制。

根据设计方法不同，操作控制器可分为时序逻辑型和存储逻辑型两种。第一种称为硬布线控制器，它是采用时序逻辑技术来实现的;第二种称为微程序控制器，它是采用存储逻辑来实现的。本书重点介绍微程序控制器。

操作控制器产生的控制信号必须定时，为此必须有时序产生器。因为计算机高速地进行工作，每一个动作的时间是非常严格的，不能太早也不能太迟。时序产生器的作用，就是对各种操作信号实施时间上的控制。

CPU 中除了上述组成部分外，还有中断系统、总线接口等其他功能部件，这些内容将在以后各章中陆续展开。

5.2 指 令 周 期

5.2.1 指令周期的基本概念

我们知道，指令和数据从形式上看都是二进制代码，所以人们很难区分出这些代码是指令还是数据。然而 CPU 却能识别这些二进制代码:它能准确地判别出哪些是指令字，哪些是数据字，并将它们送往相应的部件。本节我们将讨论在一些典型的指令周期中，CPU 的各部分是怎样工作的，从而能加深对这一问题的理解和体验。

计算机之所以能自动地工作，是因为 CPU 能从存放程序的内存里取出一条指令并执行这条指令;紧接着又是取指令，执行指令……如此周而复始，构成了一个封闭的循环。除非遇到停机指令，否则这个循环将一直继续下去，其过程如图 5.2 所示。

CPU 每取出一条指令并执行这条指令，都要完成一系列的操作，这一系列操作所需的时间通常叫做一个指令周期。换言之，指令周期是取出

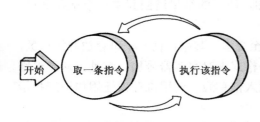

图 5.2　取指令-执行指令序列

一条指令并执行这条指令的时间。由于各种指令的操作功能不同，因此各种指令的指令周期是不尽相同的。

指令周期常常用若干个 CPU 周期数来表示，CPU 周期又称为**机器周期**。CPU 访问一次内存所花的时间较长，因此通常用内存中读取一个指令字的最短时间来规定 CPU 周期。这就是说，一条指令的取出阶段(通常称为取指)需要一个 CPU 周期时间。而一个 CPU 周期时间又包含有若干个时钟周期(又称 T 周期或节拍脉冲，它是处理操作的最基本单位)。这些 T_i 周期的总和规定了一个 CPU 周期的时间宽度。

图 5.3 示出了采用定长 CPU 周期的指令周期示意图。从这个例子知道，取出和执行任何一条指令所需的最短时间为两个 CPU 周期。

需要说明的是，不同的计算机系统中定义的术语未必相同。例如，在不采用三级时序的系统中，机器周期就相当于时钟周期。

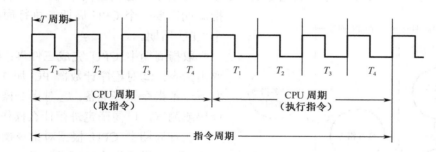

图 5.3　指令周期

单周期 CPU 和多周期 CPU　单周期 CPU 在一个时钟周期内完成从指令取出到得到结果的所有工作，指令系统中所有指令执行时间都以最长时间的指令为准，因而效率低，当前较少采用。多周期 CPU 把指令的执行分成多个阶段，每个阶段在一个时钟周期内完成，因而时钟周期短，不同指令所用周期数可以不同。以下仅讨论多周期 CPU。

表 5.1 列出了由 6 条指令组成的一个简单程序。这 6 条指令是有意安排的，因为它们是非常典型的，既有 RR 型指令，又有 RS 型指令；既有算术逻辑指令，又有访存指令，还有程序转移指令。我们将在下面通过 CPU 取出一条指令并执行这条指令的分解动作，来具体认识每条指令的指令周期。

表 5.1　6 条典型指令组成的一个简单程序

	八进制地址	指令助记符	说　明
指令存储器	100		1. 程序执行前 (R0)=00，(R1)=10，(R2)=20，(R3)=30
	101	MOV　R0, R1	2. 传送指令 MOV 执行 (R1)→R0
	102	LAD　R1, 6	3. 取数指令 LAD 从数存 6 号单元取数 (100)→R1
	103	ADD　R1, R2	4. 加法指令 ADD 执行 (R1)+(R2)→R2，结果为 (R2)=120
	104	STO　R2, (R3)	5. 存数指令 STO 用 (R3) 间接寻址，(R2)=120 写入数存 30 号单元
	105	JMP　101	6. 转移指令 JMP 改变程序执行顺序到 101 号单元
	106	AND　R1, R3	7. 逻辑乘 AND 指令执行 (R1)·(R3)→R3

续表

	八进制地址	八进制数据	说　明
数	5	70	
据	6	100	执行 LAD 指令后，数存 6 号单元的数据 100 仍保存在其中
存	7	66	
储	10	77	
器	⋮	⋮	
	30	40(120)	执行 STO 指令后，数存 30 号单元的数据由 40 变为 120

5.2.2　MOV 指令的指令周期

MOV 是一条 RR 型指令，其指令周期如图 5.4 所示。它需要两个 CPU 周期，其中取指周期需要一个 CPU 周期，执行周期需要一个 CPU 周期。

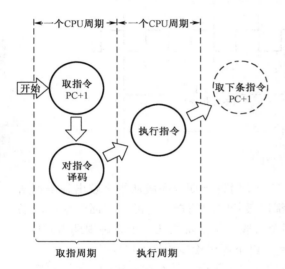

5.4

图 5.4　MOV 指令的指令周期

取指周期中 CPU 完成三件事：①从指存取出指令；②对程序计数器 PC 加 1，以便为取下一条指令做好准备；③对指令操作码进行译码或测试，以便确定进行什么操作。

执行周期中 CPU 根据对指令操作码的译码或测试，进行指令所要求的操作。对 MOV 指令来说，执行周期中完成到两个通用寄存器 R_0、R_1 之间的数据传送操作。由于时间充足，执行周期一般只需要一个 CPU 周期。

1. 取指周期

第一条指令的取指周期示于图 5.5。假定表 5.1 的程序已装入指存中，因而在此阶段内，CPU 的动作如下：

(1) 程序计数器 PC 中装入第一条指令地址 101（八进制）；

(2) PC 的内容被放到指令地址总线 ABUS(I) 上，对指存进行译码，并启动读命令；

(3) 从 101 号地址读出的 MOV 指令通过指令总线 IBUS 装入指令寄存器 IR；

(4) 程序计数器内容加 1，变成 102，为取下一条指令做好准备；

(5) 指令寄存器中的操作码(OP)被译码；

(6) CPU 识别出是 MOV 指令。至此，取指周期结束。

2. 执行指令阶段（执行周期）

MOV 指令的执行周期示于图 5.6 中，在此阶段，CPU 的动作如下：

(1) 操作控制器(OC)送出控制信号到通用寄存器，选择 R_1(10) 作源寄存器，选择 R_0 作目标寄存器；

(2) OC 送出控制信号到 ALU，指定 ALU 做传送操作；

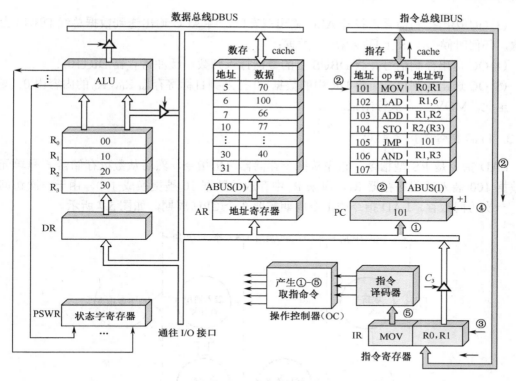

图 5.5　MOV 指令取指周期

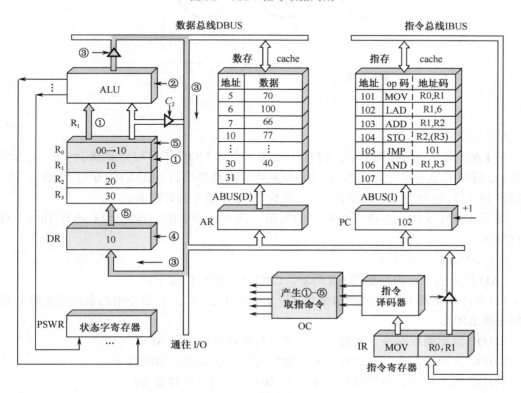

图 5.6　MOV 指令执行周期

(3) OC 送出控制信号，打开 ALU 输出三态门，将 ALU 输出送到数据总线 DBUS 上。注意，任何时候 DBUS 上只能有一个数据；

(4) OC 送出控制信号，将 DBUS 上的数据打入到数据缓冲寄存器 DR(10)；

(5) OC 送出控制信号，将 DR 中的数据 10 打入到目标寄存器 R_0，R_0 的内容由 00 变为 10。至此，MOV 指令执行结束。

5.2.3　LAD 指令的指令周期

LAD 指令是 RS 型指令，它先从指令存储器取出指令，然后从数据存储器 6 号单元取出数据 100 装入通用寄存器 R_1，原来 R_1 中存放的数据 10 被更换成 100。由于一次访问指存，一次访问数存，LAD 指令的指令周期需要 3 个 CPU 周期，如图 5.7 所示。

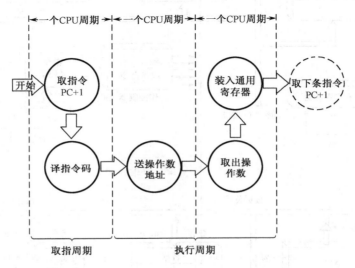

图 5.7　LAD 指令的指令周期

1. LAD 指令的取指周期

在 LAD 指令的取指周期中，CPU 的动作完全与 MOV 指令取指周期中一样(图 5.5)，只是 PC 提供的指令地址为 102，按此地址从指令存储器读出"LDA R1, 6"指令放入 IR 中，然后将 PC+1，使 PC 内容变成 103，为取下条 ADD 指令做好准备。

以下 ADD、STO、JMP 三条指令的取指周期中，CPU 的动作完全与 MOV 指令一样，不再细述。

2. LAD 指令的执行周期

LAD 指令的执行周期如图 5.8 所示。CPU 执行的动作如下：

(1) 操作控制器 OC 发出控制命令打开 IR 输出三态门，将指令中的直接地址码 6 放到数据总线 DBUS 上；

(2) OC 发出操作命令，将地址码 6 装入数存地址寄存器 AR；

(3) OC 发出读命令，将数存 6 号单元中的数 100 读出到 DBUS 上；

(4) OC 发出命令，将 DBUS 上的数据 100 装入缓冲寄存器 DR；

(5) OC 发出命令，将 DR 中的数 100 装入通用寄存器 R_1，原来 R_1 中的数 10 被冲掉。

至此，LAD 指令执行周期结束。

　　注意，数据总线 DBUS 上分时进行了地址传送和数据传送，所以需要 2 个 CPU 周期。

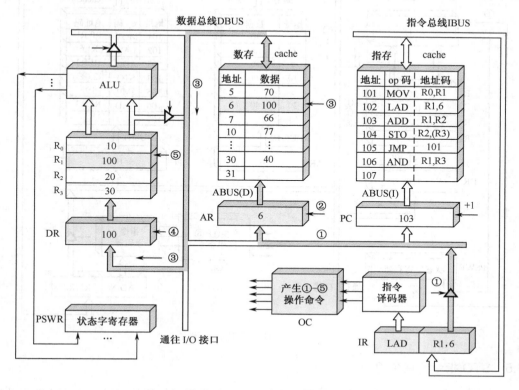

图 5.8　LAD 指令的执行周期

5.2.4　ADD 指令的指令周期

　　ADD 指令是 RR 型指令，在运算器中用两个寄存器 R_1 和 R_2 的数据进行加法运算。指令周期只需两个 CPU 周期，其中一个是取指周期，与图 5.5 相同。下面只讲执行周期，CPU 完成的动作如图 5.9 所示。

　　（1）操作控制器 OC 送出控制命令到通用寄存器，选择 R_1 做源寄存器，R_2 做目标寄存器；

　　（2）OC 送出控制命令到 ALU，指定 ALU 做 $R_1(100)$ 和 $R_2(20)$ 的加法操作；

　　（3）OC 送出控制命令，打开 ALU 输出三态门，运算结果 120 放到 DBUS 上；

　　（4）OC 送出控制命令，将 DBUS 上数据打入缓冲寄存器 DR；ALU 产生的进位信号保存在状态字寄存器 PSWR 中；

　　（5）OC 送出控制命令，将 DR(120) 装入 R_2，R_2 中原来的内容 20 被冲掉。至此，ADD 指令执行周期结束。

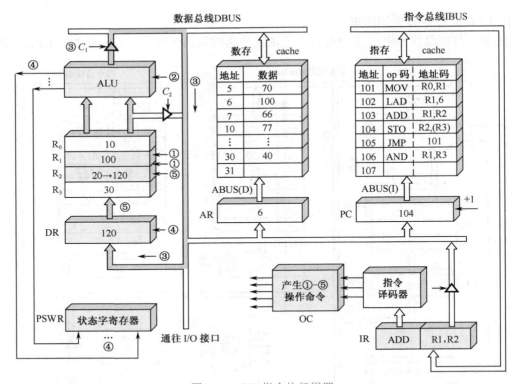

图 5.9　ADD 指令执行周期

5.2.5　STO 指令的指令周期

STO 指令是 RS 型指令，它先访问指存取出 STO 指令，然后按(R_3)=30 地址访问数存，将(R_2)=120 写入到 30 号单元。由于一次访问指存，一次访问数存，因此指令周期需 3 个 CPU 周期，其中执行周期为 2 个 CPU 周期，如图 5.10 所示。下面也只讲执行周期，CPU 完成的动作如图 5.11 所示。

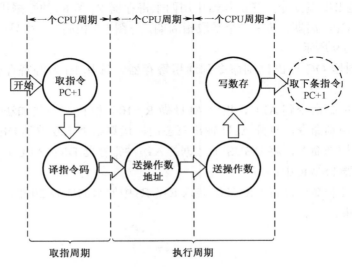

图 5.10　STO 指令的指令周期

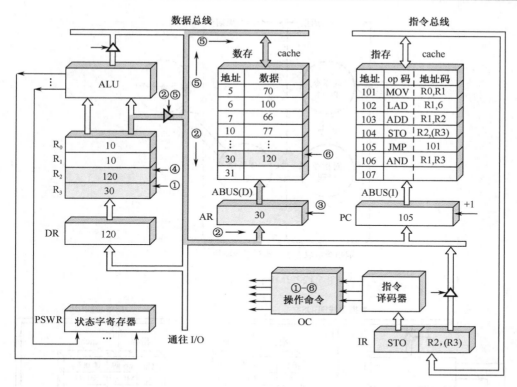

图 5.11 STO 指令执行周期

（1）操作控制器 OC 送出操作命令到通用寄存器，选择（R_3）=30 做数据存储器的地址单元；

（2）OC 发出操作命令，打开通用寄存器输出三态门（不经 ALU 以节省时间），将地址 30 放到 DBUS 上；

（3）OC 发出操作命令，将地址 30 打入 AR，并进行数存地址译码；

（4）OC 发出操作命令到通用寄存器，选择（R_2）=120，作为数存的写入数据；

（5）OC 发出操作命令，打开通用寄存器输出三态门，将数据 120 放到 DBUS 上；

（6）OC 发出操作命令，将数据 120 写入数存 30 号单元，它原先的数据 40 被冲掉。至此，STO 指令执行周期结束。

注意，DBUS 是单总线结构，先送地址（30），后送数据（120），必须分时传送。

5.2.6 JMP 指令的指令周期

JMP 指令是一条无条件转移指令，用来改变程序的执行顺序。指令周期为两个 CPU 周期，其中取指周期为 1 个 CPU 周期，执行周期为 1 个 CPU 周期（图 5.12）。下面也只讲执行周期，CPU 完成的动作如图 5.13 所示。

（1）OC 发生操作控制命令，打开指令寄存器 IR 的输出三态门，将 IR 中的地址码 101 发送到 DBUS 上；

（2）OC 发出操作控制命令，将 DBUS 上的地址码 101 打入到程序计数器 PC 中，PC 中的原先内容 106 被更换。于是下一条指令不是从 106 号单元取出，而是转移到 101 号单元取出。至此，JMP 指令执行周期结束。

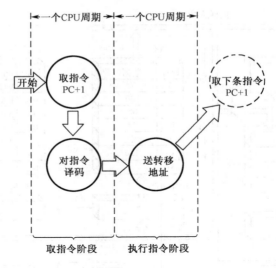

图 5.12　JMP 指令的指令周期

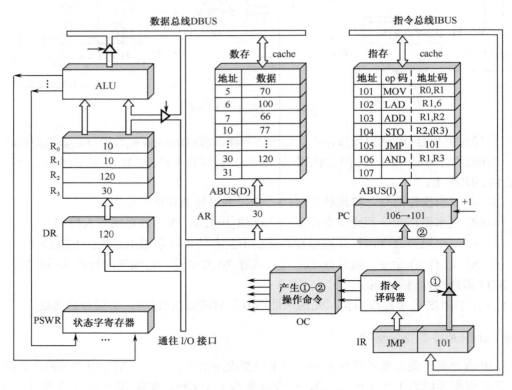

图 5.13　JMP 指令执行周期

五条基本
指令执行
过程演示

　　应当指出，执行"JMP　101"指令时，我们此处所给的五条指令组成的程序进入了死循环，除非人为停机，否则这个程序将无休止地运行下去。当然，我们此处所举的转移地址 101 是随意的，仅仅用来说明转移指令能够改变程序的执行顺序而已。CPU 取指令与执行指令的动态过程，请见 CAI 动画视频演示。

思考题　与图 5.14 所示的经典 CPU 模型相比，图 5.1 所示的 CPU 模型有何优势？

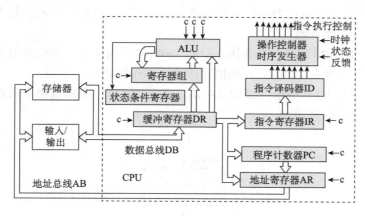

图 5.14　经典 CPU 模型

5.2.7　用方框图语言表示指令周期

在上面介绍了五条典型指令的指令周期，从而使我们对一条指令的取指过程和执行过程有了一个较深刻的印象。然而我们是通过画示意图或数据通路图来解释这些过程的。这样做的目的主要是为了教学。但是在进行计算机设计时，如果用这种办法来表示指令周期，那就显得过于烦琐，而且也没有必要。

在进行计算机设计时，可以采用方框图语言来表示指令的指令周期。一个方框代表一个 CPU 周期，方框中的内容表示数据通路的操作或某种控制操作。除了方框，还需要一个菱形符号，它通常用来表示某种判别或测试，不过时间上它依附于紧接它的前面一个方框的 CPU 周期，而不单独占用一个 CPU 周期。

我们把前面的五条典型指令加以归纳，用方框图语言表示的指令周期示于图 5.15。可以明显地看到，所有指令的取指周期是完全相同的，而且是一个 CPU 周期。但是指令的执行周期，由于各条指令的功能不同，所用的 CPU 周期是各不相同的，其中 MOV、ADD、JMP 指令是一个 CPU 周期；LAD 和 STO 指令是两个 CPU 周期。框图中 DBUS 代表数据总线，ABUS(D) 代表数存地址总线，ABUS(I) 代表指存地址总线，RD(D) 代表数存读命令，WE(D) 代表数存写命令，RD(I) 代表指存读命令。

图 5.15 中，还有一个 "～" 符号，我们称它为公操作符号。这个符号表示一条指令已经执行完毕，转入公操作。所谓公操作，就是一条指令执行完毕后，CPU 所开始进行的一些操作，这些操作主要是 CPU 对外围设备请求的处理，如中断处理、通道处理等。如果外围设备没有向 CPU 请求交换数据，那么 CPU 又转向指存取下一条指令。由于所有指令的取指周期是完全一样的，因此，取指令也可认为是公操作。这是因为，一条指令执行结束后，如果没有外设请求，CPU 一定转入 "取指令" 操作。

【例 5.1】　图 5.16 所示为双总线结构机器的数据通路，IR 为指令寄存器，PC 为程序计数器(具有自增功能)，M 为主存(受 R/$\overline{\text{W}}$ 信号控制)，它既存放指令又存放数据，AR 为地址寄存器，DR 为数据缓冲寄存器，ALU 由加、减控制信号决定完成何种操作，控制信号 G 控制的是一个门电路，它相当于两条总线之间的桥。另外，线上标注有小圈表示有控制信号，例中，y_i 表示 y 寄存器的输入控制信号，R_{1o} 为寄存器 R_1 的输出控制信号，未标字符的线为直通线，不受控制。

（1）"ADD　R2, R0"指令完成 $(R_0)+(R_2) \rightarrow R_0$ 的功能操作，画出其指令周期流程图，假设该指令的地址已放入 PC 中。并列出相应的微操作控制信号序列。

（2）"SUB　R1, R3"指令完成 $(R_3)-(R_1) \rightarrow R_3$ 的操作，画出其指令周期流程图，并列出相应的微操作控制信号序列。

5.15

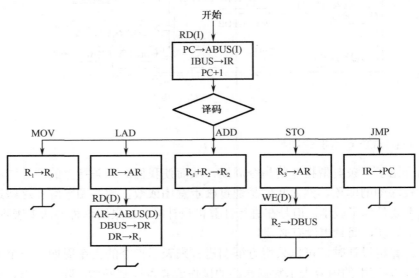

图 5.15　用方框图语言表示指令周期

5.16

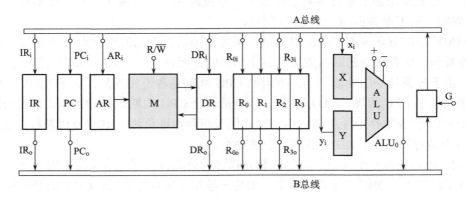

图 5.16　双总线结构机器的数据通路

　　解　（1）"ADD　R2, R0"指令是一条加法指令，参与运算的两个数放在寄存器 R_2 和 R_0 中，指令周期流程图包括取指令阶段和执行指令阶段两部分（为简单起见，省去了"$\rightarrow$"号左边各寄存器代码上应加的括号）。根据给定的数据通路图，"ADD　R2, R0"指令的详细指令周期流程图如图 5.17（a）所示，图的右边部分标注了每一个机器周期中用到的微操作控制信号序列。

　　（2）SUB 减法指令周期流程图如图 5.17（b）所示。

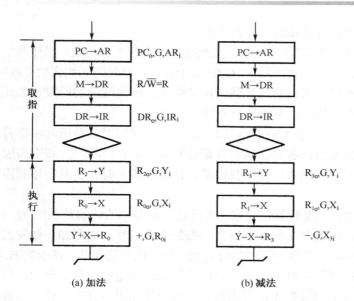

5.17

图 5.17　加法和减法指令周期流程图

思考题　（1）为了缩短"ADD　R2, R0"指令的取指周期，请修改图 5.16 的数据通路，画出指令周期流程图。与原方案相比，指令周期速度提高了多少？

（2）为表述方便，图 5.16 给出的模型机的数据通路已经做了简化。设 R_s 和 R_d 分别代表源操作数和目标操作数，请修改图 5.16 的数据通路中通用寄存器的输入和输出部分，使其支持一般化的加法指令格式"ADD　Rs, Rd"。

5.3　时序产生器和控制方式

5.3.1　时序信号的作用和体制

在日常生活中，人们学习、工作和休息都有一个严格的作息时间。比如，早晨 6:00 起床；8:00～12:00 上课，12:00～14:00 午休，……每个教师和学生都必须严格遵守这一规定，在规定的时间里上课，在规定的时间里休息，不得各行其是，否则就难以保证正常的教学秩序。

CPU 中也有一个类似"作息时间"的东西，它称为时序信号。计算机所以能够准确、迅速、有条不紊地工作，正是因为在 CPU 中有一个时序信号产生器。机器一旦被启动，即 CPU 开始取指令并执行指令时，操作控制器就利用定时脉冲的顺序和不同的脉冲间隔，有条理、有节奏地指挥机器的动作，规定在这个脉冲到来时做什么，在那个脉冲到来时又做什么，给计算机各部分提供工作所需的时间标志。为此，需要采用多级时序体制。

再来考虑 5.2 节中提出的一个问题：用二进制码表示的指令和数据都放在内存里，那么 CPU 是怎样识别出它们是数据还是指令呢？事实上，通过 5.2 节讲述指令周期后，就自然会得出如下结论：从时间上来说，取指令事件发生在指令周期的第一个 CPU 周期中，即发生在"取指令"阶段，而取数据事件发生在"执行指令"阶段。从空间上来说，如果取出的代码是指令，那么一定送往指令寄存器，如果取出的代码是数据，那么一定送往运算器。

由此可见，时间控制对计算机来说太重要了。

不仅如此，在一个 CPU 周期中，又把时间分为若干个小段，以便规定在这一小段时间中 CPU 干什么，在那一小段时间中 CPU 又干什么，这种时间约束对 CPU 来说是非常必要的，否则就可能造成丢失信息或导致错误的结果。因为时间的约束是如此严格，以至于时间进度既不能来得太早，也不能来得太晚。

总之，计算机的协调动作需要时间标志，而时间标志则是用时序信号来体现的。一般来说，操作控制器发出的各种控制信号都是时间因素(时序信号)和空间因素(部件位置)的函数。如果忽略了时间因素，那么我们学习计算机硬件时往往就会感到困难，这一点务请读者加以注意。

组成计算机硬件的器件特性决定了时序信号最基本的体制是电位-脉冲制。这种体制最明显的一个例子，就是当实现寄存器之间的数据传送时，数据加在触发器的电位输入端，而打入数据的控制信号加在触发器的时钟输入端。电位的高低，表示数据是 1 还是 0，而且要求打入数据的控制信号到来之前，电位信号必须已稳定。这是因为，只有电位信号先建立，打入到寄存器中的数据才是可靠的。当然，计算机中有些部件，如算术逻辑运算单元 ALU 只用电位信号工作就可以了。但尽管如此，运算结果还是要送入通用寄存器，所以最终还是需要脉冲信号来配合。

硬布线控制器中，时序信号往往采用主状态周期-节拍电位-节拍脉冲三级体制。一个节拍电位表示一个 CPU 周期的时间，它表示了一个较大的时间单位；在一个节拍电位中又包含若干个节拍脉冲，以表示较小的时间单位；而主状态周期可包含若干个节拍电位，所以它是最大的时间单位。主状态周期可以用一个触发器的状态持续时间来表示。

在微程序控制器中，时序信号比较简单，一般采用节拍电位-节拍脉冲二级体制。就是说，它只有一个节拍电位，在节拍电位中又包含若干个节拍脉冲(T 周期)。节拍电位表示一个 CPU 周期的时间，而节拍脉冲把一个 CPU 周期划分成几个较小的时间间隔。根据需要，这些时间间隔可以相等，也可以不相等。

5.3.2 时序信号产生器

前面已分析了指令周期中需要的一些典型时序。时序信号产生器的功能是用逻辑电路来实现这些时序。

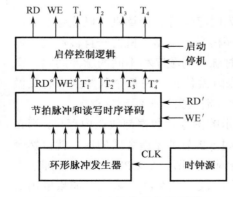

图 5.18　时序信号产生器框图

各种计算机的时序信号产生电路是不尽相同的。一般来说，大型计算机的时序电路比较复杂，而微型机的时序电路比较简单，这是因为前者涉及的操作动作较多，后者涉及的操作动作较少。另一方面，从设计操作控制器的方法来讲，硬布线控制器的时序电路比较复杂，而微程序控制器的时序电路比较简单。然而不管是哪一类，时序信号产生器最基本的构成是一样的。

图 5.18 示出了微程序控制器中使用的时序信号产生器的结构图，它由时钟源、环形脉冲发生器、节拍脉冲和读写时序译码、启停控制逻辑等部分组成。

（1）时钟源　时钟源用来为环形脉冲发生器提供频率稳定且电平匹配的方波时钟脉冲信号。它通常由石英晶体振荡器和与非门组成的正反馈振荡电路组成，其输出送至环形脉冲发生器。

（2）环形脉冲发生器　环形脉冲发生器的作用是产生一组有序的间隔相等或不等的脉冲序列，以便通过译码电路来产生最后所需的节拍脉冲，其电路参见动画视频。

环形脉冲
发生器

（3）节拍脉冲和存储器读/写时序　我们假定在一个 CPU 周期中产生四个等间隔的节拍脉冲 $T_1^\circ \sim T_4^\circ$，每个节拍脉冲的脉冲宽度均为 200ns，因此一个 CPU 周期便是 800ns，在下一个 CPU 周期中，它们又按固定的时间关系重复。不过注意，图 5.19 中画出的节拍脉冲信号是 $T_1 \sim T_4$，它们在逻辑关系上与 $T_1^\circ \sim T_4^\circ$ 是完全一致的，是后者经过启停控制逻辑中与门以后的输出，图中忽略了一级与门的时间延迟细节。

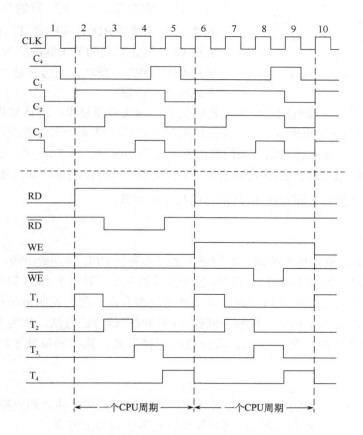

5.19

图 5.19　节拍电位与节拍脉冲时序关系图

存储器读/写时序信号 RD°、WE° 用来进行存储器的读/写操作。

在硬布线控制器中，节拍电位信号是由时序产生器本身通过逻辑电路产生的，一个节拍电位持续时间正好包容若干个节拍脉冲。然而在微程序设计的计算机中，节拍电位信号可由微程序控制器提供。一个节拍电位持续时间，通常也是一个 CPU 周期时间。例如，图 5.20 中的 RD°，WE° 信号持续时间均为 800ns，而一个 CPU 周期也正好是 800ns。关于微程序控制器如何产生节拍电位信号，将留在 5.4 节介绍。

5.20

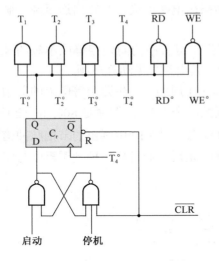

图 5.20　启停控制逻辑

（4）启停控制逻辑　机器一旦接通电源，就会自动产生原始的节拍脉冲信号 $T_1^0 \sim T_4^0$，然而，只有在启动机器运行的情况下，才允许时序产生器发出 CPU 工作所需的节拍脉冲 $T_1 \sim T_4$。为此需要由启停控制逻辑来控制 $T_1^0 \sim T_4^0$ 的发送。同样，对读/写时序信号也需要由启停逻辑加以控制。图 5.20 给出作者发明的启停控制逻辑，它是一个实用有效的工具性电路。

启停控制逻辑的核心是一个运行标志触发器 C_r。当运行触发器为"1"时，原始节拍脉冲 $T_1^0 \sim T_4^0$ 和读/写时序信号 RD^0，WE^0 通过门电路发送出去，变成 CPU 真正需要的节拍脉冲信号 $T_1 \sim T_4$ 和读/写时序 $\overline{RD}$，$\overline{WE}$。反之，当运行触发器"0"时，就关闭时序产生器。

由于启动计算机是随机的，停机也是随机的，为此必须要求：当计算机启动时，一定要从第 1 个节拍脉冲前沿开始工作，而在停机时一定要在第 4 个节拍脉冲结束后关闭时序产生器。只有这样，才能使发送出去的脉冲都是完整的脉冲。图 5.20 中，在 C_r（D 触发器）下面加上一个 SR 触发器，且用 $\overline{T_4^0}$ 信号作 C_r 触发器的时钟控制端，那么就可以保证在 T_1 的前沿开启时序产生器，而在 T_4 的后沿关闭时序产生器。

5.3.3　控制方式

从 5.2 节知道，机器指令的指令周期是由数目不等的 CPU 周期数组成，CPU 周期数的多少反映了指令动作的复杂程度，即操作控制信号的多少。对一个 CPU 周期而言，也有操作控制信号的多少与出现的先后问题。这两种情况综合在一起，说明每条指令和每个操作控制信号所需的时间各不相同。控制不同操作序列时序信号的方法，称为控制器的控制方式。常用的有同步控制、异步控制、联合控制三种方式，其实质反映了时序信号的定时方式。

1. 同步控制方式

在任何情况下，已定的指令在执行时所需的机器周期数和时钟周期数都是固定不变的，称为同步控制方式。根据不同情况，同步控制方式可选取如下方案。

（1）采用完全统一的机器周期执行各种不同的指令。这意味着所有指令周期具有相同的节拍电位数和相同的节拍脉冲数。显然，对简单指令和简单的操作来说，将造成时间浪费。

（2）采用不定长机器周期。将大多数操作安排在一个较短的机器周期内完成，对某些时间紧张的操作，则采取延长机器周期的办法来解决。

（3）中央控制与局部控制结合。将大部分指令安排在固定的机器周期完成，称为中央控制，对少数复杂指令(乘、除、浮点运算)采用另外的时序进行定时，称为局部控制。

2. 异步控制方式

异步控制方式的特点是：每条指令、每个操作控制信号需要多少时间就占用多少时间。这意味着每条指令的指令周期可由多少不等的机器周期数组成；也可以是当控制器发出某一操作控制信号后，等待执行部件完成操作后发回"回答"信号，再开始新的操作。显然，用这种方式形成的操作控制序列没有固定的 CPU 周期数(节拍电位)或严格的时钟周期(节拍脉冲)与之同步。

3. 联合控制方式

此为同步控制和异步控制相结合的方式。一种情况是，大部分操作序列安排在固定的机器周期中，对某些时间难以确定的操作则以执行部件的"回答"信号作为本次操作的结束标志。例如，CPU 访问主存时，依靠其送来的"READY"信号作为读/写周期的结束标志(半同步方式)。另一种情况是，机器周期的节拍脉冲数固定，但是各条指令周期的机器周期数不固定。例如，5.4 节所讲的微程序控制就是这样。

5.4 微程序控制器

5.4.1 微程序控制原理

微程序控制器同硬布线控制器相比较，具有规整性、灵活性、可维护性等一系列优点，因而在计算机设计中逐渐取代了早期采用的硬布线控制器，并已广泛地应用。在计算机系统中，微程序设计技术是利用软件方法来设计硬件的一门技术。

微程序控制的基本思想，就是仿照通常的解题程序的方法，把操作控制信号编成所谓的"微指令"，存放到一个只读存储器里。当机器运行时，一条又一条地读出这些微指令，从而产生全机所需要的各种操作控制信号，使相应部件执行所规定的操作。

1. 微命令和微操作

一台数字计算机基本上可以划分为两大部分——控制部件和执行部件。控制器就是控制部件，而运算器、存储器、外围设备相对控制器来讲，就是执行部件。那么两者之间是怎样进行联系的呢？

控制部件与执行部件的一种联系，就是通过控制线。控制部件通过控制线向执行部件发出各种控制命令，通常把这种控制命令称为微命令，而执行部件接受微命令后所进行的操作，称为微操作。

控制部件与执行部件之间的另一种联系是反馈信息。执行部件通过反馈线向控制部件反映操作情况，以便使控制部件根据执行部件的"状态"来下达新的微命令，这也称为"状态测试"。

微操作在执行部件中是最基本的操作。由于数据通路的结构关系，微操作可分为相容性和相斥性两种。所谓相容性的微操作，是指在同时或同一个 CPU 周期内可以并行执行的微操作。所谓相斥性的微操作，是指不能在同时或不能在同一个 CPU 周期内并行执行的微操作。

图 5.21 示出了一个简单运算器模型，其中 ALU 为算术逻辑单元，R_1、R_2、R_3 为三个寄存器。三个寄存器的内容都可以通过多路开关从 ALU 的 X 输入端或 Y 输入端送至 ALU，

而 ALU 的输出可以送往任何一个寄存器或同时送往 R_1，R_2，R_3 三个寄存器。在我们给定的数据通路中，多路开关的每个控制门仅是一个常闭的开关，它的一个输入端代表来自寄存器的信息，而另一个输入端则作为操作控制端。一旦两个输入端都有输入信号时，它才产生一个输出信号，从而在控制线能起作用的一个时间宽度中来控制信息在部件中流动。图中每个开关门由控制器中相应的微命令来控制，例如，开关门 4 由控制器中编号为 4 的微命令控制，开关门 6 由编号为 6 的微命令控制，如此等等。三个寄存器 R_1、R_2、R_3 的时钟输入端 1、2、3 也需要加以控制，以便在 ALU 运算

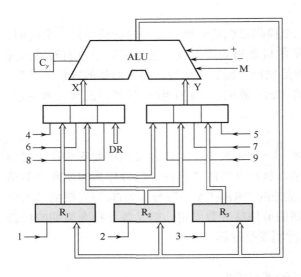

图 5.21   简单运算器数据通路图

完毕而输出公共总线上电平稳定时，将结果打入到某一寄存器。另外，我们假定 ALU 只有 +，−，M（传送）三种操作。C_y 为最高进位触发器，有进位时该触发器状态为"1"。

ALU 的操作（加、减、传送）在同一个 CPU 周期中只能选择一种，不能并行，所以 +，−，M（传送）三个微操作是相斥性的微操作。类似地，4、6、8 三个微操作是相斥性的，5、7、9 三个微操作也是相斥性的。ALU 的 X 输入微操作 4、6、8 与 Y 输入的 5、7、9 这两组信号中，任意两个微操作也都是相容性的。

2. 微指令和微程序

在机器的一个 CPU 周期中，一组实现一定操作功能的微命令的组合，构成一条微指令。

图 5.22 表示一个具体的微指令结构，微指令字长为 23 位，它由操作控制和顺序控制两大部分组成。

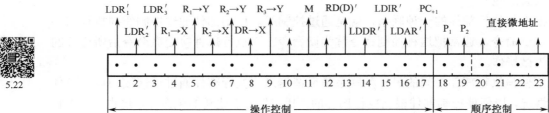

图 5.22   微指令基本格式

操作控制部分用来发出管理和指挥全机工作的控制信号。为了形象直观，在我们的例子中，该字段为 17 位，每一位表示一个微命令。每个微命令的编号同图 5.21 所示的数据通路相对应，具体功能示于微指令格式的左上部。当操作控制字段某一位信息为"1"时，表示发出微命令；而某一位信息为"0"时，表示不发出微命令。例如，当微指令字第 1 位信息为"1"时，表示发出 LDR'_1 的微命令，那么运算器将执行 ALU→R_1 的微操作，把公共

总线上的信息打入到寄存器 R_1。同样，当微指令第 10 位信息为"1"时，表示向 ALU 发出进行"+"的微命令，因而 ALU 就执行"+"的微操作。

注意，图 5.22 中微指令给出的控制信号都是节拍电位信号，它们的持续时间都是一个 CPU 周期。如果要用来控制图 5.21 所示的运算器数据通路，势必会出现问题，因为前面的三个微命令信号（LDR_1'，LDR_2'，LDR_3'）既不能来得太早，也不能来得太晚。为此，要求这些微命令信号还要加入时间控制，例如同节拍脉冲 T4 相与而得到 LDR_1～LDR_3 信号，如图 5.23（a）所示。在这种情况下，控制器最后发给运算器的 12 个控制信号中，3 个是节拍脉冲信号（LDR_1，LDR_2，LDR_3），其他 9 个都是节拍电位信号，从而保证运算器在前 600ns 时间内进行运算。600ns 后运算完毕，公共总线上输出稳定的运算结果，由 LDR_1（或 LDR_2，LDR_3）信号打入到相应的寄存器，其时间关系如图 5.23 所示。

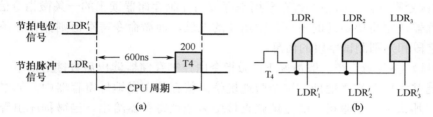

图 5.23　运算器操作时序与产生逻辑

微指令格式中的顺序控制部分用来决定产生下一条微指令的地址。下面我们将会知道，一条机器指令的功能是用许多条微指令组成的序列来实现的，这个微指令序列通常称为微程序。既然微程序是由微指令组成的，那么当执行当前一条微指令时，必须指出后继微指令的地址，以便当前一条微指令执行完毕后，取出下一条微指令。

决定后继微指令地址的方法不只一种。在我们所举的例子中，由微指令顺序控制字段的 6 位信息来决定。其中 4 位（20～23）用来直接给出下一条微指令的地址。第 18、19 两位作为判别测试标志。当此两位为"0"时，表示不进行测试，直接按顺序控制字段第 20～23 位给出的地址取下一条微指令；当第 18 位或第 19 位为"1"时，表示要进行 P_1 或 P_2 的判别测试，根据测试结果，需要对第 20～23 位的某一位或几位进行修改，然后按修改后的地址取下一条微指令。

3. 微程序控制器原理框图

微程序控制器原理框图如图 5.24 所示。它主要由控制存储器、微指令寄存器和地址转移逻辑三大部分组成，其中微指令寄存器分为微地址寄存器和微命令寄存器两部分。

（1）控制存储器　控制存储器用来存放实现全部指令系统的微程序，它是一种只读型存储器。一旦微程序固化，机器运行时则只读不写。其工作过程是：每读出一条微指令，则执行这条微指令；接着又读出下一条微指令，又执行这一条微指令……读出一条微指令并执行微指令的时间总和称为一个微指令周期。通常，在串行方式的微程序控制器中，微指令周期就是只读存储器的工作周期。控制存储器的字长就是微指令字的长度，其存储容量视机器指令系统而定，即取决于微程序的数量。对控制存储器的要求是速度快，读出周期要短。

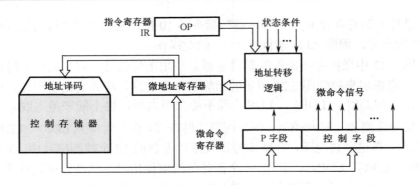

图 5.24　微程序控制器组成原理框图

（2）微指令寄存器　微指令寄存器用来存放由控制存储器读出的一条微指令信息。其中微地址寄存器决定将要访问的下一条微指令的地址，而微命令寄存器则保存一条微指令的操作控制字段和判别测试字段的信息。

（3）地址转移逻辑　在一般情况下，微指令由控制存储器读出后直接给出下一条微指令的地址，通常我们简称微地址，这个微地址信息就存放在微地址寄存器中。如果微程序不出现分支，那么下一条微指令的地址就直接由微地址寄存器给出。当微程序出现分支时，意味着微程序出现条件转移。在这种情况下，通过判别测试字段 P 和执行部件的"状态条件"反馈信息，去修改微地址寄存器的内容，并按改好的内容去读下一条微指令。地址转移逻辑就承担自动完成修改微地址的任务。

4．微程序举例

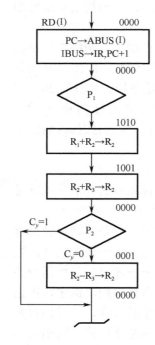

图 5.25　十进制加法微程序

一条机器指令是由若干条微指令组成的序列来实现的。因此，一条机器指令对应着一个微程序，而微程序的总和便可实现整个的指令系统。

现在我们举"十进制加法"指令为例，具体看一看微程序控制的过程。

"十进制加法"指令的功能是用 BCD 码来完成十进制数的加法运算。在十进制运算时，当相加两数之和大于 9 时，便产生进位。可是用 BCD 码完成十进制数运算时，当和数大于 9 时，必须对和数进行加 6 修正。这是因为，采用 BCD 码后，在两数相加的和数小于等于 9 时，十进制运算的结果是正确的；而当两数相加的和数大于 9 时，结果不正确，必须加 6 修正后才能得出正确结果。

假定指令存放在指存中，数据 a、b 及常数 6 已存放在图 5.21 中的 R_1、R_2、R_3 三寄存器中，因此，完成十进制加法的微程序流程图示于图 5.25 中。执行周期要求先进行 $a+b+6$ 运算，然后判断结果有无进位：当进位标志 $C_y=1$，不减 6；当 $C_y=0$，减去 6，从而获得正确结果。

可以看到，十进制加法微程序流程图由四条微指令组成，每一条微指令用一个长方框表示。第一条微指令为"取指"微指令，它是一条专门用来取机器指令的微指令, 任务有三: ①从内存取出一条机器指令, 并将指令放到指令寄存器 IR。在我们的例子中, 取出的是"十进制加法"指令。②对程序计数器加 1, 做好取下一条机器指令的准备。③对机器指令的操作码用 P_1 进行判别测试, 然后修改微地址寄存器内容, 给出下一条微指令的地址。在微程序流程图中, 每一条微指令的地址用数字示于长方框的右上角。注意, 菱形符号代表判别测试, 它的动作在时间上依附于第一条微指令。第二条微指令完成 $a+b$ 运算。第三条微指令完成 $a+b+6$ 运算, 同时又进行判别测试。不过这一次的判别标志不是 P_1 而是 P_2, P_2 用来测试进位标志 C_y。根据测试结果, 微程序或者转向公操作, 或者转向第四条微指令。当微程序转向公操作(用符号～表示)时, 如果没有外围设备请求服务, 那么又转向取下一条机器指令。与此相对应, 第三条微指令和第四条微指令的下一个微地址就又指向第一条微指令, 即"取指"微指令。

假设我们已经按微程序流程图编好了微程序, 并已事先存放到控制存储器中。同时假定用图 5.21 所示的运算器做执行部件。机器启动时, 只要给出控制存储器的首地址, 就可以调出所需要的微程序。为此, 首先给出第一条微指令的地址 0000, 经地址译码, 控制存储器选中所对应的"取指"微指令, 并将其读到微指令寄存器中。

第一条微指令的二进制编码是

000	000	000	000	00101	10	0000

在这条微指令中, 操作控制字段有两个微命令: 第 15 位 LDIR'在该微指令执行开始时发出指存读命令 RD(I), 于是指存执行读操作, 从指存单元取出"十进制加法"指令放到指令总线 IBUS 上, 其数据通路可参阅图 5.5。第 15 位发出的控制信号在指存读操作结束后, 也控制数据通路将 IBUS 上的"十进制加法"指令打入到指令寄存器 IR。假定"十进制加法"指令的操作码为 1010, 那么指令寄存器的 OP 字段现在是 1010。第 17 位发出 PC+1 微命令, 使程序计数器加 1, 做好取下一条机器指令的准备。

另一方面, 微指令的顺序控制字段指明下一条微指令的地址是 0000, 但是由于判别字段中第 18 位为 1, 表明是 P_1 测试, 因此 0000 不是下一条微指令的真正的地址。P_1 测试的"状态条件"是指令寄存器的操作码字段, 即用 OP 字段作为形成下一条微指令的地址, 于是微地址寄存器的内容修改成 1010。

在第二个 CPU 周期开始时, 按照 1010 这个微地址读出第二条微指令, 它的二进制编码是

010	100	100	100	00000	00	1001

在这条微指令中, 操作控制部分发出如下四个微命令: $R_1 \rightarrow X$, $R_2 \rightarrow Y$, +, LDR_2', 于是运算器完成 $R_1+R_2 \rightarrow R_2$ 的操作, 其数据通路如图 5.21 所示。

与此同时, 这条微指令的顺序控制部分由于判别测试字段 P_1 和 P_2 均为 0, 表示不进行测试, 于是直接给出下一条微指令的地址为 1001。

在第三个 CPU 周期开始时, 按照 1001 这个微地址读出第三条微指令, 它的二进制编码是

010	001	001	100	00000	01	0000

这条微指令的操作控制部分发出 $R_2{\rightarrow}X$，$R_3{\rightarrow}Y$，$+$，LDR_2'的四个微命令，运算器完成 $R_2+R_3{\rightarrow}R_2$ 的操作。

顺序控制部分由于判别字段中 P_2 为 1，表明进行 P_2 测试，测试的"状态条件"为进位标志 C_y。换句话说，此时微地址 0000 需要进行修改，我们假定用 C_y 的状态来修改微地址寄存器的最后一位：当 $C_y=0$ 时，下一条微指令的地址为 0001；当 $C_y=1$ 时，下一条微指令的地址为 0000。

显然，在测试一个状态时，有两条微指令作为要执行的下一条微指令的"候选"微指令。现在假设 $C_y=0$，则要执行的下一条微指令地址为 0001。

在第四个 CPU 周期开始时，按微地址 0001 读出第四条微指令，其编码是

010	001	001	001	00000	00	0000

微指令发出 $R_2{\rightarrow}X$，$R_3{\rightarrow}Y$，$-$，LDR_2'的微命令，运算器完成了 $R_2-R_3{\rightarrow}R_2$ 的操作功能。顺序控制部分直接给出下一条微指令的地址为 0000，按该地址取出的微指令是"取指"微指令。

如果第三条微指令进行测试时 $C_y=1$，那么微地址仍保持为 0000，将不执行第四条微指令而直接由第三条微指令转向公操作。

当下一个 CPU 周期开始时，"取指"微指令又从内存读出第二条机器指令。如果这条机器指令是 STO 指令，那么经过 P_1 测试，就转向执行 STO 指令的微程序。

以上是由四条微指令序列组成的简单微程序。从这个简单的控制模型中，我们就可以看到微程序控制的主要思想及大概过程。

5. CPU 周期与微指令周期的关系

在串行方式的微程序控制器中，微指令周期等于读出微指令的时间加上执行该条微指令的时间。为了保证整个机器控制信号的同步，可以将一个微指令周期时间设计得恰好和 CPU 周期时间相等。图 5.26 示出了某计算机中 CPU 周期与微指令周期的时间关系。

5.26

图 5.26　CPU 周期与微指令周期的关系

一个 CPU 周期为 $0.8\mu s$，它包含四个等间隔的节拍脉冲 $T_1 \sim T_4$，每个脉冲宽度为 200ns。用 T_4 作为读取微指令的时间，用 $T_1+T_2+T_3$ 时间作为执行微指令的时间。例如，在前 600ns 时间内运算器进行运算，在 600ns 时间的末尾运算器已经运算完毕，可用 T_4 上升沿将运算结果打入某个寄存器。与此同时可用 T_4 间隔读取下条微指令，经 200ns 时间延迟，下条微指令又从只读存储器读出，并用 T_1 上升沿打入到微指令寄存器。如忽略触发器的翻转延迟，那么下条微指令的微命令信号就从 T_1 上升沿起开始有效，直到下一条微指令读出后打入微指令寄存器为止。因此一条微指令的保持时间恰好是 $0.8\mu s$，也就是一个 CPU 周期的时间。

6. 机器指令与微指令的关系

经过上面的讲述，应该说，我们能够透彻地了解机器指令与微指令的关系。也许读者会问：一会儿取机器指令，一会儿取微指令，它们之间到底是什么关系？

现在让我们把前面内容归纳一下，作为对此问题的问答。

（1）一条机器指令对应一个微程序，这个微程序是由若干条微指令序列组成的。因此，一条机器指令的功能是由若干条微指令组成的序列来实现的。简言之，一条机器指令所完成的操作划分成若干条微指令来完成，由微指令进行解释和执行。

（2）从指令与微指令，程序与微程序，地址与微地址的一一对应关系来看，前者与内存储器有关，后者与控制存储器有关。与此相关，也有相对应的硬设备，如图 5.27 所示。

（3）我们在讲述本章 5.2 节时，曾讲述了指令与机器周期概念，并归纳了五条典型指令的指令周期(参见图 5.15)。现在我们看到，图 5.15 就是这五条指令的微程序流程图，每一个 CPU 周期就对应一条微指令。这就告诉我们如何设计微程序，也将使我们进一步体验到机器指令与微指令的关系。

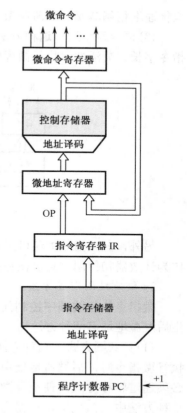

图 5.27　机器指令与微指令的关系

5.4.2　微程序设计技术

已经了解了微程序控制器的基本原理。这使我们认识到，如何确定微指令的结构，乃是微程序设计的关键。

设计微指令结构应当追求的目标是：①有利于缩短微指令字长度；②有利于减小控制存储器的容量；③有利于提高微程序的执行速度；④有利于对微指令的修改；⑤有利于提高微程序设计的灵活性。

1. 微命令编码

微命令编码，就是对微指令中的操作控制字段采用的表示方法。通常有以下三种方法。

（1）直接表示法　采用直接表示法的微指令结构如图 5.22 所示，其特点是操作控制字段中的每一位代表一个微命令。这种方法的优点是简单直观，其输出直接用于控制。缺点是微指令字较长，因而使控制存储器容量较大。

（2）编码表示法　编码表示法是把一组相斥性的微命令信号组成一个小组(即一个字段)，然后通过小组(字段)译码器对每一个微命令信号进行译码，译码输出作为操作控制信号，其微指令结构如图 5.28 所示。

采用字段译码的编码方法，可以用较小的二进制信息位表示较多的微命令信号。例如，3 位二进制位译码后可表示 7 个微命令，4 位二进制位译码后可表示 15 个微命令。与直接控制法相比，字段译码控制法可使微指令字大大缩短，但由于增加译码电路，使微程序的执行速度稍稍减慢。目前在微程序控制器设计中，字段直接译码法使用较普遍。

（3）混合表示法　这种方法是把直接表示法与字段编码法混合使用，以便能综合考虑微指令字长、灵活性、执行微程序速度等方面的要求。

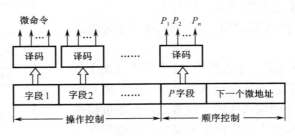

图 5.28　字段直接译码法

另外，在微指令中还可附设一个常数字段。该常数可作为操作数送入 ALU 运算，也可作为计数器初值用来控制微程序循环次数。

2. 微地址的形成方法

微指令执行的顺序控制问题，实际上是如何确定下一条微指令的地址问题。通常，产生后继微地址有两种方法。

（1）计数器方式　这种方法同用程序器计数来产生机器指令地址的方法相类似。在顺序执行微指令时，后继微地址由现行微地址加上一个增量来产生；在非顺序执行微指令时，必须通过转移方式，使现行微指令执行后，转去执行指定后继微地址的下一条微指令。在这种方法中，微地址寄存器通常改为计数器。为此，顺序执行的微指令序列就必须安排在控制存储器的连续单元中。

计数器方式的基本特点是：微指令的顺序控制字段较短，微地址产生机构简单。但是多路并行转移功能较弱，速度较慢，灵活性较差。

（2）多路转移方式　一条微指令具有多个转移分支的能力称为多路转移。例如，"取指"微指令根据操作码 OP 产生多路微程序分支而形成多个微地址。在多路转移方式中，当微程序不产生分支时，后继微地址直接由微指令的顺序控制字段给出；当微程序出现分支时，有若干"后选"微地址可供选择：即按顺序控制字段的"判别测试"标志和"状态条件"信息来选择其中一个微地址，其原理如图 5.24 所示。"状态条件"有 1 位标志，可实现微程序两路转移，涉及微地址寄存器的一位；"状态条件"有 2 位标志，可实现微程序 4 路转移，涉及微地址寄存器的两位。以此类推，"状态条件"有 n 位标志，可实现微程序 2^n 路转移，涉及微地址寄存器的 n 位。因此执行转移微指令时，根据状态条件可转移到 2^n 个微地址中的一个。

多路转移方式的特点是，能以较短的顺序控制字段配合，实现多路并行转移，灵活性好，速度较快，但转移地址逻辑需要用组合逻辑方法设计。

【例 5.2】　微地址寄存器有 6 位（$\mu A_5 \sim \mu A_0$），当需要修改其内容时，可通过某一位触发器的强置端 S 将其置"1"。现有三种情况：①执行"取指"微指令后，微程序按 IR 的 OP 字段（$IR_3 \sim IR_0$）进行 16 路分支；②执行条件转移指令微程序时，按进位标志 C 的状态进行 2 路分支；③执行控制台指令微程序时，按 IR_4，IR_5 的状态进行 4 路分支。请按多路转移方法设计微地址转移逻辑。

　　解　按所给设计条件，微程序有三个判别测试，分别为 P_1、P_2、P_3。由于修改 $\mu A_5 \sim \mu A_0$ 内容具有很大灵活性，现分配如下：①用 P_1 和 $IR_3 \sim IR_0$ 修改 $\mu A_3 \sim \mu A_0$；②用 P_2 和 C 修改 μA_0；③用 P_3 和 IR_5，IR_4 修改 μA_5，μA_4。另外还要考虑时间因素 T_4（假设 CPU 周期最后一个节拍脉冲），故转移逻辑表达式如下：

$$\mu A_5 = P_3 \cdot IR_5 \cdot T_4 \qquad\qquad \mu A_4 = P_3 \cdot IR_4 \cdot T_4$$

$$\mu A_3 = P_1 \cdot IR_3 \cdot T_4 \qquad\qquad \mu A_2 = P_1 \cdot IR_2 \cdot T_4$$

$$\mu A_1 = P_1 \cdot IR_1 \cdot T_4 \qquad\qquad \mu A_0 = P_1 \cdot IR_0 \cdot T_4 + P_2 \cdot C \cdot T_4$$

由于从触发器强置端修改，故前 5 个表达式可用"与非"门实现，最后一个用"与或非"门实现。由此可画出微地址转移逻辑（作为作业自己完成）。

　　3. 微指令格式

　　微指令的编译方法是决定微指令格式的主要因素。考虑到速度、成本等原因，在设计计算机时采用不同的编译法。因此微指令的格式大体分成两类：水平型微指令和垂直型微指令。

　　1）水平型微指令

　　一次能定义并执行多个并行操作微命令的微指令，称为水平型微指令。例如 5.4 节中所讲的微指令即为水平型微指令。

　　水平型微指令的一般格式如下：

控制字段	判别测试字段	下地址字段

　　按照控制字段的编码方法不同，水平型微指令又分为三种：第一种是全水平型（不译码法）微指令，第二种是字段译码法水平型微指令，第三种是直接和译码相混合的水平型微指令。

　　2）垂直型微指令

　　微指令中设置微操作码字段，采用微操作码编译法，由微操作码规定微指令的功能，称为垂直型微指令。

　　垂直型微指令的结构类似于机器指令的结构。它有微操作码，在一条微指令中只有 $1 \sim 2$ 个微操作命令，每条微指令的功能简单，因此，实现一条机器指令的微程序要比水平型微指令编写的微程序长得多。它是采用较长的微程序结构去换取较短的微指令结构。

　　下面用 4 条垂直型微指令的微指令格式加以说明。设微指令字长为 16 位，微操作码 3 位。

　　（1）寄存器–寄存器传送型微指令。

15　　13	12　　　　　　8	7　　　　　3	2　　0
000	源寄存器编址	目标寄存器编址	其他

其功能是把源寄存器数据送目标寄存器。$13 \sim 15$ 位为微操作码，源寄存器和目标寄存器编址各 5 位，可指定 31 个寄存器。

（2）运算控制型微指令。

15 13	12 8	7 3	2 0
001	左输入源编址	右输入源编址	ALU

其功能是选择 ALU 的左、右两输入源信息，按 ALU 字段所指定的运算功能（8 种操作）进行处理，并将结果送入暂存器中。左、右输入源编址可指定 31 种信息源之一。

（3）访问主存微指令。

15 13	12 8	7 3	2 1	0
010	寄存器编址	存储器编址	读写	其他

其功能是将主存中一个单元的信息送入寄存器或者将寄存器的数据送往主存。存储器编址是指按规定的寻址方式进行编址。第 1、2 位指定读操作或写操作（取其之一）。

（4）条件转移微指令。

15 13	12 4	3 0
011	D	测试条件

其功能是根据测试对象的状态决定是转移到 D 所指定的微地址单元，还是顺序执行下一条微指令。9 位 D 字段不足以表示一个完整的微地址，但可以用来替代现行 μPC 的低位地址。测试条件字段有 4 位，可规定 16 种测试条件。

3）水平型微指令与垂直型微指令的比较

（1）水平型微指令并行操作能力强，效率高，灵活性强，垂直型微指令则较差。

在一条水平型微指令中，设置有控制信息传送通路（门）以及进行所有操作的微命令，因此在进行微程序设计时，可以同时定义比较多的并行操作的微命令，来控制尽可能多的并行信息传送，从而使水平型微指令具有效率高及灵活性强的优点。

在一条垂直型微指令中，一般只能完成一个操作，控制一两个信息传送通路，因此微指令的并行操作能力低，效率低。

（2）水平型微指令执行一条指令的时间短，垂直型微指令执行时间长。

因为水平型微指令的并行操作能力强，所以与垂直型微指令相比，可以用较少的微指令数来实现一条指令的功能，从而缩短了指令的执行时间。而且当执行一条微指令时，水平型微指令的微命令一般直接控制对象，而垂直型微指令要经过译码，会影响速度。

（3）由水平型微指令解释指令的微程序，有微指令字较长而微程序短的特点。垂直型微指令则相反，微指令字较短而微程序长。

（4）水平型微指令用户难以掌握，而垂直型微指令与指令比较相似，相对来说，比较容易掌握。

水平型微指令与机器指令差别很大，一般需要对机器的结构、数据通路、时序系统以及微命令很精通才能设计。

垂直型微指令的设计思想在 Pentium 4、安腾系列机中得到了应用。

4. 动态微程序设计

微程序设计技术还有静态微程序设计和动态微程序设计之分。对应于一台计算机的机器指令只有一组微程序，而且这一组微程序设计好之后，一般无须改变而且也不好改变，这种微程序设计技术称为静态微程序设计。本节前面讲述的内容基本上属于静态微程序设计的概念。

当采用 E²PROM 作为控制存储器时，还可以通过改变微指令和微程序来改变机器的指令系统，这种微程序设计技术称为动态微程序设计。采用动态微程序设计时，微指令和微程序可以根据需要加以改变，因而可在一台机器上实现不同类型的指令系统。这种技术又可用于仿真其他机器指令系统，以便扩大机器的功能。

5.5　硬布线控制器

1. 基本思想

硬布线控制器是早期设计计算机的一种方法。这种方法是把控制部件看作产生专门固定时序控制信号的逻辑电路，而此逻辑电路以使用最少元件和取得最高操作速度为设计目标。一旦控制部件构成后，除非重新设计和物理上对它重新布线，否则要想增加新的控制功能是不可能的。这种逻辑电路是一种由门电路和触发器构成的复杂树形逻辑网络，故称之为硬布线控制器。

硬布线控制器是计算机中最复杂的逻辑部件之一。当执行不同的机器指令时，通过激活一系列彼此很不相同的控制信号来实现对指令的解释，其结果使得控制器往往很少有明确的结构而变得杂乱无章。结构上的这种缺陷使得硬布线控制器的设计和调试非常复杂且代价很大。正因为如此，硬布线控制器被微程序控制器所取代。但是随着新一代机器及 VLSI 技术的发展，硬布线逻辑设计思想又得到了重视。

图 5.29 示出了硬布线控制器的结构方框图。逻辑网络的输入信号来源有三个：①来自指令操作码译码器的输出 I_m；②来自执行部件的反馈信息 B_j；③来自时序产生器的时序信号，包括节拍电位信号 M 和节拍脉冲信号 T。其中节拍电位信号就是 5.3 节规定的机器周期（CPU 周期）信号，节拍脉冲信号是时钟周期信号。

逻辑网络 N 的输出信号就是微操作控制信号，它用来对执行部件进行控制。另有一些信号则根据条件变量来改变时序发生器的计数顺序，以便跳过某些状态，从而可以缩短指令周期。显然，硬布线控制器的基本原理，归纳起来可叙述为：某一微操作控制信号 C 是指令操作码译码器输出 I_m、时序信号（节拍电位 M_i，节拍脉冲 T_k）和状态条件信号 B_j 的逻辑函数，即

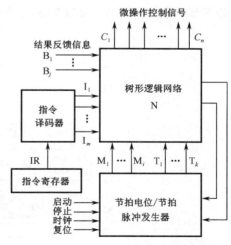

图 5.29　硬布线控制器结构方框图

$$C = f(I_m, M_i, T_k, B_j)$$

这个控制信号是用门电路、触发器等许多器件采用布尔代数方法来设计实现的。当机器加电工作时，某一操作控制信号 C 在某条特定指令和状态条件下，在某一序号的特定节拍电位和节拍脉冲时间间隔中起作用，从而激活这条控制信号线，对执行部件实施控制。显然，从指令流程图出发，就可以一个不漏地确定在指令周期中各个时刻必须激活的所有

操作控制信号。例如，对引起一次主存读操作的控制信号 C_3 来说，当节拍电位 $M_1=1$，取指令时被激活；而节拍电位 $M_4=1$，三条指令（LAD，ADD，AND）取操作数时也被激活，此时指令译码器的 LAD，ADD，AND 输出均为 1，因此 C_3 的逻辑表达式可由下式确定：

$$C_3 = M_1 + M_4(\text{LAD} + \text{ADD} + \text{AND})$$

一般来说，还要考虑节拍脉冲和状态条件的约束，所以每一控制信号 C_n 可以由以下形式的布尔代数表达式来确定：

$$C_n = \sum_i (M_i \cdot T_k \cdot B_j \sum_m I_m) \tag{5.1}$$

与微程序控制相比，硬布线控制的速度较快。其原因是微程序控制中每条微指令都要从控存中读取一次，影响了速度，而硬布线控制主要取决于电路延迟。因此在某些超高速新型计算机结构中，又选用了硬布线控制器，或与微程序控制器混合使用。

2. 指令执行流程

前面在介绍微程序控制器时曾提到，一个机器指令对应一个微程序，而一个微指令周期则对应一个节拍电位时间。一条机器指令用多少条微指令来实现，则该条指令的指令周期就包含了多少个节拍电位时间，因而对时间的利用是十分经济的。由于节拍电位是用微指令周期来体现的，因而时序信号比较简单，时序计数器及其译码电路只需产生若干节拍脉冲信号即可。

在用硬布线实现的操作控制器中，通常，时序产生器除了产生节拍脉冲信号外，还应当产生节拍电位信号。这是因为，在一个指令周期中要顺序执行一系列微操作，需要设置若干节拍电位来定时。如图 5.15 所示五条指令的指令周期，其指令流程可用图 5.30 来表示。

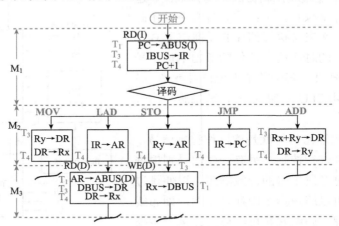

图 5.30　硬布线控制器的指令周期流程图

由图 5.30 可知，所有指令的取指周期放在 M_1 节拍。在此节拍中，操作控制器发出微操作控制信号，完成从指令存储器取出一条机器指令。

指令的执行周期由 M_2、M_3 两个节拍来完成。MOV、ADD 和 JMP 指令只需一个节拍（M_2）即可完成。LAD 和 STO 指令需要两个节拍（M_2、M_3）。为了简化节拍控制，指令的执行过程可采用同步工作方式，即各条指令的执行阶段均用最长节拍数 M_3 来考虑。这样，对 MOV、ADD、JMP 三条指令来讲，在 M_3 节拍中没有什么操作。

显然，由于采用同步工作方式，长指令和短指令对节拍时间的利用都是一样的。这对短指令来讲，在时间的利用上是浪费的，因而也降低了 CPU 的指令执行速度，影响到机器的速度指标。为了改变这种情况，在设计短指令流程时可以跳过某些节拍，如 MOV 指令、ADD 指令和 JMP 指令执行 M_2 节拍后跳过 M_3 节拍而返回 M_1 节拍。当然在这种情况下，节拍信号发生器的电路相应就要复杂一些。

节拍电位信号的产生电路与节拍脉冲产生电路十分类似，它可以在节拍脉冲信号时序器的基础上产生，运行中以循环方式工作，并与节拍脉冲保持同步。

3. 微操作控制信号的产生

在微程序控制器中，微操作控制信号由微指令产生，并且可以重复使用。

在硬布线控制器中，某一微操作控制信号由布尔代数表达式描述的输出函数产生。

设计微操作控制信号的方法和过程是，根据所有的机器指令流程图，寻找出产生同一个微操作信号的所有条件，并与适当的节拍电位和节拍脉冲组合，从而写出其布尔代数表达式并进行简化，然后用门电路或可编程器件来实现。

为了防止遗漏，设计时可按信号出现在指令流程图中的先后次序来书写，然后进行归纳和简化。要特别注意控制信号是电位有效还是脉冲有效，如果是脉冲有效，必须加入节拍脉冲信号进行相"与"。

【例 5.3】　根据图 5.29，写出以下操作控制信号 RD(I)、RD(D)、WE(D)、LDPC、LDIR、LDAR、LDDR、PC+1、LDR_y 的逻辑表达式。其中每个操作控制信号的含义是：

RD(I)—指存读命令　　　　　　RD(D)—数存读命令　　WE(D)—数存写命令

LDPC—打入程序计数器　　　　LDIR—打入指令寄存器　LDAR—打入数存地址寄存器

LDDR—打入数据缓冲寄存器　　PC+1—程序计数器加 1　LDR_y—打入 R_y 寄存器

解　设 M_1、M_2、M_3 为节拍电位信号，T_1、T_2、T_3、T_4 为一个 CPU 周期中的节拍脉冲信号，MOV、LAD、ADD、STO、JMP 分别表示对应机器指令的 OP 操作码译码输出信号，则有如下逻辑表达式：

$RD(I)=M_1$（电位信号）　　　　　　$RD(D)=M_3LAD$（电位信号）

$WE(D)=M_3 T_3 STO$（脉冲信号）　　$LDPC=M_1 T_4+M_2 T_4 JMP$

$LDIR=M_1 T_3$　　　　　　　　　　　$LDAR=M_2 T_4(LAD+STO)$

$LDDR=M_2 T_3(MOV+ADD)+M_3T_3LAD$　　$PC+1=M_1 T_4$

$LDR_y=M_2 T_4 ADD$

5.6　流水 CPU

5.6.1　并行处理技术

计算机自诞生到现在，人们追求的目标之一是很高的运算速度，因此并行处理技术便成为计算机发展的主流。

早期的计算机基于冯·诺伊曼的体系结构，采用的是串行处理。这种计算机的主要特征是：计算机的各个操作（如读/写存储器，算术或逻辑运算，I/O 操作）只能串行地完成，即任一时刻只能进行一个操作。而并行处理则使得以上各个操作能同时进行，从而大大提高了计算机的速度。

广义地讲，并行性有着两种含义：一是同时性，指两个以上事件在同一时刻发生；二是并发性，指两个以上事件在同一时间间隔内发生。计算机的并行处理技术可贯穿于信息加工的各个步骤和阶段，概括起来，主要有三种形式：① 时间并行；②空间并行；③时间并行+空间并行。

时间并行　指时间重叠，在并行性概念中引入时间因素，让多个处理过程在时间上相互错开，轮流重叠地使用同一套硬件设备的各个部分，以加快硬件周转而赢得速度。

时间并行性概念的实现方式就是采用流水处理部件。这是一种非常经济而实用的并行技术，能保证计算机系统具有较高的性能价格比。目前的高性能微型机几乎无一例外地使用了流水技术。

空间并行　指资源重复，在并行性概念中引入空间因素，以"数量取胜"为原则来大幅度提高计算机的处理速度。大规模和超大规模集成电路的迅速发展为空间并行技术带来了巨大生机，因而成为目前实现并行处理的一个主要途径。空间并行技术主要体现在多处理器系统和多计算机系统。但是在单处理器系统中也得到了广泛应用。

时间并行+空间并行　指时间重叠和资源重复的综合应用，既采用时间并行性又采用空间并行性。例如，奔腾 CPU 采用了超标量流水技术，在一个机器周期中同时执行两条指令，因而既具有时间并行性，又具有空间并行性。显然，第三种并行技术带来的高速效益是最好的。

5.6.2　流水 CPU 的结构

1. 流水计算机的系统组成

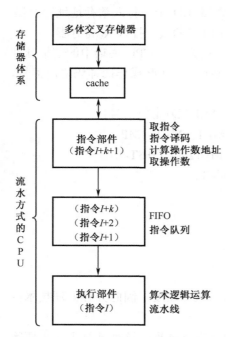

5.31

图 5.31 为现代流水计算机的系统组成原理示意图。其中 CPU 按流水线方式组织，通常由三大部分组成：指令部件、指令队列、执行部件。这三个功能部件可以组成一个 3 级流水线。

程序和数据存储在主存中，主存通常采用多体交叉存储器，以提高访问速度。cache 是一个高速缓冲存储器，用以弥补主存和 CPU 速度上的差异。

指令部件本身又构成一个流水线，即指令流水线，它由取指令、指令译码、计算操作数地址、取操作数等几个过程段组成。

指令队列是一个先进先出(FIFO)的寄存器栈，用于存放经过译码的指令和取来的操作数。它也是由若干个过程段组成的流水线。

执行部件可以具有多个算术逻辑运算部件，这些部件本身又用流水线方式构成。

由图可见，当执行部件正在执行第 I 条指令时，指令队列中存放着 I+1, I+2, …, I+k 条指令，而与此同时，指令部件正在取第 I+k+1 条指令。

图 5.31　流水计算机系统组成原理示意图

为了使存储器的存取时间能与流水线的其他各过程段的速度相匹配，一般都采用多体交叉存储器。例如，IBM 360/91 计算机，根据一个机器周期输出一条指令的要求、存储器的存取周期、CPU 访问存储器的频率，采用了模 8 交叉存储器。在现有的流水线计算机中，存储器几乎都是采用交叉存取的方式工作。

执行段的速度匹配问题，通常采用并行的运算部件以及部件流水线的工作方式来解决。一般采用的方法包括：①将执行部件分为定点执行部件和浮点执行部件两个可并行执行的部分，分别处理定点运算指令和浮点运算指令；②在浮点执行部件中，又有浮点加法部件和浮点乘/除部件，它们也可以同时执行不同的指令；③浮点运算部件都以流水线方式工作。

2. 流水 CPU 的时空图

计算机的流水处理过程非常类似于工厂中的流水装配线。为了实现流水，首先把输入的任务(或过程)分割为一系列子任务，并使各子任务能在流水线的各个阶段并发地执行。当任务连续不断地输入流水线时，在流水线的输出端便连续不断地吐出执行结果，从而实现了子任务级的并行性。

下面通过时空图来证明这个结论。图 5.32(a)表示流水 CPU 中一个指令周期的任务分解。假设指令周期包含四个子过程：取指令(IF)、指令译码(ID)、执行运算(EX)、结果写回(WB)，每个子过程称为过程段(S_i)，这样，一个流水线由一系列串联的过程段组成。各个过程段之间设有高速缓冲寄存器，以暂时保存上一过程段子任务处理的结果。在统一的时钟信号控制下，数据从一个过程段流向相邻的过程段。

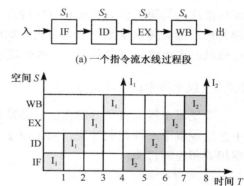

图 5.32(b)表示非流水计算机的时空图。对非流水计算机来说，上一条指令的四个子过程全部执行完毕后才能开始下一条指令。因此，每隔 4 个机器时钟周期才有一个输出结果。

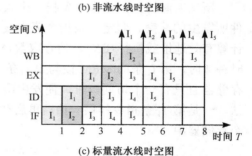

5.32

图 5.32(c)表示流水计算机的时空图。对流水计算机来说，上一条指令与下一条指令的四个子过程在时间上可以重叠执行。因此，当流水线满载时，每一个时钟周期就可以输出一个结果。

图 5.32(d)表示超标量流水计算机的时空图。一般的流水计算机因只有一条指令流水线，所以称为标量流水计算机。所谓超标量流水，是指它具有两条以上的指令流水线。如图所示，当流水线满载时，每一个时钟周期可以执行 2 条指令。显然，超标量流水计算机是时间并行技术和空间并行技术的综合应用。Pentium 微型机就是一个超标量流水计算机。

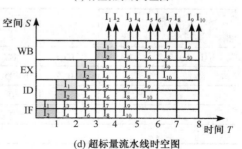

图 5.32　流水计算机的时空图

直观比较后发现：标量流水计算机在 8 个单位时间中执行了 5 条指令，超标量流水计算机在 8 个单位时间中执行了 10 条指令，而非流水计算机在 8 个单位时间中仅执行了 2 条指令。显然，流水技术的应用，使计算机的速度大大提高了。

3. 流水线分类

一个计算机系统可以在不同的并行等级上采用流水线技术。常见的流水线形式有：

指令流水线　指指令步骤的并行。将指令流的处理过程划分为取指令、译码、取操作数、执行、写回等几个并行处理的过程段。目前，几乎所有的高性能计算机都采用了指令流水线。

算术流水线　指运算操作步骤的并行。如流水加法器、流水乘法器、流水除法器等。现代计算机中已广泛采用了流水的算术运算器。例如，STAR-100 为 4 级流水运算器，TI-ASC 为 8 级流水运算器，CRAY-1 为 14 级流水运算器，等等。

处理机流水线　又称为宏流水线，是指程序步骤的并行。由一串级联的处理机构成流水线的各个过程段，每台处理机负责某一特定的任务。数据流从第一台处理机输入，经处理后被送入与第二台处理机相联的缓冲存储器中。第二台处理机从该存储器中取出数据进行处理，然后传送给第三台处理机，如此串联下去。随着高档微处理器芯片的出现，构造处理机流水线将变得容易了。处理机流水线应用在多机系统中。

5.6.3　流水线中的主要问题

要使流水线具有良好的性能，必须使流水线畅通流动，不发生断流。但由于流水过程中会出现以下三种相关冲突，实现流水线的不断流是困难的，这三种相关是资源相关、数据相关和控制相关。

1. 资源相关

所谓资源相关，是指多条指令进入流水线后在同一机器时钟周期内争用同一个功能部件所发生的冲突。假定一条指令流水线由五段组成，分别为取指令(IF)、指令译码(ID)、计算有效地址或执行(EX)、访存取数(MEM)、结果写寄存器堆(WB)。由表 5.2 看出，在时钟 4 时，第 I_1 条的 MEM 段与第 I_4 条的 IF 段都要访问存储器。当数据和指令放在同一个存储器且只有一个访问口时，便发生两条指令争用存储器资源的相关冲突。解决冲突的办法，一是第 I_4 条指令停顿一拍后再启动，二是增设一个存储器，将指令和数据分别放在两个存储器中。

表 5.2　两条指令同时访存发生资源相关冲突

时钟 指令	1	2	3	4	5	6	7	8
I_1(LAD)	IF	ID	EX	MEM	WB			
I_2		IF	ID	EX	MEM	WB		
I_3			IF	ID	EX	MEM	WB	
I_4				IF	ID	EX	MEM	WB
I_5					IF	ID	EX	MEM

2. 数据相关

在一个程序中，如果必须等前一条指令执行完毕后，才能执行后一条指令，那么这两条指令就是数据相关的。

在流水计算机中，指令的处理是重叠进行的，前一条指令还没有结束，第二、三条指令就陆续地开始工作。由于多条指令的重叠处理，当后继指令所需的操作数，刚好是前一指令的运算结果时，便发生"先读后写"的数据相关冲突。例如：

$$ADD \quad R_1, R_2, R_3 \qquad ; (R_2)+(R_3) \to R_1$$
$$SUB \quad R_4, R_1, R_5 \qquad ; (R_1)-(R_5) \to R_4$$
$$AND \quad R_6, R_1, R_7 \qquad ; (R_1) \cdot (R_7) \to R_6$$

如表 5.3 所示，ADD 指令在时钟 5 时将运算结果写入寄存器堆(R_1)，但 SUB 指令在时钟 4 时读寄存器堆(R_1)到 ALU 运算，AND 指令在时钟 5 时读寄存器堆(R_1)到 ALU 运算。本来 ADD 指令应该先写 R_1，SUB 指令后读 R_1，结果变成 SUB 指令先读 R_1，ADD 指令后写 R_1。因而发生了 SUB、ADD 两条指令间先读后写的数据相关冲突；AND、ADD 两条指令间发生了同时读写数据的相关冲突。

表 5.3　两条指令会发生数据相关冲突

指令 ＼ 时钟	1	2	3	4	5	6	7	8
ADD	IF	ID	EX	MEM	WB			
SUB		IF	ID	EX	MEM	WB		
AND			IF	ID	EX	MEM	WB	

为了解决数据相关冲突，流水 CPU 的运算器中特意设置若干运算结果缓冲寄存器，暂时保留运算结果，以便于后继指令直接使用，这称为"向前"或定向传送技术。

3. 控制相关

控制相关冲突是由转移指令引起的。当执行转移指令时，依据转移条件的产生结果，可能为顺序取下条指令；也可能转移到新的目标地址取指令，从而使流水线发生断流。

为了减小转移指令对流水线性能的影响，常用以下两种转移处理技术。

延迟转移法　由编译程序重排指令序列来实现。基本思想是"先执行再转移"，即发生转移取时并不排空指令流水线，而是让紧跟在转移指令 I_b 之后已进入流水线的少数几条指令继续完成。如果这些指令是与 I_b 结果无关的有用指令，那么延迟损失时间片正好得到了有效的利用。

转移预测法　硬件方法来实现，依据指令过去的行为来预测将来的行为。通过使用转移取和顺序取两路指令预取队列器以及目标指令 cache，可将转移预测提前到取指阶段进行，以获得良好的效果。

【例 5.4】　流水线中有三类数据相关冲突：写后读(RAW)相关；读后写(WAR)相关；写后写(WAW)相关。判断以下三组指令各存在哪种类型的数据相关。

(1)　I_1　ADD　R_1, R_2, R_3　　　　; $(R_2)+(R_3) \to R_1$
　　　I_2　SUB　R_4, R_1, R_5　　　　; $(R_1)-(R_5) \to R_4$

(2)　I_3　STO　$M(x), R_3$　　　　; $(R_3)M(x)$，$M(x)$ 是存储器单元
　　　I_4　ADD　R_3, R_4, R_5　　　　; $(R_4)+(R_5) \to R_3$

(3)　I_5　MUL　R_3, R_1, R_2　　　　; $(R_1) \times (R_2) \to R_3$
　　　I_6　ADD　R_3, R_4, R_5　　　　; $(R_4)+(R_5) \to R_3$

解　第(1)组指令中，I_1 指令运算结果应先写入 R_1，然后在 I_2 指令中读出 R_1 内容。由于 I_2 指令进入流水线，变成 I_2 指令在 I_1 指令写入 R_1 前就读出 R_1 内容，发生 RAW 相关。

第(2)组指令中，I_3 指令应先读出 R_3 内容并存入存储单元 $M(x)$，然后在 I_4 指令中将运算结果写入 R_3。但如果 I_4 指令进入流水线，变成 I_4 指令在 I_3 指令读出 R_3 内容前就写入 R_3，发生 WAR 相关。

第(3)组指令中，如果 I_6 指令的加法运算完成时间早于 I_5 指令的乘法运算时间，变成指令 I_6 在指令 I_5 写入 R_3 前就写入 R_3，导致 R_3 的内容错误，发生 WAW 相关。

奔腾 CPU

奔腾 CPU
结构框图

5.7　RISC CPU

5.7.1　RISC 机器的特点

第一台 RISC(精简指令系统计算机)于 1981 年在美国加州大学伯克利分校问世。它是在继承了 CISC(复杂指令系统计算机)的成功技术，并在克服了 CISC 机器缺点的基础上发展起来的。

尽管众多厂家生产的 RISC 处理器实现手段有所不同，但是 RISC 概括的三个基本要素是普遍认同的。这三个要素是：①一个有限的简单的指令系统；②CPU 配备大量的通用寄存器；③强调对指令流水线的优化。

RISC 的目标绝不是简单的缩减指令系统，而是使处理器的结构更简单，更合理，具有更高的性能和执行效率，并降低处理器的开发成本。基于三要素的 RISC 机器的特征如下。

(1)使用等长指令，目前的典型长度是 4B。

(2)寻址方式少且简单，一般为二三种，最多不超过 4 种，绝不出现存储器间接寻址方式。

(3)只有取数指令、存数指令访问存储器。指令中最多出现 RS 型指令，绝不出现 SS 型指令。

(4)指令系统中的指令数目一般少于 100 种，指令格式一般少于 4 种。

(5)指令功能简单，控制器多采用硬布线方式，以期更快的执行速度。

(6)平均而言，所有指令的执行时间为一个处理时钟周期。

(7)指令格式中，用于指派整数寄存器的个数不少于 32 个，用于指派浮点数寄存器的个数不少于 16 个。

(8)强调通用寄存器资源的优化使用。

(9)支持指令流水并强调指令流水的优化使用。

(10)RISC 技术的复杂性在它的编译程序，因此软件系统开发时间比 CISC 机器长。

表 5.4 中列出了 RISC 与 CISC 的主要特征对比。

表 5.4　CISC 与 RISC 的主要特征对比

比较内容	CISC	RISC
指令系统	复杂、庞大	简单、精简
指令数目	一般大于 200	一般小于 100
指令格式	一般大于 4	一般小于 4

续表

比较内容	CISC	RISC
寻址方式	一般大于 4	一般小于 4
指令字长	不固定	等长
可访存指令	不加限制	只有取数/存数指令
各种指令使用频率	相差很大	相差不大
各种指令执行时间	相差很大	绝大多数在一个周期内完成
优化编译实现	很难	较容易
程序源代码长度	较短	较长
控制器实现方式	绝大多数为微程序控制	绝大多数为硬布线控制
软件系统开发时间	较短	较长

5.7.2 RISC CPU 实例

1. MC88110 CPU 结构框图

MC 88110 CPU 是 Motorola 公司的产品，其目标是以较好的性能价格比作为 PC 和工作站的通用微处理器。它是一个 RISC 处理器。处理器有 12 个执行功能部件，三个 cache 和一个控制部件。其结构框图如图 5.33 所示。

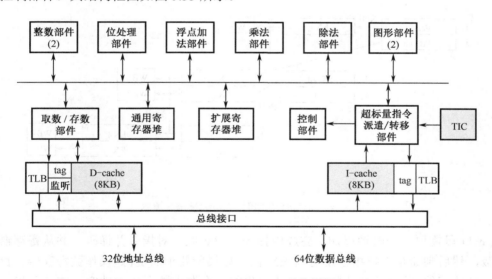

5.33

图 5.33　MC88110 CPU 结构框图

在三个 cache 中，一个是指令 cache，一个是数据 cache，它们能同时完成取指令和取数据，还有一个是目标指令 cache(TIC)，它用于保存转移目标指令。

两个寄存器堆：一个是通用寄存器堆，用于整数和地址指针，其中有 $R_0 \sim R_{31}$ 共 32 个寄存器(32 位长)；另一个是扩展寄存器堆，用于浮点数，其中有 $X_0 \sim X_{31}$ 共 32 个寄存器(长度可以是 32 位、64 位或 80 位)。

12 个执行功能部件是：取数/存数(读写)部件、整数运算部件(2 个)、浮点加法部件、乘法部件、除法部件、图形处理部件(2 个)、位处理部件、用于管理流水线的超标量指令派遣/转移部件。

所有这些 cache、寄存器堆、功能部件,在处理器中通过六条 80 位宽的内部总线相连接。其中 2 条源 1 总线,2 条源 2 总线,2 条目标总线。

2. MC88110 的指令流水线

由于 MC88110 是超标量流水 CPU,所以指令流水线在每个机器时钟周期完成两条指令。流水线分为三段:取指和译码(F&D)段、执行(EX)段、写回(WB)段,如图 5.34 所示。

5.34a

5.34b

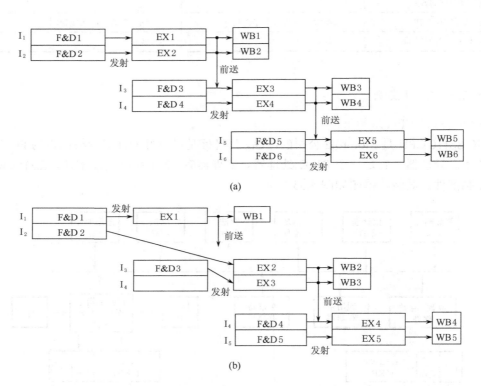

图 5.34   MC88110 CPU 的超标量指令流水线

F&D 段需要一个时钟周期,完成由指令 cache 取一对指令并译码,并从寄存器堆取操作数,然后判断是否把指令发射到 EX 段。如果所要求的资源(操作数寄存器、目标寄存器、功能部件)发生资源使用冲突,或与先前指令发生数据相关冲突,或转移指令将转向新的目标指令地址,则 F&D 段不再向 EX 段发射指令,或不发射紧接转移指令之后的指令。

EX 段对于大多数指令只需一个时钟周期,某些指令可能多于一个时钟周期。EX 段执行的结果在 WB 段写回寄存器堆,WB 段只需时钟周期的一半。为了解决数据相关冲突,EX 段执行的结果一方面在 WB 段写回寄存器堆,另一方面经定向传送电路提前传送到 ALU,可直接被当前进入 EX 的指令所使用。图 5.34(a)表示 MC88110 CPU 超标量流水线正常运行情况。

3. 指令动态调度策略

88110 采用按序发射、按序完成的指令动态调度策略。指令派遣单元总是发出单一地址，然后从指令 cache 取出此地址及下一地址的两条指令。译码后总是力图同一时间发射这两条指令到 EX 段。若这对指令的第一条指令由于资源冲突或数据相关冲突，则这一对指令都不发射，两条指令在 F&D 段停顿，等待资源的可用或数据相关的消除。若第一条指令能发射而第二条指令不能发射，则只发射第一条指令，而第二条指令停顿并与新取的指令之一进行配对等待发射，此时原第二条指令作为配对的第一条指令对待。可见，这样实现的方式是按序发射，图 5.34(b) 示出了指令配对情况。

为了判定能否发射指令，88110 使用了计分牌方法。计分牌是一个位向量，寄存器堆中每个寄存器都有一个相应位。每当一条指令发射时，它预约的目的寄存器在位向量中的相应位上置"1"，表示该寄存器"忙"。当指令执行完毕并将结果写回此目的寄存器时，该位被清除。于是，每当判定是否发射一条指令(STO 存数指令和转移指令除外)时，一个必须满足的条件是：该指令的所有目的寄存器、源寄存器在位向量中的相应位都已被清除。否则，指令必须停顿等待这些位被清除。为了减少经常出现的数据相关，流水线采用了如前面所述的定向传送技术，将前面指令执行的结果直接送给后面指令所需此源操作数的功能部件，并同时将位向量中的相应位清除。因此，指令发射和定向传送是同时进行的。

如何实现按序完成呢?因为执行段有多个功能部件，很可能出现无序完成的情况。为此，88110 提供了一个 FIFO 指令执行队列，称为历史缓冲器。每当一条指令发射出去，它的副本就被送到 FIFO 队尾。队列最多能保存 12 条指令。只有前面的所有指令执行完，这条指令才到达队首。当它到达队首并执行完毕后才离开队列。

对于转移处理，88110 使用了延迟转移法和目标指令 cache(TIC)法。延迟转移是个选项 (.n)。如果采用这个选项(指令如 bcnd.n)，则跟随在转移指令后的指令将被发射。如果不采用这个选项，则在转移指令发射之后的转移延迟时间片内没有任何指令被发射。延迟转移通过编译程序来调度。

TIC 是一个 32 项的全相联 cache，每项能保存转移目标路径的前两条指令。当一条转移指令译码并命中 cache 时，能同时由 TIC 取来它的目标路径的前面两条指令。

【例 5.5】　超标度为 2 的超标量流水线结构模型如图 5.35(a) 所示。它分为 4 个段，即取指(F)段、译码(D)段、执行(E)段和写回(W)段。F、D、W 段只需 1 个时钟周期完成。E 段有多个功能部件，其中取数/存数部件完成数据 cache 访问，只需 1 个时钟周期;加法器完成需 2 个时钟周期，乘法器需 3 个时钟周期，它们都已流水化。F 段和 D 段要求成对地输入。E 段有内部数据定向传送，结果生成即可使用。

现有如下 6 条指令序列，其中 I_1、I_2 有 RAW 相关，I_3、I_4 有 WAR 相关，I_5、I_6 有 WAW 相关和 RAW 相关。

I_1	LAD	R_1, A	; 取数 $M(A)R_1$，$M(A)$ 是存储器单元
I_2	ADD	R_2, R_1	; $(R_2)+(R_1) \rightarrow R_2$
I_3	ADD	R_3, R_4	; $(R_3)+(R_4) \rightarrow R_3$
I_4	MUL	R_4, R_5	; $(R_4) \times (R_5) \rightarrow R_4$
I_5	LAD	R_6, B	; 取数 $M(B) \rightarrow R_6$，$M(B)$ 是存储器单元
I_6	MUL	R_6, R_7	; $(R_6) \times (R_7) \rightarrow R_6$

请画出：(1)按序发射按序完成各段推进情况图。

(2)按序发射按序完成的流水线时空图。

解　(1)按序发射按序完成各段情况推进图如图 5.35(b)所示。由于 I_1 和 I_2 之间有 RAW 相关，I_2 要推迟一个时钟才能发射。类似的情况也存在于 I_5 和 I_6 之间。

I_3 和 I_4 之间有 WAR 相关，但按序发射，即使 I_3 和 I_4 并行操作，也不会导致错误。

I_5 和 I_6 之间还有 WAW 相关，只要 I_6 的完成放在 I_5 之后，就不会出错。注意，I_5 实际上已在时钟 6 执行完毕，但一直推迟到时钟 9 才写回，这是为了保持按序完成。超标量流水线完成 6 条指令的执行任务总共需要 10 个时钟周期。

(2)根据各段推进情况图可画出流水线时空图，如图 5.35(c)所示。

5.35a

5.35b

5.35c

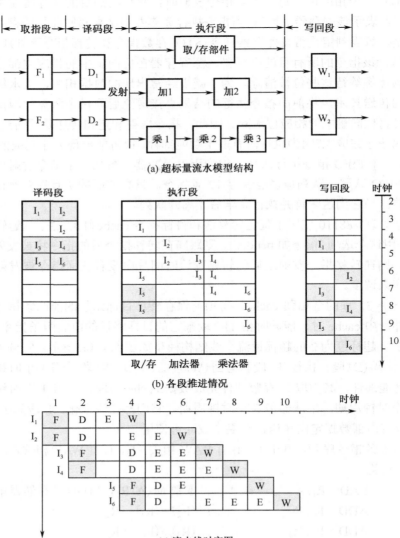

图 5.35　超标量流水线各段推进情况图和时空图

5.7.3 动态流水线调度

所谓动态流水线调度，是对指令进行重新排序以避免处理器阻塞的硬件支持。图 5.36 描述了动态流水线调度模型。通常流水线分为 3 个主要单元：一个取指令发射单元，多个功能单元(10 个或更多)，一个指令完成单元。第一个单元用于取指令，将指令译码，并将它们送到相应的功能单元执行。每个功能单元都有自己的缓冲器，称为保留站，它用于暂存操作数和操作指令。当缓冲器中包含了所有的操作数，并且功能单元已经就绪，结果就被计算出来。当完成结果时，它就被发送到等待特殊结果的储存站及指令完成单元。而指令完成单元确定何时能够安全地将结果放入到寄存器堆或内存中。

指令完成单元中的缓冲器通常称为重排序缓冲器，它也可以用来提供操作数，其工作方式类似于旁路逻辑在静态调度流水线中的工作方式。一旦结果写回寄存器堆，便可以从寄存器堆中直接取得操作数，就像一般流水线取得操作数的方式一样。

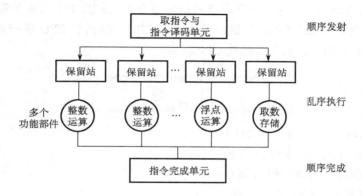

图 5.36　动态流水线调度模型

本 章 小 结

CPU 是计算机的中央处理部件，具有指令控制、操作控制、时间控制、数据加工等基本功能。

早期的 CPU 由运算器和控制器组成。随着集成电路技术的发展，当今的 CPU 芯片变成运算器、cache 和控制器三大部分，CPU 中至少有六类寄存器：指令寄存器、程序计数器、地址寄存器、数据缓冲寄存器、通用寄存器、状态条件寄存器。

CPU 从存储器取出一条指令并执行这条指令的时间和称为指令周期。CISC 中，由于各种指令的操作功能不同，各种指令的指令周期是不尽相同的。划分指令周期，是设计操作控制器的重要依据。RISC 中，由于流水执行，大部分指令在一个机器周期完成。

时序信号产生器提供CPU 周期(也称机器周期)所需的时序信号。操作控制器利用这些时序信号进行定时，有条不紊地取出一条指令并执行这条指令。

微程序设计技术是利用软件方法设计操作控制器的一门技术，具有规整性、灵活性、可维护性等一系列优点，因而在计算机设计中得到了广泛应用。但是随着 ULSI 技术的发展和对机器速度的要求，硬布线逻辑设计思想又得到了重视。硬布线控制器的基本思想是：某一微操作控制信号是指令操作码译码输出、时序信号和状态条件信号的逻辑函数，即用布尔代数写出逻辑表达式，然后用门电路、触发器等器件实现。

从简单到复杂，举出一个CPU模型，目的在于使读者由浅入深地理解教学内容，这对于建立整机概念是十分重要的。

不论微型机还是超级计算机，并行处理技术已成为计算机技术发展的主流。并行处理技术可贯穿于信息加工的各个步骤和阶段。概括起来，主要有三种形式：①时间并行；②空间并行；③时间并行+空间并行。

流水CPU是以时间并行性为原理构造的处理机，是一种非常经济而实用的并行技术。目前的高性能微处理机几乎无一例外地使用了流水技术。流水技术中的主要问题是资源相关、数据相关和控制相关，为此需要采取相应的技术对策，才能保证流水线畅通而不断流。

RISC CPU是继承CISC的成功技术，并在克服CISC机器缺点的基础上发展起来的。RISC机器的三个基本要素是：①一个有限的简单指令系统；②CPU配备大量的通用寄存器；③强调指令流水线的优化。RISC机器一定是流水CPU，但流水CPU不一定是RISC机器。如奔腾CPU是流水CPU，但奔腾机是CISC机器。

习 题

1. 请在括号内填入适当答案。在CPU中：

(1) 保存当前正在执行的指令的寄存器是_____；

(2) 保存当前正在执行的指令地址的寄存器是_____；

(3) 算术逻辑运算结果通常放在_____和_____。

2. 参见图5.1的数据通路。画出存数指令"STO R1, (R2)"的指令周期流程图，其含义是将寄存器R_1的内容传送至(R_2)为地址的数存单元中。标出各微操作信号序列。

3. 参见图5.1的数据通路，画出取数指令"LAD (R3), R0"的指令周期流程图，其含义是将(R_3)为地址数存单元的内容取至寄存器R_0中，标出各微操作控制信号序列。

4. 假设主脉冲源频率为10MHz，要求产生5个等间隔的节拍脉冲，试画出时序产生器的逻辑图。

5. 如果在一个CPU周期中要产生3个节拍脉冲：$T_1=200ns$，$T_2=400ns$，$T_3=200ns$，试画出时序产生器逻辑图。

6. 假设某机器有80条指令，平均每条指令由4条微指令组成，其中有一条取指微指令是所有指令公用的。已知微指令长度为32位，请估算控制存储器容量。

7. 某ALU器件是用模式控制码$MS_3S_2S_1C$来控制执行不同的算术运算和逻辑操作。下表列出各条指令所要求的模式控制码，其中y为二进制变量，φ为0或1任选。

试以指令码(A，B，H，D，E，F，G)为输入变量，写出控制参数M，S_3，S_2，S_1，C的逻辑表达式。

指令码	M	S_3	S_2	S_1	C
A，B	0	0	1	1	0
H，D	0	1	1	0	1
E	0	0	1	0	y

续表

指令码	M	S_3	S_2	S_1	C
F	0	1	1	1	y
G	1	0	1	1	φ

8. 某机有 8 条微指令 $I_1 \sim I_8$，每条微指令所包含的微命令控制信号如下表所示。

微指令	a	b	c	d	e	f	g	h	i	j
I_1	√	√	√	√	√					
I_2	√			√		√	√			
I_3		√								
I_4			√							
I_5			√		√		√			
I_6	√								√	√
I_7			√						√	
I_8	√		√						√	

a~j 分别对应 10 种不同性质的微命令信号。假设一条微指令的控制字段仅限为 8 位，请安排微指令的控制字段格式。

9. 画出例 5.2 中微地址转移逻辑设计电路图。

10. 某计算机有如下部件：ALU，移位器，主存 M，主存数据寄存器 MDR，主存地址寄存器 MAR，指令寄存器 IR，通用寄存器 $R_0 \sim R_3$，暂存器 C 和 D。

(1) 请将各逻辑部件组成一个数据通路，并标明数据流动方向。

(2) 画出 "ADD　R1, R2" 指令的指令周期流程图。

11. 已知某机采用微程序控制方式，控存容量为 512×48 位。微程序可在整个控存中实现转移，控制微程序转移的条件共 4 个，微指令采用水平型格式，后继微指令地址采用断定方式。请问：

(1) 微指令的三个字段分别应为多少位？

(2) 画出对应这种微指令格式的微程序控制器逻辑框图。

12. 今有 4 级流水线，分别完成取指、指令译码并取数、运算、送结果四步操作。今假设完成各步操作的时间依次为 100ns、100ns、80ns、50ns。请问：

(1) 流水线的操作周期应设计为多少？

(2) 若相邻两条指令发生数据相关，硬件上不采取措施，那么第 2 条指令要推迟多少时间进行？

(3) 如果在硬件设计上加以改进，至少需推迟多少时间？

13. 指令流水线有取指(IF)、译码(ID)、执行(EX)、访存(MEM)、写回寄存器堆(WB)五个过程段，共有 20 条指令连续输入此流水线。

(1) 画出流水处理的时空图，假设时钟周期为 100ns。

(2) 求流水线的实际吞吐率(单位时间里执行完毕的指令数)。

(3) 求流水线的加速比。

14. 用时空图法证明流水计算机比非流水计算机具有更高的吞吐率。

15. 用定量描述法证明流水计算机比非流水计算机具有更高的吞吐率。

16. 判断以下三组指令中各存在哪种类型的数据相关。

(1) I_1　LDA　R1, A　　　; M(A)→R1, M(A)是存储器单元

　　I_2　ADD　R2, R1　　; (R2)+(R1)→R2

(2) I_3　ADD　R3, R4　　; (R3)+(R4)→R3

　　I_4　MUL　R4, R5　　; (R4)×(R5)→R4

(3) I_5　LDA　R6, B　　　; M(B)→R6, M(B)是存储器单元

　　I_6　MUL　R6, R7　　; (R6)×(R7)→R6

17. 参考图 5.39 所示的超标量流水线结构模型，现有如下 6 条指令序列：

　　I_1　LDA　R1, B　　　; M(B)→R1, M(B)是存储器单元

　　I_2　SUB　R2, R1　　; (R2)-(R1)→R2

　　I_3　MUL　R3, R4　　; (R3)×(R4)→R3

　　I_4　ADD　R4, R5　　; (R4)+(R5)→R4

　　I_5　LAD　R6, A　　　; M(A)→R6, M(A)是存储器单元

　　I_6　ADD　R6, R7　　; (R6)+(R7)→R6

请画出：(1) 按序发射按序完成各段推进情况图。

(2) 按序发射按序完成的流水线时空图。

第 **6** 章

总 线 系 统

总线技术是计算机系统的一个重要技术。有学者称 PC 就是由 CPU、总线系统、操作系统三部分组成，虽然语言描述过于简练，但足以看出总线技术在计算机领域中的地位。本章首先讲述总线系统的一些基本概念和基本技术，在此基础上，具体介绍当前实用的 PCI 总线和 PCIe 总线。

6.1   总线的概念和结构形态

6.1.1   总线的基本概念

数字计算机是由若干系统功能部件构成的，这些系统功能部件在一起工作才能形成一个完整的计算机系统。

总线是构成计算机系统的互联机构，是多个系统功能部件之间进行数据传送的公共通路。借助于总线连接，计算机在各系统功能部件之间实现地址、数据和控制信息的交换，并在争用资源的基础上进行工作。

一个单处理器系统中的总线，大致分为三类：

(1) CPU 内部连接各寄存器及运算部件之间的总线，称为内部总线。

(2) CPU 同计算机系统的其他高速功能部件，如存储器、通道等互相连接的总线，称为系统总线。

(3) 中、低速 I/O 设备之间互相连接的总线，称为 I/O 总线。

1. 总线的特性

物理特性   总线的物理特性是指总线的物理连接方式，包括总线的根数，总线的插头、插座的形状，引脚线的排列方式等。

功能特性   功能特性描述总线中每一根线的功能。如地址总线的宽度指明了总线能够直接访问存储器的地址空间范围；数据总线的宽度指明了访问一次存储器或外设时能够交换数据的位数；控制总线包括 CPU 发出的各种控制命令(如存储器读/写、I/O 读/写)，请求信号与仲裁信号，外设与 CPU 的时序同步信号，中断信号，DMA 控制信号等。

电气特性   电气特性定义每一根线上信号的传递方向及有效电平范围。一般规定送入 CPU 的信号叫输入(IN)信号，从 CPU 发出的信号叫输出(OUT)信号。例如，地址总线是输出线，数据总线是双向传送的信号线，这两类信号线都是高电平有效。控制总线中各条线一般是单向的，有 CPU 发出的，也有进入 CPU 的，有高电平有效的，也有低电平有效的。总线的电平都符合相应电平规范的定义。

　　时间特性　时间特性定义了每根线在什么时间有效。也就是说，只有规定了总线上各信号有效的时序关系，CPU 才能正确无误地使用。

2. 总线的标准化

　　相同的指令系统，相同的功能，不同厂家生产的各功能部件在实现方法上几乎没有相同的，但各厂家生产的相同功能部件却可以互换使用，其原因何在呢?就是因为它们都遵守了相同的系统总线的要求，这就是系统总线的标准化问题。

　　例如，微型计算机系统中采用的标准总线，从 ISA 总线(16 位,带宽 8MB/s)发展到 EISA 总线(32 位，带宽 33.3MB/s)，又发展到 VESA 总线(32 位，带宽 132MB/s)，而 PCI 总线又进一步过渡到 64 位，100MHz。

　　衡量总线性能的重要指标是总线带宽，它定义为总线本身所能达到的最高传输速率，单位是兆字节每秒(MB/s)。实际带宽会受到总线布线长度、总线驱动器/接收器性能、连接在总线上的模块数等因素的影响。这些因素将造成信号在总线上的畸变和延时，使总线最高传输速率受到限制。

　　【例 6.1】　(1)某总线在一个总线周期中并行传送 4 字节的数据，假设一个总线周期等于一个总线时钟周期，总线时钟频率为 33MHz，总线带宽是多少?

　　(2)如果一个总线周期中并行传送 64 位数据，总线时钟频率升为 66MHz，总线带宽是多少?

　　解　(1)设总线带宽用 D_r 表示，总线时钟周期用 $T = \dfrac{1}{f}$ 表示，一个总线周期传送的数据量用 D 表示，根据定义可得

$$D_r = D/T = D \times \frac{1}{T} = D \times f = 4B \times 33 \times 10^6/s = 132MB/s$$

　　(2) 64 位=8B

$$D_r = D \times f = 8B \times 66 \times 10^6/s = 528MB/s$$

6.1.2　总线的连接方式

　　任何数字计算机的用途很大程度上取决于它所能连接的外围设备的范围。遗憾的是，由于外围设备种类繁多，速度各异，不可能简单地把外围设备直接连接在 CPU 上。因此必须寻找一种方法，以便将外围设备同某种计算机连接起来，使它们在一起可以正常工作。通常，这项任务用适配器部件来完成。通过适配器可以实现高速 CPU 与低速外设之间工作速度上的匹配和同步，并完成计算机和外设之间的所有数据传送和控制。适配器通常简称为接口。

　　大多数总线都是以相同方式构成的，其不同之处仅在于总线中数据线和地址线的宽度，以及控制线的多少及其功能。然而，总线的排列布置与其他各类部件的连接方式对计算机系统的性能来说，将起着十分重要的作用。根据连接方式不同，单机系统中采用的总线结构有两种基本类型：①单总线结构；②多总线结构。

1. 单总线结构

在许多单处理器的计算机中，使用单一的系统总线来连接 CPU、主存和 I/O 设备，称为单总线结构，如图 6.1 所示。

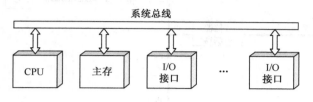

6.1

图 6.1　单总线结构

在单总线结构中，要求连接到总线上的逻辑部件必须高速运行，以便在某些设备需要使用总线时，能迅速获得总线控制权；而当不再使用总线时，能迅速放弃总线控制权。否则，由于一条总线由多种功能部件共用，可能导致很大的时间延迟。

在单总线系统中，当 CPU 取一条指令时，首先把程序计数器 PC 中的地址同控制信息一起送至总线上。该地址不仅加至主存，同时也加至总线上的所有外围设备。然而，只有与出现在总线上的地址相对应的设备，才执行数据传送操作。我们知道，在"取指令"情况下的地址是主存地址，所以，此时该地址所指定的主存单元的内容一定是一条指令，而且将被传送给 CPU。取出指令之后，CPU 将检查操作码。操作码规定了对数据要执行什么操作，以及数据是流进 CPU 还是流出 CPU。

在单总线系统中，对输入/输出设备的操作，完全和主存的操作方法一样来处理。这样，当 CPU 把指令的地址字段送到总线上时：①如果该地址字段对应的地址是主存地址，则主存予以响应，从而在 CPU 和主存之间发生数据传送，而数据传送的方向由指令操作码决定。②如果该指令地址字段对应的是外围设备地址，则外围设备译码器予以响应，从而在 CPU 和与该地址相对应的外围设备之间发生数据传送，而数据传送的方向由指令操作码决定。

在单总线系统中，某些外围设备也可以指定地址。此时，外围设备通过与 CPU 中的总线控制部件交换控制信号的方式占有总线。一旦外围设备得到总线控制权后，就可向总线发送地址信号，使总线上的地址线置为适当的代码状态，以便指定它将要与哪一个设备进行信息交换。如果一个由外围设备指定的地址对应于一个主存单元，则主存予以响应，于是在主存和外设之间将进行直接存储器传送。

我们发现，单总线结构容易扩展成多 CPU 系统。

2. 多总线结构

单总线系统中，由于所有的高速设备和低速设备都挂在同一总线上，且总线只能分时工作，即某一时间只能允许在一对儿设备之间传送数据，这就使信息传送的效率和吞吐量受到极大限制。为此出现了图 6.2 所示的多总线系统结构。

图 6.2 中，CPU、存储器控制器和两个 PCI-E 桥通过接口与高速的前端总线 (FSB) 相连。总线桥是一种具有缓冲、转换、控制功能的逻辑电路。不同类型的桥扩展出不同层次的总线，并分别连接高速、中速和低速设备。图中的两个 PCI-E 桥分别连接图形处理器 (GPU) 和其他高速 I/O 设备。连接 I/O 设备的 PCI-E 总线又分别连接以太网设备控制器接口 (DCI)、USB 主机控制器接口、SATA (串行高级技术附件) 桥、VGA (视频图形阵列) 桥、DMA 控制

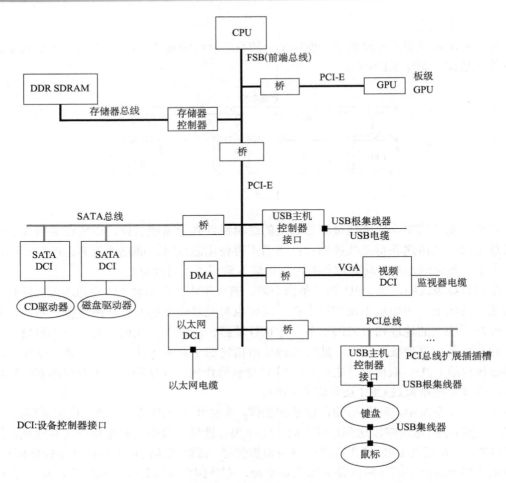

图 6.2　多总线结构实例

器和 PCI 总线扩展桥。SATA 总线用于与 SATA 硬盘和光盘驱动器连接，PCI 总线上连接的第二个 USB 主机控制器接口用于与 USB 键盘和 USB 鼠标相连。

　　多总线结构确保高速、中速、低速设备连接到不同的总线上同时工作，以提高总线的效率和吞吐量，而且处理器结构的变化不影响高速总线。

　　思考题　你能说出多总线结构比单总线结构的创新点吗？

6.1.3　总线的内部结构

　　早期总线的内部结构如图 6.3 所示，它实际上是处理器芯片引脚的延伸，是处理器与 I/O 设备适配器的通道。这种简单的总线一般也由 50～100 条信号线组成，这些信号线按其功能可分为三类：地址线、数据线和控制线。地址线是单向的，用来传送主存与设备的地址；数据线是双向的，用来传送数据；控制线一般而言对每一根线是单向的（CPU 发向接口，或接口发向 CPU），用来指明数据传送的方向（存储器读、存储器写、I/O 读、I/O 写）、中断控制（请求、识别）和定时控制等。

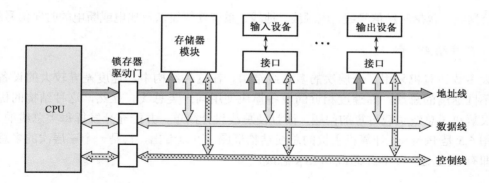

图 6.3   早期总线的内部结构

早期总线结构的不足之处在于：①CPU 是总线上唯一的主控者。即使后来增加了具有简单仲裁逻辑的 DMA 控制器以支持 DMA 传送，但仍不能满足多 CPU 环境的要求。②总线信号是 CPU 引脚信号的延伸，故总线结构紧密与 CPU 相关，通用性较差。

图 6.4 示出了当代流行的总线内部结构，它是一些标准总线，追求与结构、CPU、技术无关的开发标准，并满足包括多个 CPU 在内的主控者环境需求。

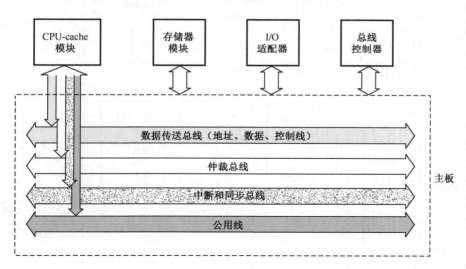

图 6.4   当代总线的内部结构

在当代总线结构中，CPU 和它私有的 cache 一起作为一个模块与总线相连。系统中允许有多个这样的处理器模块。而总线控制器完成多个总线请求者之间的协调与仲裁。整个总线分成如下四部分。

数据传送总线   由地址线、数据线、控制线组成。其结构与图 6.3 中的简单总线相似，但一般信号条数较多，如 32 条地址线，32 或 64 条数据线。为了减少引脚数量，64 位数据的低 32 位数据线常常和地址线采用多路复用方式。

仲裁总线   包括总线请求线和总线授权线。

中断和同步总线   用于处理带优先级的中断操作，包括中断请求线和中断认可线。

公用线　包括时钟信号线、电源线、地线、系统复位线以及加电或断电的时序信号线等。

6.1.4　总线结构实例

大多数计算机采用了分层次的多总线结构。在这种结构中，速度差异较大的设备模块使用不同速度的总线，而速度相近的设备模块使用同一类总线。显然，这种结构的优点在于不仅解决了总线负载过重的问题，而且使总线设计简单，并能充分发挥每类总线的效能。

图 6.5 是 Pentium 计算机主板的总线结构框图。可以看出，它是一个三层次的多总线结构，即有 CPU 总线、PCI 总线和 ISA 总线。

6.5

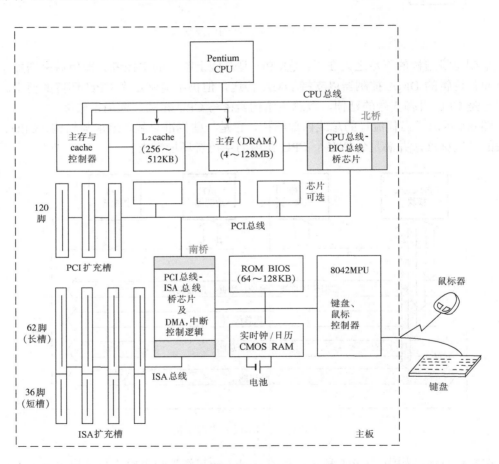

图 6.5　Pentium 计算机主板总线结构框图

CPU 总线　也称 CPU-存储器总线，它是包含 64 位数据线和 32 位地址线的同步总线。总线时钟频率为 66.6MHz（或 60MHz），CPU 内部时钟是此时钟频率的倍频。此总线可连接 4～128MB 的主存。主存扩充容量是以内存条形式插入主板有关插座来实现的。CPU 总线还接有 L_2 级 cache。主存控制器和 cache 控制器芯片用来管理 CPU 对主存和 cache 的存取操作。CPU 是这条总线的主控者，但必要时可放弃总线控制权。从传统的观点看，可以把 CPU 总线看成是 CPU 引脚信号的延伸。

PCI 总线　用于连接高速的 I/O 设备模块，如图形显示器适配器、网络接口控制器、硬盘控制器等。通过"桥"芯片，上面与更高速的 CPU 总线相连，下面与低速的 ISA 总线相接。PCI 总线是一个 32（或 64）位的同步总线，32 位（或 64 位）数据/地址线是同一组线，分时复用。总线时钟频率为 33.3MHz，总线带宽是 132MB/s。PCI 总线采用集中式仲裁方式，有专用的 PCI 总线仲裁器。主板上一般有 3 个 PCI 总线扩充槽。

ISA 总线　Pentium 机使用该总线与低速 I/O 设备连接。主板上一般留有 3~4 个 ISA 总线扩充槽，以便使用各种 16 位/8 位适配器卡。该总线支持 7 个 DMA 通道和 15 级可屏蔽硬件中断。另外，ISA 总线控制逻辑还通过主板上的片级总线与实时钟/日历、ROM、键盘和鼠标控制器（8042 微处理器）等芯片相连接。

我们看到，CPU 总线、PCI 总线、ISA 总线通过两个"桥"芯片连成整体。桥芯片在此起到了信号速度缓冲、电平转换和控制协议的转换作用。有的资料将 CPU 总线-PCI 总线的桥称为北桥，将 PCI 总线-ISA 总线的桥称为南桥。通过桥将两类不同的总线"粘合"在一起的技术特别适合于系统的升级换代。这样，每当 CPU 芯片升级时只需改变 CPU 总线和北桥芯片，全部原有的外围设备可自动继续工作。

Pentium 机总线系统中有一个核心逻辑芯片组，简称 PCI 芯片组，它包括主存控制器和 cache 控制器芯片、北桥芯片和南桥芯片。

6.2　总　线　接　口

6.2.1　信息传送方式

数字计算机使用二进制数，它们或用电位的高、低来表示，或用脉冲的有、无来表示。在前一种情况下，如果电位高时表示数字"1"，那么电位低时则表示数字"0"。在后一种情况下，如果有脉冲时表示数字"1"，那么无脉冲时就表示数字"0"。

计算机系统中，传输信息一般采用串行传送或并行传送两种方式之一。但是出于速度和效率上的考虑，系统总线上传送的信息必须采用并行传送方式。

1. 串行传送

当信息以串行方式传送时，只有一条传输线，且采用脉冲传送。在串行传送时，按顺序来传送表示一个数码的所有二进制位（bit）的脉冲信号，每次一位，通常以第一个脉冲信号表示数码的最低有效位，最后一个脉冲信号表示数码的最高有效位。图 6.6（a）示出了串行传送的示意图。

当串行传送时，有可能按顺序连续传送若干个"0"或若干个"1"。如果在编码时用有脉冲表示二进制数"1"，无脉冲表示二进制数"0"，那么当连续出现几个"0"时，表示某段时间间隔内传输线上没有脉冲信号。为了要确定传送了多少个"0"，必须采用某种时序格式，以便使接收设备能加以识别。通常采用的方法是指定位时间，即指定一个二进制位在传输线上占用的时间长度。显然，位时间是由同步脉冲来体现的。

假定串行数据是由位时间组成的，那么传送 8 比特需要 8 个位时间。例如，如果接收设备在第一个位时间和第三个位时间接收到一个脉冲，而其余的 6 个位时间没有收到脉冲，那么就会知道所收到的二进制信息是 00000101。注意，串行传送时低位在前，高位在后。

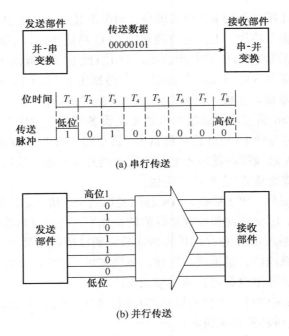

图 6.6 信息的传输方式

在串行传送时，被传送的数据需要在发送部件进行并-串变换，这称为拆卸；而在接收部件又需要进行串-并变换，这称为装配。

串行传送的主要优点是只需要一条传输线，这一点对长距离传输显得特别重要，不管传送的数据量有多少，只需要一条传输线，成本比较低廉。

2. 并行传送

用并行方式传送二进制信息时，对每个数据位都需要单独一条传输线。信息由多少二进制位组成，就需要多少条传输线，从而使得二进制数"0"或"1"在不同的线上同时进行传送。

并行传送的过程示于图 6.6(b)。如果要传送的数据由 8 位二进制位组成(1 字节)，那么就使用 8 条线组成的扁平电缆。每一条线分别代表了二进制数的不同位值。例如，最上面的线代表最高有效位，最下面的线代表最低有效位，因而图中正在传送的二进制数是 10101100。

并行传送一般采用电位传送。由于所有的位同时被传送，所以并行数据传送比串行数据传送快得多，例如，使用 32 条单独的地址线，可以从 CPU 的地址寄存器同时传送 32 位地址信息给主存。

6.2.2 总线接口的基本概念

I/O 功能模块通常简称为 I/O 接口，也叫适配器。广义地讲，I/O 接口是指 CPU、主存和外围设备之间通过系统总线进行连接的标准化逻辑部件。I/O 接口在它动态连接的两个部件之间起着"转换器"的作用，以便实现彼此之间的信息传送。

图 6.7 示出了 CPU、I/O 接口和外围设备之间的连接关系。外围设备本身带有自己的设备控制器，它是控制外围设备进行操作的控制部件。它通过 I/O 接口接收来自 CPU 传送的各种信息，并根据设备的不同要求把这些信息传送到设备，或者从设备中读出信息传送到 I/O 接口，然后送给 CPU。由于外围设备种类繁多且速度不同，因

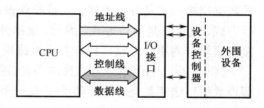

图 6.7　外围设备的连接方法

而每种设备都有适应它自己工作特点的设备控制器。图 6.7 中将外围设备本体与它自己的控制电路画在一起，统称为外围设备。

为了使所有的外围设备能在一起正确地工作，CPU 规定了不同的信息传送控制方法。不管什么样的外围设备，只要选用某种数据传送控制方法，并按它的规定通过总线和主机连接，就可进行信息交换。通常在总线和每个外围设备的设备控制器之间使用一个适配器（接口）电路来解决这个问题，以保证外围设备用计算机系统特性所要求的形式发送和接收信息。因此接口逻辑必须标准化。

一个标准 I/O 接口可能连接一个设备，也可能连接多个设备。图 6.8 是 I/O 接口模块的一般结构框图。

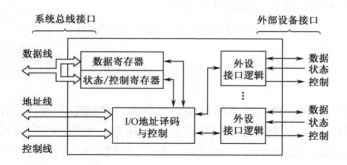

6.8

图 6.8　I/O 接口模块框图

它通常具有如下功能。

控制　接口模块靠指令信息来控制外围设备的动作，如启动、关闭设备等。

缓冲　接口模块在外围设备和计算机系统其他部件之间用作为一个缓冲器，以补偿各种设备在速度上的差异。

状态　接口模块监视外围设备的工作状态并保存状态信息。状态信息包括数据"准备就绪""忙""错误"等，供 CPU 询问外围设备时进行分析之用。

转换　接口模块可以完成任何要求的数据转换，如并-串转换或串-并转换，因此数据能在外围设备和 CPU 之间正确地进行传送。

整理　接口模块可以完成一些特别的功能，例如，在需要时可以修改字计数器或当前内存地址寄存器。

程序中断　每当外围设备向 CPU 请求某种动作时，接口模块即发生一个中断请求信号到 CPU。例如，如果设备完成了一个操作或设备中存在着一个错误状态，接口即发出中断。

事实上，一个 I/O 接口模块有两个接口：一是和系统总线的接口。CPU 和 I/O 接口模块

的数据交换一定是并行方式；二是和外设的接口。I/O 接口模块和外设的数据交换可能是并行方式，也可能是串行方式。因此，根据外围设备供求串行数据或并行数据的方式不同，I/O 接口模块分为串行数据接口和并行数据接口两大类。

【例 6.2】　利用串行方式传送字符（图 6.9），每秒钟传送的比特（bit）位数常称为波特率。假设数据传送速率是 120 字符/秒，每一个字符格式规定包含 10 比特位（起始位、停止位、8 个数据位），问传送的波特率是多少？每个比特位占用的时间是多少？

图 6.9　利用串行方式传送字符

解　波特率为

$$10 \text{ 位} \times 120/\text{秒} = 1200 \text{ 波特}$$

每个比特位占用的时间 T_d 是波特率的倒数：

$$T_d = 1/1200 = 0.833 \times 10^{-3} \text{s} = 0.833 \text{ms}$$

6.3　总线仲裁

连接到总线上的功能模块有主动和被动两种形态。如 CPU 模块，它在不同的时间可以用作主方，也可用作从方；而存储器模块只能用作从方。主方（主设备）可以启动一个总线周期，而从方（从设备）只能响应主方的请求。每次总线操作，只能有一个主方占用总线控制权，但同一时间里可以有一个或多个从方。

我们知道，除 CPU 模块外，I/O 模块也可提出总线请求。为了解决多个主设备同时竞争总线控制权的问题，必须具有总线仲裁部件，以某种方式选择其中一个主设备作为总线的下一次主方。

对多个主设备提出的占用总线请求，一般采用优先级或公平策略进行仲裁。例如，在多处理器系统中对各 CPU 模块的总线请求采用公平的原则来处理，而对 I/O 模块的总线请求采用优先级策略。被授权的主方在当前总线业务一结束，即接管总线控制权，开始新的信息传送。主方持续控制总线的时间称为总线占用期。

按照总线仲裁电路的位置不同，仲裁方式分为集中式仲裁和分布式仲裁两类。

6.3.1　集中式仲裁

集中式仲裁中每个功能模块有两条线连到总线控制器：一条是送往仲裁器的总线请求信号线 BR，一条是仲裁器送出的总线授权信号线 BG。

链式查询方式　为减少总线授权线数量，采用了图 6.10（a）所示的菊花链查询方式，其中 A 表示地址线，D 表示数据线。BS 线为 1，表示总线正被某外设使用。

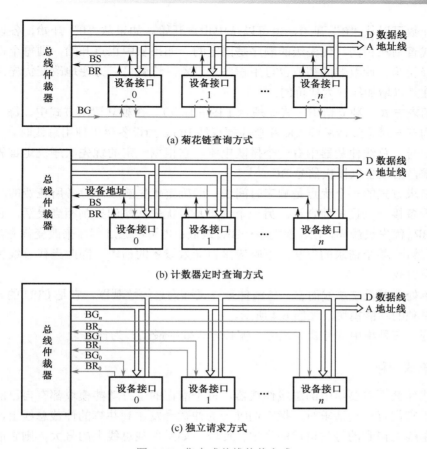

6.10

图 6.10 集中式总线仲裁方式

链式查询方式的主要特点是,总线授权信号 BG 串行地从一个 I/O 接口传送到下一个 I/O 接口。假如 BG 到达的接口无总线请求,则继续往下查询;假如 BG 到达的接口有总线请求, BG 信号便不再往下查询。这意味着该 I/O 接口就获得了总线控制权。作为思考题,读者不妨画出链式查询电路的逻辑结构图。

显然,在查询链中离总线仲裁器最近的设备具有最高优先级,离总线仲裁器越远,优先级越低。因此,链式查询是通过接口的优先级排队电路来实现的。

链式查询方式的优点是,只用很少几根线就能按一定优先次序实现总线仲裁,并且这种链式结构很容易扩充设备。

链式查询方式的缺点是对询问链的电路故障很敏感,如果第 i 个设备的接口中有关链的电路有故障,那么第 i 个以后的设备都不能进行工作。另外查询链的优先级是固定的,如果优先级高的设备出现频繁的请求,那么优先级较低的设备可能长期不能使用总线。

计数器定时查询方式　计数器定时查询方式原理示于图 6.10(b)。总线上的任一设备要求使用总线时,通过 BR 线发出总线请求。总线仲裁器接到请求信号以后,在 BS 线为"0"的情况下让计数器开始计数,计数值通过一组地址线发向各设备。每个设备接口都有一个设备地址判别电路,当地址线上的计数值与请求总线的设备地址相一致时,该设备置"1" BS 线,获得了总线使用权,此时中止计数查询。

　　每次计数可以从"0"开始，也可以从中止点开始。如果从"0"开始，各设备的优先次序与链式查询法相同，优先级的顺序是固定的。如果从中止点开始，则每个设备使用总线的优先级相等。计数器的初值也可用程序来设置，这就可以方便地改变优先次序，显然这种灵活性是以增加线数为代价的。

　　独立请求方式　　独立请求方式原理示于图 6.10(c)。在独立请求方式中，每一个共享总线的设备均有一对总线请求线 BR_i 和总线授权线 BG_i。当设备要求使用总线时，便发出该设备的请求信号。总线仲裁器中有一个排队电路，它根据一定的优先次序决定首先响应哪个设备的请求，给设备以授权信号 BG_i。

　　独立请求方式的一个优点是响应时间快，即确定优先响应的设备所花费的时间少，用不着一个设备接一个设备地查询。另一个优点是对优先次序的控制相当灵活。它可以预先固定，如 BR_0 优先级最高，BR_1 次之……BR_n 最低；也可以通过程序来改变优先次序；还可以用屏蔽(禁止)某个请求的办法，不响应来自无效设备的请求。因此当代总线标准普遍采用独立请求方式。

　　对于单处理器系统总线而言，总线仲裁器又称为总线控制器，它是 CPU 的一部分，一般是一个单独的功能模块，如图 6.4 所示。

　　思考题　　三种集中式仲裁方式中，哪种方式效率最高？为什么？

6.3.2　分布式仲裁

　　分布式仲裁不需要集中的总线仲裁器，每个潜在的主方功能模块都有自己的仲裁号和仲裁器。当它们有总线请求时，把它们唯一的仲裁号发送到共享的仲裁总线上，每个仲裁器将仲裁总线上得到的号与自己的号进行比较。如果仲裁总线上的号大，则它的总线请求不予响应，并撤销它的仲裁号。最后，获胜者的仲裁号保留在仲裁总线上。显然，分布式仲裁是以优先级仲裁策略为基础的。

　　图 6.11 表示分布式仲裁器的逻辑结构示意图。其要点如下。

6.11

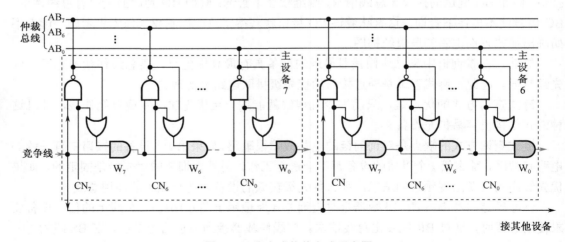

图 6.11　分布式仲裁方式示意图

　　(1)所有参与本次竞争的各主设备(本例中共 8 个)将设备竞争号 CN 取反后打到仲裁总线 AB 上，以实现"线或"逻辑。AB 线低电平时表示至少有一个主设备的 CN_i 为 1，AB

线高电平时表示所有主设备的 CN_i 为 0。

(2) 竞争时 CN 与 AB 逐位比较，从最高位 (b_7) 至最低位 (b_0) 以一维菊花链方式进行，只有上一位竞争得胜者 W_{i+1} 位为 1。当 $CN_i=1$，或 $CN_i=0$ 且 AB_i 为高电平时，才使 W_i 位为 1。若 $W_i=0$ 时，将一直向下传递，使其竞争号后面的低位不能送上 AB 线。

(3) 竞争不到的设备自动撤除其竞争号。在竞争期间，由于 W 位输入的作用，各设备在其内部的 CN 线上保留其竞争号并不破坏 AB 线上的信息。

(4) 由于参加竞争的各设备速度不一致，这个比较过程反复(自动)进行，才有最后稳定的结果。竞争期的时间要足够，保证最慢的设备也能参与竞争。

6.4　总线的定时和数据传送模式

6.4.1　总线的定时

总线的一次信息传送过程，大致可分为如下五个阶段：请求总线，总线仲裁，寻址(目的地址)，信息传送，状态返回(或错误报告)。为了同步主方、从方的操作，必须制订定时协定。所谓定时，是指事件出现在总线上的时序关系。下面介绍数据传送过程中采用的几种定时协定：同步定时协定、异步定时协定、半同步定时协定和周期分裂式总线协定。

1. 同步总线定时协定

在同步定时协议中，事件出现在总线上的时刻由总线时钟信号来确定，所以总线中包含时钟信号线。一次 I/O 传送被称为时钟周期或总线周期。图 6.12 表示读数据的同步时序例子，所有事件都出现在时钟信号的前沿，大多数事件只占据单一时钟周期。例如，在总线读周期，CPU 首先将存储器地址放到地址线上，它亦可发出一个启动信号，指明控制信息和地址信息已出现在总线上。第 2 个时钟周期发出一个读命令。存储器模块识别地址码，经一个时钟周期延迟(存取时间)后，将数据和认可信息放到总线上，被 CPU 读取。如果是总线写周期，CPU 在第 2 个时钟周期开始将数据放到数据线上，待数据稳定后 CPU 发出一个写命令，存储器模块在第 3 个时钟周期存入数据。

6.12

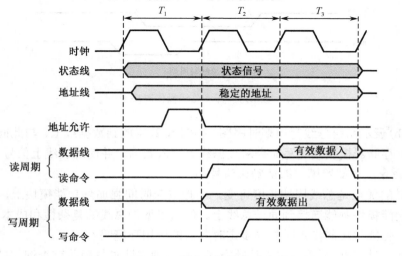

图 6.12　同步总线操作时序

由于采用了公共时钟，每个功能模块什么时候发送或接收信息都由统一时钟规定，因此，同步定时具有较高的传输频率。

同步定时适用于总线长度较短、各功能模块存取时间比较接近的情况。这是因为同步方式对任何两个功能模块的通信都给予同样的时间安排。由于同步总线必须按最慢的模块来设计公共时钟，当各功能模块存取时间相差很大时，会大大损失总线效率。

2. 异步总线定时协定

在异步定时协议中，后一事件出现在总线上的时刻取决于前一事件的出现时刻，即建立在应答式或互锁机制基础上。在这种系统中，不需要统一的公共时钟信号。总线周期的长度是可变的。

图 6.13(a)表示系统总线读周期时序图。CPU 发送地址信号和读状态信号到总线上。待这些信号稳定后，它发出读命令，指示有效地址和控制信号的出现。存储器模块进行地址译码并将数据放到数据线上。一旦数据线上的信号稳定，则存储器模块使确认线有效，通知 CPU 数据可用。CPU 由数据线上读取数据后，立即撤销读状态信号，从而引起存储器模块撤销数据和确认信号。最后，确认信号的撤销又使 CPU 撤销地址信息。

6.13

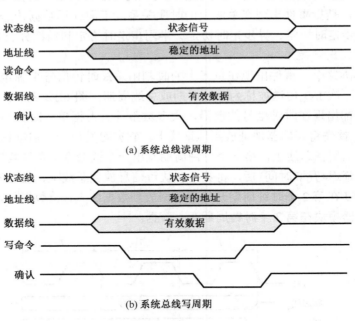

(a) 系统总线读周期

(b) 系统总线写周期

图 6.13　异步总线操作时序

图 6.13(b)表示系统总线写周期时序图。CPU 将数据放到数据线上，与此同时启动状态线和地址线。存储器模块接受写命令从数据线上写入数据，并使确认线上信号有效。然后，CPU 撤销写命令，存储器模块撤销确认信号。

异步定时的优点是总线周期长度可变，不把响应时间强加到功能模块上，因而允许快速和慢速的功能模块都能连接到同一总线上。但这以增加总线的复杂性和成本为代价。

思考题　你能说出同步定时与异步定时各自的应用环境吗？

【例 6.3】　某 CPU 采用集中式仲裁方式，使用独立请求与菊花链查询相结合的二维总线控制结构。每一对请求线 BR_i 和授权线 BG_i 组成一对菊花链查询电路。每一根请求线可以被若干个传输速率接近的设备共享。当这些设备要求传送时通过 BR_i 线向仲裁器发出请求，对应的 BG_i 线则串行查询每个设备，从而确定哪个设备享有总线控制权。请分析说明图 6.14 所示的总线仲裁时序图。

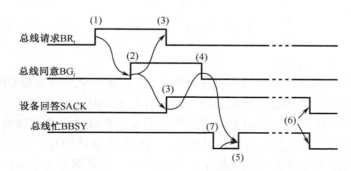

图 6.14　某 CPU 总线仲裁时序图

　　解　从时序图看出，该总线采用异步定时协议。

　　当某个设备请求使用总线时，在该设备所属的请求线上发出申请信号 BR_i(1)。CPU 按优先原则同意后给出授权信号 BG_i 作为回答(2)。BG_i 链式查询各设备，并上升从设备回答 SACK 信号证实已收到 BG_i 信号(3)。CPU 接到 SACK 信号后下降 BG_i 作为回答(4)。在总线"忙"标志 BBSY 为"0"情况该设备上升 BBSY，表示该设备获得了总线控制权，成为控制总线的主设备(5)。在设备用完总线后，下降 BBSY 和 SACK(6)，释放总线。

　　在上述选择主设备过程中，可能现行的主从设备正在进行传送。此时需等待现行传送结束，即现行主设备下降 BBSY 信号后(7)，新的主设备才能上升 BBSY，获得总线控制权。

　　3. 半同步总线定时协定

　　同步总线的优点是控制简单，传输速率通常较高，但不适用于速度差异较大的设备。如果在总线上传输的大部分设备的速度相当，仅有很少的设备需要较长的传输时间，则可以在同步总线定时协定的基础上稍加改动，扩展为半同步总线定时协定。

　　半同步总线整体上仍然采用同步操作方式，其总线周期是时钟周期的整数倍。不同之处在于增加一根联络信号线，如高电平有效的准备好信号 READY(或者低电平有效的等待信号 nWAIT))，由此信号决定是否需要增加时钟周期。图 6.15 为某种半同步总线的操作时序图。从图中可以看出，基本的总线传输周期由 T_1 到 T_4 四个时钟周期构成，但如果某个设备来不及在四个时钟周期内完成总线操作，可以使 READY 信号无效(或者 nWAIT 信号有效)以增加时钟周期数。总线控制逻辑在 T_3 的前沿检测 READY 引脚是否有效：如果 READY 有效，则在 T_3 时钟周期后进入 T_4 时钟周期；如果 READY 无效，则在 T_3 和 T_4 之间插入一个等待周期 T_w，并在 T_w 前沿再次检测 READY 引脚是否有效，直到 READY 有效后才进入 T_4 时钟周期。

　　半同步总线协定在同步总线协定的基础上仅仅增加了一点点成本，但适应能力却大大提升。因此，现代的许多同步总线都已扩展为半同步总线。

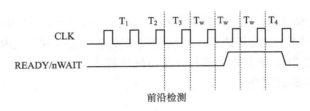

图 6.15   半同步总线操作时序

4. 周期分裂式总线定时协定

分析图 6.12 中的同步总线读操作时序可以看出，在第一个时钟周期 CPU 送出地址信息和最后一个时钟周期存储器送出数据之间，通常有若干个时钟周期的延迟时间。这是存储器内部准备数据的操作时间，占用的时钟周期数取决于存储器自身的速度。但是这部分时间实际上并不需要占用总线传输数据，因而宝贵的总线资源被浪费了。

故在对总线性能要求非常高的系统中，可以将每个读周期分为三步：①主方通过总线向从方发送地址和读命令；②从方根据命令进行内部读操作，这是从方执行读命令的数据准备时间；③从方通过数据总线向主方提供数据。相应地，将一个读周期分解成两个分离的传输子周期：第一个子周期，主方发送地址和命令及有关信息后，立即和总线断开，供其他设备使用；第二个子周期，被读出的设备重新申请总线使用权后将数据通过总线发向请求数据的设备。而写周期只需要第一个子周期即可完成。

在分离式总线定时协定中，由于每个设备都要申请总线使用权，故读数据的双方都是总线主方。分离式总线定时协定以硬件复杂度的提高换取总线性能的提升。

6.4.2   总线数据传送模式

当代的总线标准大都能支持以下四类模式的数据传送，如图 6.16 所示。

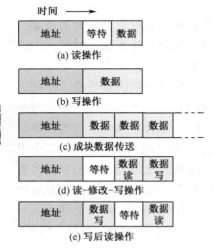

6.16

图 6.16   总线数据传送模式

读、写操作   读操作是由从方到主方的数据传送；写操作是由主方到从方的数据传送。一般，主方先以一个总线周期发出命令和从方地址，经过一定的延时再开始数据传送总线周期。为了提高总线利用率，减少延时损失，主方完成寻址总线周期后可让出总线控制权，以使其他主方完成更紧迫的操作。然后再重新竞争总线，完成数据传送总线周期。

块传送操作   只需给出块的起始地址，然后对固定块长度的数据一个接一个地读出或写入。对于 CPU（主方)-存储器(从方)而言的块传送，常称为**突发(猝发)式传送**，其块长一般固定为数据线宽度(存储器字长)的 4 倍。例如，一个 64 位数据线的总线，一次猝发式传送可达 256 位。这在超标量流水中十分有用。

写后读、读修改写操作   这是两种组合操作。只给出地址一次(表示同一地址)，或进行先写后读操作，或进行先读后写操作。前者用于校验目的，后者用于多道程序系统中对共享存储资源的保护。这两种操作和猝发式操作一样，主方掌管总线直到整个操作完成。

广播、广集操作　一般而言，数据传送只在一个主方和一个从方之间进行。但有的总线允许一个主方对多个从方进行写操作，这种操作称为广播。与广播相反的操作称为广集，它将选定的多个从方数据在总线上完成 AND 或 OR 操作，用以检测多个中断源。

6.5　PCI 总线和 PCIe 总线

6.5.1　多总线结构

图 6.17 示出了典型的多总线结构框图。实际上，这也是 PC 机和服务器的主板总线的经典结构。

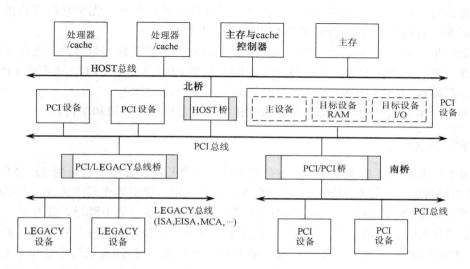

图 6.17　多总线结构框图

如图 6.17 所示，整个系统有如下三种不同的总线。

HOST 总线　该总线有 CPU 总线、系统总线、主存总线、前端总线等多种名称，各自反映了总线功能的一个方面。这里称"宿主"总线，也许更全面，因为 HOST 总线不仅连接主存，还可以连接多个 CPU。

HOST 总线是连接"北桥"芯片与 CPU 之间的信息通路，它是一个 64 位数据线和 32 位地址线的同步总线。32 位的地址线可支持处理器 4GB 的存储寻址空间。总线上还接有 L_2 级 cache，主存与 cache 控制器芯片。后者用来管理 CPU 对主存和 cache 的存取操作。CPU 拥有 HOST 总线的控制权，但在必要情况下可放弃总线控制权。

PCI 总线　连接各种高速的 PCI 设备。PCI 是一个与处理器无关的高速外围总线，又是至关重要的层间总线。它采用同步时序协议和集中式仲裁策略，并具有自动配置能力。PCI 设备可以是主设备，也可以是从设备，或兼而有之。在 PCI 设备中不存在 DMA（直接存储器传送）的概念，这是因为 PCI 总线支持无限的猝发式传送。这样，传统总线上用 DMA 方式工作的设备移植到 PCI 总线上时，采用主设备工作方式即可。系统中允许有多条 PCI 总线，它们可以使用 HOST 桥与 HOST 总线相连，也可使用 PCI/PCI 桥与已和 HOST 总线相连的 PCI 总线相连，从而得以扩充整个系统的 PCI 总线负载能力。

LEGACY 总线　可以是 ISA、EISA、MCA 等这类性能较低的传统总线，以便充分利用市场上丰富的适配器卡，支持中、低速 I/O 设备。

在 PCI 总线体系结构中有三种桥。其中 HOST 桥又是 PCI 总线控制器，含有中央仲裁器。桥起着重要的作用，它连接两条总线，使彼此间相互通信。桥又是一个总线转换部件，可以把一条总线的地址空间映射到另一条总线的地址空间上，从而使系统中任意一个总线主设备都能看到同样的一份地址表。桥本身的结构可以十分简单，如只有信号缓冲能力和信号电平转换逻辑，也可以相当复杂，如有规程转换、数据快存、装拆数据等。

PCI 总线的基本传输机制是猝发式传送，利用桥可以实现总线间的猝发式传送。写操作时，桥把上层总线的写周期先缓存起来，以后的时间再在下层总线上生成写周期，即延迟写。读操作时，桥可早于上层总线，直接在下层总线上进行预读。无论延迟写和预读，桥的作用可使所有的存取都按 CPU 的需要出现在总线上。

由上可见，以桥连接实现的 PCI 总线结构具有很好的扩充性和兼容性，允许多条总线并行工作。它与处理器无关，不论 HOST 总线上是单 CPU 还是多 CPU，也不论 CPU 是什么型号，只要有相应的 HOST 桥芯片(组)，就可与 PCI 总线相连。

思考题　多总线结构中"桥"起着何种作用？你怎样看待北桥和南桥？

6.5.2　PCI 总线信号

表 6.1 列出了 PCI 标准 2.0 版的必有类信号名称及其功能描述。它采用 32～64 位数据线和 32 位地址线，数据线和地址线是一组线，分时复用。使用同步时序协议，总线时钟为方波信号，频率为 33.3MHz。总线所有事件都出现在时钟信号的下跳沿，正好是时钟周期的中间。采样发生在时钟信号的上跳沿。PCI 采用集中式仲裁方式，每个 PCI 主设备都有总线请求 REQ$^{\#}$ 和授权 GNT$^{\#}$ 两条信号线与中央仲裁器相连。符号#表示信号低电平有效，in 表示输入线，out 表示输出线，t/s 表示双向三态信号线，s/t/s 表示一次只被一个拥有者驱动的抑制三态信号线，o/d 表示开路驱动，允许多个设备以线或方式共享此线。

表 6.1　PCI 信号线(必有类信号)

信号名称	类型	信号功能说明
CLK	in	总线时钟线，提供同步时序基准，2.0 版为 33.3MHz 方波信号
RST$^{\#}$	in	复位信号线，强制所有 PCI 寄存器、排序器和信号到初始态
AD[31—0]	t/s	地址和数据复用线
C/BE[3—0]	t/s	总线命令和字节有效复用线，地址期载 4 位总线命令，数据期指示各字节有效与否
PAR	t/s	奇偶校验位线，对 AD[31—0]和 C/BE[3—0]$^{\#}$实施偶校验
FRAME$^{\#}$	s/t/s	帧信号，当前主方驱动它有效以指示一个总线业务的开始，并一直持续，直到目标方对最后一次数据传送就绪而撤消
IRDY$^{\#}$	s/t/s	当前主方就绪信号，表明写时数据已在 AD 线上，读时主方已准备好接收数据
TRDY$^{\#}$	s/t/s	目标方就绪信号，表明写时目标方已准备好接收数据，读时有效数据已在 AD 线上
STOP$^{\#}$	s/t/s	停止信号，目标方要求主方中止当前总线业务
LOCK$^{\#}$	s/t/s	锁定信号，指示总线业务的不可分割性

信号名称	类型	信号功能说明
DEVSEL#	s/t/s	设备选择信号。当目标设备经地址译码被选中时驱动此信号。另外也作为输入线，表明在总线上某个设备被选中
IDSEL#	in	初始化设备选择，读写配置空间时用作芯片选择(此时不需地址译码)
REQ#	t/s	总线请求信号，潜在主方送往中央仲裁器
GNT#	t/s	总线授权信号，中央仲裁器送往主设备作为下一总线主方
PERR#	s/t/s	奇偶错报告信号
SERR#	o/d	系统错误报告信号，包括地址奇偶错和其他非奇偶错的系统严重错误

总线周期类型由 C/nBE 线上的总线命令给出。总线周期长度由周期类型和 nFRAME(帧)、nIRDY(主就绪)、nTRDY(目标就绪)、nSTOP(停止)等信号控制。一个总线周期由一个地址期和一个或多个数据期组成。启动此总线周期的主设备，在地址期送出总线命令和目标设备地址，而目标设备以 nDEVSEL(设备选择)信号予以响应。还有一个 IDSEL(初始化设备选择)信号，用以配置读写期间的芯片选择。

除必有类信号外，还有 16 种可选类信号线。除一组信号线用于扩充到 64 位传送外，其他三组信号分别用于 cache 一致性支持、中断请求、测试与边界扫描。其中，中断请求信号线是开路驱动，允许多个设备共享一条中断请求信号线。有关中断的概念留在第 7 章介绍。

电源线和地线未列入表中。2.0 版定义了 5V 和 3.3V 两种信号环境，更新的版本均使用 3.3V 工作电压。

6.5.3　PCI 总线周期类型

PCI 总线周期由当前被授权的主设备发起。PCI 支持任何主设备和从设备之间点到点的对等访问，也支持某些主设备的广播读写。

PCI 总线周期类型由主设备在 C/BE[3—0]线上送出的 4 位总线命令代码指明，被目标设备译码确认，然后主从双方协调配合完成指定的总线周期操作。4 位代码组合可指定 16 种总线命令，但实际给出 12 种。PCI 总线命令类型如表 6.2 所示。

表 6.2　PCI 总线命令类型

C/BE#[3210]	命令类型	C/BE#[3210]	命令类型
0000	中断确认周期	1000	保留
0001	特殊周期	1001	保留
0010	I/O 读周期	1010	配置读周期
0011	I/O 写周期	1011	配置写周期
0100	保留	1100	存储器多重读周期
0101	保留	1101	双地址周期
0110	存储器读周期	1110	存储器读行周期
0111	存储器写周期	1111	存储器写和使无效周期

存储器读/写总线周期　以猝发式传送为基本机制，一次猝发式传送总线周期通常由一个地址期和一个或几个数据周期组成。存储器读/写周期的解释，取决于 PCI 总线上的存储器控制器是否支持存储器/cache 之间的 PCI 传输协议。如果支持，则存储器读/写一般是通过 cache 来进行；否则，是以数据块非缓存方式来传输。

存储器写和使无效周期　与存储器写周期的区别在于，前者不仅保证一个完整的 cache 行被写入，而且在总线上广播"无效"信息，命令其他 cache 中的同一行地址变为无效。关于存储器读的三个总线周期的说明示于表 6.3 中。

表 6.3　存储器读命令的说明

读命令类型	对于有 cache 能力的存储器	对于无 cache 能力的存储器
存储器读	猝发式读取 cache 行的一半或更少	猝发式读取 1~2 个存储字
存储器读行	猝发长度为 0.5~3 个 cache 行	猝发长度为 3~12 个存储字
存储器多重读	猝发长度大于 3 个 cache 行	猝发长度大于 12 个存储字

特殊周期　用于主设备将其信息(如状态信息)广播到多个目标方。它是一个特殊的写操作，不需要目标方以 nDEVSEL 信号响应。但各目标方须立即使用此信息，无权中止此写操作过程。

配置读/写周期　是 PCI 具有自动配置能力的体现。PCI 有三个相互独立的物理地址空间，即存储器、I/O、配置空间。所有 PCI 设备必须提供配置空间，而多功能设备要为每一实现功能提供一个配置空间。配置空间是 256 个内部寄存器，用于保存系统初始化期间设置的配置参数。CPU 通过 HOST 桥的两个 32 位专用寄存器(配置地址、配置数据)来访问 PCI 设备的配置空间。即 HOST 桥根据 CPU 提供给这两个寄存器的值，生成 PCI 总线的配置读/写周期，完成配置数据的读出或写入操作。

双地址周期　用于主方指示它正在使用 64 位地址。

6.5.4　PCI 总线周期操作

下面以数据传送类的总线周期为代表，说明 PCI 总线周期的操作过程。为了深化概念，图 6.18 中给出了一个读操作总线周期时序示例。图中的环形箭头符号表示某信号线由一个设备驱动转换成另一设备驱动的过渡期，以此过渡期避免两个设备同时驱动一条信号线的冲突。

我们看到，PCI 总线周期的操作过程有如下特点。

(1)采用同步时序协议。总线时钟周期以上跳沿开始，半个周期高电平，半个周期低电平。总线上所有事件，即信号电平转换出现在时钟信号的下跳沿时刻，而对信号的采样出现在时钟信号的上跳沿时刻。

(2)总线周期由被授权的主方启动，以帧 nFRAME 信号变为有效来指示一个总线周期的开始。

(3)一个总线周期由一个地址期和一个或多个数据期组成。在地址期内除给出目标地址外，还在 C/BE# 线上给出总线命令以指明总线周期类型。

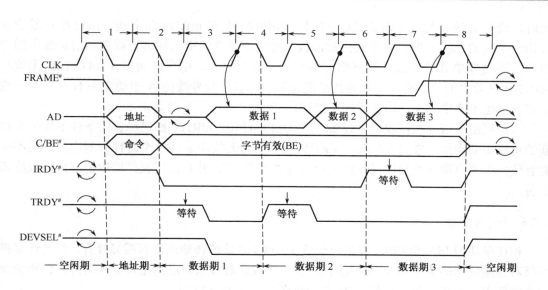

6.18

图 6.18　读操作总线周期时序示例

（4）地址期为一个总线时钟周期，一个数据期在没有等待状态下也是一个时钟周期。一次数据传送是在挂钩信号 nIRDY 和 nTRDY 都有效情况下完成，任一信号无效（在时钟上跳沿被对方采样到），都将加入等待状态。

（5）总线周期长度由主方确定。在总线周期期间 nFRAME 持续有效，但在最后一个数据期开始前撤除。即以 nFRAME 无效后，nIRDY 也变为无效的时刻表明一个总线周期结束。由此可见，PCI 的数据传送以猝发式传送为基本机制，单一数据传送反而成为猝发式传送的一个特例。并且 PCI 具有无限制的猝发能力，猝发长度由主方确定，没有对猝发长度加以固定限制。

（6）主方启动一个总线周期时要求目标方确认。即在 nFRAME 变为有效和目标地址送上 AD 线后，目标方在延迟一个时钟周期后必须以 nDEVSEL 信号有效予以响应。否则，主设备中止总线周期。

（7）主方结束一个总线周期时不要求目标方确认。目标方采样到 nFRAME 信号已变为无效时，即知道下一数据传送是最后一个数据期。目标方传输速度跟不上主方速度，可用 nTRDY 无效通知主方加入等待状态时钟周期。当目标方出现故障不能进行传输时，以 nSTOP 信号有效通知主方中止总线周期。

6.5.5　PCI 总线仲裁

PCI 总线采用集中式仲裁方式，每个 PCI 主设备都有独立的 nREQ（总线请求）和 nGNT（总线授权）两条信号线与中央仲裁器相连。由中央仲裁器根据一定的算法对各主设备的申请进行仲裁，决定把总线使用权授予谁。但 PCI 标准并没有规定仲裁算法。

中央仲裁器不仅采样每个设备的 nREQ 信号线，而且采样公共的 nFRAME 和 nIRDY 信号线。因此，仲裁器清楚当前总线的使用状态：是处于空闲状态还是一个有效的总线周期。

PCI 总线支持隐藏式仲裁。即在主设备 A 正在占用总线期间，中央仲裁器根据指定的算法裁决下一次总线的主方应为主设备 B 时，它可以使 nGNT-A 无效而使 nGNT-B 有效。

此时，设备 A 应在数据传送完成后立即释放 nFRAME 和 nIRDY 信号线，由设备 B 掌管后开始一个新的总线周期。隐藏式仲裁使裁决过程或在总线空闲期进行或在当前总线周期内进行，不需要单独的仲裁总线周期，提高了总线利用率。中央仲裁器使 nGNT-A 无效与 nGNT-B 有效之间至少有 1 个时钟周期的延迟，以保证信号线由 A 驱动变为 B 驱动时在临界情况下也不产生冲突，即上述的交换期。

一个提出申请并被授权的主设备，应在 nFRAME、nIRDY 线已释放的条件下尽快开始新的总线周期操作。自 nFRAME、nIRDY 信号变为无效开始，16 个时钟周期内信号仍不变为有效，中央仲裁器认为被授权的主设备为"死设备"，并收回授权，以后也不再授权给该设备。

6.5.6　PCIe 总线

相比早期的 ISA 和 EISA 等第一代总线，PCI 总线的传输速度有明显提升。但是计算机系统对传输性能的要求仍在不断提升中，PCI 总线逐渐难以满足高速显卡等高性能传输模块的性能要求。于是，第三代的 PCIe 总线逐渐取代了 PCI 总线。

PCIe 总线全称为 PCI-Express，是基于 PCI 总线技术发展起来的总线标准，对 PCI 总线有良好的继承性，在软件和应用上兼容 PCI 总线。与 PCI 总线相比，PCIe 总线的主要改进有如下几点。

(1) 高速差分传输。与 PCI 总线使用的单端信号对地传输方式相比，PCIe 总线改用差分信号进行数据传送，一个信号由 D+和 D–两根信号线传输，信号接收端通过比较这两个信号的差值判断发送端发送的是逻辑"1"还是逻辑"0"。由于外部干扰噪声将同时附加到 D+和 D–两根信号上，因而在理论上并不影响二者的差值，对外界的电磁干扰也比较小。因此差分信号抗干扰的能力更强，可以使用更高的总线频率。PCIe 总线还引入了嵌入时钟技术，发送端不向接收端传输时钟信号，而是通过 8b/10b 或 128b/130b 编码将时钟信息嵌入数据信号中，接收端可以从数据中恢复出时钟。

(2) 串行传输。由于并行传输方式使用更多的信号线进行传输，因而理论上并行传输的速率比串行传输更高。但是并行总线通常需要在系统底板上进行复杂的走线，随着信号传输速度的提高，不同长度或在 PCB 板不同层布放的导线引起的定时偏差的影响和并行导线之间存在的相互干扰变得越来越严重，限制了信号传输的最高速率。而串行传输方式在每个方向只有一个差分信号，且时钟信息嵌入在数据信号中，故不会出现定时偏移。因此，串行信号在有些情况下传输速度反而更高。与 USB 总线和 SATA 接口类似，PCIe 总线也采用串行传输方式替代 PCI 总线的并行传输方式。

(3) 全双工端到端连接。与 PCI 的共享总线模式不同，PCIe 链路使用端到端的数据传送方式，每一通道(Lane)只能连接两个设备，设备之间通过双向的链路相连接，每个传输通道独享带宽。如图 6.19 所示，PCIe 总线的物理链路的一个通道由两组差分信号组成，发送端的发送器与接收端的接收器通过一对儿差分信号连接，接收端的发送器与发送端的接收器通过另外一对儿差分信号连接。PCIe 支持全双工通信，允许在同一时刻同时进行数据发送和接收。

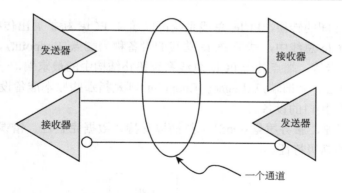

图 6.19　PCIe 总线通道的物理结构

（4）基于多通道的数据传递方式。一个 PCIe 链路可以由多条通道组成，目前可支持×1、×2、×4、×8、×12、×16 和×32 宽度的 PCIe 链路。不同的 PCIe 总线规范所定义的总线频率和链路编码方式并不相同，PCIe 1.0 规范中，×1 单通道单向传输带宽可达到 250MB/s。多通道设计增加了灵活性，较慢的设备可以分配较少的通道。

（5）基于数据包的传输。作为串行通信总线，PCIe 所有的数据都是以数据包为单位进行传输的。一个完整的 PCIe 体系结构由上到下包括应用层、事务层、数据链路层和物理层，如图 6.20 所示。

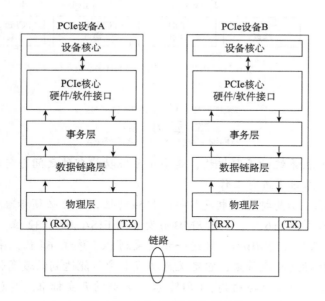

图 6.20　PCIe 总线的体系结构

图 6.21 为 PCIe 总线的拓扑结构实例。可以看出，PCIe 总线上包括四类实体：根复合体、交换器、PCIe 桥和端点。**根复合体**（Root Complex）是 PCIe 的根控制器，将处理器/内存子系统连接到 PCIe 交换结构。一个根复合体可能包含多个 PCIe 端口，可将多个交换器连接到根复合体或级联的端口。PCIe 总线采用基于交换的技术，**交换器**（Switch）可以扩展 PCIe 总线，PCIe 总线系统可以通过交换器连接多个 PCIe 设备。**PCIe 桥**（PCIe brige）负责

PCIe 和其他总线之间的转换，PCIe 总线系统可以通过 PCIe 桥扩展出传统的 PCI 总线或 PCI-X 总线。在 PCIe 总线中，基于 PCIe 总线的设备称为端点(Endpoint)，如 PCIe 接口网卡、串口卡、存储卡等。端点处于 PCIe 总线系统拓扑结构中的最末端，一般作为总线操作的发起者或者终结者，老旧端点(Legacy Endpoint)则是指那些原本准备设计用于 PCI-X 总线但却被改为 PCIe 接口的设备。

此外，电源管理、服务质量(QoS)、热插拔支持、数据完整性、错误处理机制等也是 PCIe 总线所支持的高级特征。

InfiniBand
标准

InfiniBand
通信协
议栈

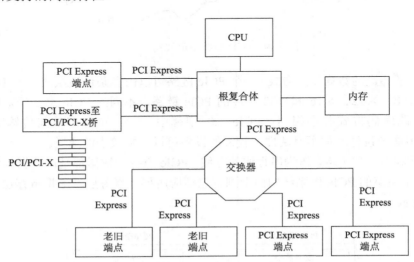

图 6.21   PCIe 总线的拓扑结构实例

本 章 小 结

总线是构成计算机系统的互联机构，是多个系统功能部件之间进行数据传送的公共通道，并在争用资源的基础上进行工作。

总线有物理特性、功能特性、电气特性、机械特性，因此必须标准化。微型计算机系统的标准总线从 ISA 总线(16 位，带宽 8MB/s)发展到 EISA 总线(32 位，带宽 33.3MB/s)和 VESA 总线(32 位，带宽 132MB/s)，又进一步发展到 PCI 总线(64 位，带宽 264MB/s)。衡量总线性能的重要指标是总线带宽，它定义为总线本身所能达到的最高传输速率。

当代流行的标准总线追求与结构、CPU、技术无关的开发标准。其总线内部结构包含：①数据传送总线(由地址线、数据线、控制线组成)；②仲裁总线；③中断和同步总线；④公用线(电源、地线、时钟、复位等信号线)。

计算机系统中，根据应用条件和硬件资源不同，信息的传输方式可采用：①并行传送；②串行传送；③复用传送。

各种外围设备必须通过 I/O 接口与总线相连。I/O 接口是指 CPU、主存、外围设备之间通过总线进行连接的逻辑部件。接口部件在它动态联结的两个功能部件间起着缓冲器和转换器的作用，以便实现彼此之间的信息传送。

　　总线仲裁是总线系统的核心问题之一。为了解决多个主设备同时竞争总线控制权的问题，必须具有总线仲裁部件。它通过采用优先级策略或公平策略，选择其中一个主设备作为总线的下一次主方，接管总线控制权。按照总线仲裁电路的位置不同，总线仲裁分为集中式仲裁和分布式仲裁。集中式仲裁方式必有一个中央仲裁器，它受理所有功能模块的总线请求，按优先原则或公平原则进行排队，然后仅给一个功能模块发出授权信号。分布式仲裁不需要中央仲裁器，每个功能模块都有自己的仲裁号和仲裁器。

　　总线定时是总线系统的核心问题之一。为了同步主方、从方的操作，必须制订定时协议，通常采用同步定时与异步定时两种方式。在同步定时协议中，事件出现在总线上的时刻由总线时钟信号来确定，总线周期的长度是固定的。在异步定时协议中，后一事件出现在总线上的时刻取决于前一事件的出现时刻，即建立在应答式或互锁机制基础上，不需要统一的公共时钟信号。在异步定时中，总线周期的长度是可变的。

　　当代的总线标准大都能支持以下数据传送模式：①读/写操作；②块传送操作；③写后读、读修改写操作；④广播、广集操作。

　　PCI 总线是当前实用的总线，是一个高带宽且与处理器无关的标准总线，又是重要的层次总线。它采用同步定时协议和集中式仲裁策略，并具有自动配置能力。PCI 适合于低成本的小系统，因此在微型机系统中得到了广泛的应用。PCI 总线的升级版 PCIe 总线在许多方面进行了改进，其性能得到大幅度提升。

习　　题

1. 比较单总线、多总线结构的性能特点。

2. 说明总线结构对计算机系统性能的影响。

3. 用异步通信方式传送字符 "A" 和 "8"，数据有 7 位，偶校验 1 位，起始位 1 位，停止位 1 位，请分别画出波形图。

4. 总线上挂两个设备，每个设备能收能发，还能从电气上和总线断开，画出逻辑图，并作简要说明。

5. 画出菊花链方式的优先级判决逻辑电路图。

6. 画出独立请求方式的优先级判决逻辑电路图。

7. 画出分布式仲裁器逻辑电路图。

8. 同步通信之所以比异步通信具有较高的传输频率，是因为同步通信_____。

　　A. 不需要应答信号

　　B. 总线长度较短

　　C. 用一个公共时钟信号进行同步

　　D. 各部件存取时间比较接近

9. 在集中式总线仲裁中，_____方式响应时间最快，_____方式对_____最敏感。

　　A. 菊花链　　　B. 独立请求　　　C. 电路故障　　　D. 计数器定时查询

10. 采用串行接口进行 7 位 ASCII 码传送，带有一位奇校验位、1 位起始位和 1 位停止位，当波特率为 9600 波特时，字符传送速率为_____。

　　A. 960　　　　　　　B. 873　　　　　　　C. 1371　　　　　　　D. 480

11. 系统总线中地址线的功能是_____。

   A. 选择主存单元地址　　　B. 选择进行信息传输的设备

   C. 选择外存地址　　　　　D. 指定主存和 I/O 设备接口电路的地址

12. 系统总线中控制线的功能是_____。

   A. 提供主存、I/O 接口设备的控制信号和响应信号　　B. 提供数据信息

   C. 提供时序信号　　D. 提供主存、I/O 接口设备的响应信号

13. 说明存储器总线周期与 I/O 总线周期的异同点。

14. PCI 是一个与处理器无关的_____，它采用_____时序协议和_____式仲裁策略，并具有_____能力。

   A. 集中　　　B. 自动配置　　　C. 同步　　　D. 高速外围总线

15. PCI 总线的基本传输机制是猝发式传送。利用_____可以实现总线间的_____传送，使所有的存取都按 CPU 的需要出现在总线上。PCI 允许_____总线_____工作。

   A. 桥　　　　B. 猝发式　　　C. 并行　　　D. 多条

16. InfiniBand 是一个高性能的_____标准，数据传输率达_____，它可连接_____台服务器，适合于高成本的_____计算机的系统。

   A. I/O　　　B. 30GB/s　　　C. 64000　　　D. 较大规模

17. PCI 总线中三种桥的名称是什么？它们的功能是什么？

18. 何谓分布式仲裁？画出逻辑结构示意图进行说明。

19. 总线的一次信息传送过程大致分哪几个阶段？若采用同步定时协议，请画出读数据的同步时序图。

20. 某总线在一个总线周期中并行传送 8 字节的信息，假设一个总线周期等于一个总线时钟周期，总线时钟频率为 70MHz，总线带宽是多少？

21. 比较 PCI 总线和 PCIe 标准的性能特点。

第 **7** 章

外 围 设 备

外围设备的功能是在计算机和其他机器之间，以及计算机与用户之间提供联系。从某种意义上讲，外围设备的地位越来越重要。本章重点介绍外存设备，包括硬磁盘、可移动磁盘、磁带和光盘。

7.1 外围设备概述

7.1.1 外围设备的一般功能

外围设备这个术语涉及相当广泛的计算机部件。事实上，除了 CPU 和主存外，计算机系统的每一部分都可作为一个外围设备来看待。

20 世纪末，主机与外围设备的价格比为 1：6。这种情况表明：一方面，在计算机的发展中，外围设备的发展占有重要地位；另一方面，外围设备的发展同主机的发展还不相适应。尽管如此，外围设备还是得到了较快的发展。在指标上，外围设备不断采用新技术，向低成本、小体积、高速、大容量、低功耗等方面发展。在结构上，由初级的串行操作输入/输出方式，发展到有通道连接的多种外设并行操作方式。在种类上，由简单的输入/输出装置，发展到多种输入/输出装置、随机存取大容量外存、多种终端设备，等等。在性能上，信息交换速度大大提高，输入输出形态不仅有数字形式，还有直观的图像和声音等形式。

外围设备的功能是在计算机和其他机器之间，以及计算机与用户之间提供联系。没有外围设备的计算机就像缺乏五官四肢的人一样，既不能从外界接收信息，又不能对处理的结果做出表达和反应。随着计算机系统的飞速发展和应用的扩大，系统要求外围设备类型越来越多，外围设备智能化的趋势越来越明显，特别是出现多媒体技术以后。毫无疑问，随着科学技术的发展，提供人-机联系的外围设备将会变成计算机真正的"五官四肢"。

一般说来，外围设备由三个基本部分组成。

(1)存储介质，具有保存信息的物理特征。例如，磁盘，用记录在盘上的磁化元表示信息。

(2)驱动装置，用于移动存储介质。例如，磁盘设备中，驱动装置用于转动磁盘并进行定位。

(3)控制电路，向存储介质发送数据或从存储介质接收数据。例如，磁盘读出时，控制电路把盘上用磁化元形式表示的信息转换成计算机所需要的电信号，并把这些信号用电缆送给计算机主机。

7.1.2　外围设备的分类

一个计算机系统配备什么样的外围设备，是根据实际需要来决定的。图7.1示出了计算机的五大类外围设备，这只是一个典型化了的计算机环境。

如图7.1所示，中央部分是CPU和主存，通过系统总线与第二层的适配器（接口）部件相连，第三层是各种外围设备控制器，最外层则是外围设备。

7.1

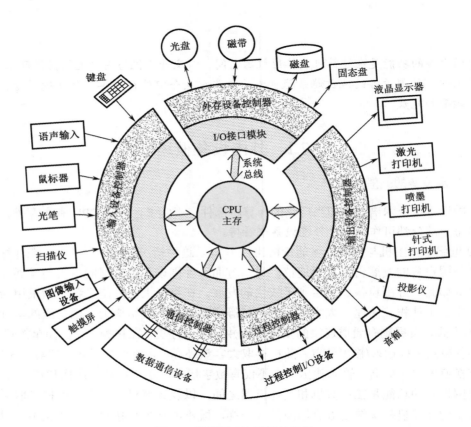

图7.1　计算机 I/O 系统结构图

外围设备可分为输入设备、输出设备、外存设备、数据通信设备和过程控制设备几大类。表7.1列出了各种 I/O 设备名称、功能及数据传输速率。

表7.1　计算机各种 I/O 设备的名称、功能及数据速率

设备名称	功能	人/机接口	数据速率（Mbit/s）
键盘	输入	人	0.0001
鼠标	输入	人	0.0038
语音输入设备	输入	人	0.2640
声音输入设备	输入	机器	3.0000

续表

设备名称	功能	人/机接口	数据速率(Mbit/s)
扫描仪	输入	人	3.2000
语音输出设备	输出	人	0.2640
声音输出设备	输出	人	8.0000
激光打印机	输出	人	3.2000
图形显示器	输出	人	800.0000～8000.0000
调制解调器	输入或输出	机器	0.0160～0.0640
网络/局域网	输入或输出	机器	100.0000～1000.0000
网络/无线局域网	输入或输出	机器	11.0000～54.0000
光盘	存储	机器	80.0000
磁带	存储	机器	32.0000
磁盘	存储	机器	240.0000～2560.0000

每一种外围设备,都是在它自己的设备控制器控制下进行工作的,而设备控制器则通过 I/O 接口和主机连接,并受主机控制。

思考题 为什么外围设备不能直接连接到 CPU 上?各种外围设备的设备控制器结构相同吗?

7.2 磁盘存储设备

7.2.1 磁记录原理

计算机的外存储器又称磁表面存储设备。所谓磁表面存储,是用某些磁性材料薄薄地涂在金属铝或塑料表面作载磁体来存储信息。磁盘存储器、磁带存储器均属于磁表面存储器。

磁表面存储器的优点:①存储容量大,位价格低;②记录介质可以重复使用;③记录信息可以长期保存而不丢失,甚至可以脱机存档;④非破坏性读出,读出时不需要再生信息。当然,磁表面存储器也有缺点,主要是存取速度较慢,机械结构复杂,对工作环境要求较高。

磁表面存储器由于存储容量大,位成本低,在计算机系统中作为辅助大容量存储器使用,用以存放系统软件、大型文件、数据库等大量程序与数据信息。

1. 磁性材料的物理特性

在计算机中,用于存储设备的磁性材料,是一种具有矩形磁滞回线的磁性材料。这种磁性材料在外加磁场的作用下,其磁感应强度 B 与外加磁场 H 的关系,可用矩形磁滞回线来描述,如图 7.2 所示。

从磁滞回线可以看出,磁性材料被磁化以后,工作点总

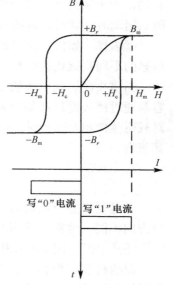

7.2

图 7.2 磁性材料的磁滞回线

是在磁滞回线上。只要外加的正向脉冲电流(即外加磁场)幅度足够大,那么在电流消失后磁感应强度 B 并不等于零,而是处在 $+B_r$ 状态(正剩磁状态)。反之,当外加负向脉冲电流时,磁感应强度 B 将处在 $-B_r$ 状态(负剩磁状态)。这就是说,当磁性材料被磁化后,会形成两个稳定的剩磁状态,就像触发器电路有两个稳定的状态一样。利用这两个稳定的剩磁状态,可以表示二进制代码 1 和 0。如果规定用 $+B_r$ 状态表示代码"1", $-B_r$ 状态表示代码"0",那么要使磁性材料记忆"1",就要加正向脉冲电流,使磁性材料正向磁化;要使磁性材料记忆"0",则要加负向脉冲电流,使磁性材料反向磁化。磁性材料上呈现剩磁状态的地方形成了一个磁化元或存储元,它是记录一个二进制信息位的最小单位。

2. 磁表面存储器的读写原理

在磁表面存储器中,利用一种称为"磁头"的装置来形成和判别磁层中的不同磁化状态。换句话说,写入时,利用磁头使载磁体(盘片)具有不同的磁化状态,而在读出时又利用磁头来判别这些不同的磁化状态。磁头实际上是由软磁材料做铁芯绕有读写线圈的电磁铁,如图 7.3 所示。

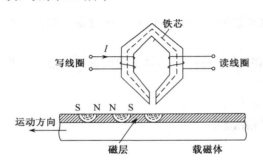

图 7.3　磁头在磁表面存储信息原理

写操作　当写线圈中通过一定方向的脉冲电流时,铁芯内就产生一定方向的磁通。由于铁芯是高导磁率材料,而铁芯空隙处为非磁性材料,故在铁芯空隙处集中很强的磁场。如图 7.3 所示,在这个磁场作用下,载磁体就被磁化成相应极性的磁化位或磁化元。若在写线圈里通入相反方向的脉冲电流,就可得到相反极性的磁化元。如果我们规定按图中所示电流方向为写"1",那么写线圈里通以相反方向的电流时即为写"0"。上述过程称为"写入"。

显然,一个磁化元就是一个存储元,一个磁化元中存储一位二进制信息。当载磁体相对于磁头运动时,就可以连续写入一连串的二进制信息。

读操作　如何读出记录在磁表面上的二进制代码信息呢?也就是说,如何判断载磁体上信息的不同剩磁状态呢?

当磁头经过载磁体的磁化元时,由于磁头铁芯是良好的导磁材料,磁化元的磁力线很容易通过磁头而形成闭合磁通回路。不同极性的磁化元在铁芯里的方向是不同的。当磁头对载磁体作相对运动时,由于磁头铁芯中磁通的变化,使读出线圈中感应出相应的电动势 e,其值为

$$e = -k\frac{\mathrm{d}\phi}{\mathrm{d}t} \tag{7.1}$$

负号表示感应电势的方向与磁通的变化方向相反。不同的磁化状态,所产生的感应电势方向不同。这样,不同方向的感应电势经读出放大器放大鉴别,就可判知读出的信息是"1"还是"0"。图 7.4 示出了记录方式的写读过程波形图。

归纳起来,通过电-磁变换,利用磁头写线圈中的脉冲电流,可把一位二进制代码转换成载磁体存储元的不同剩磁状态;反之,通过磁-电变换,利用磁头读出线圈,可将由存储元的不同剩磁状态表示的二进制代码转换成电信号输出。这就是磁表面存储器存取信息的原理。

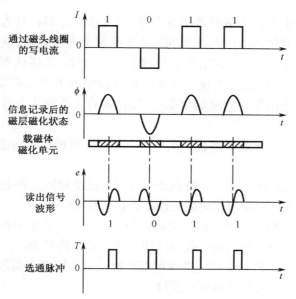

7.4

图 7.4 记录方式的写读波形图

磁层上的存储元被磁化后，它可以供多次读出而不被破坏。当不需要这批信息时，可通过磁头把磁层上所记录的信息全部抹去，称为写"0"。通常，写入和读出是合用一个磁头，故称为读写磁头。每个读写磁头对应着一个信息记录磁道。

7.2.2 磁盘的组成和分类

硬磁盘是指记录介质为硬质圆形盘片的磁表面存储器。其逻辑结构如图 7.5 所示。此图中未反映出寻址机构，而仅仅表示了存取功能的逻辑结构，它主要由磁记录介质、磁盘控制器、磁盘驱动器三大部分组成。磁盘控制器包括控制逻辑与时序、数据并-串变换电路和串-并变换电路。磁盘驱动器包括写入电路与读出电路、读写转换开关、读写磁头与磁头定位伺服系统等。

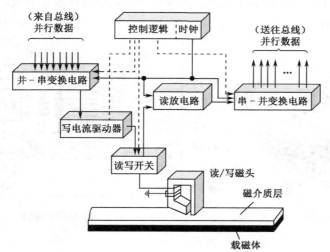

7.5

图 7.5 硬磁盘逻辑结构图

写入时，将计算机并行送来的数据取至并-串变换寄存器，变为串行数据，然后一位一位地由写电流驱动器作功率放大并加到写磁头线圈上产生电流，从而在盘片磁层上形成按位的磁化存储元。读出时，当记录介质相对磁头运动时，位磁化存储元形成的空间磁场在读磁头线圈中产生感应电势，此读出信息经放大检测就可还原成原来存入的数据。由于数据是一位一位串行读出的，故要送至串-并变换寄存器变换为并行数据，再并行送至计算机。

硬磁盘按盘片结构，分成可换盘片式与固定盘片式两种；磁头也分为可移动磁头和固定磁头两种。

可移动磁头固定盘片的磁盘机　特点是一片或一组盘片固定在主轴上，盘片不可更换。盘片每面只有一个磁头，存取数据时磁头沿盘面径向移动。

固定磁头磁盘机　特点是磁头位置固定，磁盘的每一个磁道对应一个磁头，盘片不可更换。优点是存取速度快，省去磁头找道时间，缺点是结构复杂。

可移动磁头可换盘片的磁盘机　盘片可以更换，磁头可沿盘面径向移动。优点是盘片可以脱机保存，同种型号的盘片具有互换性。

温彻斯特磁盘机　温彻斯特磁盘简称温盘，是一种采用先进技术研制的可移动磁头固定盘片的磁盘机。它是一种密封组合式的硬磁盘，即磁头、盘片、电机等驱动部件乃至读写电路等组装成一个不可随意拆卸的整体。工作时，高速旋转在盘面上形成的气垫将磁头平稳浮起。优点是防尘性能好，可靠性高，对使用环境要求不高，成为最有代表性的硬磁盘存储器。而普通的硬磁盘要求具有超净环境，只能用于大型计算机中。

常用的温盘盘片直径有 5.25 英寸、3.5 英寸、2.5 英寸、1.75 英寸等几种。

思考题　温盘的发明具有划时代意义，你能说说为什么吗？

7.2.3　磁盘驱动器和控制器

磁盘驱动器　它是一种精密的电子和机械装置，因此各部件的加工安装有严格的技术要求。对温盘驱动器，还要求在超净环境下组装。各类磁盘驱动器的具体结构虽然有差别，但基本结构相同，主要由定位驱动系统、主轴系统和数据转换系统组成。图 7.6 是磁盘驱动器外形和结构示意图。

7.6

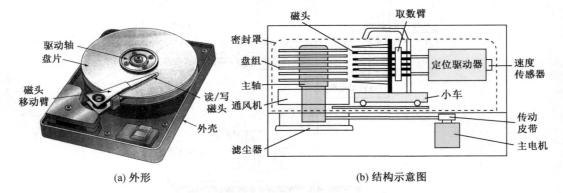

(a) 外形　　　　　　　　　　(b) 结构示意图

图 7.6　磁盘驱动器

在可移动磁头的磁盘驱动器中，驱动磁头沿盘面径向位置运动以寻找目标磁道位置的机构称为磁头定位驱动系统，它由驱动部件、传动部件、运载部件(磁头小车)组成。当磁盘存取数据时，磁头小车的平移运动驱动磁头进入指定磁道的中心位置，并精确地跟踪该磁道。目前磁头小车的驱动方式主要采用步进电机和音圈电机两种。步进电机靠脉冲信号驱动，控制简单，整个驱动定位系统是开环控制，因此定位精度较低，一般用于道密度不高的硬磁盘驱动器。音圈电机是线性电机，可以直接驱动磁头作直线运动，整个驱动定位系统是一个带有速度和位置反馈的闭环控制系统，驱动速度快，定位精度高，因此用于较先进的磁盘驱动器。

主轴系统的作用是安装盘片，并驱动它们以额定转速稳定旋转。其主要部件是主轴电机和有关控制电路。

数据转换系统的作用是控制数据的写入和读出，包括磁头、磁头选择电路、读写电路以及索引、区标电路等。

磁盘控制器 它是主机与磁盘驱动器之间的接口，电路板实物如图 7.7(a) 所示。由于磁盘存储器是高速外存设备，故与主机之间采用成批交换数据方式。作为主机与驱动器之间的控制器，它需要有两个方面的接口：一个是与主机的接口，控制外存与主机总线之间交换数据；另一个是与设备的接口，根据主机命令控制设备的操作。前者称为系统级接口，后者称为设备级接口。

主机与磁盘驱动器交换数据的控制逻辑见图 7.7(b)。磁盘上的信息经读磁头读出以后送读出放大器，然后进行数据与时钟的分离，再进行串–并变换、格式变换，最后送入数据缓冲器，经 DMA(直接存储器传送)控制将数据传送到主机总线。

(a) 电路板

7.7

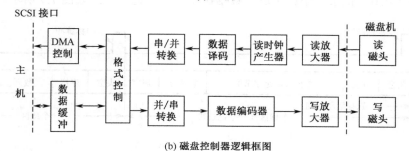

(b) 磁盘控制器逻辑框图

图 7.7 磁盘控制器

我们看到，磁盘控制器的功能全部转移到设备中，主机与设备之间采用标准的通用接口，如 SCSI 接口(小型计算机系统接口)，从而使设备相对独立。

7.2.4   磁盘上信息的分布

盘片的上下两面都能记录信息，通常把磁盘片表面称为记录面。记录面上一系列同心圆称为磁道。每个盘片表面通常有几百到几千个磁道，每个磁道又分为若干个扇区，如图 7.8 所示。从图中看出，外面扇区比里面扇区面积要大。磁盘上的这种磁道和扇区的排列称为格式。

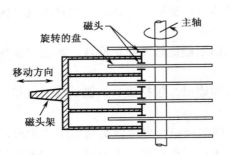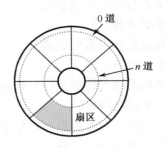

图 7.8　扇区示意图

磁道的编址是从外向内依次编号，最外一个同心圆称为 0 磁道，最里面的一个同心圆称为 n 磁道，n 磁道里面的圆面积并不用来记录信息。扇区的编号有多种方法，可以连续编号，也可间隔编号。磁盘记录面经这样编址后，就可用 n 磁道 m 扇区的磁盘地址找到实际磁盘上与之相对应的记录区。除了磁道号和扇区号，还有记录面的面号，以说明本次处理是在哪一个记录面上。例如，对活动头磁盘组来说，磁盘地址是由记录面号（也称磁头号）、磁道号和扇区号三部分组成的。

在磁道上，信息是按区存放的，每个区中存放一定数量的字或字节，各个区存放的字或字节数是相同的。为进行读/写操作，要求定出磁道的起始位置，这个起始位置称为索引。索引标志在传感器检索下可产生脉冲信号，再通过磁盘控制器处理，便可定出磁道起始位置。

磁盘存储器的每个扇区记录定长的数据，因此读/写操作是以扇区为单位一位一位串行进行的。每一个扇区记录一个记录块。数据在磁盘上的记录格式如图 7.9 所示。

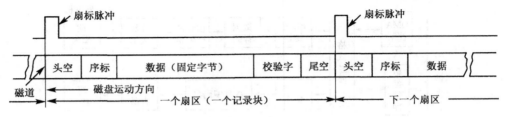

图 7.9　数据在磁盘上的记录格式

每个扇区开始时由磁盘控制器产生一个扇标脉冲。扇标脉冲的出现即标志一个扇区的开始。两个扇标脉冲之间的一段磁道区域即为一个扇区（一个记录块）。每个记录块由头部空白段、序标段、数据段、校验字段及尾部空白段组成。其中空白段用来留出一定的时间作为磁盘控制器的读写准备时间，序标被用来作为磁盘控制器的同步定时信号。序标之后即为本扇区所记录的数据。数据之后是校验字，它用来校验磁盘读出的数据是否正确。

7.2.5 磁盘存储器的技术指标

磁盘存储器的主要技术指标包括存储密度、存储容量、存取时间及数据传输率。

存储密度 存储密度分道密度、位密度和面密度。道密度是沿磁盘半径方向单位长度上的磁道数，单位为道/英寸。位密度是磁道单位长度上能记录的二进制代码位数，单位为位/英寸。面密度是位密度和道密度的乘积，单位为位/英寸^2。

存储容量 一个磁盘存储器所能存储的字节总数，称为磁盘存储器的存储容量。存储容量有格式化容量和非格式化容量之分。格式化容量是指按照某种特定的记录格式所能存储信息的总量，也就是用户可以真正使用的容量。非格式化容量是磁记录表面可以利用的磁化单元总数。将磁盘存储器用于某计算机系统中，必须首先进行格式化操作，然后才能供用户记录信息。格式化容量一般是非格式化容量的 60%～70%，3.5 英寸的硬盘容量可达数十 TB。

平均寻址时间 寻址时间是指从读写命令发出后，磁头从某一起始位置移动至新的记录位置，再到磁道上需要访问的扇区移动到磁头下方所需的时间。这段时间包括寻道时间和等待时间。磁盘接到读/写指令后将磁头定位至所要访问的磁道上所需的时间，称为**寻道时间**或找道时间、定位时间。寻道完成后，磁道上需要访问的扇区移动到磁头下方所需的时间，称为**等待时间**或寻区时间、潜伏期、旋转延迟。这两个时间都是随机变化的，因此往往使用平均值来表示。平均寻道时间是最大寻道时间与最小寻道时间的平均值，一般由厂家给出，目前典型的平均寻道时间小于 10ms。平均等待时间和磁盘转速有关，它用磁盘旋转一周所需时间的一半来表示。若 r 表示磁盘旋转速率，单位是转/秒，则平均等待时间为 $1/(2r)$。转速为 7200 转/分的磁盘的平均等待时间约为 4.16ms。

平均存取时间 存取（访问）时间是从读/写指令发出到开始第一笔数据读/写时所用的平均时间，包括寻道时间、等待时间及相关的内务操作时间。内务操作时间一般很短（一般在 0.2ms 左右），可忽略不计。故平均访问时间近似等于平均寻道时间+平均等待时间，即平均寻址时间。

因此，总的平均读写操作时间 T_a 可表示为

$$T_a = T_s + \frac{1}{2r} + \frac{b}{rN} \tag{7.2}$$

式中，T_s 表示平均寻道时间，b 表示传送的字节数，N 表示每磁道字节数，$b/(rN)$ 表示数据传输时间。

数据传输率 磁盘存储器在单位时间内向主机传送数据的字节数，称为数据传输率。现代磁盘设备通常会配置磁盘 cache，单位时间内从硬盘 cache 向主机传送的数据信息量称为外部数据传输率，与磁盘的接口类型和磁盘缓存大小有关。从主机接口逻辑考虑，应有足够快的传送速度向设备发送或从设备接收信息。在磁盘存储器盘片上读写数据的速率则称为内部数据传输率，即磁头找到要访问的位置后，单位时间读/写的字节数，等于每个磁道上的字节数/磁盘旋转一周的时间。设磁盘旋转速度为 n 转/秒，每条磁道容量为 N 字节，则内部数据传输率为

$$D_r=nN\text{(字节/秒)}\qquad 或\qquad D_r=D\cdot v\text{(字节/秒)}\qquad(7.3)$$

其中，D 为位密度，v 为磁盘旋转的线速度。

磁盘存储器的数据传输率可达几十兆字节/秒。

【例 7.1】 磁盘组有 6 片磁盘，每片有两个记录面，最上最下两个面不用。存储区域内径 22cm，外径 33cm，道密度为 40 道/cm，内层位密度 400 位/cm，转速 6000 转/分。问：

(1) 共有多少柱面？

(2) 盘组总存储容量是多少？

(3) 内部数据传输率是多少？

(4) 采用定长数据块记录格式，直接寻址的最小单位是什么？寻址命令中如何表示磁盘地址？

(5) 如果某文件长度超过一个磁道的容量，应将它记录在同一个存储面上，还是记录在同一个柱面上？

解 (1) 有效存储区域=16.5–11=5.5(cm)

因为道密度=40 道/cm，所以 40×5.5=220 道，即 220 个圆柱面。

(2) 内层磁道周长为 $2\pi R$=2×3.14×11=69.08(cm)

每道信息量=400 位/cm×69.08cm=27632 位=3454B

每面信息量=3454B×220=759880B

盘组总容量=759880B×10=7598800B

(3) 磁盘内部数据传输率 $D_r=rN$

N 为每条磁道容量，N=3454B

r 为磁盘转速，r=6000 转/60 秒=100 转/秒

$$D_r=rN=100×3454B=345400B/s$$

(4) 采用定长数据块格式，直接寻址的最小单位是一个记录块(一个扇区)，每个记录块记录固定字节数目的信息，在定长记录的数据块中，活动头磁盘组的编址方式可用如下格式：

17	16	15	8	7	4	3	0
台 号		柱面(磁道)号		盘面(磁头)号		扇 区 号	

此地址格式表示有 4 台磁盘，每台有 16 个记录面，每面有 256 个磁道，每道有 16 个扇区。

(5) 如果某文件长度超过一个磁道的容量，应将它记录在同一个柱面上，因为不需要重新找道，数据读/写速度快。

7.2.6 磁盘 cache

1) 磁盘 cache 的概念

随着微电子技术的飞速发展，CPU 的速度每年增长 1 倍左右，主存芯片容量和磁盘驱动器的容量每 1.5 年增长 1 倍左右。但磁盘驱动器的存取时间没有出现相应的下降，仍停留在毫秒(ms)级。而主存的存取时间为纳秒(ns)级，两者速度差别十分突出，因此磁盘 I/O 系统成为整个系统的瓶颈。为了减少存取时间，可采取的措施有：提高磁盘机主轴转速，

提高 I/O 总线速度，采用磁盘 cache（磁盘缓存）等。

主存和 CPU 之间设置高速缓存 cache 是为了弥补主存和 CPU 之间速度上的差异。同样，磁盘 cache 是为了弥补慢速磁盘和主存之间速度上的差异。

2）磁盘 cache 的原理

在磁盘 cache 中，由一些数据块组成的一个基本单位称为 cache 行。当一个 I/O 请求送到磁盘驱动时，首先搜索驱动器上的高速缓冲行是否已写上数据？如果是读操作，且要读的数据已在 cache 中，则为命中，可从 cache 行中读出数据，否则需从磁盘介质上读出。写入操作和 CPU 中的 cache 类似，有"直写"和"写回"两种方法。

磁盘 cache 利用了被访问数据的空间局部性和时间局部性原理。空间局部性是指当某些数据被存取时，该数据附近的其他数据可能也将很快被存取；时间局部性是指当一些数据被存取后，不久这些数据还可能再次存取。因此现在大多数磁盘驱动器中都使用了预读策略，而根据局部性原理预取一些不久将可能读入的数据放到磁盘 cache 中。

CPU 的 cache 存取时间一般小于 10ns，命中率 95%以上，全用硬件来实现。磁盘 cache 一次存取的数量大，数据集中，速度要求较 CPU 的 cache 低，管理工作较复杂，因此一般由硬件和软件共同完成。其中 cache 采用 SRAM 或 DRAM。

7.2.7 磁盘阵列 RAID

RAID 最早称为廉价冗余磁盘阵列，后来改为独立冗余磁盘阵列，它是用多台磁盘存储器组成的大容量外存系统。其构造基础是利用数据分块技术和并行处理技术，在多个磁盘上交错存放数据，使之可以并行存取。在 RAID 控制器的组织管理下，可实现数据的并行存储、交叉存储、单独存储。由于阵列中的一部分磁盘存有冗余信息，一旦系统中某一磁盘失效，可以利用冗余信息重建用户信息。

RAID 是 1988 年由美国加州大学伯克利分校一个研究小组提出的，它的设计理念是用多个小容量磁盘代替一个大容量磁盘，并用分布数据的方法能够同时从多个磁盘中存取数据，因而改善了 I/O 性能，增加了存储容量，现已在超级或大型计算机中使用。

工业上制定了一个称为 RAID 的标准，它分为 7 级（RAID 0～RAID 6）。这些级别不是表示层次关系，而是指出了不同存储容量、可靠性、数据传输能力、I/O 请求速率等方面的应用需求。

下面以 RAID 0 级为例来说明。考虑到低成本比可靠性更重要，RAID 0 未采用奇偶校验等冗余技术。RAID 0 用于高速数据传输和高速 I/O 请求。

对 RAID 0，用户和系统数据分布在阵列中的所有磁盘上。与单个大容量磁盘相比，其优点是：如果两个 I/O 请求正在等待两个不同的数据块，则被请求的块有可能在不同的盘上。因此，两个请求能够并行发出，减少了 I/O 排队的时间。

图 7.10 表示使用磁盘阵列管理软件在逻辑磁盘和物理磁盘间进行映射。此软件可在磁盘子系统或主机上运行。

所有的用户数据和系统数据都被看成是逻辑条带，存储在一个逻辑磁盘上。而实际物理磁盘也以条带形式划分，每个条带是一些物理的块、扇区或其他单位。数据条带以轮转方式映射到连续的阵列磁盘中。每个磁盘映射一条带，一组逻辑连续条带称为条带集。在一个有 n 个磁盘的阵列中，第 1 组的 n 个逻辑条带依次物理地存储在 n 个磁盘的第 1 个条带上，构成第 1 个条带集；第 2 组的 n 个逻辑条带分布在每个磁盘的第 2 个条带上；依次类推。这种布局的优点是，如果单个 I/O 请求由多个逻辑相邻的条带组成，则对多达 n 个条带的请求可以并行处理，从而大大减少了 I/O 的传输时间。

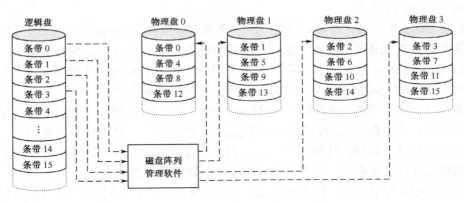

图 7.10　RAID 0 级阵列的数据映射

7.3　磁带存储设备

　　磁带机的记录原理与磁盘机基本相同，只是它的载磁体是一种带状塑料，称为磁带。写入时可通过磁头把信息代码记录在磁带上。当记录有代码的磁带在磁头下移动时，就可在磁头线圈上感应出电动势，即读出信息代码。磁带存储设备由磁带机和磁带两部分组成，它通常用作为海量存储设备的数据备份。

　　磁带速度比磁盘速度慢，原因是磁带上的数据采用顺序访问方式，而磁盘则采用随机访问方式。

　　目前的磁带技术有如下几种类型。

　　1) 1/4 英寸磁带 (QIC)

　　1/4 英寸磁带看起来像家用录音带一样，内部有供带轮和收带轮。不同的是，QIC 标准有 36～72 条磁道，数据并行记录，存储容量为 80MB～1.2GB。最新技术通过增加磁带的长度和宽度，使磁带的存储容量达到 4GB。

　　QIC 磁带驱动器使用 3 个磁头，即一个读磁头两侧各有一个写磁头，如图 7.11 所示。这种设计使磁带驱动器能在磁带往两个方向上运动时，都可以确认刚写入的数据。在规定的记录方式下，磁带以 100 英寸/秒的速度移动。

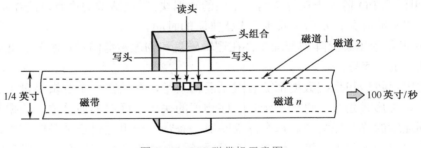

图 7.11　QIC 磁带机示意图

磁带机的数据传输率 D 可用下式表示：

$$D = d \cdot v \tag{7.4}$$

其中，d 表示记录密度（单位长度上的存储信息量），v 表示走带速度。

2）数码音频磁带（DAT）

DAT 是数码音频磁带的英文缩写，它采用旋转扫描技术。DAT 的存储容量最大达到 12GB。与 QIC 相比，价格上比较昂贵。

3）8mm 磁带

8mm 磁带最初为视频行业设计，现已被计算机行业采用，被认为是存储大量计算机数据的可靠方式。8mm 磁带与 DAT 磁带在结构上类似，但是最大存储容量可达 25GB。

4）数码线性磁带（DLT）

DLT 是数码线性磁带的英文缩写，它是半英寸宽的磁带，比 8mm 磁带宽 60%，比 QIC 磁带宽 2 倍。因此 DLT 磁带提供所有磁带类型的存储容量，最大可以达到 35GB。

7.4 光盘和磁光盘存储设备

7.4.1 光盘存储设备

目前的光盘有 CD-ROM、WORM、CD-R、CD-RW、DVD-ROM 等类型。

1. CD-ROM 光盘

CD-ROM 是只读型光盘，一张光盘容量为 680MB。光盘是直径为 120mm、厚度为 1.2mm 的单面记录盘片。盘片的膜层结构如图 7.12（a）所示，盘基为聚碳酸酯，反射层多为铝质，保护层为聚丙烯酸酯。最上层为印刷的盘标。

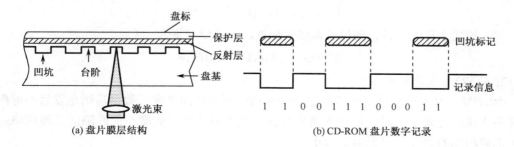

图 7.12 CD-ROM 盘片存储机理

所有的只读型光盘系统都基于一个共同原理，即光盘上的信息以坑点形式分布，有坑点表示为"1"，无坑点表示为"0"，一系列的坑点（存储元）形成信息记录道，见图 7.12（b）。对数据存储用的 CD-ROM 光盘来讲，这种坑点分布作为数字"1""0"代码的写入或读出标志。为此必须采用激光作为光源，并采用良好的光学系统才能实现。

光盘的记录信息以凹坑方式永久性存储。读出时，当激光束聚焦点照射在凹坑上时将发生衍射，反射率低；而聚焦点照射在凸面上时大部分光将返回。根据反射光的光强变化并进行光-电转换，即可读出记录信息。

信息记录的轨迹称为光道。光道上划分出一个个扇区，它是光盘的最小可寻址单位。

扇区的结构如图 7.13 所示。

7.13

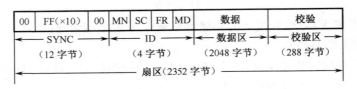

图 7.13　光盘扇区数据结构

光盘扇区分为 4 个区域。2 个全 0 字节和 10 个全 1 字节组成同步(SYNC)区,标志着扇区的开始。4 字节的扇区标识(ID)区用于说明此扇区的地址和工作模式。光盘的扇区地址编码不同于磁盘,它是以分(MN)、秒(SC)和分数秒(FR,1/75s)时间值作为地址。由于光盘的恒定线速度是每秒钟读出 75 个扇区,故 FR 的值实际上就是秒内的扇区号(0～74)。

ID 区的 MD 为模式控制,用于控制数据区和校验区的使用。共有三种模式:模式 0 规定数据区和校验区的全部 2336 字节都是 0,这种扇区不用于记录数据,而是用于光盘的导入区和导出区;模式 1 规定 288 字节的校验区为 4 字节的检测码(EDC)、8 字节的保留域(未定义)和 276 字节的纠错码(ECC),这种扇区模式有 2048 字节的数据并有很强的检测和纠错能力,适合于保存计算机的程序和数据;模式 2 规定 288 字节的校验区也用于存放数据,用于保存声音、图像等对误码率要求不高的数据。

【例 7.2】　CD-ROM 光盘的外缘有 5mm 宽的范围因记录数据困难,一般不使用,故标准的播放时间为 60 分钟。计算模式 1 和模式 2 情况下光盘存储容量是多少?

解　扇区总数=60×60 秒×75 扇区/秒=270000 扇区

模式 1 存放计算机程序和数据,其存储容量为

$$270000×2048B/2^{20}=527MB$$

模式 2 存放声音、图像等多媒体数据,其存储容量为

$$270000×2336B/2^{20}=601MB$$

2. WORM、CD-R 光盘

WORM　表示一次写多次读,它是一种只能写一次的光盘。数据写到光盘后不可擦除但可多次读。记录信息时,低功率激光束在光盘表面灼烧形成微小的凹陷区。被灼烧的部分和未被灼烧的部分分别表示 1 和 0。

CD-R　实质上是 WORM 的一种,区别在于 CD-R 允许多次分段写数据。CD-R 光盘有与 CD-ROM 的相似的圆形轨道,但不再是机械的在盘面上烧印凹痕来表示数据。CD-R 使用激光将微型斑点烧在有机燃料表层。读取数据时,在超过标准温度的激光束的照射下,这些烧过的斑点颜色发生变化,呈现出比未被灼烧的地方较暗的亮度。因此,CD-R 光盘通过激光烧和不烧斑点表示 1 和 0,而 CD-ROM 则通过凹凸区来表示。CD-R 光盘的数据一旦写上也不能擦除。

3. CD-RW 光盘

CD-RW 表示可重复写光盘,用于反复读写数据。与 CD-R 所使的基于染料的记录表层不同,CD-RW 光盘采用一种特殊的水晶复合物作为记录介质。当加热到一个确定的温度后,冷却时它即呈现出水晶状;但如果一开始把它加热到一个更高的温度,它会被熔化,随即

冷却成一种非晶形的固态。写数据时，用激光束将待写区域加热至高温，使之熔化冷却成非晶形物质。由于非晶形区域比水晶形区域反射的光线强度弱，这样读数据时就可以区分出是 1 还是 0。这种光盘允许多次写，重写数据时只需将被写过的呈非晶形的区域重新加热，温度在可结晶温度和熔化温度之间，使之重新转化为水晶态即可。

4. DVD-ROM 光盘

最初 DVD 的全称是数字化视频光盘，但后来逐渐演变成数字化通用光盘的简称。DVD-ROM 的数据也是事先存储在光盘上，这与 CD-ROM 是相同的。不过，凹陷区的大小相对更小一些，使得圆形光道上存储的数据总量更大。CD-ROM 和 DVD-ROM 的主要区别是：CD 光盘是单面使用，而 DVD 光盘两面都可以写数据。另外，除了有两面可写的 DVD 光盘，还有多层可写的光盘，在主数据层上还放置着多层透明的可写层，这种光盘的容量可以达到数十 GB。读写这种多层数据光盘时，激光头每次都需要在层与层之间重新定位。

7.4.2　磁光盘存储设备

顾名思义，磁光盘(MO)存储设备是采用磁场技术和激光技术相结合的产物。磁光盘和磁盘一样，由磁道和扇区组成。磁光盘是重写型光盘，可以进行随机写入、擦除或重写信息。

MO 盘和纯磁盘的基本区别是：磁光盘的磁表面需要高温来改变磁极。因此，MO 盘在常温下是非常稳定的，数据不会改变。

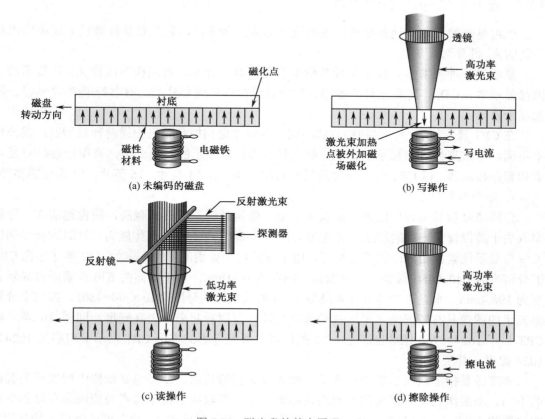

7.14

图 7.14　磁光盘的基本原理

　　磁光盘的基本工作原理是：利用热磁效应写入数据：当激光束将磁光介质上的记录点加热到居里点温度以上时，外加磁场作用改变记录点的磁化方向，而不同的磁化方向可表示数字"0"和"1"。利用磁光克尔效应读出数据：当激光束照射到记录点时，记录点的磁化方向不同，会引起反射光的偏振面发生不同结果，从而检测出所记录的数据"1"或"0"。

　　图 7.14 示出了磁光盘操作的四种情况。

　　图 7.14(a) 表示未编码的磁盘，如所有磁化点均存"0"。

　　图 7.14(b) 表示写操作：高功率激光束照射加热点(记录点)，磁头线圈中外加电流后产生的磁场使其对应的记录点产生相反的磁性微粒，从而写入"1"。

　　图 7.14(c) 表示读操作：低功率的激光束反射掉相反极性的磁性粒子且使它的极性变化。如果这些粒子没有被反射掉，则反射激光束的极性是不变化的。

　　图 7.14(d) 表示擦除操作：高功率激光束照射记录点，外加磁场改变方向，使磁性粒子恢复到原始极性。

　　总之，MO 盘介质材料发生的物理特性改变是可逆变化，因此信息是可重写的。

　　思考题　MO 盘的发明采用了哪些物理学原理？你受到何种启发？

7.5　显　示　设　备

7.5.1　显示设备的分类与有关概念

　　以可见光的形式传递和处理信息的设备称为显示设备，它是目前计算机系统中应用最广泛的人-机界面设备。

　　显示设备种类繁多。按显示设备所用的显示器件分类，有阴极射线管(CRT)显示器、液晶显示器(LCD)、等离子显示器等。按所显示的信息内容分类，有字符/图形显示器、图像显示器等。

　　在 CRT 显示设备中，以扫描方式不同，分成光栅扫描和随机扫描两种显示器；以分辨率不同，分成高分辨率显示器和低分辨率显示器；以显示的颜色分类，有单色(黑白)显示器和彩色显示器。以 CRT 荧光屏对角线的长度分类，有 14 英寸、16 英寸、19 英寸等多种。

　　1. 分辨率和灰度级

　　分辨率是指显示器所能表示的像素个数。像素越密，分辨率越高，图像越清晰。分辨率取决于显像管荧光粉的粒度、荧光屏的尺寸和 CRT 电子束的聚焦能力。同时刷新存储器要有与显示像素数相对应的存储空间，用来存储每个像素的信息。例如，12 英寸彩色 CRT 的分辨率为 640×480 像素。每个像素的间距为 0.31mm，水平方向的 640 像素所占显示长度为 198.4mm，垂直方向 480 像素是按 4∶3 的长宽比例分配(640×3/4=480)。按这个分辨率表示的图像具有较好的水平线性和垂直线性，否则看起来会失真变形，同样 16 英寸的 CRT 显示 1024×768 像素也满足 4∶3 的比例。某些专用的方形 CRT 显示分辨率为 1024×1024 像素，甚至更多。

　　灰度级是指黑白显示器中所显示的像素点的亮暗差别，在彩色显示器中则表现为颜色的不同。灰度级越多，图像层次越清楚逼真。灰度级取决于每个像素对应刷新存储器单元的位数和 CRT 本身的性能。如果用 4 位表示一像素，则只有 16 级灰度或颜色；如果用 8

位表示一像素，则有 256 级灰度或颜色。字符显示器只用"0"，"1"两级灰度就可表示字符的有无，故这种只有两级灰度的显示器称为单色显示器。具有多种灰度级的黑白显示器称为多灰度级黑白显示器。图像显示器的灰度级一般在 256 级以上。

2. 刷新和刷新存储器

CRT 发光是由电子束打在荧光粉上引起的。电子束扫过之后其发光亮度只能维持几十毫秒便消失。为了使人眼能看到稳定的图像显示，必须使电子束不断地重复扫描整个屏幕，这个过程称为刷新。按人的视觉生理，刷新频率大于 30 次/秒时才不会感到闪烁。

为了不断提供刷新图像的信号，必须把一帧图像信息存储在刷新存储器，也称视频存储器。其存储容量 M 由图像分辨率和灰度级决定。

$$M=r\times C \tag{7.5}$$

分辨率 r 越高，颜色深度 C 越多，刷新存储器容量越大。如分辨率为 1024×1024，256 级颜色深度的图像，存储容量 $M=1024\times1024\times8\mathrm{bit}=1\mathrm{MB}$。刷新存储器的存取周期必须满足刷新频率的要求。刷存容量和存取周期是刷新存储器的重要技术指标。

7.5.2　字符/图形显示器

不同的计算机系统，显示器的组成方式也不同。在大型计算机中，显示器作为终端设备独立存在，即键盘输入和 CRT 显示输出是一个整体，通过标准的串行接口与主机相连。在微型机系统中，CRT 显示输出和键盘输入是两个独立的设备，显示系统由插在主机槽中的显示适配器卡和显示器两部分组成，而且将字符显示与图形显示结合为一体。

1. 字符显示

显示字符的方法以点阵为基础。点阵是由 $m\times n$ 个点组成的阵列，并以此来构造字符。将点阵存入由 ROM 构成的字符发生器中，在 CRT 进行光栅扫描的过程中，从字符发生器中依次读出某个字符的点阵，按照点阵中 0 和 1 代码不同控制扫描电子束的开或关，从而在屏幕上显示出字符，如图 7.15(a) 所示。

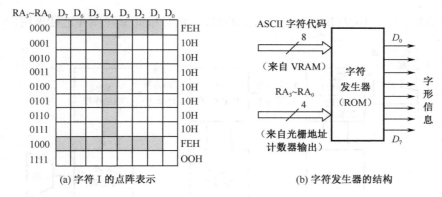

(a) 字符 I 的点阵表示　　(b) 字符发生器的结构

图 7.15　字符显示的基本原理

点阵的多少取决于显示字符的质量和字符窗口的大小。字符窗口是指每个字符在屏幕上所占的点数，它包括字符显示点阵和字符间隔。在 IBM/PC 系统中，屏幕上共显示 80 列×25 行=2000 个字符，故字符窗口数为 2000。在单色字符方式下，每个字符窗口为 9×

14 点阵，字符为 7×9 点阵。

对应于每个字符窗口，所需显示字符的 ASCII 代码被存放在视频存储器 VRAM 中，以备刷新，故 VRAM 应有 2000 个单元存放被显示的字符信息。字符发生器 ROM 的高位地址来自 VRAM 的 ASCII 代码，低位地址来自光栅地址计数器的输出 $RA_3 \sim RA_0$，它具体指向这个字形点阵中的某字节。在显示过程中，按照 VRAM 中的 ASCII 码和光栅地址计数器访问 ROM，依次取出字形点阵，就可以完成一个字符的输出，见图 7.15(b)。

2. 图形显示

图形显示是指用计算机手段表示现实世界的各种事物，并形象逼真地加以显示。根据产生图形的方法，分随机扫描图形显示器和光栅扫描图形显示器。

随机扫描图形显示器　　工作原理是将所显示图形的一组坐标点和绘图命令组成显示文件存放在缓冲存储器，缓存中的显示文件送矢量(线段)产生器，产生相应的模拟电压，直接控制电子束在屏幕上的移动。为了在屏幕上保留持久稳定的图像，需要按一定的频率对屏幕反复刷新。这种显示器的优点是分辨率高(可达 4096×4096 像素)，显示的曲线平滑。目前高质量图形显示器采用这种随机扫描方式。

光栅扫描图形显示器　　产生图形的方法称为相邻像素串接法，即曲线是由相邻像素串接而成。因此光栅扫描图形显示器的原理是：把对应于屏幕上每个像素的信息都用刷新存储器存起来，然后按地址顺序逐个地刷新显示在屏幕上。

刷新存储器中存放一帧图形的形状信息，它的地址和屏幕上的地址一一对应，例如，屏幕的分辨率为 1024×1024 像素，刷存就要有 1024×1024 单元；屏幕上像素的灰度为 256 级，刷存每个单元的字长就是 8 位。因此刷存的容量直接取决于显示器的分辨率和灰度级。换言之，此时需要有 1MB 的刷存与之对应。

光栅扫描图形显示器的优点是通用性强，灰度层次多，色调丰富，显示复杂图形时无闪烁现象；所产生的图形有阴影效应、隐藏面消除、涂色等功能。它的出现使图形学的研究从简单的线条图扩展到丰富多彩、形象逼真的各种立体及平面图形，从而成为目前流行的显示器。

【例 7.3】　　图 7.16 为 PC 机汉字显示原理图，请分析此原理图并进行说明。

7.16

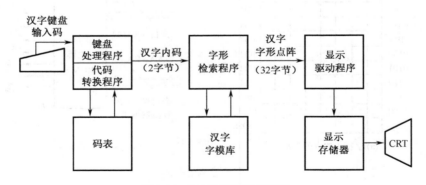

图 7.16　PC 机汉字显示原理

解　　在 PC 系列微型计算机系统中，汉字输出是利用通用显示器和打印机，在主机内部由通用的图形显示卡形成点阵码以后，将点阵码送到输出设备，输出设备只要具有输出点阵的能力就可以输出汉字。以这种方式输出的汉字是在设备可以画点的图形方式下实现的，因此常称这种汉字为图形汉字。

如图 7.16 所示，通过键盘输入的汉字编码，首先要经代码转换程序转换成汉字机内代码，转换时要用输入码到码表中检索机内码，得到 2 字节的机内码，字形检索程序用机内码检索字模库，查出表示一个字形的 32 字节字形点阵送显示输出。

7.5.3 图像显示设备

图像的概念与图形的概念不同。图形是用计算机表示和生成的图，称为主观图像。在计算机中表示图形，只需存储绘图命令和坐标点，没有必要存储每个像素点。而图像所处理的对象多半来自客观世界，即由摄像机摄取下来存入计算机的数字图像，这种图像称为客观图像。由于数字化以后逐点存储，因此图像处理需要占用非常庞大的主存空间。

图像显示器采用光栅扫描方式，其分辨率在 256 像素×256 像素或 512 像素×512 像素，与图形显示兼容的图像显示器已达 1024 像素×1024 像素，灰度级在 64～256 级。

图像显示器有两种类型。一种是图 7.17 所示的简单图像显示器，它仅仅显示由计算机送来的数字图像。图像处理操作在计算机中完成，显示器不做任何处理。虚线框中的 I/O 接口、图像存储器(刷新存储器)、A/D 与 D/A 变换等组成单独的一个部分，称为图像输入控制板或视频数字化仪。图像输入控制板的功能是实现连续的视频信号与离散的数字量之间的转换。图像输入控制板接收摄像机模拟视频输入信号，经 A/D 变换为数字量存入刷新存储器用于显示，并可传送到计算机进行图像处理操作。处理后的结果送回刷存，经 D/A 变换成模拟视频输出，由监视器进行显示输出。监视器只包括扫描、视频放大等与显示有关的电路及显像管。也可以接入电视机的视频输入端来代替监视器。数字照相机的出现，更容易组成一个图像处理系统。

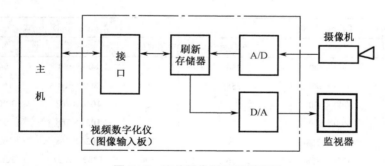

图 7.17　简单图像显示器原理图

另一种是图形处理子系统，其硬件结构较前一种复杂得多。它本身就是一个具有并行处理功能的专用计算机，不仅能完成显示操作，同时由于子系统内部有容量很大的存储器和高速处理器。可以快速执行许多图像处理算法，减轻主计算机系统的运算量。这种子系统可以单独使用，也可以联到通用计算机系统。目前流行的图形工作站就属于图形处理子系统。

由于新一代多媒体计算机的发展，图像的处理与显示技术越来越受到人们的重视。

7.5.4 VESA 显示标准

不同的显示标准所支持的最大分辨率和颜色数目是不同的。随着 IBM PC 系列机的升级发展，PC 机采用的显示标准经历了很多变化。

MDA 是 PC 机最早使用的显示标准。MDA 是单色字符显示适配器，采用 9×14 点阵的字符窗口，满屏显示 80 列×25 行字符，对应分辨率为 720×350 像素。

VGA 显示标准可兼容字符和图形两种显示方式。字符窗口为 9×16 点阵，图形方式下分辨率为 640×480 像素，16 种颜色。

自 IBM 公司推出 VGA 后，VESA(美国视频电子标准协会)定义了一个 VGA 扩展集，将显示方式标准化，从而成为著名的 Super-VGA 模式。该模式除兼容 VGA 的显示方式外，还支持 1280×1024 像素光栅，每像素点 24 位颜色深度，刷新频率可达 75MHz。

当今的显示适配器为支持视窗的 API 应用程序界面，几乎都安装图形加速器硬件，这样的适配器称为 AVGA。它在显示方式上除遵循 VESA 的 Super-VGA 模式外，并没有提出新的显示方式。但由于有了图形加速器硬件，并在视窗驱动程序的支持下，系统的图形显示性能得到显著改善。

表 7.1 中列出了 VESA 扩充的标准显示模式。早期的 MDA 等显示方式是由 BIOS 的一组功能调用(INT 10h)来设置和管理的，使用 7 位的方式码。VESA 保留了这种方式，将 VGA 类显示器及适配器所能支持的新的显示方式进行定义，并为新的显示方式指定了 15 位的方式码。方式码的 b_8 位为 VESA 标志位，$b_{14}\sim b_9$ 为保留位，故 VESA 的显示方式号为 $1\times\times h$。表 7.2 中括号内的数字，如 5:5:5，指的是三原色 R:G:B 每色所占的位数，有的还在前面有 1，表示 I(加亮)占 1 位。

表 7.2 VESA 扩充的显示模式

图 形 方 式			图 形 方 式		
方式码	分辨率	颜色数	方式码	分辨率	颜色数
100h	640×400	256	114h	800×600	64K(5:6:5)
101h	640×480	256	115h	800×600	16.8M(8:8:8)
102h	800×600	16	116h	1024×768	32K(1:5:5:5)
103h	800×600	256	117h	1024×768	64K(5:6:5)
104h	1024×768	16	118h	1024×768	16.8M(8:8:8)
105h	1024×768	256	119h	1280×1024	32K(1:5:5:5)
106h	1280×1024	16	11Ah	$1280\times\times1024$	64K(5:6:5)
107h	1280×1024	256	11Bh	1280×1024	16.8M(8:8:8)
10Dh	320×200	32K(1:5:5:5)	文 本 方 式		
10Eh	320×200	64K(5:6:5)	方式码	列数	行数
10Fh	320×200	16.8M(8:8:8)	108h	80	60
110h	640×480	32K(1:5:5:5)	109h	132	25
111h	640×480	64K(5:6:5)	10Ah	132	43
112h	640×480	16.8M(8:8:8)	10Bh	132	50
113h	800×600	32K(1:5:5:5)	10Ch	132	60

图 7.18 是显示适配器的结构框图，它由刷新存储器、显示控制器、ROM BIOS 三部分组成。

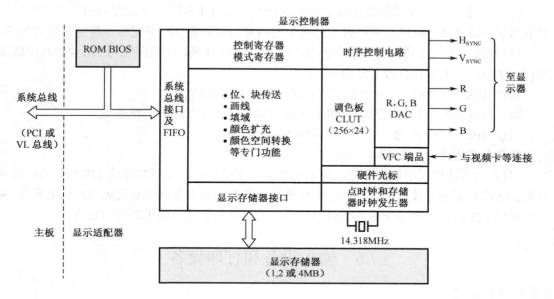

7.18

图 7.18　显示适配器结构框图

在 Pentium 系列中显示适配器大多作成插卡形式，插入一个 PCI（或 VESA VL）总线槽。它一方面与 32 位或 64 位的系统总线相接，另一方面通过一个 15 针 D 形插口与显示器电缆连接，将水平、垂直同步信号（V_{SYNC}、H_{SYNC}）和红（R）、绿（G）、蓝（B）三色模拟信号送至显示器。显示适配器的顶部另有一个 VFC 插头，通过一个 24 芯扁平电缆与视频卡相连，通过传送像素的电平信号，还可以实现视频图像与 PC 图形的合成。

　　刷新存储器　存放显示图案的点阵数据。其存储容量取决于设定的显示工作方式。例如，设定 VESA 显示模式中的方式码为 118h 时，其分辨率为 1024×768 像素，颜色深度为 24 位（3 字节），则显示一屏画面需要 2304KB 的存储器容量。因此当前的刷存容量一般在 2～4MB，由高速的 DRAM 组成。刷存通过适配器内部的 32 位或 64 位总线与显示控制器连接。

　　ROM BIOS　含有少量的固化软件，用于支持显示控制器建立所要求的显示环境。此 BIOS 软件主要用于 DOS 操作系统。在视窗环境下，它的大部分功能不被使用，而由后者的设备驱动程序建立操作系统与适配器硬件的衔接。

　　显示控制器　是适配器的心脏。它依据设定的显示工作方式，自主地、反复不断地读取显存中的图像点阵（包括图形、字符文本）数据，将它们转换成 R、G、B 三色信号，并配以同步信号送至显示器刷新屏幕。显示控制器还要提供一个由系统总线至刷存总线的通路，以支持 CPU 将主存中已修改好的点阵数据写入到刷存，以更新屏幕。这些修改数据一般利用扫描回程的消隐时间写入到刷存中，因此显示屏幕不会出现凌乱。

　　先进的显示控制器具有图形加速能力，这样的控制器芯片称为 AVGA 芯片。典型的图形加速功能有：①位和块传送，用于生成和移动一个矩形块（如窗口）数据；②画线，由硬件在屏上任意两点间画一向量；③填域，以预先指定的颜色或花样填满一个任意多边形；

④颜色扩充，将一个单色的图像放到屏上某一位置后，给它加上指定的前景颜色和背景颜色。

思考题　显示适配器中为什么一定要具有显示存储器？

【例 7.4】　刷存的重要性能指标是它的带宽。实际工作时显示适配器的几个功能部分要争用刷存的带宽。假定总带宽的 50%用于刷新屏幕，保留 50%带宽用于其他非刷新功能。

(1)若显示工作方式采用分辨率为 1024 像素×768 像素，颜色深度为 3B，帧频(刷新速率)为 72Hz，计算刷存总带宽应为多少？

(2)为达到这样高的刷存带宽，应采取何种技术措施？

解　(1)因为刷新所需带宽=分辨率×每个像素点颜色深度×刷新速率

所以　$1024×768×3B×72/s=165\ 888KB/s=162MB/s$

刷存总带宽应为 $162MB/s×100/50=324MB/s$

(2)为达到这样高的刷存带宽，可采用如下技术措施：①使用高速的 DRAM 芯片组成刷存；②刷存采用多体交叉结构；③刷存至显示控制器的内部总线宽度由 32 位提高到 64 位，甚至 128 位；④刷存采用双端口存储器结构，将刷新端口与更新端口分开。

7.6　输入设备和打印设备

7.6.1　输入设备

常用的计算机输入设备分为图形输入、图像输入、声音输入等几类。

1. 图形输入设备

图形输入方法较多，特别是交互式图形系统要求具有人-机对话功能：计算机将结果显示给人，人根据看到的显示决定下一步操作，并通过输入设备告诉计算机。如此反复多次，直到显示结果满意。为此必须具有方便灵活的输入手段，才能体现"交互式"的优越性。

键盘输入　键盘是字符和数字的输入装置，无论字符输入还是图形输入，键盘是一种最基本的常用设备。当需要输入坐标数据建立显示文件时，要利用键盘。另外，利用键盘上指定的字符与屏幕上的光标结合，可用来移动光标，拾取图形坐标，指定绘图命令等。

鼠标器输入　鼠标器是一种手持的坐标定位部件，有两种类型。一种是机械式的，在底座上装有一个金属球，在光滑的表面上摩擦，使金属球转动，球与四个方向的电位器接触，就可以测量出上下左右四个方向的相对位移量。另一种是光电式的鼠标器，需要一块画满小方格的长方形金属板配合使用。当鼠标器在板上移动时，安装在鼠标器底部的光电转换装置可以定位坐标点。光电式鼠标器比机械式鼠标器可靠性高，但需要附带一块金属板。另外，用相对坐标定位，必须和 CRT 显示的光标配合，计算机先要给定光标初始位置，然后用读取的相对位移移动光标。

2. 图像输入设备

最理想的图像输入设备是数字摄像机。它可以摄取任何地点、任何环境的自然景物和物体，直接将数字图像存入磁盘。

当图像已经记录到某种介质上时，要利用读出装置读出图像。例如，记录在录像带上的图像要用录像机读出，再将视频信号经图像板量化后输入计算机。记录在数字磁带上的遥感图像可以直接在磁带机上输入。如果想把纸上的图像输入计算机，一种方法是用摄像机对着纸上的图像摄像输入，另一种方法是利用装有 CCD（电荷耦合器件）的图文扫描仪或图文传真机。还有一种叫"扫描仪"的专用设备，可以直接将纸上的图像转换成数字图像。

由于一帧数字图像要占很大的存储空间，图像数据的传输与存储问题将是一个十分重要的研究课题，目前普遍采用的方法是压缩-恢复技术。

3. 语音输入设备

利用人的自然语音实现人-机对话是新一代多媒体计算机的重要标志之一。图 7.19 示出了一种语音输入/输出设备的原理方框图。语音识别器作为输入设备，可以将人的语言声音转换成计算机能够识别的信息，并将这些信息送入计算机。而计算机处理的结果又可以通过语音合成器变成声音输出，以实现真正的"人机对话"。通常语音识别器与语言合成器放在一起做成语音输入/输出设备。图 7.19 中声音通过话筒进入语音识别器，然后送入计算机；计算机输出数据送入语音合成器变为声音，然后由喇叭输出。

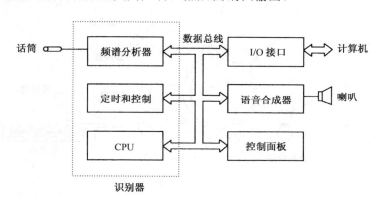

7.19

图 7.19　语音输入/输出设备的原理框图

7.6.2　打印设备

打印输出是计算机最基本的输出形式。与显示器输出相比，打印输出可产生永久性记录，因此打印设备又称为硬拷贝设备。

1. 打印设备的分类

打印设备种类繁多，有多种分类方法。按印字原理分，分为击打式和非击打式两大类。击打式是利用机械作用使印字机构与色带和纸相撞击而打印字符。因此习惯上将属于击打式打印方式的机种称为"打印机"。击打式设备的成本低，缺点是噪声大，速度慢。非击打式是采用电、磁、光、喷墨等物理、化学方法印刷字符，因此习惯上将这类非击打式的机种称为"印字机"，如激光印字机、喷墨印字机等。非击打式的设备速度快，噪声低，印字质量高，但价格较贵，有的设备还需要专用纸张。目前的发展趋势是机械化的击打式设备逐步转向电子化的非击打式设备。

另外，还有能够输出图形/图像的打印机，具有彩色效果的彩色打印机等。

2. 激光印字机

激光印字机是激光技术和电子照相技术结合的产物，其基本原理与静电复印机相似。激光印字机的结构见图 7.20。激光器输出的激光束经光学透镜系统被聚焦成一个很细小的光点，沿着圆周运动的滚筒进行横向重复扫描。滚筒是记录装置，表面镀有一层具有光敏特性的感光材料，通常是硒，因此又将滚筒称为硒鼓。硒鼓在未被激光束扫描之前，首先在黑暗中充电，使鼓表面均匀地沉积一层电荷。此后根据控制电路输出的字符或图形，变换成数字信号来驱动激光器的打开与关闭。扫描时激光器将对鼓表面有选择地曝光，曝光部分产生放电现象，未曝光部分仍保留充电时的电荷，从而形成静电潜像。随着鼓的转动，潜像部分将通过装有碳粉盒的显影器，使得具有字符信息的区域吸附上碳粉，达到显影的目的。当鼓上的字符信息区和普通纸接触时，由于在纸的背面施以反向的静电电荷，鼓表面上的碳粉就会被吸附到纸上来，这个过程称为转印。最后，当记录有信息的纸经过定影辊高温加热，碳粉被溶化，永久性地黏附在纸上，达到定影的效果。

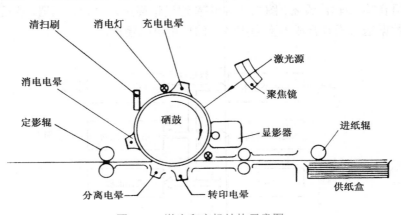

图 7.20　激光印字机结构示意图

　　另外，转印后的鼓面还留有残余的碳粉。因此先要除去鼓表面的电荷，然后经清扫刷，将残余的碳粉全部清除。清除以后的鼓表面又继续重复上述的充电、曝光、显影、转印、定影等一系列过程。

　　激光印字机是非击打式硬拷贝输出设备，输出速度快，印字质量高，可使用普通纸张。其印字分辨率达到每英寸 300 个点以上，缓冲存储器容量一般在 1MB 以上，对汉字或图形/图像输出，是理想的输出设备，因而在办公自动化及轻印刷系统中得到了广泛的应用。

本 章 小 结

　　外围设备大体分为输入设备、输出设备、外存设备、数据通信设备、过程控制设备五大类。每一种设备，都是在它自己的设备控制器控制下进行工作的，而设备控制器则通过I/O 接口模块和主机相连，并受主机控制。

　　磁盘、磁带属于磁表面存储器，特点是存储容量大，位价格低，记录信息永久保存，但存取速度较慢，因此在计算机系统中作为辅助大容量存储器使用。

　　硬磁盘按盘片结构分为可换盘片式、固定盘片式两种，磁头也分为可移动磁头和固定磁头两种。温彻斯特磁盘是一种采用先进技术研制的可移动磁头、固定盘片的磁盘机，组装成一个不可拆卸的机电一体化整体，防尘性能好，可靠性高，因而得到了广泛的应用，成为最有代表性的硬磁盘存储器。磁盘存储器的主要技术指标有存储密度、存储容量、平均存取时间、数据传输速率。

磁盘阵列 RAID 是多台磁盘存储器组成的大容量外存系统,它实现数据的并行存储、交叉存储,单独存储,改善了 I/O 性能,增加了存储容量,是一种先进的硬磁盘体系结构。各种可移动硬盘的诞生,是磁盘先进技术的又一个重要进展。

光盘和磁光盘是近年发展起来的一种外存设备,是多媒体计算机不可缺少的设备。按读写性质分类有:①只读型:记录的信息只能读出,不能被修改。②一次型:用户可在这种盘上记录信息,但只能写一次,写后的信息不能再改变,只能读。③重写型:用户可对这类光盘进行随机写入、擦除或重写信息。光盘由于存储容量大、耐用、易保存等优点,成为计算机大型软件的传播载体和电子出版物的媒体。

不同的 CRT 显示标准所支持的最大分辨率和颜色数目是不同的。VESA 标准,是一个可扩展的标准,它除兼容传统的 VGA 等显示方式外,还支持 1280 像素×1024 像素光栅,每像素点 24 位颜色深度,刷新频率可达 75MHz。显示适配器作为 CRT 与 CPU 的接口,由刷新存储器、显示控制器、ROM BIOS 三部分组成。先进的显示控制器具有图形加速能力。

常用的计算机输入设备有图形输入设备(键盘、鼠标)、图像输入设备、语音输入设备。常用的打印设备有激光打印机、彩色喷墨打印机等,它们都属于硬拷贝输出设备。

习　题

1. 计算机的外围设备是指_____。

    A. 输入/输出设备　　　　　　　　B. 外存储器

    C. 输入/输出设备及外存储器　　　D. 除了 CPU 和内存以外的其他设备

2. 打印机根据印字方式可以分为_____和_____两大类,在_____打印机中,只有_____打印机能打印汉字。

    A. 针型　　　B. 活字型　　　C. 击打式　　　D. 非击打式

3. 一光栅扫描图形显示器,每帧有 1024 像素×1024 像素,可以显示 256 种颜色,问刷新存储器容量至少需要多大?

4. 一个双面 CD-ROM 光盘,每面有 100 道,每道 9 个扇区,每个扇区存储 512B,请求出光盘格式化容量。

5. 试推导磁盘存储器读写一块信息所需总时间的公式。

6. 某双面磁盘,每面有 220 道,已知磁盘转速 $r=4000r/min$,数据传输率为 185000B/s,求磁盘总容量。

7. 某磁盘存储器转速为 3000r/min,共有 4 个记录面,每道记录信息为 12288B,最小磁道直径为 230mm,共有 275 道。问:

    (1) 磁盘存储器的存储容量是多少?

    (2) 最高位密度是多少?

    (3) 磁盘数据传输率是多少?

    (4) 平均等待时间是多少?

    (5) 给出一个磁盘地址格式方案。

8. 已知某磁盘存储器转速为 2400r/min,每个记录面道数为 200 道,平均找道时间为 60ms,每道存储容量为 96KB,求磁盘的存取时间与数据传输率。

9. 磁带机有 9 道磁道，带长 600m，带速 2m/s，每个数据块 1KB，块间间隔 14mm，若数据传输率为 128000B/s，试求：

(1) 记录位密度。

(2) 若带的首尾各空 2m，求此带最大有效存储容量。

10. 一台活动头磁盘机的盘片组共有 20 个可用的盘面，每个盘面直径 18in，可供记录部分宽 5in，已知道密度为 100 道/in，位密度为 1000 位/in（最内道），并假定各磁道记录的信息位数相同。试问：

(1) 盘片组总容量是多少兆（10^6）位？

(2) 若要求数据传输率为 1MB/s，磁盘机转速每分钟应是多少转？

11. 有一台磁盘机，其平均找道时间为 30ms，平均旋转等待时间为 10ms，数据传输率为 500B/ms，磁盘机上存放着 1000 件每件 3000B 的数据。现欲把一件件数据取走，更新后再放回原地，假设一次取出或写入所需时间为

$$T=平均找道时间+平均等待时间+数据传送时间$$

另外，使用 CPU 更新信息所需的时间为 4ms，并且更新时间同输入输出操作不相重叠。试问：

(1) 更新磁盘上全部数据需多少时间？

(2) 若磁盘机旋转速度和数据传输率都提高一倍，更新全部数据需多少时间？

12. 有如下六种存储器：主存、高速缓存、寄存器组、CD-ROM 存储器、MO 磁盘和活动头硬磁盘存储器，要求：

(1) 按存储容量和存储周期排出顺序。

(2) 将有关存储器排列组成一个存储体系。

(3) 指明它们之间交换信息时的传送方式。

13. CRT 的显示适配器中有一个刷新存储器，说明其功能。刷存的容量与什么因素有关？若 CRT 的分辨率为 1024 像素×1024 像素，颜色深度为 24 位，问刷新存储器的存储容量是多少？

14. 刷新存储器的重要性能指标是它的带宽。若显示工作方式采用分辨率为 1024 像素×768 像素，颜色深度为 24 位，帧频（刷新速率）为 72Hz，求：

(1) 刷新存储器的存储容量是多少？

(2) 刷新存储器的带宽是多少？

第 8 章

输入/输出系统

除了处理器和存储器，计算机系统的第三类关键部件是 I/O 逻辑模块。一个计算机系统的综合处理能力，系统的可扩展性、兼容性和性能价格比，都和 I/O 系统有密切关系。本章首先讲授程序查询方式、程序中断方式、DMA 方式、通道方式，最后介绍通用的并行 I/O 标准接口 SCSI 和串行 I/O 标准接口 IEEE1394。

8.1　CPU 与外设之间的信息交换方式

8.1.1　输入/输出接口与端口

外围设备的种类繁多，有机械式和电动式，也有电子式和其他形式。其输入信号，可以是数字式的电压，也可以是模拟式的电压和电流。从信息传输速率来讲，相差也很悬殊。例如，当用手动的键盘输入时，每个字符输入的间隔可达数秒钟。又如，磁盘输入的情况下，在找到磁道以后，磁盘能以大于 30000B/s 的速率输入数据。

在计算机系统中，为了保证高速的主机和不同速度的外设之间的高效和可靠的交互，CPU 必须通过 I/O 接口与外设连接。因此，CPU 的输入/输出操作实际上分为两个传输阶段：I/O 接口与外设间的数据传送，以及 CPU 与 I/O 接口之间的数据传送如图 8.1 所示。显然，这两个阶段是相互关联的。

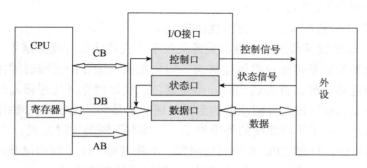

图 8.1　CPU 与外设的连接

I/O 接口是由半导体介质构成的逻辑电路，它作为一个转换器，保证外部设备用计算机系统特性所要求的形式发送或接收信息。为了与 CPU 交互信息的方便，在接口内部一般要设置一些可以被 CPU 直接访问的寄存器。这些寄存器称为端口（Port）。例如，接口内用于接收来自 CPU 等主控设备的控制命令的寄存器称为命令端口，简称命令口，接口内向 CPU 报告 I/O 设备的工作状态的寄存器称为状态端口或状态口，接口内在外设和总线间交换数据的缓冲寄存器称为数据端口或数据口。

为便于 CPU 访问端口，也需对端口安排地址。通常有两种不同的编址方式。一种是统一编址方式：输入/输出设备接口中的控制寄存器、数据寄存器、状态寄存器等和内存单元一样看待，它们和内存单元联合在一起编排地址。这样就可用访问内存的指令(读、写指令)去访问 I/O 设备接口内的某个寄存器，因而不需要专门的 I/O 指令组。另一种是 I/O 独立编址方式：内存地址和 I/O 设备地址是分开的，访问内存和访问 I/O 设备使用不同的指令，即访问 I/O 设备有专门的 I/O 指令组。

8.1.2　输入/输出操作的一般过程

由于接口与 CPU 的速度大致相当，仅从 CPU 读写接口内寄存器的角度看，CPU 读写端口的方式与 CPU 读写内存单元是相似的。但是，内存单元的功能是存储数据，而端口的功能则是辅助 CPU 与外设交互，故端口中的数据并不是静态的，而是动态变化的。CPU 写入控制口的信息要由接口内的逻辑电路转换成相关控制信号发送给外设，外设的状态信息则由接口的逻辑电路转换成状态字存入状态口供 CPU 读取。CPU 写入输出数据口的信息要由外设取走。外设发送给 CPU 的数据则通过输入数据口缓冲。外设状态信息可能是时刻变化的，给外设的控制命令也往往会不断改变，CPU 与外设交互数据一般情况下也是成批连续进行的。因此，对端口的连续访问必须确保信息的有效性。

首先我们看看输入/输出设备同 CPU 交换数据的一般过程。

如果是输入过程，一般需要以下三个步骤：

(1) CPU 把一个地址值放在地址总线上，选择某一输入设备；

(2) CPU 等候输入设备的数据成为有效；

(3) CPU 从数据总线读入数据，并放在一个相应的寄存器中。

如果是输出过程，一般需要以下三个步骤：

(1) CPU 把一个地址值放在地址总线上，选择一个输出设备；

(2) CPU 把数据放在数据总线上；

(3) 输出设备认为数据有效，从而把数据取走。

从上述输入/输出过程看出，问题的关键就在于：究竟什么时候数据才成为有效？事实上，各种外围设备的数据传输速率相差甚大。如果把高速工作的处理器同按照不同速度工作的外围设备相连接，那么首先遇到的一个问题，就是如何保证处理器与外围设备在时间上同步？这就是我们要讨论的外围设备的定时问题。很显然，由于输入/输出设备本身的速度差异很大，因此，对于不同速度的外围设备，需要有不同的定时方式。

一个计算机系统，即使 CPU 有极高的速度，如果忽略 I/O 速度的提升，对整个系统的性能仍然影响极大。下面通过一个例子说明 I/O 对系统性能的影响。

【例 8.1】　假设我们有一个运行时间为 100 秒的基准程序，其中 90 秒是 CPU 时间，剩下的是 I/O 占用的时间。如果在以后的 5 年中，CPU 速度每年提高 50%但 I/O 时间保持不变，那么 5 年后运行该程序要耗费多少时间？

解　　　　运行基准程序耗费的总时间 = CPU 时间 + I/O 时间

$$100 = 90 + \text{I/O 时间} \qquad \text{I/O 时间}=10 \text{ 秒}$$

计算新的 CPU 时间和运行时间列于下表：

第 n 年以后	CPU 时间/s	I/O 时间/s	耗费的总时间/s	I/O 时间占比/%
0	90	10	100	10
1	90/1.5=60	10	70	14
2	60/1.5=40	10	50	20
3	40/1.5=27	10	37	27
4	27/1.5=18	10	28	36
5	18/1.5=12	10	22	45

8.1.3　I/O 接口与外设间的数据传送方式

根据外设工作速度的不同，I/O 接口与外设间的数据传送方式有以下三种。

1. 速度极慢或简单的外围设备：无条件传送方式

对这类设备，如机械开关、发光二极管等，在任何一次数据交换之前，外设无需进行准备操作。换句话说，对机械开关来讲，可以认为输入的数据一直有效，因为机械开关的动作相对主机的速度来讲是非常慢的。对发光二极管来讲，可以认为主机输出时外设一定准备就绪，因为只要给出数据，发光二极管就能进行显示。所以，对于简单的慢速设备，接口与外设之间只需要数据信号线，无需握手联络信号线，接口只需实现数据缓冲和寻址功能，故称为无条件传送方式或零线握手联络方式。

2. 慢速或中速的外围设备：应答方式(异步传送方式)

由于这类设备的速度和主机的速度并不在一个数量级，或者由于设备(如键盘)本身是在不规则时间间隔下操作的，因此，主机与这类设备之间的数据交换通常采用异步定时方式，接口与外设之间在数据传送信号线之外安排若干条握手(联络、挂钩)信号线，用以在收发双方之间传递控制信息，指明何时能够交换数据。例如，最常见的双线握手方式设置两条联络握手信号线：一条发方向收方发出的选通信号或请求信号，指明数据是否有效；一条收方向发方发出的应答信号，指明数据是否已经被取走。

3. 高速的外围设备：同步传送方式

对于中等以上数据传送速率并按规则间隔工作的外部设备，接口以某一确定的时钟速率和外设交换信息。因此，这种方式称为同步定时方式。一旦接口和外设确认同步，它们之间的数据交换便靠时钟脉冲控制来进行。例如，若外设是一条传送 2400 位/秒的同步通信线路，那么接口即每隔 1/2400 秒执行一次串行的输入/输出操作。

8.1.4　CPU 与 I/O 接口之间的数据传送

为便于理解，先讲一个例子，假设幼儿园一个阿姨带 10 个孩子，要给每个孩子分 2 块水果糖。假设孩子们把 2 块糖都吃完，那么她采用什么方法呢？

第一种方法：她先给孩子甲一块糖，盯着甲吃完，然后再给第二块。接着给孩子乙，其过程与孩子甲完全一样。以此类推，直至到第 10 个孩子发完 2 块糖。看来这种方法效率太低，重要之点还在于孩子们吃糖时她一直在守候，什么事也不能干。于是她想了第二种方法：每人发一块糖各自去吃，并约定谁吃完后就向她举手报告，再发第二块。看来这种新方法提高了工作效率，而且在未接到孩子们吃完糖的报告以前，她还可以腾出时间给孩子们批改作业。但是这种方法还可以改进，于是她想了第三种方法，进行批处理：每人拿2块糖各自去吃，吃完 2 块糖后再向她报告。显然这种方法工作效率大大提高，她可以腾出更多的时间批改作业。还有没有更好的方法呢？我们假定她给孩子们改作业是她的主要任务，那么她还可以采用第四种方法：权力下放，把发糖的事交给另一个人分管，只是必要时她才过问一下。

　　思考题　通过幼儿园阿姨分糖的例子，你受到什么启发？

　　在计算机系统中，CPU 管理外围设备也有几种类似的方式。

　　1. 无条件传送方式(简单 I/O 方式)

　　无条件传送方式假设外设始终处于就绪状态，数据传送时，CPU 不必通过接口查询外设的状态，而直接执行 I/O 指令进行数据传输。显然，只有当接口与外设之间采用无条件传送方式时，CPU 与接口之间才能采用无条件传送方式。这种方式下，CPU 在端口读、写操作之前对目标设备的状态不作任何检测。当简单外设作为输入设备时，可使用三态缓冲器与数据总线相连；当简单外设作为输出设备时，输出一般采用锁存器。

　　2. 程序查询(轮询)方式

　　多数外设每传送完一次数据总要进行一段时间的处理或准备才能传送下一个数据，因此在数据传送之前，CPU 需要通过接口对目标设备的状态进行查询：如果外设已准备好传送数据则进行数据传送；如果外设未准备好传送数据，则 CPU 不断地查询并等待，直到外设准备好信息交互。其定时过程如下：如果 CPU 希望从外设接收一个字，则它首先通过状态口询问外设的状态，如果该外设的状态标志表明设备已"准备就绪"，那么 CPU 就从总线上接收数据。CPU 在接收数据以后，通过接口发出输入响应信号，告诉外设已经把数据总线上的数据取走。然后，外设把"准备就绪"的状态标志复位，并准备下一个字的交换。如果外设没有"准备就绪"，那么它就发出"忙"的标志。于是，CPU 将进入一个循环程序中等待，并在每次循环中询问外设的状态，一直到外设发出"准备就绪"信号以后，才从外设接收数据。

　　CPU 发送数据的情况也与上述情况相似，外设先通过接口发出请求输出信号，而后 CPU 询问外设是否准备就绪。如果外设已准备就绪，CPU 便发出准备就绪信号，并送出数据。外设接收数据以后，将向 CPU 发出"数据已经取走"的通知。

　　程序查询方式是一种简单的输入输出方式，数据在 CPU 和外围设备之间的传送完全靠计算机程序控制。这种方式的优点是 CPU 的操作和外围设备的操作能够同步，而且软硬件结构都比较简单。但问题是，外围设备通常动作很慢，程序进入查询循环时将白白消耗掉 CPU 很多时间。这种情况类似于上述例子中第一种方法。即使 CPU 采用定期地由主程序转向查询设备状态的子程序进行扫描轮询(polling)的办法，CPU 时间的消耗也是可观的。因此程序查询方式只适用于连接低速外设或者 CPU 任务不繁忙的情况。

　　3. 程序中断方式

　　中断是外围设备用来"主动"通知 CPU，准备送出输入数据或接收输出数据的一种方法。通常，当一个中断发生时，CPU 暂停其现行程序，而转向中断处理程序，从而可以输入或输出一个数据。当中断处理完毕后，CPU 又返回到原来执行的任务，并从其停止的地方开始执行程序。这种方式和我们前述例子的第二种方法类似。可以看出，它节省了 CPU 宝贵的时间，是管理 I/O 操作的一个比较有效的方法。中断方式一般适用于随机出现的服务请求，并且一旦提出要求，能使服务请求立即得到响应，因而适合于计算机工作量十分饱满、而 I/O 处理的实时性要求又很高的系统。同程序查询方式相比，中断方式硬件结构相对复杂，软件复杂度也提高了，服务开销时间较大。

4. 直接内存访问(DMA)方式

用中断方式交换数据，是通过 CPU 执行程序来实现数据传送的。每进行一次传送，CPU 必须执行一遍中断处理程序，完成一系列取指令、分析指令、执行指令的过程。而且，每进入一次中断处理程序，CPU 都要保护被打断的程序的下一条指令地址(断点)和状态条件寄存器的当前值；在中断处理程序中，通常还要保护及恢复通用数据寄存器。因此，每处理一次 I/O 交换，需几十微秒到几百微秒的时间。在指令流水方式中，中断发生或从中断返回时，指令队列预取的指令会全部作废。因此，在高速、成批传送数据时，中断方式难以满足速度要求。

直接内存访问(DMA)方式是一种完全由硬件执行 I/O 交换的工作方式。这种方式既能够响应随机发生的服务请求，同时又可以省去中断处理的开销。此时，DMA 控制器从 CPU 完全接管对总线的控制，数据交换不经过 CPU，而直接在内存和外围设备之间进行，以高速传送数据。这种方式和前述例子的第三种方法相仿，主要的优点是数据传送速度很高，传送速率仅受到内存访问时间的限制。与中断方式相比，需要更多的硬件。DMA 方式适用于内存和高速外围设备之间大批数据交换的场合。

5. 通道和输入/输出处理器

DMA 方式的出现已经减轻了 CPU 执行 I/O 操作的压力，使得 CPU 的效率有显著的提高，而通道的出现则进一步提高了 CPU 的效率。这是因为，CPU 将部分权力下放给通道。通道是一个具有特殊功能的简化版处理器，它可以实现对外围设备的统一管理和外围设备与内存之间的数据传送控制。更进一步，现代的很多高性能计算机系统为输入/输出操作配置专用的处理器，称为输入输出处理器(IOP)或者外围处理器。这种方式与前述例子的 DMA 方式相仿，大大提高了 CPU 的工作效率。然而这种提高 CPU 效率的方式是以耗费更多硬件为代价的。

综上所述，外围设备的输入/输出方式可用图 8.2 表示。

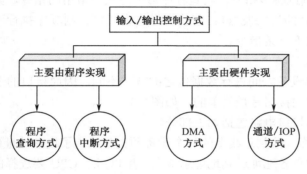

8.2

图 8.2　外围设备的输入/输出控制方式

程序查询方式和程序中断方式适用于数据传输率比较低的外围设备，而 DMA 方式、通道方式和 IOP 方式适用于数据传输率比较高的设备。

8.2　程序查询方式

程序查询方式又称为程序控制 I/O 方式。在这种方式中，数据在 CPU 和外围设备之间的传送完全靠计算机程序控制，是在 CPU 主动控制下进行的。当需要输入/输出时，CPU 暂停执行主程序，转去执行设备输入/输出的服务程序，根据服务程序中的 I/O 指令进行数据传送。这是一种最简单、最经济的输入/输出方式，只需要很少的硬件。

1. 输入/输出指令

当用程序实现输入/输出传送时，I/O 指令一般具有如下功能：

(1)置"1"或置"0" I/O 接口的某些控制触发器，用于控制设备进行某些动作，如启动、关闭设备等。

(2)测试设备的某些状态，如"忙""准备就绪"等，以便决定下一步的操作。

(3)传送数据，当输入数据时，将 I/O 接口中数据寄存器的内容送到 CPU 某一寄存器；当输出数据时，将 CPU 中某一寄存器的内容送到 I/O 接口的数据寄存器。

不同的机器，所采用的 I/O 指令格式和操作也不相同。例如，某机的 I/O 指令格式如下：

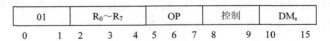

01	$R_0 \sim R_7$	OP	控制	DM_8
0　1	2　3　4	5　6　7	8　9	10　　15

其中第 $0 \sim 1$ 位 01 表示 I/O 指令；OP 表示操作码，用以指定 I/O 指令的 8 种操作类型；DM_8 表示 64 个外部设备的设备地址，每个设备地址中可含有 A、B、C 三个数据寄存器；8、9 位表示控制功能，如 01 启动设备(S)、10 关闭设备(C)等；$R_0 \sim R_7$ 表示 CPU 中的 8 个通用寄存器。

上述 I/O 指令如用汇编语言写出，指令"DOAS　2,13"表示把 CPU 中 R_2 的内容输出到 13 号设备的 A 数据缓冲寄存器中，同时启动 13 号设备工作。指令"DICC　3,12"表示把 12 号设备中 C 寄存器的数据送入 CPU 中通用寄存器 R_3，并关闭 12 号设备。

输入/输出指令不仅用于传送数据和控制设备的启动与关闭，而且也用于测试设备的状态。如 SKP 指令是测试跳步指令，它是程序查询方式中常用的指令，其功能是测试外部设备的状态标志(如"就绪"触发器)：若状态标志为"1"，则顺序执行下一条指令；若状态标志为"0"，则跳过下一条指令。

2. 程序查询方式的接口

由于主机和外部设备之间进行数据传送的方式不同，因而接口的逻辑结构也相应有所不同。程序查询方式的接口是最简单的，如图 8.3 所示。

程序查询方式的接口电路包括如下部分。

(1)设备选择电路　接到总线上的每个设备预先都给定了设备地址码。CPU 执行 I/O 指令时需要把指令中的设备地址送到地址总线上，用以指示 CPU 要选择的设备。每个设备接口电路都包含一个设备选择电路，用它判别地址总线上呼叫的设备是不是本设备。如果是，本设备就进入工作状态，否则不予理睬。设备选择电路实际上是设备地址的译码器。

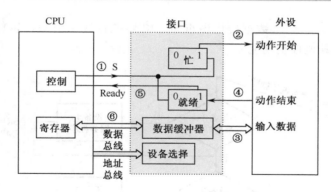

图 8.3　程序查询方式接口示意图

（2）数据缓冲寄存器　当输入操作时，用数据缓冲寄存器来存放从外部设备读出的数据，然后送往 CPU；当输出操作时，用数据缓冲寄存器来存放 CPU 送来的数据，以便送给外部设备输出。

（3）设备状态标志　是接口中的标志触发器，如"忙""准备就绪""错误"等，用来标志设备的工作状态，以便接口对外设动作进行监视。一旦 CPU 用程序询问外部设备时，将状态标志信息取至 CPU 进行分析。

3. 程序查询输入/输出方式

程序查询方式是利用程序控制实现 CPU 和外部设备之间的数据传送。程序执行的动作如下：

（1）先向 I/O 设备发出命令字，请求进行数据传送。

（2）从 I/O 接口读入状态字。

（3）检查状态字中的标志，看看数据交换是否可以进行。

（4）假如这个设备没有准备就绪，则第（2）、第（3）步重复进行，一直到这个设备准备好交换数据，发出准备就绪信号"Ready"。

（5）CPU 从 I/O 接口的数据缓冲寄存器输入数据，或者将数据从 CPU 输出至接口的数据缓冲寄存器。与此同时，CPU 将接口中的状态标志复位。

图 8.3 中用①～⑥表示了 CPU 从外设输入一个字的过程。

按上述步骤执行时 CPU 资源浪费严重，故实际应用中做如下改进：CPU 在执行主程序的过程中可周期性地调用各外部设备询问子程序，而询问子程序依次测试各 I/O 设备的状态触发器"Ready"。如果某设备的 Ready 为"1"，则转去执行该设备的服务子程序；如该设备的 Ready 为"0"，则依次测试下一个设备。

图 8.4 示出了典型的程序查询流程图。图的右边列出了汇编语言所写的查询程序，其中使用了跳步指令 SKP 和无条件转移指令 JMP。第 1 条指令"SKP DZ 1"的含义是，检查 1 号设备的 Ready 标志是否为"1"？如果是，接着执行第 2 条指令，即执行 1 号设备的设备服务子程序 PTRSV；如果 Ready 标志为"0"，则跳过第 2 条指令，转去执行第 3 条指令。依次类推。最后一条指令返回主程序断点 m。

设备服务子程序的主要功能是：①实现数据传送。输入时，由 I/O 指令将设备的数据传送到 CPU 某寄存器，再由访内指令把寄存器中的数据存入内存；输出时，其过程正好相反。

②修改内存地址，为下一次数据传送做准备。③修改传送字节数，以便修改传送长度。④进行状态分析或其他控制功能。

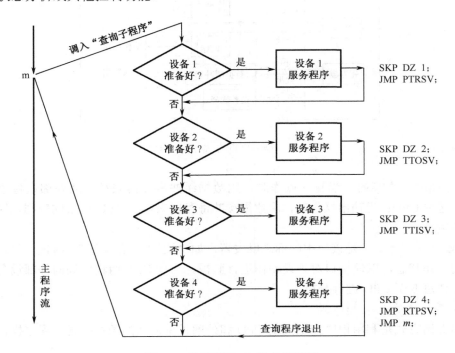

图 8.4　程序查询 I/O 设备流程图

某设备的服务子程序执行完以后，接着查询下一个设备。被查询设备的先后次序由查询程序决定，图 8.4 中以 1、2、3、4 为序。也可以用改变程序的办法来改变询问次序。一般来说，总是先询问数据传输率高的设备，后询问数据传输率低的设备，因而后询问的设备要等待更长的时间。

思考题　程序查询方式是否适合在大型计算机中使用？

8.3　程序中断方式

8.3.1　中断的基本概念

中断是一种程序随机切换的方式，有时也统称为异常。当外部发生某些随机的事件需要及时处理时，无论 CPU 正在执行哪一条指令，都可以通过中断响应的方式暂停正在执行的主程序的执行，转而执行另外一段中断服务程序。在高优先级的中断服务程序执行完毕后，可以返回被打断的主程序"断点"继续执行。

中断方式的典型应用包括：

(1)实现 CPU 与外界进行信息交换的握手联络。一方面，中断可以实现 CPU 与外设的并行工作；另一方面，对于慢速 I/O 设备，使用中断方式可以有效提高 CPU 的效率。

(2)故障处理。中断可以用于处理常见的硬件故障，如掉电、校验错、运算出错等；也可以处理常见的软件故障，如溢出、地址越界、非法指令等。

(3) 实时处理。中断可以保证在事件出现的实际时间内及时地进行处理。

(4) 程序调度。中断是操作系统进行多任务调度的手段。

(5) 软中断(程序自愿中断)。软中断不是随机发生的，而是与子程序调用功能相似，但其调用接口简单，不依赖于程序入口地址，便于软件的升级维护和调用。

中断概念的出现，是计算机系统结构设计中的一个重大变革。8.1 节中曾经提到，在程序中断方式中，某一外设的数据准备就绪后，它"主动"向 CPU 发出请求中断的信号，请求 CPU 暂时中断目前正在执行的程序而进行数据交换。当 CPU 响应这个中断请求时，便暂停运行主程序，并自动转移到该设备的中断服务程序。当中断服务程序结束以后，CPU 又回到原来的主程序。这种原理和调用子程序相仿，不过，这里要求转移到中断服务程序的请求是由外部设备发出的。中断方式特别适合于随机出现的服务。

图 8.5 示出了中断处理示意图。主程序只是在设备 A、B、C 数据准备就绪时，才去与设备 A、B、C 进行数据交换。在速度较慢的外围设备准备自己的数据时，CPU 照常执行自己的主程序。在这个意义上说，CPU 和外围设备的一些操作是并行地进行的，因而同串行进行的程序查询方式相比，计算机系统的效率大大提高了。

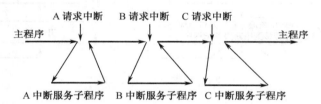

图 8.5 中断处理示意图

实际的中断过程还要复杂一些，图 8.6 示出了一个典型的向量中断处理过程的详细流程图。当 CPU 执行完一条现行指令时，如果外设向 CPU 发出中断请求，那么 CPU 在满足响应条件的情况下，将发出中断响应信号，与此同时关闭中断("中断屏蔽"触发器置"1")，表示 CPU 不再受理另外一个设备的中断请求。这时，CPU 将寻找中断请求源是哪一个设备，并保存 CPU 自己的程序计数器(PC)的内容。然后，它将转移到处理该中断源的中断服务程序。CPU 在保存现场信息，设备服务(如交换数据)以后，将恢复现场信息。在这些动作完成以后，开放中断("中断屏蔽"触发器清"0")，并返回到原来被中断的主程序的下一条指令。

以上是中断处理的大致过程，但是有一些问题需要进一步加以说明。

第一个问题，尽管外界中断请求是随机的，但 CPU 只有在当前一条指令执行完毕后，即转入公操作时才受理设备的中断请求，这样才不至于使当前指令的执行受到干扰。所谓公操作，是指一条指令执行结束后 CPU 所进行的操作，如中断处理、取下条指令等。外界中断请求信号通常存放在接口中的中断源锁存器里，并通过中断请求线连至 CPU，每当一条指令执行到末尾，CPU 便检查中断请求信号。若中断请求信号为"1"且允许响应该中断请求，则 CPU 转入"中断周期"，受理外界中断。

第二个问题，为了在中断服务程序执行完毕以后，能够正确地返回到原来主程序被中断的断点而继续执行主程序，必须把程序计数器 PC 的内容，以及当前指令执行结束后 CPU 的状态(包括寄存器的内容和一些状态标志位)都保存到堆栈中。这些操作称为保存现场。

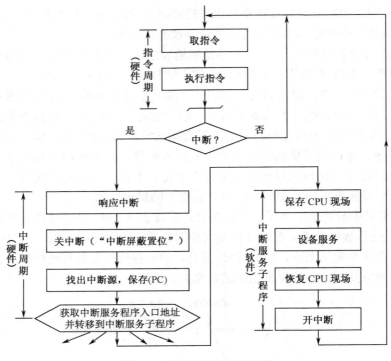

图 8.6　中断处理过程流程图

第三个问题，当 CPU 响应中断后，正要去执行中断服务程序时，可能有另一个新的中断源向它发出中断请求。为了不致造成混乱，在 CPU 的中断管理部件中必须有一个"中断屏蔽"触发器，它可以在程序的控制下置"1"（关中断），或清"0"（开中断）。只有在"中断屏蔽"标志为"0"时，CPU 才可以受理中断。当一条指令执行完毕 CPU 接受中断请求并作出响应时，它一方面发出中断响应信号 INTA，另一方面把"中断屏蔽"标志置"1"，即关闭中断。这样，CPU 不能再受理另外的新的中断源发来的中断请求。只有在 CPU 把中断服务程序执行完毕以后，它才重新使"中断屏蔽"标志置"0"，即开放中断，并返回主程序。因此，中断服务程序的最后必须有两条指令，即开中断指令和中断返回指令，同时在硬件上要保证中断返回指令执行以后才受理新的中断请求。

第四个问题，中断处理过程是由硬件和软件结合来完成的。如在图 8.6 中，"中断周期"由硬件实现，而中断服务子程序由机器指令序列实现。后者除执行保存现场、恢复现场、开放中断并返回主程序任务外，需对请求中断的设备进行服务，使其同 CPU 交换一个字的数据，或作其他服务。至于在中断周期中如何转移到各个设备的中断服务程序，将在稍后介绍。在中断周期中由硬件实现的响应中断、关中断等操作由于在主程序和中断服务程序的代码中都看不到，因而被称为"中断处理的隐操作"。

第五个问题，中断分为内中断和外中断。机器内部原因导致出错引起的中断叫内中断，也叫异常。外部设备请求服务的中断叫外中断。

思考题　举出现实生活中采用中断方式进行管理的实际例子。

8.3.2　中断服务程序入口地址的获取

现代计算机系统中，中断是频繁发生的，这些引起中断的事件被称为中断源。CPU 在中断响应的过程中必须首先确认应该为哪个中断源服务。当有多个中断源同时提出中断申请时，还需对中断源进行优先级判别和排队，以确定应该首先响应哪个中断源的服务请求。然后，CPU 需要获取应被服务的中断源的中断服务程序入口地址，并转到相应的中断服务程序执行。获取中断服务程序入口地址一般有两种方式：向量中断方式和查询中断方式，选择哪种方式通常在处理器的中断机构设计时就已经确定。

向量中断　向量中断是指 CPU 响应中断后，由中断机构自动将相应中断源的中断向量地址送入 CPU，由其指明中断服务程序入口地址并实现程序切换的中断方式。在向量中断方式中，每个中断源都对应一个中断服务程序，而中断服务程序的入口地址被称为中断向量。在有的系统中，中断向量还包括中断服务程序开始执行时的程序状态字 PSW 的初始值。一般而言，系统中所有的中断向量都按顺序存放在内存指定位置的一张中断向量表中，当 CPU 识别出某中断源时，由硬件直接产生一个与该中断源对应的中断向量地址，以便能快速在中断向量表中找到并转入中断服务程序入口。

图 8.7 给出了一个中断向量表实例。图中，A_1、A_2 到 A_n 为 n 个中断向量的向量地址；PC1、PC2 到 PCn 为各个中断服务程序的入口地址，在中断响应时由硬件自动加载到程序计数器 PC 中；PSW1、PSW2 到 PSWn 为各个中断服务程序开始执行时的初始程序状态字，在中断响应时由硬件自动加载到程序状态字寄存器 PSWR 中。

图 8.7　中断向量表实例

在有些计算机中，由硬件产生的向量地址不是直接地址，而是一个"位移量"，这个位移量加上 CPU 某寄存器里存放的基地址，最后得到中断服务程序的入口地址。

还有的计算机在中断向量表中存放的不是中断服务程序入口地址，而是一条转移到中断服务程序入口地址的转移指令的指令字。在中断切换过程中，由硬件直接执行这条转移指令，从而跳转到相应的中断服务程序执行。

查询中断　在查询中断方式中，硬件不直接提供中断服务程序的入口地址，而是为所有中断服务程序安排一个公共的中断服务程序。在中断响应时，由公共的中断服务程序软件查询中断源，并跳转至相应中断服务子程序入口执行。图 8.8 给出了查询中断程序实例。

在向量中断方式中，查找中断源、中断排队与判优、获取中断服务程序入口地址都是由硬件在中断周期中自动完成的。但在查询中断方式中，查找中断源和获取中断服务程序入口地址都是由软件实现的，而中断优先级则与软件查询中断源的顺序相关，因此可以更灵活地调整中断优先级。

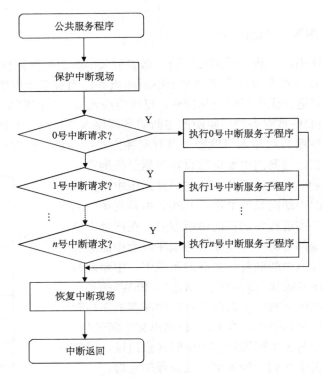

图 8.8　查询中断程序实例

8.3.3　程序中断方式的基本 I/O 接口

程序中断方式的基本接口示意图如图 8.9 所示。接口电路中有一个工作标志触发器（BS），就绪标志触发器（RD），还有一个控制触发器，称为允许中断触发器（EI）。

8.9

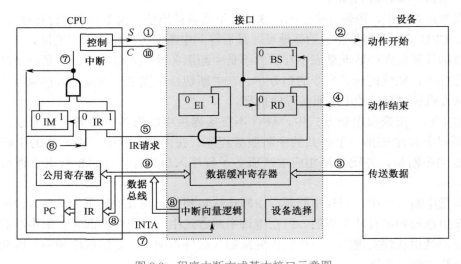

图 8.9　程序中断方式基本接口示意图

程序中断由外设接口的状态和 CPU 两方面来控制。在接口方面，有决定是否向 CPU

发出中断请求的机构，主要是接口中的"准备就绪"标志(RD)和"允许中断"标志(EI)两个触发器。在 CPU 方面，有决定是否受理中断请求的机构，主要是"中断请求"标志(IR)和"中断屏蔽"标志(IM)两个触发器。上述四个标志触发器的具体功能如下。

准备就绪触发器(RD) 一旦设备做好一次数据的接收或发送，便发出一个设备动作完毕信号，使 RD 标志置"1"。在中断方式中，该标志用作中断源触发器，简称中断触发器。

允许中断触发器(EI) 可以用程序指令来置位。EI 为"1"时，某设备可以向 CPU 发出中断请求；EI 为"0"时，不能向 CPU 发出中断请求，这意味着某中断源的中断请求被禁止。设置 EI 标志的目的，就是通过软件来控制是否允许某设备发出中断请求。

中断请求触发器(IR) 它暂存中断请求线上由设备发出的中断请求信号。当 IR 标志为"1"时，表示设备发出了中断请求。

中断屏蔽触发器(IM) 是 CPU 是否受理中断或批准中断的标志。IM 标志为"0"时，CPU 可以受理外界的中断请求，反之，IM 标志为"1"时，CPU 不受理外界的中断请求。

图 8.9 中，标号①～⑩表示由某一外设输入数据的控制过程。①表示由程序启动外设，将该外设接口的"忙"标志 BS 置"1"，"准备就绪"标志 RD 清"0"；②表示接口向外设发出启动信号；③表示数据由外设传送到接口的缓冲寄存器；④表示当设备动作结束或缓冲寄存器数据填满时，设备向接口送出一控制信号，将数据"准备就绪"标志 RD 置"1"；⑤表示允许中断标志 EI 为"1"时，接口向 CPU 发出中断请求信号；⑥表示在一条指令执行末尾 CPU 检查中断请求线，将中断请求线的请求信号接收到"中断请求"标志 IR；⑦表示如果"中断屏蔽"标志 IM 为"0"时，CPU 在一条指令执行结束后受理外设的中断请求，向外设发出响应中断信号并关闭中断；⑧表示转向该设备的中断服务程序入口；⑨表示在中断服务程序通过输入指令把接口中数据缓冲寄存器的数据读至 CPU 中的寄存器；⑩表示 CPU 发出控制信号 C 将接口中的 BS 和 RD 标志复位。

8.3.4 单级中断

1. 单级中断的概念

根据计算机系统对中断处理的策略不同，可分为单级中断系统和多级中断系统。单级中断系统是中断结构中最基本的形式。在单级中断系统中，所有的中断源都属于同一级，所有中断源触发器排成一行，其优先次序是离 CPU 近的优先权高。当响应某一中断请求时，执行该中断源的中断服务程序。在此过程中，不允许其他中断源再打断中断服务程序，即使优先权比它高的中断源也不能再打断。只有该中断服务程序执行完毕之后，才能响应其他中断。图 8.10 示出了单级中断示意图(a)和单级中断系统结构图(b)。图 8.10(b)中所有的 I/O 设备通过一条线向 CPU 发出中断请求信号。CPU 响应中断请求后，发出中断响应信号 INTA，以链式查询方式识别中断源。这种中断结构与第 6 章讲的链式总线仲裁相对应，中断请求信号 IR 相当于总线请求信号 BR。

2. 单级中断源的识别

如何确定中断源，并转入被响应的中断服务程序入口地址，是中断处理首先要解决的问题。

在单级中断中，可以采用串行排队链法来实现具有公共请求线的中断源判优识别。其逻辑电路见图 8.11。

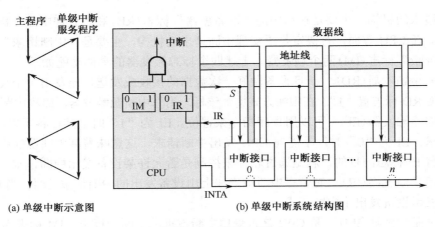

(a) 单级中断示意图　　　　(b) 单级中断系统结构图

图 8.10　单级中断

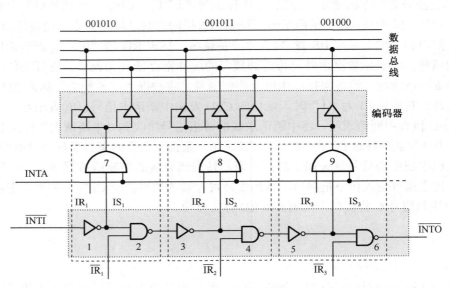

图 8.11　串行排队链判优识别逻辑及中断向量的产生

　　图中下面的虚线部分是一个串行的优先链，称作中断优先级排队链。IR_i 是从各中断源设备来的中断请求信号，优先顺序从高到低是 IR_1、IR_2、IR_3。而 IS_1、IS_2、IS_3 是与 IR_1、IR_2、IR_3 相对应的中断排队选中信号，若 $IS_i=1$，即表示该中断源被选中。$\overline{INTI}$ 为中断排队输入，$\overline{INTO}$ 中断排队输出。若没有更高优先级的中断请求时，$\overline{INTI}=0$，门 1 输出高电平，即 $IS_1=1$，若此时中断请求 $IR_1=1$（有中断请求），当 CPU 发来中断识别信号 INTA=1 时，发出 IR_1 请求的中断源被选中，选中信号经门 7 送入编码电路，产生一个唯一对应的设备地址，并经数据总线送往 CPU 的主存地址寄存器，然后执行该中断源设备的中断服务程序。

　　另一方面，由于此时 $\overline{IR_1}$ 为 0，封锁门 2，使 IS_2、IS_3 全为低电平，即排队识别工作不再向下进行。

　　若 IR_1 无请求，则 $IR_1=0$，门 7 被封锁，不会向编码电路送入选中信号。与此同时，因 $\overline{IR_1}=1$，经门 2 和门 3，使 $IS_2=1$，如果 $IR_2=1$，则被选中。否则查询链继续向下查询，直至找到发出中断请求信号 IR_i 的中断源设备。

3. 中断向量的产生

当 CPU 识别出某中断源时，由硬件直接产生一个与该中断源对应的向量地址，很快便引入中断服务程序。向量中断要求在硬件设计时考虑所有中断源的向量地址，而实际中断时只能产生一个向量地址。图 8.11 中上面部分即为中断向量产生逻辑，它是由编码电路实现的。

思考题　你能说出程序中断方式最主要的创新点吗？

8.3.5　多级中断

1. 多级中断的概念

多级中断系统是指计算机系统中有相当多的中断源，根据各中断事件的轻重缓急程度不同而分成若干级别，每一中断级分配给一个优先权。一般说来，优先权高的中断级可以打断优先权低的中断服务程序，以程序嵌套方式进行工作。如图 8.12(a)所示，三级中断优先权高于二级，而二级中断优先权又高于一级。

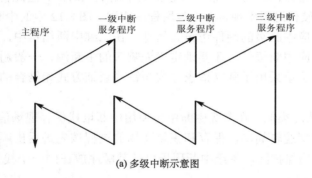

(a) 多级中断示意图

8.12

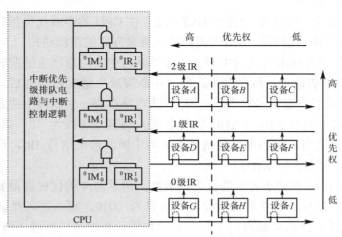

(b) 一维、二维多级中断结构

图 8.12　多级中断

　　根据系统的配置不同，多级中断又可分为一维多级中断和二维多级中断，如图 8.12(b) 所示。一维多级中断是指每一级中断中只有一个中断源，而二维多级中断是指每一级中断中有多个中断源。图中虚线左边结构为一维多级中断，如果去掉虚线则成为二维多级中断结构。

　　对多级中断，着重说明如下几点。

　　(1) 一个系统若有 n 级中断，在 CPU 中就有 n 个中断请求触发器，总称为中断请求寄存器；与之对应的有 n 个中断屏蔽触发器，总称为中断屏蔽寄存器。与单级中断不同，在多级中断中，中断屏蔽寄存器的内容是一个很重要的程序现场，因此在响应中断时，需要把中断屏蔽寄存器的内容保存起来，并设置新的中断屏蔽状态。一般在某一级中断被响应后，要置"1"(关闭)本级和优先权低于本级的中断屏蔽触发器，清"0"(开放)更高级的中断屏蔽触发器，以此来实现正常的中断嵌套。

　　(2) 多级中断中的每一级可以只有一个中断源，也可以有多个中断源。在多级中断之间可以实现中断嵌套，但是同一级内有不同中断源的中断是不能嵌套的，必须是处理完一个中断后再响应和处理同一级内其他中断源。

　　(3) 设置多级中断的系统一般都希望有较快的中断响应时间，因此首先响应哪一级中断和哪一个中断源，由硬件逻辑实现，而不是用程序实现。图 8.12 中的中断优先级排队电路，就是用于决定优先响应中断级的硬件逻辑。另外，在二维中断结构中，除了有中断优先级排队电路确定优先响应中断级外，还要确定优先响应的中断源，一般通过链式查询的硬件逻辑来实现。显然，这里采用了独立请求方式与链式查询方式相结合的方法决定首先响应哪个中断源。

　　(4) 和单级中断情况类似，在多级中断中也使用中断堆栈保存现场信息。使用堆栈保存现场的好处是：①控制逻辑简单，保存和恢复现场的过程按先进后出顺序进行。②每一级中断不必单独设置现场保护区，各级中断现场可按其顺序放在同一个栈里。

　　2. 多级中断源的识别

　　在多级中断中，每一级均有一根中断请求线送往 CPU 的中断优先级排队电路，对每一级赋予了不同的优先级。显然这种结构就是独立请求方式的逻辑结构。

　　图 8.13 示出了独立请求方式的中断优先级排队与中断向量产生的逻辑结构。每个中断请求信号保存在"中断请求"触发器中，经"中断屏蔽"触发器控制后，可能有若干个中断请求信号 IR'_i 进入虚线框所示的排队电路。排队电路在若干中断源中决定首先响应哪个中断源，并在其对应的输出线 IR_i 上给出"1"信号，而其他各线为"0"信号($IR_1 \sim IR_4$ 中只有一个信号有效)。之后，编码电路根据排上队的中断源输出信号 IR_i，产生一个预定的地址码，转向中断服务程序入口地址。

　　例如，假设图 8.13 中请求源 1 的优先级最高，请求源 4 的优先级最低。又假定中断请求寄存器的内容为 1111，中断屏蔽寄存器的内容为 0010，那么进入排队器的中断请求是 1101。根据优先次序，排队器输出为 1000。然后由编码器产生中断源 1 所对应的向量地址。

　　在多级中断中，如果每一级请求线上还连接有多个中断源设备，那么在识别中断源时，还需要进一步用串行链式方式查询。这意味着要用二维方式来设计中断排队逻辑。

　　【例 8.2】　参见图 8.12(b) 所示的二维中断系统。请问：

　　(1) 在中断情况下，CPU 和设备的优先级如何考虑？请按降序排列各设备的中断优先级。

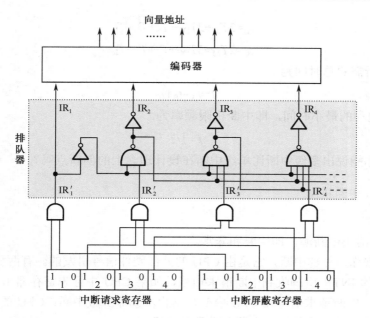

图 8.13　独立请求方式的优先级排队逻辑

(2) 若 CPU 现执行设备 B 的中断服务程序，IM_2、IM_1、IM_0 的状态是什么？如果 CPU 执行设备 D 的中断服务程序，IM_2、IM_1、IM_0 的状态又是什么？

(3) 每一级的 IM 能否对某个优先级的个别设备单独进行屏蔽？如果不能，采取什么办法可达到目的？

(4) 假如设备 C 一提出中断请求，CPU 立即进行响应，如何调整才能满足此要求？

解　(1) 在中断情况下，CPU 的优先级最低。各设备的优先次序是：A→B→C→D→E→F→G→H→I→CPU。

(2) 执行设备 B 的中断服务程序时 $IM_2IM_1IM_0=111$；执行设备 D 的中断服务程序时，$IM_2IM_1IM_0=011$。

(3) 每一级的 IM 标志不能对某个优先级的个别设备进行单独屏蔽。可将接口中的 EI(中断允许)标志清"0"，它禁止设备发出中断请求。

(4) 要使设备 C 的中断请求及时得到响应，可将设备 C 从第 2 级取出来，单独放在第 3 级上，使第 3 级的优先级最高，即令 $IM_3=0$ 即可。

【例 8.3】　参见图 8.12(b) 所示的系统，只考虑 A、B、C 三个设备组成的单级中断结构，它要求 CPU 在执行完当前指令时对中断请求进行服务。假设：① CPU "中断批准"机构在响应一个新的中断之前，先要让被中断的程序的一条指令一定要执行完毕；② T_{DC} 为查询链中每个设备的延迟时间；③ T_A、T_B、T_C 分别为设备 A、B、C 的服务程序所需的执行时间；④ T_S、T_R 为保存现场和恢复现场所需的时间；⑤ 主存工作周期为 T_M。试问：就这个中断请求环境来说，系统在什么情况下达到中断饱和？

解　参阅图 8.6 的中断处理流程，并假设执行一条指令的时间也为 T_M。如果三个设备同时发出中断请求，那么依次分别处理设备 A、设备 B、设备 C 的时间如下：

$$t_A=2T_M+T_{DC}+T_S+T_A+T_R$$

$$t_B=2T_M+2T_{DC}+T_S+T_B+T_R$$

$$t_C=2T_M+3T_{DC}+T_S+T_C+T_R$$

处理三个设备所需的总时间为

$$T=t_A+t_B+t_C$$

T 是达到中断饱和的最小时间，即中断极限频率为

$$f=1/T$$

中断控制器

思考题　你能说出多级中断比单级中断在设计理念上的创新点吗？

8.3.6　Pentium 中断机制

1. 中断类型

8259 中断控制器

Pentium 有两类中断源，即中断和异常。

中断　通常称为外部中断，它是由 CPU 的外部硬件信号引发的。有两种情况：①可屏蔽中断：CPU 的 INTR 引脚收到中断请求信号，如果 CPU 中标志寄存器 IF=1 时，可引发中断；IF=0 时，中断请求信号在 CPU 内部被禁止。②非屏蔽中断：CPU 的 NMI 引脚收到的中断请求信号而引发的中断，这类中断不能被禁止。

异常　通常称为异常中断，它是由指令执行引发的。有两种情况：①执行异常：CPU 执行一条指令过程中出现错误、故障等不正常条件引发的中断。②执行软件中断指令：如执行 INT 0，INT 3，INT n 等指令，执行时产生异常中断。

如果详细分类，Pentium 共有 256 种中断和异常。每种中断给予一个编号，称为中断向量号（0～255），以便发生中断时，程序转向相应的中断服务子程序入口地址。

当有一个以上的异常或中断发生时，CPU 以一个预先确定的优先顺序为它们先后进行服务。中断优先级分为 5 级。异常中断的优先级高于外部中断的优先级，这是因为异常中断发生在取一条指令或译码一条指令或执行一条指令时出现故障的情况下，情况更为紧急。

2. 中断服务子程序进入过程

中断服务子程序的入口地址信息存于中断向量号检索表内。实模式为中断向量表 IVT，保护模式为中断描述符表 IDT。

CPU 识别中断类型取得中断向量号的途径有三种：①指令给出，如软件中断指令 INT n 中的 n 即为中断向量号。②外部提供，可屏蔽中断是在 CPU 接收到 INTR 信号时产生一个中断识别周期，接收外部中断控制器由数据总线送来的中断向量号；非屏蔽中断是在接收到 NMI 信号时中断向量号固定为 2。③CPU 识别错误、故障现象，根据异常和中断产生的条件自动指定向量号。

CPU 依据中断向量号获取中断服务子程序入口地址，但在实模式下和保护模式下采用不同的途径。

实模式下使用中断向量表　中断向量表 IVT 位于内存地址 0 开始的 1KB 空间。实模式是 16 位寻址，中断服务子程序入口地址（段，偏移）的段寄存器和段内偏移量各为 16 位。它们直接登记在 IVT 表中，每个中断向量号对应一个中断服务子程序入口地址。每个入口地址占 4 字节。256 个中断向量号共占 1KB。CPU 取得向量号后自动乘以 4，作为访问 IVT 的偏移，读取 IVT 相应表项，将段地址和偏移量设置到 CS 和 IP 寄存器，从而进入相应的

中断服务子程序。进入过程如图 8.14(a)所示。

　　保护模式下使用中断描述符表　保护模式为 32 位寻址。中断描述符表 IDT 每一表项对应一个中断向量号，表项称为中断门描述符、陷阱门描述符。这些门描述符为 8 字节长，对应 256 个中断向量号，IDT 表长为 2KB。由中断描述符表寄存器 IDTR 来指示 IDT 的内存地址。

　　以中断向量号乘以 8 作为访问 IDT 的偏移，读取相应的中断门/陷阱门描述符表项。门描述符给出中断服务子程序入口地址(段，偏移)，其中 32 位偏移量装入 EIP 寄存器，16位的段值装入 CS 寄存器。由于此段值是选择符，还必须访问 GDT 或 LDT，才得到段的基地址。保护模式下进入中断服务子程序的过程如图 8.14(b)所示。

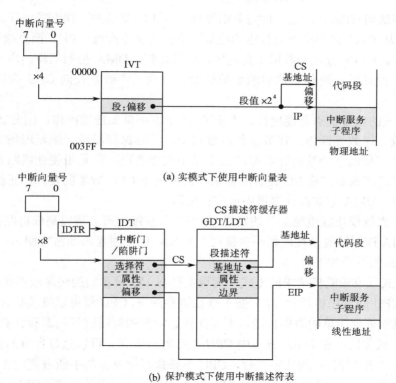

(a) 实模式下使用中断向量表

(b) 保护模式下使用中断描述符表

图 8.14　中断服务子程序的进入过程

8.14

3. 中断处理过程

　　上面说明了中断向量号的获取方式，也说明了实模式与保护模式下进入中断服务子程序的途径。现将 Pentium 机的中断处理过程叙述如下：

　　(1)当中断处理的 CPU 控制权转移涉及特权级改变时，必须把当前的 SS 和 ESP 两个寄存器的内容压入系统堆栈予以保存。

　　(2)标志寄存器 EFLAGS 的内容也压入堆栈。

　　(3)清除标志触发器 TF 和 IF。

　　(4)当前的代码段寄存器 CS 和指令指针 EIP 也压入此堆栈。

　　(5)如果中断发生伴随有错误码，则错误码也压入此堆栈。

(6)完成上述中断现场保护后，从中断向量号获取的中断服务子程序入口地址(段，偏移)分别装入 CS 和 EIP，开始执行中断服务子程序。

(7)中断服务子程序最后的 IRET 指令使中断返回。保存在堆栈中的中断现场信息被恢复，并由中断点继续执行原程序。

思考题　说出 Pentium 机的中断机制创新点。

8.4　DMA 方式

8.4.1　DMA 的基本概念

直接内存访问(DMA)，是一种完全由硬件执行 I/O 交换的工作方式。在这种方式中，DMA 控制器从 CPU 完全接管对总线的控制，数据交换不经过 CPU，而直接在内存和 I/O 设备之间进行。DMA 方式一般用于高速传送成组数据。DMA 控制器将向内存发出地址和控制信号，修改地址，对传送的字的个数计数，并且以中断方式向 CPU 报告传送操作的结束。

DMA 方式的主要优点是速度快。由于 CPU 根本不参加传送操作，因此就省去了 CPU 取指令、取数、送数等操作。在数据传送过程中，没有保存现场、恢复现场之类的工作。内存地址修改、传送字个数的计数等，也不是由软件实现，而是用硬件线路直接实现的。所以 DMA 方式能满足高速 I/O 设备的要求，也有利于 CPU 效率的发挥。正因为如此，包括微型机在内，DMA 方式在计算机中被广泛采用。

目前由于大规模集成电路工艺的发展，很多厂家直接生产大规模集成电路的 DMA 控制器。虽然 DMA 控制器复杂程度差不多接近于 CPU，但使用起来非常方便。

DMA 方式的特点如下。

DMA 方式以响应随机请求的方式，实现主存与 I/O 设备间的快速数据传送。DMA 方式并不影响 CPU 的程序执行状态，只要不存在访存冲突，CPU 就可以继续执行自己的程序。但是 DMA 只能处理简单的数据传送，不能在传送数据的同时进行判断和计算。

与查询方式相比，在 DMA 方式中 CPU 不必等待查询，可以执行自身的程序，而且直接由硬件(DMA 控制器)控制传输过程，CPU 不必执行指令。与中断方式相比，DMA 方式仅需占用系统总线，不切换程序，因而 CPU 可与 DMA 传送并行工作；DMA 可以实现简单的数据传送，难以识别和处理复杂事态。

由于 DMA 传送开始的时间是随机的，但开始传送后需要进行连续批量的数据交换，因此 DMA 方式非常适合主存与高速 I/O 设备间的简单数据传送。例如，以数据块为单位的磁盘读/写操作；以数据帧为单位的外部通信；以及大批量数据采集等场景。

DMA 的种类很多，但多种 DMA 至少能执行以下一些基本操作。

(1)从外围设备发出 DMA 请求。

(2)CPU 响应请求，把 CPU 工作改成 DMA 操作方式，DMA 控制器从 CPU 接管总线的控制。

(3)由 DMA 控制器对内存寻址，即决定数据传送的内存单元地址及数据传送个数的计数，并执行数据传送的操作。

(4)向 CPU 报告 DMA 操作的结束。

注意，在 DMA 方式中，一批数据传送前的准备工作，以及传送结束后的处理工作，均由管理程序承担，而 DMA 控制器仅负责数据传送的工作。

8.4.2　DMA 传送方式

DMA 技术的出现，使得外围设备可以通过 DMA 控制器直接访问内存，与此同时，CPU 可以继续执行程序。那么 DMA 控制器与 CPU 怎样分时使用内存呢？根据每提出一次 DMA 请求，DMA 控制器将占用多少个总线周期，可以将 DMA 传送分成以下几种方式：① 成组连续传送方式(停止 CPU 访存)；② 周期挪用方式(单字传送方式，周期窃取方式)；③ 透明 DMA 方式(DMA 与 CPU 交替操作方式，总线周期分时方式)。

1. 成组连续传送方式

当外围设备要求传送一批数据时，由 DMA 控制器发一个停止信号给 CPU，要求 CPU 放弃对地址总线、数据总线和有关控制总线的使用权。DMA 控制器获得总线控制权以后，开始进行数据传送。在一批数据传送完毕后，DMA 控制器通知 CPU 可以使用内存，并把总线控制权交还给 CPU。图 8.15(a)是这种传送方式的时间图。很显然，在这种 DMA 传送过程中，CPU 基本处于不工作状态或者说保持状态。

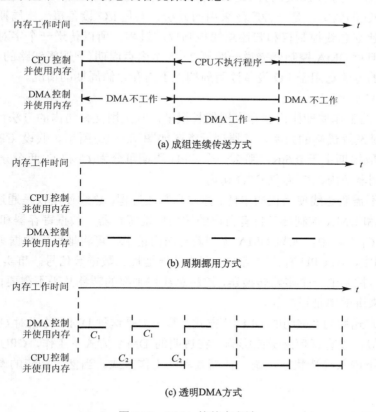

图 8.15　DMA 的基本方法

这种传送方法的优点是控制简单，它适用于数据传输率很高的设备进行成组传送。缺点是在 DMA 控制器访内阶段，内存的效能没有充分发挥，相当一部分内存工作周期是空闲的。这是因为，外围设备传送两个数据之间的间隔一般总是大于内存存储周期，即使高速 I/O 设备也是如此。例如，软盘读出一个 8 位二进制数大约需要 32μs，而半导体内存的存储周期小于 0.2μs，因此许多空闲的存储周期不能被 CPU 利用。

2. 周期挪用方式

在这种 DMA 传送方法中，当 I/O 设备没有 DMA 请求时，CPU 按程序要求访问内存；一旦 I/O 设备有 DMA 请求，则由 I/O 设备挪用一个或几个内存周期。

I/O 设备要求 DMA 传送时可能遇到两种情况：一种是此时 CPU 不需要访内，如 CPU 正在执行乘法指令。由于乘法指令执行时间较长，此时 I/O 访内与 CPU 访内没有冲突，即 I/O 设备挪用一两个内存周期对 CPU 执行程序没有任何影响。另一种是 I/O 设备要求访内时 CPU 也要求访内，这就产生了访内冲突，在这种情况下 I/O 设备访内优先，因为 I/O 访内有时间要求，前一个 I/O 数据必须在下一个访内请求到来之前存取完毕。显然，在这种情况下 I/O 设备挪用一两个内存周期，意味着 CPU 延缓了对指令的执行，或者更明确地说，在 CPU 执行访内指令的过程中插入 DMA 请求，挪用了一两个内存周期。图 8.15(b) 是周期挪用的 DMA 方式示意图。

与停止 CPU 访内的 DMA 方法比较，周期挪用的方法既实现了 I/O 传送，又较好地发挥了内存和 CPU 的效率，是一种广泛采用的方法。但是 I/O 设备每一次周期挪用都有申请总线控制权、建立总线控制权和归还总线控制权的过程，所以传送一个字对内存来说要占用一个周期，但对 DMA 控制器来说一般要 2～5 个内存周期(视逻辑线路的延迟而定)。因此，周期挪用的方法适用于 I/O 设备读写周期大于内存存储周期的情况。

3. 透明 DMA 方式

如果 CPU 的工作周期比内存存取周期长很多，则采用交替访内的方法可以使 DMA 传送和 CPU 同时发挥最高的效率，其原理示意图如图 8.15(c) 所示。假设 CPU 工作周期为 1.2μs，内存存取周期小于 0.6μs，那么一个 CPU 周期可分为 C_1 和 C_2 两个分周期，其中 C_1 专供 DMA 控制器访内，C_2 专供 CPU 访内。

这种方式不需要总线使用权的申请、建立和归还过程，总线使用权是通过 C_1 和 C_2 分时控制的。CPU 和 DMA 控制器各自有自己的访内地址寄存器、数据寄存器和读/写信号等控制寄存器。在 C_1 周期中，如果 DMA 控制器有访内请求，可将地址、数据等信号送到总线上。在 C_2 周期中，如 CPU 有访内请求，同样传送地址、数据等信号。事实上，对于总线，这是用 C_1 和 C_2 控制的一个多路转换器，这种总线控制权的转移几乎不需要什么时间，所以对 DMA 传送来讲效率是很高的。

这种传送方式称为"透明的 DMA"方式，其来由是这种 DMA 传送对 CPU 来说，如同透明的玻璃一般，没有任何感觉或影响。在透明的 DMA 方式下工作，CPU 既不停止主程序的运行，也不进入等待状态，是一种高效率的工作方式。当然，相应的硬件逻辑也就更加复杂。

8.4.3　基本的 DMA 控制器

1. DMA 控制器的基本组成

一个 DMA 控制器，实际上是采用 DMA 方式的外围设备与系统总线之间的接口电路。

这个接口电路是在中断接口的基础上再加 DMA 机构组成的。

图 8.16 示出了一个最简单的 DMA 控制器组成示意图,它由以下逻辑部件组成。

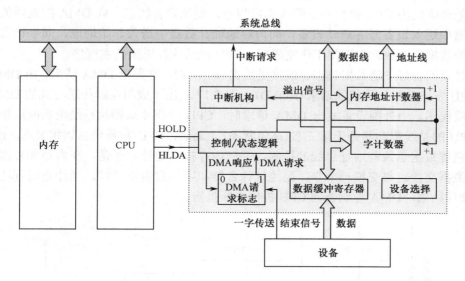

图 8.16　简单的 DMA 控制器组成

内存地址计数器　用于存放内存中要交换的数据的地址。在 DMA 传送前,须通过程序将数据在内存中的起始位置(首地址)送到内存地址计数器。而当 DMA 传送时,每交换一次数据,将地址计数器加"1",从而以增量方式给出内存中要交换的一批数据的地址。

字计数器　用于记录传送数据块的长度(多少字数)。其内容也是在数据传送之前由程序预置,交换的字数通常以补码形式表示。在 DMA 传送时,每传送一个字,字计数器就加"1",当计数器溢出即最高位产生进位时,表示这批数据传送完毕,于是引起 DMA 控制器向 CPU 发中断信号。

数据缓冲寄存器　用于暂存每次传送的数据(一个字)。当输入时,由设备(如磁盘)送往数据缓冲寄存器,再由缓冲寄存器通过数据总线送到内存。反之,输出时,由内存通过数据总线送到数据缓冲寄存器,然后再送到设备。

DMA 请求标志　每当设备准备好一个数据字后给出一个控制信号,使"DMA 请求"标志置"1"。该标志置位后向"控制/状态"逻辑发出 DMA 请求,后者又向 CPU 发出总线使用权的请求(HOLD),CPU 响应此请求后发回响应信号 HLDA,"控制/状态"逻辑接收此信号后发出 DMA 响应信号,使"DMA 请求"标志复位,为交换下一个字做好准备。

控制/状态逻辑　由控制和时序电路以及状态标志等组成,用于修改内存地址计数器和字计数器,指定传送类型(输入或输出),并对"DMA 请求"信号和 CPU 响应信号进行协调和同步。

中断机构　当字计数器溢出时(全 0),意味着一组数据交换完毕,由溢出信号触发中断机构,向 CPU 提出中断报告。这里的中断与 8.3 节介绍的 I/O 中断所采用的技术相同,但中断的目的不同,前面是为了数据的输入或输出,而这里是为了报告一组数据传送结束。因此它们是 I/O 系统中不同的中断事件。

2. DMA 数据传送过程

DMA 的数据块传送过程可分为三个阶段：传送前预处理；正式传送；传送后处理。

预处理阶段由 CPU 执行几条输入输出指令，测试设备状态，向 DMA 控制器的设备地址寄存器中送入设备号并启动设备，向内存地址计数器中送入起始地址，向字计数器中送入交换的数据字个数。在这些工作完成后，CPU 继续执行原来的主程序。

当外设准备好发送数据(输入)或接受数据(输出)时，它发出 DMA 请求，由 DMA 控制器向 CPU 发出总线使用权的请求(HOLD)。图 8.17 示出了成组连续传送方式的 DMA 传送数据的流程图。当外围设备发出 DMA 请求时，CPU 在指令周期执行结束后响应该请求，并使 CPU 的总线驱动器处于第三态(高阻状态)。之后，CPU 与系统总线相脱离，而 DMA 控制器接管数据总线与地址总线的控制，并向内存提供地址，于是，在内存和外围设备之间进行数据交换。每交换一个字，则地址计数器和字计数器加"1"，当计数值到达零时，DMA 操作结束，DMA 控制器向 CPU 提出中断报告。

8.17

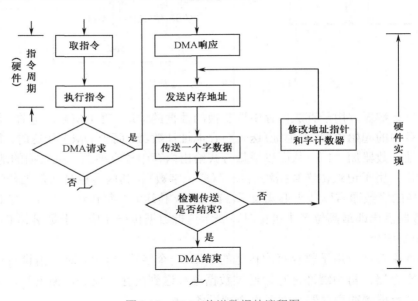

图 8.17　DMA 传送数据的流程图

DMA 的数据传送是以数据块为基本单位进行的，因此，每次 DMA 控制器占用总线后，无论是数据输入操作，还是输出操作，都是通过循环来实现的。当进行输入操作时，外围设备的数据(一次一个字或一字节)传向内存；当进行输出操作时，内存的数据传向外围设备。

DMA 的后处理进行的工作是，一旦 DMA 的中断请求得到响应，CPU 停止主程序的执行，转去执行中断服务程序做一些 DMA 的结束处理工作。这些工作包括校验送入内存的数据是否正确；决定继续用 DMA 方式传送下去，还是结束传送；测试在传送过程中是否发生了错误等。

基本 DMA 控制器与系统的连接可采用两种方式：一种是公用的 DMA 请求方式，另一种是独立的 DMA 请求方式，这与中断方式类似。

思考题　说出 DMA 方式的创新点，其意义何在？

8.4.4 选择型和多路型 DMA 控制器

前面介绍的是最简单的 DMA 控制器,一个控制器只控制一个 I/O 设备。实际中经常采用的是选择型 DMA 控制器和多路型 DMA 控制器,它们已经被做成集成电路片子。

1. 选择型 DMA 控制器

图 8.18 是选择型 DMA 控制器的逻辑框图,它在物理上可以连接多个设备,而在逻辑上只允许连接一个设备。换句话说,在某一段时间内只能为一个设备服务。

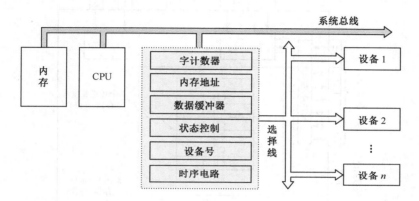

图 8.18 选择型 DMA 控制器

选择型 DMA 控制器工作原理与前面的简单 DMA 控制器基本相同。除了前面讲到的基本逻辑部件外,还有一个设备号寄存器。数据传送是以数据块为单位进行的,在每个数据块传送之前的预置阶段,除了用程序中 I/O 指令给出数据块的传送个数、起始地址、操作命令外,还要给出所选择的设备号。从预置开始,一直到这个数据块传送结束,DMA 控制器只为所选设备服务。下一次预置再根据 I/O 指令指出的设备号,为另一选择的设备服务。显然,选择型 DMA 控制器相当于一个逻辑开关,根据 I/O 指令来控制此开关与某个设备连接。

选择型 DMA 控制器只增加少量硬件达到了为多个外围设备服务的目的,它特别适合数据传输率很高以至于接近内存存取速度的设备。在很快地传送完一个数据块后,控制器又可为其他设备服务。

2. 多路型 DMA 控制器

选择型 DMA 控制器不适用于慢速设备。但是多路型 DMA 控制器却适合于同时为多个慢速外围设备服务。图 8.19 表示独立请求方式的多路型 DMA 控制器的原理图。

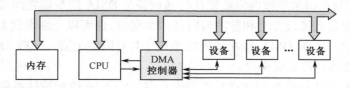

图 8.19 多路型 DMA 控制器原理示意图

多路型 DMA 不仅在物理上可以连接多个外围设备,而且在逻辑上也允许这些外围设备同时工作,各设备以字节交叉方式通过 DMA 控制器进行数据传送。

由于多路型 DMA 同时要为多个设备服务，因此对应多少个 DMA 通路（设备），在控制器内部就有多少组寄存器用于存放各自的传送参数。

图 8.20 是一个多路型 DMA 控制器的芯片内部逻辑结构，通过配合使用 I/O 通用接口片子，它可以对 8 个独立的 DMA 通路（CH）进行控制，使外围设备以周期挪用方式对内存进行存取。

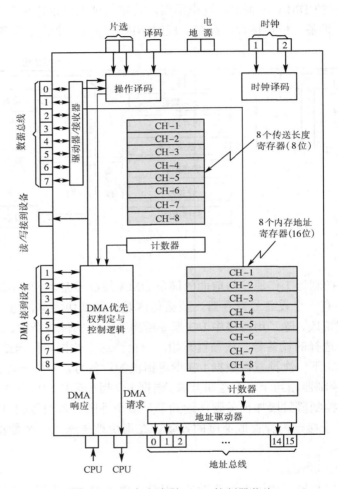

图 8.20　一个多路型 DMA 控制器芯片

8 条独立的 DMA 请求线或响应线能在外围设备与 DMA 控制器之间进行双向通信。一条线上进行双向通信是通过分时和脉冲编码技术实现的。也可以分别设立 DMA 请求线和响应线实现双向通信。每条 DMA 线在优先权结构中具有固定位置，一般 DMA_0 线具有最高优先权，DMA_7 线具有最低优先权。

控制器中有 8 个 8 位的控制传送长度的寄存器，8 个 16 位的地址寄存器。每个长度寄存器和地址寄存器对应一个设备。每个寄存器都可以用程序中的 I/O 指令从 CPU 送入控制数据。每一寄存器组各有一个计数器，用于修改内存地址和传送长度。

当某个外围设备请求 DMA 服务时，操作过程如下：

（1）DMA 控制器接到设备发出的 DMA 请求时，将请求转送到 CPU。

（2）CPU 在适当的时刻响应 DMA 请求。若 CPU 不需要占用总线则继续执行指令；若 CPU 需要占用总线，则 CPU 进入等待状态。

（3）DMA 控制器接到 CPU 的响应信号后，进行以下工作：①对现有 DMA 请求中优先权最高的请求给予 DMA 响应；②选择相应的地址寄存器的内容驱动地址总线；③根据所选设备操作寄存器的内容，向总线发读、写信号；④外围设备向数据总线传送数据，或从数据总线接收数据；⑤每字节传送完毕后，DMA 控制器使相应的地址寄存器和长度寄存器加"1"或减"1"。

以上是一个 DMA 请求的过程，在一批数据传送过程中，要多次重复上述过程，直到外围设备表示一个数据块已传送完毕，或该设备的长度控制器判定传送长度已满。

【例 8.4】　图 8.21 中假设有磁盘、磁带、打印机三个设备同时工作。磁盘以 30μs 的间隔向控制器发 DMA 请求，磁带以 45μs 的间隔发 DMA 请求，打印机以 150μs 间隔发 DMA 请求。根据传输速率，磁盘优先权最高，磁带次之，打印机最低，图中假设 DMA 控制器每完成一次 DMA 传送所需的时间是 5μs。若采用多路型 DMA 控制器，请画出 DMA 控制器服务三个设备的工作时间图。

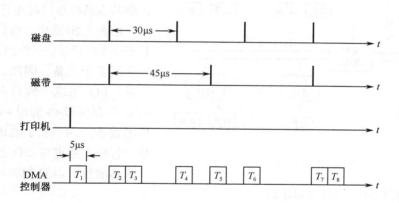

8.21

图 8.21　多路型 DMA 控制器工作时间图

解　由图 8.21 看出，T_1 间隔中控制器首先为打印机服务，因为此时只有打印机有请求。T_2 间隔前沿磁盘、磁带同时有请求，首先为优先权高的磁盘服务，然后为磁带服务，每次服务传送 1 字节。在 120μs 时间阶段中，为打印机服务只有一次（T_1），为磁盘服务四次（T_2，T_4，T_6，T_7），为磁带服务三次（T_3，T_5，T_8）。从图上看到，在这种情况下 DMA 尚有空闲时间，说明控制器还可以容纳更多设备。

8.5　通　道　方　式

通道是大型计算机中使用的技术。随着时代进步，通道的设计理念有新的发展，并应用到大型服务器甚至微型计算机中。

8.5.1   通道的功能

1）通道的功能

DMA 控制器的出现已经减轻了 CPU 对数据输入输出的控制，使得 CPU 的效率有显著的提高。而通道的出现则进一步提高了 CPU 的效率。这是因为通道是一个特殊功能的处理器，它有自己的指令和程序专门负责数据输入输出的传输控制，而 CPU 将"传输控制"的功能下放给通道后只负责"数据处理"功能。这样，通道与 CPU 分时使用存储器，实现了 CPU 内部运算与 I/O 设备的并行工作。

图 8.22 是典型的具有通道的计算机系统结构图。它具有两种类型的总线，一种是系统总线，它承担通道与存储器、CPU 与存储器之间的数据传输任务。另一种是通道总线，即 I/O 总线，它承担外围设备与通道之间的数据传送任务。这两类总线可以分别按照各自的时序同时进行工作。

由图 8.20 看出，通道总线可以接若干个 I/O 模块，一个 I/O 模块可以接一个或多个设备。因此，从逻辑结构上讲，I/O 系统一般具有四级连接：CPU 与存储器 ↔ 通道 ↔ I/O 模块 ↔ 外围设备。为了便于通道对各设备的统一管理，通道与 I/O 模块之间用统一的标准接口，I/O 模块与设备之间则

8.22

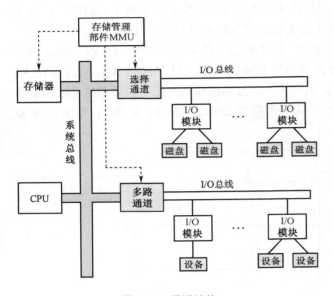

图 8.22   通道结构

根据设备要求不同而采用专用接口。

具有通道的机器一般是大型计算机和服务器，数据流量很大。如果所有的外设都接在一个通道上，那么通道将成为限制系统效能的瓶颈。因此大型计算机的 I/O 系统一般接有多个通道。显然，设立多个通道的另一好处是，对不同类型的外设可以进行分类管理。

存储管理部件是存储器的控制部件，它的主要任务是根据事先确定的优先次序，决定下一周期由哪个部件使用系统总线访问存储器。由于大多数 I/O 设备是旋转性的设备，读写信号具有实时性，不及时处理会丢失数据，所以通道与 CPU 同时要求访存储器时，通道优先权高于 CPU。在多个通道有访存请求时，选择通道的优先权高于多路通道，因为前者一般连接高速设备。

通道的基本功能是执行通道指令，组织外围设备和内存进行数据传输，按 I/O 指令要求启动外围设备，向 CPU 报告中断等，具体有以下五项任务。

（1）接受 CPU 的 I/O 指令，按指令要求与指定的外围设备进行通信。

（2）从存储器选取属于该通道程序的通道指令，经译码后向 I/O 控制器模块发送各种命令。

（3）组织外设和存储器之间进行数据传送，并根据需要提供数据缓存的空间，以及提供

数据存入存储器的地址和传送的数据量。

(4)从外围设备得到设备的状态信息,形成并保存通道本身的状态信息,根据要求将这些状态信息送到存储器的指定单元,供 CPU 使用。

(5)将外设的中断请求和通道本身的中断请求,按次序及时报告 CPU。

2)CPU 对通道的管理

CPU 是通过执行 I/O 指令以及处理来自通道的中断,实现对通道的管理。来自通道的中断有两种,一种是数据传送结束中断,另一种是故障中断。

通常把 CPU 运行操作系统的管理程序的状态称为管态,而把 CPU 执行目的程序时的状态称为目态。大型计算机的 I/O 指令都是管态指令,只有当 CPU 处于管态时,才能运行 I/O 指令,目态时不能运行 I/O 指令。这是因为大型计算机的软、硬件资源为多个用户所共享,而不是分给某个用户专用。

3)通道对设备控制器的管理

通道通过使用通道指令来控制 I/O 模块进行数据传送操作,并以通道状态字接收 I/O 模块反映的外围设备的状态。因此,I/O 模块是通道对 I/O 设备实现传输控制的执行机构。I/O 模块的具体任务如下:

(1)从通道接受通道指令,控制外围设备完成所要求的操作。

(2)向通道反映外围设备的状态。

(3)将各种外围设备的不同信号转换成通道能够识别的标准信号。

思考题 通道的设计理念,在技术上有什么创新?

8.5.2 通道的类型

根据通道的工作方式,通道分为选择通道、多路通道两种类型。

一个系统可以兼有两种类型的通道,也可以只有其中一种。

1)选择通道

选择通道又称高速通道,在物理上它可以连接多个设备,但是这些设备不能同时工作,在某一段时间内通道只能选择一个设备进行工作。选择通道很像一个单道程序的处理器,在一段时间内只允许执行一个设备的通道程序,只有当这个设备的通道程序全部执行完毕后,才能执行其他设备的通道程序。

选择通道主要用于连接高速外围设备,如磁盘、磁带等,信息以数据块方式高速传输。由于数据传输率很高,所以在数据传送期间只为一台设备服务是合理的。但是这类设备的辅助操作时间很长,如磁盘机平均找道时间是 10ms,磁带机走带时间可以长达几分钟。在这样长的时间里通道处于等待状态,因此整个通道的利用率不是很高。

2)多路通道

多路通道又称多路转换通道,在同一时间能处理多个 I/O 设备的数据传输。它又分为数组多路通道和字节多路通道。

数组多路通道是对选择通道的一种改进,它的基本思想是当某设备进行数据传送时,通道只为该设备服务;当设备在执行寻址等控制性动作时,通道暂时断开与这个设备的连接,挂起该设备的通道程序,去为其他设备服务,即执行其他设备的通道程序。所以数组多路通道很像一个多道程序的处理器。

　　数组多路通道不仅在物理上可以连接多个设备，而且在一段时间内能交替执行多个设备的通道程序，换句话说在逻辑上可以连接多个设备，这些设备应是高速设备。

　　由于数组多路通道既保留了选择通道高速传送数据的优点，又充分利用了控制性操作的时间间隔为其他设备服务，使通道效率得到充分发挥，因此数组多路通道在大型系统中得到较多应用。

　　字节多路通道主要用于连接大量的低速设备，如键盘、打印机等，这些设备的数据传输率很低。例如，数据传输率是 1000B/s，即传送 1 字节的时间是 1ms，而通道从设备接收或发送 1 字节只需要几百纳秒，因此通道在传送 2 字节之间有很多空闲时间，字节多路通道正是利用这个空闲时间为其他设备服务。

　　字节多路通道和数组多路通道有共同之处，即它们都是多路通道，在一段时间内能交替执行多个设备的通道程序，使这些设备同时工作。

　　字节多路通道和数组多路通道也有不同之处，主要是：①数组多路通道允许多个设备同时工作，但只允许一个设备进行传输型操作，其他设备进行控制型操作。而字节多路通道不仅允许多个设备同时操作，而且也允许它们同时进行传输型操作。②数组多路通道与设备之间数据传送的基本单位是数据块，通道必须为一个设备传送完一个数据块以后，才能为别的设备传送数据块。而字节多路通道与设备之间数据传送的基本单位是字节，通道为一个设备传送完 1 字节后，又可以为另一个设备传送 1 字节，因此各设备与通道之间的数据传送是以字节为单位交替进行。

8.5.3　通道结构的发展

　　通道结构的进一步发展，出现了两种计算机 I/O 系统结构。

　　一种是通道结构的 I/O 处理器，通常称为输入输出处理器(IOP)。IOP 可以和 CPU 并行工作，提供高速的 DMA 处理能力，实现数据的高速传送。但是它不是独立于 CPU 工作的，而是主机的一个部件。有些 IOP 如 Intel 8089 IOP，还提供数据的变换、搜索以及字装配/拆卸能力。这种 IOP 可应用于服务器及微型计算机中。

　　另一种是外围处理机(PPU)。PPU 基本上是独立于主机工作的，它有自己的指令系统，完成算术/逻辑运算，读/写主存储器，与外设交换信息等。有的外围处理机干脆就选用已有的通用机。外围处理机 I/O 方式一般应用于大型高效率的计算机系统中。

　　思考题　你对通道技术的未来发展有什么见解？

8.6　通用 I/O 标准接口

8.6.1　并行 I/O 标准接口 SCSI

　　SCSI 是小型计算机系统接口的简称，其设计思想来源于 IBM 大型机系统的 I/O 通道结构，目的是使 CPU 摆脱对各种设备的繁杂控制。它是一个高速智能接口，可以混接各种磁盘、光盘、磁带机、打印机、扫描仪、条码阅读器以及通信设备。它首先应用于 Macintosh 和 Sun 平台上，后来发展到工作站、网络服务器和 Pentium 系统中，并成为 ANSI(美国国家标准局)标准。SCSI 有如下性能特点。

（1）SCSI 接口总线由 8 条数据线、一条奇偶校验线、9 条控制线组成。使用 50 芯电缆，规定了两种电气条件：单端驱动，电缆长 6m；差分驱动，电缆最长 25m。

（2）总线时钟频率为 5MHz，异步方式数据传输率是 2.5MB/s，同步方式数据传输率是 5MB/s。

（3）SCSI 接口总线以菊花链形式最多可连接 8 台设备。在 Pentium 中通常是：由一个主适配器 HBA 与最多 7 台外围设备相接，HBA 也算作一个 SCSI 设备，由 HBA 经系统总线（如 PCI）与 CPU 相连，如图 8.23 所示。

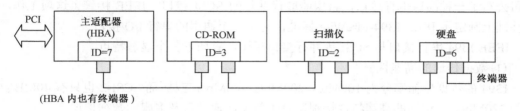

图 8.23　SCSI 接口配置实例

（4）每个 SCSI 设备有自己的唯一设备号 ID0～7。ID=7 的设备具有最高优先权，ID=0 的设备优先权最低。SCSI 采用分布式总线仲裁策略。在仲裁阶段，竞争的设备以自己的设备号驱动数据线中相应的位线（如 ID=7 的设备驱动 DB_7 线），并与数据线上的值进行比较。因此仲裁逻辑比较简单，而且在 SCSI 的总线选择阶段，启动设备和目标设备的设备号能同时出现在数据线上。

（5）所谓 SCSI 设备是指连接在 SCSI 总线上的智能设备，即除主适配器 HBA 外，其他 SCSI 设备实际是外围设备的适配器或控制器。每个适配器或控制器通过各自的设备级 I/O 线可连接一台或几台同类型的外围设备（如一个 SCSI 磁盘控制器接 2 台硬盘驱动器）。标准允许每个 SCSI 设备最多有 8 个逻辑单元，每个逻辑单元可以是物理设备也可以是虚拟设备。每个逻辑单元有一个逻辑单元号（LUN0～LUN7）。

（6）由于 SCSI 设备是智能设备，对 SCSI 总线以至主机屏蔽了实际外设的固有物理属性（如磁盘柱面数、磁头数等参数），各 SCSI 设备之间就可用一套标准的命令进行数据传送，也为设备的升级或系统的系列化提供了灵活的处理手段。

（7）SCSI 设备之间是一种对等关系，而不是主从关系。SCSI 设备分为启动设备（发命令的设备）和目标设备（接受并响应命令的设备）。但启动设备和目标设备是依当时总线运行状态来划分的，而不是预先规定的。

总之，SCSI 是系统级接口，是处于主适配器和智能设备控制器之间的并行 I/O 接口。一块主适配器可以接 7 台具有 SCSI 接口的设备，这些设备可以是类型完全不同的设备，主适配器却只占主机的一个槽口。这对于缓解计算机挂接外设的数量和类型越来越多、主机槽口日益紧张的状况很有吸引力。

为提高数据传输率和改善接口的兼容性，20 世纪 90 年代又陆续推出了 SCSI-2 和 SCSI-3 标准。SCSI-2 扩充了 SCSI 的命令集，通过提高时钟速率和数据线宽度，最高数据传输率可达 40MB/s，采用 68 芯电缆，且对电缆采用有源终端器。SCSI-3 标准允许 SCSI 总线上连接的设备由 8 个提高到 16 个，可支持 16 位数据传输。另一个变化是发展串行 SCSI，使串行数据传输率达到 640Mb/s（电缆）或 1Gb/s（光纤），从而使串行 SCSI 成为 IEEE1394 标准的基础。

8.6.2　串行 I/O 标准接口 IEEE 1394

1. 1394 性能特点

随着 CPU 速度达到上百兆赫，存储器容量达到 GB 级，以及 PC、工作站、服务器对快速 I/O 的强烈需求，工业界期望能有一种更高速、连接更方便的 I/O 接口。1993 年 Apple 公司公布了一种高速串行接口，希望能取代并行的 SCSI 接口。IEEE 接管了这项工作，在此基础上制定了 IEEE 1394-FireWire 标准，它是一个通用的串行 I/O 接口。

IEEE 1394 串行接口与 SCSI 等并行接口相比，有如下三个显著特点。

（1）数据传送的高速性。

1394 的数据传输率分为 100Mb/s、200Mb/s、400Mb/s 三档。而 SCSI-2 也只有 40MB/s（相当于 320Mb/s）。这样的高速特性特别适合于新型高速硬盘及多媒体数据传送。

1394 之所以达到高速，一是因为串行传送比并行传送容易提高数据传送时钟速率；二是因为采用了 DS-Link 编码技术，把时钟信号的变化转变为选通信号的变化，即使在高的时钟速率下也不易引起信号失真。

（2）数据传送的实时性。

实时性可保证图像和声音不会出现时断时续的现象，因此对多媒体数据传送特别重要。

1394 之所以做到实时性，原因有二：一是它除了异步传送外，还提供了一种等步传送方式，数据以一系列的固定长度的包规整间隔地连续发送，端到端既有最大延时限制而又有最小延时限制；二是总线仲裁除优先权仲裁之外，还有均等仲裁和紧急仲裁方式。

（3）体积小易安装，连接方便。

1394 使用 6 芯电缆，直径约为 6mm，插座也小。而 SCSI 使用 50 芯或 68 芯电缆，插座体积也大。在当前 PC 机要连接的设备越来越多，主机箱的体积越显窄小的情况下，电缆细、插座小的 1394 是很有吸引力的，尤其对笔记本电脑一类机器。

1394 的电缆不需要与电缆阻抗匹配的终端，而且电缆上的设备随时可从插座拔出或插入，即具有热插入能力。这对用户安装和使用 1394 设备很有利。

2. 1394 配置

1394 采用菊花链式配置，但也允许树形结构配置。事实上，菊花链结构是树形结构的一种特殊情况。

1394 接口也需要一个主适配器和系统总线相连。这个主适配器的功能逻辑在高档的 Pentium 机中是集成在主板的核心芯片组的 PCI 总线到 ISA 总线的桥芯片中。机箱的背面只看到主适配器的外接端口插座。

在这里将主适配器及其端口称为主端口。主端口是 1394 接口树形配置结构的根节点。一个主端口最多可连接 63 台设备，这些设备称为节点，它们构成亲子关系。两个相邻节点之间的电缆最长为 4.5m，但两个节点之间进行通信时中间最多可经过 15 个节点的转接再驱动，因此通信的最大距离是 72m。电缆不需要终端器。图 8.24 给出一个 IEEE 1394 配置的实例，其中右侧是线性链接方式，左侧是亲子层次链接方式。整体是一个树形结构。

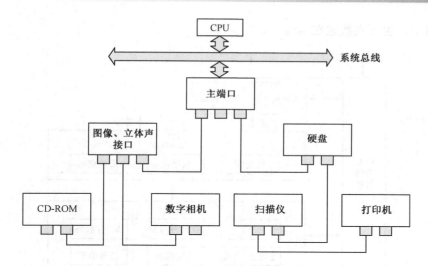

8.24

图 8.24 IEEE 1394 串行接口配置实例

1394 采用集中式总线仲裁方式。中央仲裁逻辑在主端口内,并以先到先服务方法来处理节点提出的总线访问请求。在 n 个节点同时提出使用总线请求时,按照优先权进行仲裁。最靠近根节点的竞争节点有高的优先权;同样靠近根节点的竞争节点,其设备标识号 ID 大的有更高优先权。1394 具有 PnP(即插即用)功能,设备标识号是系统自动指定的,而不是用户设定的。

为了保证总线设备的对等性和数据传送的实时性,1394 的总线仲裁还增加了均等仲裁和紧急仲裁功能。均等仲裁是将总线时间分成均等的间隔,当间隔期间开始时,竞争的每个节点置位自己的仲裁允许标志,在间隔期内各节点可竞争总线的使用权。一旦某节点获得总线访问权,则它的仲裁允许标志被复位,在此期间它不能再去竞争总线,以此来防止具有高优先权的忙设备独占总线。紧急仲裁是指对某些高优先权的节点可为其指派紧急优先权。具有紧急优先权的节点可在一个间隔期内多次获得总线控制权,允许它控制 75%的总线可用时间。

3. 1394 协议集

1394 的一个重要特色是,它规范了一个三层协议集,将串行总线与各外围设备的交互动作标准化。图 8.25 表示 IEEE 1394 的协议集。

业务层 定义了一个完整的请求–响应协议实现总线传输,包括读操作、写操作和锁定操作。

链路层 可为应用程序直接提供等步数据传送服务。它支持异步和等步的包发送和接收。异步包传送是,一个可变总量的数据及业务层的几个信息字节作为一个包传送到显式地址的目标方,并要求返回一个认可包。等步包传送是,一个可变总量的数据以一串固定大小的包按照规整间隔来发送,使用简化寻址方式,不要求目标方认可。1394 把完成一个包的递交过程称为子动作。

物理层 将链路层的逻辑信号根据不同的串行总线介质转换成相应的电信号,也为串行总线的接口定义了电气和机械特性。实际上,1394 串行接口的物理拓扑结构分成"底板环境"和"电气环境"两部分。总线规范并未要求特别的环境设定。所有节点可严格限定在单一底板上，也可直接连在电缆上。

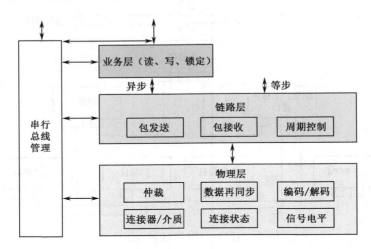

图 8.25　IEEE 1394 协议集

串行总线管理　它提供总线节点所需的标准控制、状态寄存器服务和基本控制功能。

总之，IEEE 1394 是一种高速串行 I/O 标准接口。英特尔、微软等公司联手将 1394 列为 1998 年以后的新一代 PC 机新标准。另一个重大特点是，各被连接装置的关系是平等的，不用 PC 机介入也能自成系统。例如，利用数字相机直接进行印刷的打印机便可利用这一特点。这意味着 1394 在家电等消费类设备的连接应用方面有很好的前景。

8.6.3　I/O 系统设计

I/O 系统设计要考虑两种主要规范：**时延约束**和**带宽约束**。在这两种情况下，对通信模式的认知将影响整个系统的分析和设计。

时延约束　时延约束确保完成一次 I/O 操作的延迟时间被限制在某个数量范围内。一种简单的情况是认为系统是无负载的，设计者必须保证满足某些时延约束，这是因为这种限制对应用程序非常重要，或者设备为了防止某种错误必须接受某些有保证的服务。同样，在一个无负载系统中计算延迟时间相对比较容易，因为只用跟踪 I/O 操作的路径并累加单个延迟时间即可。

在有负载的情况下，得到平均时延是一个复杂的问题。这些问题可以通过排队理论（当工作量请求的行为和 I/O 服务次数能够通过简单的分布来近似时）或模拟（当 I/O 事件的行为很复杂时）的方法解决。

带宽约束　给定一个工作负载，设计一个满足一组带宽约束的 I/O 系统是设计者需要面对的另一个典型问题。或者，给定一个部分配置好的 I/O 系统，要求设计者平衡系统，以维持该系统预配置部分规定的可能达到的最大带宽。

设计这样一个系统的一般方法如下。

（1）找出 I/O 系统中效率最低的连接，它是 I/O 路径中约束设计的部件。依赖于不同的工作负载，该部件可以存在于任何地方，包括 CPU、内存系统、底板总线、I/O 控制器或 I/O 设计。工作负载和配置限制会决定这个效率最低的部件到底在哪儿。

(2)配置这个部件以保持所需的带宽。

(3)研究系统中其他部分的需求,配置它们以支持这个带宽。

【例8.5】 考虑下面的计算机系统:

(1)CPU每秒钟支持30亿条指令,在操作系统中每次I/O操作中平均运行100000条指令。

(2)内存底板总线的传输速度能够达到1000MB/s。

(3)SCSI Ultra320型控制器有320MB/s的传输速率,最多支持7个磁盘。

(4)磁盘驱动器的读/写带宽为75MB/s,平均寻道时间加旋转延迟时间为6ms。

如果有读取 64KB 数据(这个数据块在一条磁道上顺序排列)的工作负载,并且用户程序每次I/O操作需要200000条指令,计算所能支持的最大I/O速度、磁盘数和所需的SCSI控制器的数目。假设如果存在空闲磁盘,那么读操作将一直进行(即忽略磁盘冲突)。

解 系统中的两个固定部件是内存总线和CPU。让我们先来计算这两个部件能够支持的I/O速度并判断谁是瓶颈。每一次I/O需要200000个用户指令和100000个OS指令,所以

$$CPU的最大I/O速度=\frac{指令执行速率}{每次I/O指令数}=\frac{3\times10^9}{(200+100)\times10^3}=10000\frac{I/O次}{s}$$

每次I/O传输64KB数据,$K=2^{10}$,$M=2^{20}$,$B=8$,所以

$$总线最大I/O速度=\frac{总线带宽}{每次I/O字节数}=\frac{1000\times2^{20}\times8}{64\times2^{10}\times8}=16000\frac{I/O次}{s}$$

因为 CPU 的最大速度小于总线最大 I/O 速度,所以 CPU 是瓶颈,因此现在我们将以 CPU 所能达到的性能为标准,把系统的剩余部分配置为每秒钟执行 10000 次 I/O。

现在,让我们计算需要多少个磁盘才能达到每秒种 10000 次 I/O。为了计算磁盘数,我们先来计算磁盘每次 I/O 操作的时间:

$$每次磁盘 I/O 访问时间=寻道+旋转时间+传输时间=6ms+\frac{64KB}{75MB/s}=6.9ms$$

这意味着每个磁盘每秒钟能够完成 1000ms/6.9ms,即 146 次 I/O。为了满足 CPU 所需要的每秒钟 10000 次 I/O,需要 10000/146≈69 个磁盘。

为了计算 SCSI 总线的数目,我们需要检查每个磁盘的平均传输速度来看能否使总线饱和,传输速率为

$$传输速率=\frac{传输大小}{传输时间}=\frac{64KB}{6.9ms}\approx9.06MB/s$$

每个 SCSI 总线可连接的磁盘最大数为 7,这样不致占满总线。这意味着将需要 69/7,即 10 个总线和控制器。

本例做了许多简化假设。在实际当中,这样的假设对于关键的 I/O 应用程序可能无法成立。

本 章 小 结

各种外围设备的数据传输速率相差很大。如何保证主机与外围设备在时间上同步,则涉及外围设备的定时问题。一个计算机系统的性能,不仅取决于CPU,还取决于I/O速度。

在计算机系统中，CPU 对外围设备的管理方式有：①程序查询方式；②程序中断方式；③DMA 方式；④通道方式。每种方式都需要硬件和软件结合起来进行。

程序查询方式是 CPU 管理 I/O 设备的最简单方式，CPU 定期执行设备服务程序，主动来了解设备的工作状态。这种方式浪费 CPU 的宝贵资源。

程序中断方式是各类计算机中广泛使用的一种数据交换方式。当某一外设的数据准备就绪后，它"主动"向 CPU 发出请求信号。CPU 响应中断请求后，暂停运行主程序，自动转移到该设备的中断服务子程序，为该设备进行服务，结束时返回主程序。中断处理过程可以嵌套进行，优先级高的设备可以中断优先级低的中断服务程序。

DMA 技术的出现，使得外围设备可以通过 DMA 控制器直接访问内存，与此同时，CPU 可以继续程序。DMA 方式采用以下三种方法：①停止 CPU 访内；②周期挪用；③DMA 与CPU 交替访内。DMA 控制器按其组成结构，分为选择型和多路型两类。

通道是一个特殊功能的处理器。它有自己的指令和程序专门负责数据输入输出的传输控制，从而使 CPU 将"传输控制"的功能下放给通道，CPU 只负责"数据处理"功能。这样，通道与 CPU 分时使用内存，实现了 CPU 内部的数据处理与 I/O 设备的平行工作。通道有两种类型：①选择通道；②多路通道。

标准化是建立开放式系统的基础。CPU、系统总线、I/O 总线及标准接口技术近年来取得了重大进步。其中并行 I/O 接口 SCSI 与串行 I/O 接口 IEEE 1394 是两个最具权威性和发展前景的标准接口技术。

SCSI 是系统级接口，是处于主适配器和智能设备控制器之间的并行 I/O 接口，改进的SCSI 可允许连接 1~15 台不同类型的高速外围设备。SCSI 的不足处在于硬件较昂贵，并需要通用设备驱动程序和各类设备的驱动程序模块的支持。

IEEE 1394 是串行 I/O 标准接口。与 SCSI 并行 I/O 接口相比，它具有更高的数据传输速率和数据传送的实时性，具有更小的体积和连接的方便性。IEEE 1394 的一个重大特点是，各被连接的设备的关系是平等的，不用 PC 介入也能自成系统。因此 IEEE 1394 已成为 Intel、Microsoft 等公司联手制定的新标准。

习　题

1. 如果认为 CPU 等待设备的状态信号是处于非工作状态(即踏步等待)，那么在下面几种主机与设备之间的数据传送中：_____主机与设备是串行工作的；_____主机与设备是并行工作的；_____主程序与设备是并行运行的。

    A. 程序查询方式   B. 程序中断方式   C. DMA 方式

2. 中断向量地址是_____。

    A. 子程序入口地址   B. 中断服务程序入口地址

    C. 中断服务程序入口地址指示器   D. 例行程序入口地址

3. 利用微型机制作了对输入数据进行采样处理的系统。在该系统中，每抽取一个输入数据就要中断CPU 一次，中断处理程序接收采样的数据，将其放到主存的缓冲区内。该中断处理需时 x 秒，另一方面缓冲区内每存储 n 个数据，主程序就将其取出进行处理，这种处理需时 y 秒。因此该系统可以跟踪到每秒_____次的中断请求。

A. $n/(n \times x + y)$ B. $n/(x+y) \cdot n$ C. $\min(1/x, n/y)$

4. 采用 DMA 方式传送数据时，每传送一个数据就要占用一个_____的时间。

 A. 指令周期 B. 机器周期 C. 存储周期 D. 总线周期

5. 通道的功能是：①_____，②_____。按通道的工作方式分，通道有_____通道、_____通道两种类型。

6. 在图 8.12 中，当 CPU 对设备 B 的中断请求进行服务时，如设备 A 提出请求，CPU 能够响应吗？为什么？如果设备 B 一提出请求总能立即得到服务，怎样调整才能满足此要求？

7. 在图 8.12 中，假定 CPU 取指并执行一条指令的时间为 t_1，保护现场需 t_2，恢复现场需 t_3，中断周期需 t_4，每个设备的设备服务时间为 t_A，t_B，…，t_G。试计算只有设备 A，D，G 时的系统中断饱和时间。

8. 设某机有 5 级中断：L_0，L_1，L_2，L_3，L_4，其中断响应优先次序为：L_0 最高，L_1 次之，L_4 最低。现在要求将中断处理次序改为 $L_1 \rightarrow L_3 \rightarrow L_0 \rightarrow L_4 \rightarrow L_2$，试问：

(1) 下表中各级中断处理程序的各中断级屏蔽值如何设置(每级对应一位，该位为"0"表示允许中断，该位为"1"表示中断屏蔽)？

(2) 若这 5 级中断同时都发出中断请求，按更改后的次序画出进入各级中断处理程序的过程示意图。

中断处理程序	中断处理级屏蔽位				
	L_0 级	L_1 级	L_2 级	L_3 级	L_4 级
L_0 中断处理程序					
L_1 中断处理程序					
L_2 中断处理程序					
L_3 中断处理程序					
L_4 中断处理程序					

9. 某机器 CPU 中有 16 个通用寄存器，运行某中断处理程序时仅用到其中 2 个寄存器，请问响应中断而进入该中断处理程序时是否要将通用寄存器内容保存到主存中去？需保存几个寄存器？

10. 画出二维中断结构判优逻辑电路，包括：(1) 主优先级判定电路(独立请求)，(2) 次优先级判定电路(链式查询)。在主优先级判定电路中应考虑 CPU 程序优先级。设 CPU 执行程序的优先级分为 4 级(CPU_7—CPU_4)，这个级别保存在 PSW 寄存器中(7、6、5 三位)。例如 CPU_5 时，其状态为 101。

11. 参见图 8.12 所示的二维中断系统。

(1) 若 CPU 现执行 E 的中断服务程序，IM_2、IM_1、IM_0 的状态是什么？

(2) CPU 现执行 H 的中断服务程序，IM_2、IM_1、IM_0 的状态是什么？

(3) 若设备 B 一提出中断请求，CPU 立即进行响应，应如何调整才能满足要求？

12. 下列陈述中正确的是_____。

 A. 在 DMA 周期内，CPU 不能执行程序

 B. 中断发生时，CPU 首先执行入栈指令将程序计数器内容保护起来

 C. DMA 传送方式中，DMA 控制器每传送一个数据就窃取一个指令周期

 D. 输入输出操作的最终目的是要实现 CPU 与外设之间的数据传输

13. Pentium 系统有两类中断源：①由 CPU 外部的硬件信号引发的称为_____，它分为可屏_____和非屏蔽_____；②由指令引发的称为_____，其中一种是执行_____，另一种是_____。

14. IEEE 1394 是_____I/O 标准接口，与 SCSI_____I/O 标准接口相比，它具有更高的_____，更强的_____，体积_____，连接方便。

    A. 并行   B. 串行   C. 数据传输速率   D. 数据传输实时性   E. 小

15. SCSI 是系统级____，是处于主适配器和智能设备控制器之间的_____I/O 接口。SCSI-3 标准允许 SCSI 总线上连接的设备由_____个提高到_____个，可支持_____位数据传输。

    A. 并行   B. 接口   C. 16   D. 8   E. 16

16. 比较通道、DMA、中断三种基本 I/O 方式的异同点。

17. 用多路 DMA 控制器控制光盘、软盘、打印机三个设备同时工作。光盘以 20μs 的间隔向控制器发 DMA 请求，软盘以 90μs 的间隔向控制器发 DMA 请求，打印机以 180μs 的间隔发 DMA 请求。请画出多路 DMA 控制器的工作时空图。

18. 若设备的优先级依次为 CD-ROM、扫描仪、硬盘、磁带机、打印机，请用 SCSI 进行配置，画出配置图。

第 *9* 章

并行组织与结构

由于物理规律对半导体器件的限制，传统单处理机通过提高主频提升性能的方法受到制约，不得不转向并行处理体系结构。本章首先介绍并行性的相关概念，然后分别讨论多线程和超线程处理机、多处理机和多核处理机。

9.1 体系结构中的并行性

9.1.1 并行性的概念

计算机系统中的并行性有不同的等级。

所谓并行性，是指计算机系统具有可以同时进行运算或操作的特性，它包括同时性与并发性两种含义。

同时性 两个或两个以上的事件在同一时刻发生。

并发性 两个或两个以上的事件在同一时间间隔内发生。

(1) 从处理数据的角度看，并行性等级从低到高可分为：

· 字串位串：同时只对一个字的一位进行处理。这是最基本的串行处理方式，不存在并行性。

· 字串位并：同时对一个字的全部位进行处理，不同字之间是串行的。这里已开始出现并行性。

· 字并位串：同时对许多字的同一位进行处理。这种方式有较高的并行性。

· 全并行：同时对许多字的全部位进行处理。这是最高一级的并行。

(2) 从执行程序的角度看，并行性等级从低到高可分为：

· 指令内部并行：一条指令执行时各微操作之间的并行。

· 指令级并行：并行执行两条或多条指令。

· 任务级或过程级并行：并行执行两个以上过程或任务(程序段)。

· 作业或程序级并行：并行执行两个以上作业或程序。

在计算机系统中，可以采取多种并行性措施。既可以有处理数据方面的并行性，又可以有执行程序方面的并行性。当并行性提高到一定级别时，则进入并行处理领域。

并行处理着重挖掘计算过程中的并行事件，使并行性达到较高的级别。因此，并行处理是体系结构、硬件、软件、算法、编程语言等多方面综合的领域。

9.1.2 提高并行性的技术途径

计算机系统中提高并行性的措施多种多样，就其基本思想而言，可归纳成如下四条途径。

(1) 时间重叠。

时间重叠即时间并行。在并行性概念中引入时间因素，让多个处理过程在时间上相互错开，轮流重叠地使用同一套硬件设备的各个部分，以加快硬件周转而赢得速度。时间重叠的实质就是把一件工作按功能分割为若干个相互联系的部分，每一部分指定专门的部件完成，各部分执行过程在时间上重叠起来，使所有部件依次分工合作完成完整的工作。时间重叠的典型应用就是流水线技术。

(2) 资源重复。

资源重复即空间并行。在并行性概念中引入空间因素，以数量取胜的原则，通过重复设置硬件资源，大幅度提高计算机系统的性能。随着硬件价格的降低，资源重复在单处理机中通过部件冗余、多存储体等方式被广泛应用，而多处理机本身就是实施"资源重复"原理的结果。

(3) 时间重叠+资源重复。

在计算机系统中同时运用时间并行和空间并行技术，这种方式在计算机系统中得到广泛应用，成为并行性主流技术。

(4) 资源共享。

资源共享是一种软件方法的并行，它使多个任务按一定时间顺序轮流使用同一套硬件设备。多道程序、分时系统就是资源共享的具体应用。资源共享既降低了成本，又提高了计算机硬件的利用率。

9.1.3 单处理机系统中的并行性

早期单处理机的发展过程中，起着主导作用的是时间并行(流水线)技术。实现时间并行的物质基础是"部件功能专用化"，即把一件工作按功能分割为若干相互联系的部分，把每一部分指定给专门的部件完成；然后按时间重叠原理把各部分执行过程在时间上重叠起来，使所有部件依次分工完成一组同样的工作。例如，指令执行的 5 个子过程分别需要 5 个专用部件，即取指令部件(IF)、指令译码部件(ID)、指令执行部件(EX)、访问存储器部件(M)、结果写回部件(WB)。将它们按流水方式连接起来，就满足时间重叠原理，从而使得处理机内部能同时处理多条指令，提高了处理机的速度。显然，时间并行技术开发了计算机系统中的指令级并行。

在单处理机中，空间并行技术的运用也已经十分普遍。例如，不论是非流水线处理机，还是流水线处理机，多体存储器和多操作部件都是成功应用的结构形式。在多操作部件处理机中，通用部件被分解成若干个专用操作部件，如加法部件、乘法部件、除法部件、逻辑运算部件等。一条指令所需的操作部件只要空闲，就可以开始执行这条指令，这就是指令级并行。

在单处理机中，资源共享的概念实质上是用单处理机模拟多处理机的功能，形成所谓虚拟机的概念。例如，分时系统，在多终端情况下，每个终端上的用户感到好像自己独占一台处理机一样。

单处理机并行性发展的代表作有奔腾系列机和安腾系列机。

9.1.4　多处理机系统中的并行性

多处理机系统也遵循时间重叠、资源重复、资源共享原理，向着不同体系结构的多处理机方向发展。但在采取的技术措施上与单处理机系统有些差别。

为了反映多处理机系统各机器之间物理连接的紧密程度与交互作用能力的强弱，通常使用耦合度这一术语。多处理机系统的耦合度，分为紧耦合系统和松耦合系统两大类。

紧耦合系统又称直接耦合系统，指处理机之间物理连接的频带较高，一般是通过总线或高速开关实现互连，可以共享主存。由于具有较高的信息传输率，因而可以快速并行处理作业或任务。

松耦合系统又称间接耦合系统，一般是通过通道或通信线路实现处理机之间的互连，可以共享外存设备(磁盘、磁带等)。机器之间的相互作用是在文件或数据集一级上进行。松耦合系统表现为两种形式：一种是多台计算机和共享的外存设备连接，不同机器之间实现功能上的分工(功能专用化)，机器处理的结果以文件或数据集的形式送到共享外存设备，供其他机器继续处理。另一种是计算机网，机器通过通信线路连接，以求得更大范围的资源共享。

多处理机中为了实现时间重叠，将处理功能分散给各专用处理机去完成，即功能专用化，各处理机之间则按时间重叠原理工作。如输入/输出功能的分离，导致由通道向专用外围处理机发展。许多主要功能，如数组运算、高级语言编译、数据库管理等，也逐渐分离出来，交由专用处理机完成，机间的耦合程度逐渐加强，从而发展成为异构多处理机系统。

随着硬件价格的降低，系统设计的目标聚焦到通过多处理机的并行处理来提高整个系统的速度。为此，对计算机间互联网络的性能提出了更高要求。高带宽、低延迟、低开销的机间互联网络，是高效实现程序段或任务一级并行处理的前提条件。为了使并行处理的任务能在处理机之间随机地进行调度，就必须使各处理机具有同等的功能，从而成为同构多处理机系统。

20 世纪 70 年代以来，芯片技术的飞速发展，为多处理机系统的研究和设计提供了强大的物质基础，各种类型的并行计算机系统纷纷问世。

20 世纪 80 年代，我国研制了向量处理机 YH-1/2 和 757。它们都是流水线单机内部并行的机器。进入 90 年代以来，我国又研制了多种类型的并行计算机系统，打破了国外在高性能计算机领域对我国的封锁。表 9.1 列出了我国 90 年代以来自行研制的几种并行计算机系统。

表 9.1　20 世纪 90 年代以来我国自行研制的几种并行机

机器型号	完成时间	研制单位	CPU 芯片	CPU 数	机器类型
曙光 1 号	1993	中国科学院计算技术研究所 国家智能计算机研究开发中心	M88000	4～16	SMP
曙光 1000	1995		1860/xr	36	MPP
深腾 6800	2003	联想集团股份有限公司	Itanium2，1.3GH	1024	机群
超级刀片系统	2004	深圳星盈科技有限公司	Xeon#EM64T	按刀片数扩充	机群

机器型号	完成时间	研制单位	CPU 芯片	CPU 数	机器类型
KD-50-I	2007	中国科学技术大学	龙芯 2F	330	机群
天河 1A	2010	国防科技大学	Xeon+Tesla+FT1000	186368	机群
曙光星云	2010	曙光信息产业有限公司	Hexa+Tesla	120640	机群
神威蓝光	2011	国家并行计算机工程技术研究中心	申威 1600	8704	MPP

2000 年，超级计算机浮点最高运算速度达到每秒 10000 亿次。我国的神威号计算机运算速度达到每秒 3480 亿次，使我国成为继美国、日本之后世界上第三个拥有高速计算机的国家。

2004 年 6 月曙光 4000A 被评为世界超级计算机五百强的第十名，并作为中国国家网格最大主节点安装在上海超级计算中心。

龙芯 2F 是中国科学院计算技术研究所研制的采用 90nm 设计技术的 64 位高性能通用 CPU 芯片。2007 年中国科学技术大学第一个用国产龙芯 2F CPU 设计出了万亿次的高性能机器，这是值得称道和令人鼓舞的，是中国人用自己的 CPU 做超级计算机的开始。

2010 年 11 月，世界超级计算机五百强排行榜中，第一名是中国国防科技大学的"天河 1A"（2500 万亿次/秒），第二名是美国 Cray 公司的 Jaguar（美洲虎），第三名是中国曙光信息产业有限公司的"星云"，第七名是美国 IBM 公司的 Roadrunner（走鹃）。表 9.2 是这四台超级计算机的列表。

表 9.2   2010 年超级计算机列表

计算机	平均性能	描述
天河 1A	2.57PFLOPS	采用中国自主研发的八核飞腾 CPU 共 2048 个，Intel 的六核 Xeon CPU 共 14336 个，nVidia 的 Tesla GPU 加速卡 7168 块，整套系统有 16384 个 CPU，7168 个 GPU（合计核数 186368），内存 224TB
美洲虎	1.76PFLOPS	采用 AMD 的 6 核 Opteron CPU，整套系统有 37360 个 CPU（核数 224160+2），内存 300TB，硬盘 10PB
星云	1.27PFLOPS	采用 Intel 的 6 核 Xeon CPU 加上 nVidia 的 Tesla GPU 加速卡，整套系统有 9280 个 CPU（核数 55680），4640 个 GPU
走鹃	1.04PFLOPS	采用 IBM 的 Cell 整合处理机加上 AMD 的 2 核 Opteron CPU，整套系统有 12960 个 Cell 处理机，6948 个 Opteron CPU（合计核数 130536），内存 100TB

9.1.5   并行处理机的体系结构类型

1966 年，M. J. Flynn 从计算机体系结构的并行性出发，按照指令流和数据流的不同组织方式，把计算机系统结构分为如下四种类型，如图 9.1 所示。

- 单指令流单数据流(SISD)，其代表机型是单处理机。
- 单指令流多数据流(SIMD)，其代表机型是向量处理机。
- 多指令流单数据流(MISD)，这种结构从来没有实现过。
- 多指令流多数据流(MIMD)，其代表机型是多处理机和机群系统。前者为紧耦合系统，后者为松耦合系统。

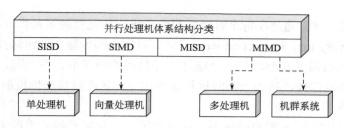

图 9.1 并行处理机体系结构类型

图 9.2 进一步说明了上述分类的组成方式。其中，图 9.2（a）表示一个 SISD 的结构，CU 代表控制单元，PU 代表处理单元，MU 代表存储单元，IS 代表单一指令流，DS 代表单一数据流。这是单处理机系统进行取指令和执行指令的过程。

图 9.2（b）表示 SIMD 的结构，仍是一个单一控制单元 CU，但现在是向多个处理单元（$PU_1 \sim PU_n$）提供单一指令流，每个处理单元可有自己的专用存储器（局部存储器 $LM_1 \sim LM_n$）。这些专用存储器组成分布式存储器。

图 9.2（c）和图 9.2（d）表示 MIMD 的结构，两者均有多个控制单元（$CU_1 \sim CU_n$），每个控制单元向自己的处理部件（$PU_1 \sim PU_n$）提供一个独立的指令流。不同的是，图 9.2（c）是共享存储器多处理机，而图 9.2（d）是分布式存储器多处理机。

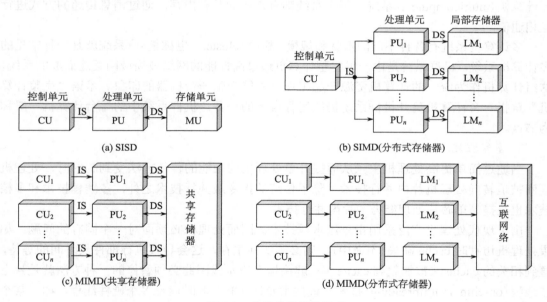

图 9.2 并行处理机的组成

9.1.6 并行处理机的组织和结构

计算机体系结构可以采用不同方式的并行机制。

1. 超标量处理机和超长指令字处理机

在计算机系统的最底层，流水线技术将时间并行性引入处理机，而多发射处理机则把空间并行性引入处理机。超标量（superscalar）设计采用多发射技术，在处理机内部设置多条并行执行的指令流水线，通过在每个时钟周期内向执行单元发射多条指令实现指令级并行。**超长指令字**技术(very long instruction word，VLIW)则由编译器在编译时找出指令间潜在的并行性，进行适当的调度安排，把多个能够并行执行的操作组合在一起，控制处理机中的多个相互独立的功能部件，相当于同时执行多条指令，从而提高处理机的并行性。

2. 多处理机和多计算机

在单个处理机的性能一定的情况下，进一步提高计算机系统处理能力的简单方法就是让多个处理机协同工作，共同完成任务。广义而言，使用多台计算机协同工作来完成所要求的任务的计算机系统称为**多处理机**(multiprocessor)系统。具体而言，多处理机系统由多台独立的处理机组成，每台处理机都能够独立执行自己的程序和指令流，相互之间通过专门的网络连接，实现数据的交换和通信，共同完成某项大的计算或处理任务。多处理机系统中的各台处理机由操作系统管理，实现作业级或任务级并行。

与广义多处理机系统不同，狭义多处理机系统仅指在同一计算机内处理机之间通过共享存储器方式通信的并行计算机系统。运行在狭义多处理机上的所有进程能够共享映射到公共内存的单一虚拟地址空间。任何进程都能通过执行 LOAD 或 STORE 指令来读写一个内存字。

与狭义多处理机相对应，由不共享公共内存的多个处理机系统构成的并行系统又称为**多计算机**(multicomputers)系统。每个系统都有自己的私有内存，通过消息传递的方式进行互相通信。

多计算机系统有各种不同的形状和规模。**机群**(cluster，也称集群)系统就是一种常见的多计算机系统。机群系统是由一组完整计算机通过高性能的网络或局域网互连而成的系统，这组计算机作为统一的计算机资源一起工作，并能产生一台机器的印象。术语"完整计算机"意指一台计算机离开机群系统仍能运行自己的任务。机群系统中的每台计算机一般称为节点。

3. 多线程处理机

当通过简单提高处理机主频从而提升单处理机的性能的传统方法受到制约时，处理机厂商被迫转向处理机片内并行技术。除了传统的指令级并行技术之外，**多线程**技术和多核技术也是提高单芯片处理能力的片内并行技术。

由于现代处理机广泛采用指令流水线技术，因而处理机必须面对一个固有的问题：如果处理机访存时 cache 缺失(不命中)，则必须访问主存，这会导致执行部件长时间的等待，直到相关的 cache 块被加载到 cache 中。解决指令流水线因此必须暂停的一种方法就是**片上多线程**(on-chip multithreading)技术。该技术允许 CPU 同时运行多个硬件线程，如果某个线程被迫暂停，其他线程仍可以执行，这样能保证硬件资源被充分利用。

4. 多核处理机(片上多处理机)

多线程技术能够屏蔽线程的存储器访问延迟，增加系统吞吐率，但并未提高每个单线程的执行速度。而**多核**(multicore)技术通过开发程序内的线程级或进程级并行性提高性能。多核处理机是指在一颗处理机芯片内集成两个或两个以上完整且并行工作的计算引擎(核)，也称为**片上多处理机**(chip multi-processor，CMP)。核(core，又称内核或核心)是指包含指令部件、算术/逻辑部件、寄存器堆和一级或两级 cache 的处理单元，这些核通过某种方式互联后，能够相互交换数据，对外呈现为一个统一的多核处理机。

多核技术的兴起一方面是由于单核技术面临继续发展的瓶颈，另一方面也是由于大规模集成电路技术的发展使单芯片容量增长到足够大，能够把原来大规模并行处理机结构中的多处理机和多计算机节点集成到同一芯片内，让各个处理机核实现片内并行运行。因此，多核处理机是一种特殊的多处理机架构。所有的处理机都在同一块芯片上，不同的核执行不同的线程，在内存的不同部分操作。多核也是一个共享内存的多处理机：所有的核共享同一个内存空间。多个核在一个芯片内直接连接，多线程和多进程可以并行运行。

不同于多核结构，在传统的多处理机结构中，分布于不同芯片上的多个处理机通过片外系统总线连接，因此需要占用更大的芯片尺寸，消耗更多的热量，并需要额外的软件支持。多个处理机可以分布于不同的主板上，也可以构建在同一块电路板上，处理机之间通过高速通信接口连接。

图 9.3（a）～9.3（f）显示了不同结构的处理机形态。图 9.3（a）是单核处理机结构，由执行单元、CPU 状态、中断逻辑和片上 cache 组成。图 9.3（b）是多处理机结构，由两个完全独立的单核处理机构成双处理机系统。图 9.3（c）是多线程处理机结构，在一个物理处理机芯片内集成两个逻辑处理机，二者共享执行单元和片上 cache，但各自有自己的 CPU 状态和中断逻辑。图 9.3（d）是多核处理机结构，两个完全独立的单处理机核集成在同一个芯片内，构成双核处理机，每个核都有自己私有的片上 cache。图 9.3（e）同样是多核处理机结构，但与图 9.3（d）显示的多核处理机结构的差别在于两个核共享片内 cache。图 9.3（f）显示的是多核多线程处理机结构，这是多核与多线程相结合的片上并行技术。两个完全独立的处理机核集成在同一个芯片内，每个核又是双线程的，故该处理机为双核四线程结构。

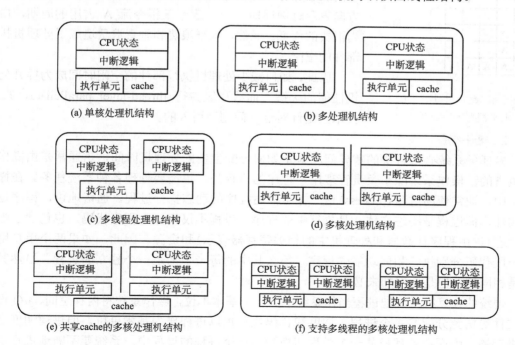

图 9.3　多处理并行处理机结构

9.2　多线程与超线程处理机

硬件多线程技术是提高处理机并行度的有效手段，以往常被应用于高性能计算机的处理机。2002 年秋，英特尔公司推出一款采用超线程（hyper threading，HT）技术的 Pentium 4 处理机，使多线程技术进入桌面应用环境。超线程技术是同时多线程技术在英特尔处理机上的具体实现。在经过特殊设计的处理机中，原有的单个物理内核经过简单扩展后被模拟成两个逻辑内核，并能够同时执行两个相互独立的程序，从而减少了处理机的闲置时间，充分利用了中央处理机的执行资源。

9.2.1　从指令级并行到线程级并行

1. 超标量处理机的水平浪费和垂直浪费

超标量技术和超长指令字技术都是针对单一的指令流中的若干指令来提高并行处理能力的，当单一的指令流出现 cache 缺失等现象时，指令流水线就会断流；而指令之间的相关性也会严重影响执行单元的利用率。例如，资源冲突会导致处理机流水线不能继续执行新的指令而造成垂直浪费，而指令相关会导致多条流水线中部分流水线被闲置，造成水平浪费。图 9.4 显示了一个有四条流水线的超标量处理机的指令执行实例。图中，每个方框代表一个可用的指令发射时间，水平方向表示并行执行指令的 4 条指令流水线（指令发射槽），垂直方向表示时钟周期，"A"表示某指令流 A 占用的周期，白框为浪费的周期。显然，水平浪费和垂直浪费造成了处理机执行部件的空闲。

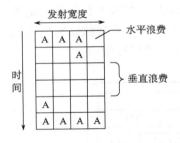

图 9.4　超标量处理机的水平浪费和垂直浪费

因此，如何减少处理机执行部件的空闲时间成为提升处理机性能的关键。而线程级并行（thread-level parallelism，TLP）技术正是针对这一问题而引入的。

2. 硬件线程的概念

多任务系统必须解决的首要问题就是如何分配宝贵的处理机时间，这通常是由操作系统负责的。操作系统除了负责管理用户程序的执行外，也需要处理各种系统任务。在操作系统中，通常使用进程（process）这一概念描述程序的动态执行过程。通俗地讲，程序是静态实体，而进程是动态实体，是执行中的程序。进程不仅仅包含程序代码，也包含了当前的状态（这由程序计数器和处理机中的相关寄存器表示）和资源。因此，如果两个用户用同样一段代码分别执行相同功能的程序，那么其中的每一个都是一个独立的进程。虽然其代码是相同的，但是数据却未必相同。

传统的计算机系统把进程当作系统中的一个基本单位，操作系统将内存空间、I/O 设备和文件等资源分配给每个进程，调度和代码执行也以进程作为基本单位。但进程调度是频繁进行的，因而在处理机从一个进程切换到另一个进程的过程中，系统要不断地进行资源的分配与回收、现场的保存与恢复等工作，为此付出了较大的时间与空间的开销。

因此，在现代操作系统中，大都引入线程作为进程概念的延伸，线程是在操作系统中描述能被独立执行的程序代码的基本单位。进程只作为资源分配的单位，不再是调度和执行的基本单位；而每个进程又拥有若干线程，线程则是调度和执行的基本单位。除了拥有一点儿在运行中必不可少的独立资源(如程序计数器、一组寄存器和栈)之外，线程与属于同一个进程的其他线程共享进程所拥有的全部资源。由于线程调度时不进行资源的分配与回收等操作，因而线程切换的开销比进程切换少得多。

在处理机设计中引入硬件线程(hardware thread)的概念，其原理与操作系统中的软件多线程并行技术相似。硬件线程用来描述一个独立的指令流，而多个指令流能共享同一个支持多线程的处理机。当一个指令流因故暂时不能执行时，可以转向执行另一个线程的指令流。由于各个线程相互独立，因而大大降低了因单线程指令流中各条指令之间的相互依赖导致的指令流水线冲突现象，从而有效提高处理机执行单元的利用率。因此，并行的概念就从指令级并行扩展至线程级并行。

图 9.5 显示了一个支持两个线程的超标量处理机的指令执行实例。其中，"A"表示线程 A(指令流 A)占用的周期，"B"表示线程 B(指令流 B)占用的周期。在每个时钟周期内，所有的流水线都用于执行同一线程的指令，但在下一个时钟周期则可以选择另一个线程的指令并行执行。

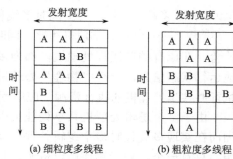

图 9.5　多线程处理机的指令执行实例

3. 细粒度多线程和粗粒度多线程

根据多线程处理机的具体实现方法差异，又可以分为细粒度多线程(交错多线程)处理机和粗粒度多线程(阻塞多线程)处理机。

细粒度多线程如图 9.5(a)所示，处理机交替执行 A、B 两个线程的指令，在每个时钟周期都进行线程切换。由于多个线程交替执行，并且处于阻塞状态的线程在切换时被跳过，故在一定程度上降低了指令阻塞造成的处理机吞吐率损失。当然，每个线程的执行速度降低了，因为就绪状态的线程会因为其他线程的执行而延迟。

粗粒度多线程如图 9.5(b)所示，只有在遇到代价较高的长延迟操作(如因 cache 缺失需要访问主存)时才由处理机硬件进行线程切换，否则一直执行同一个线程的指令。因此，粗粒度多线程比细粒度多线程有更低的线程切换开销，且每个线程的执行速度几乎不会降低。但是粗粒度多线程也有弱点，就是在线程切换的过程中需要排空或填充指令流水线。只有当长延迟操作导致线程被阻塞的时间远长于指令流水线排空或填充的时间时，粗粒度多线程才是有意义的。

多线程处理机通常为每个线程维护独立的程序计数器和数据寄存器。处理机硬件能够快速实现线程间的切换。由于多个相互独立的线程共享执行单元的处理机时间，并且能够进行快速的线程切换，因而多线程处理机能够有效地减少垂直浪费情况，从而利用线程级并行来提高处理机资源的利用率。

9.2.2　同时多线程结构

从图 9.5 可以看出，多线程处理机虽然可以减少长延迟操作和资源冲突造成的处理机执行单元浪费，但并不能完全利用处理机中的所有资源。这是因为每个时钟周期执行的指令都来自同一个线程，因而不能有效地消除水平浪费。为了最大限度地利用处理机资源，同时多线程(simultaneous multi-threading, SMT)技术被引入现代处理机中。

同时多线程技术结合了超标量技术和细粒度多线程技术的优点，允许在一个时钟周期内发射来自不同线程的多条指令，因而可以同时减少水平浪费和垂直浪费。

图 9.6 同时多线程处理机的指令执行实例

图 9.6 显示了一个支持两个线程的同时多线程处理机的指令执行实例。在一个时钟周期内，处理机可以执行来自不同线程的多条指令。当其中某个线程由于长延迟操作或资源冲突而没有指令可以执行时，另一个线程甚至能够使用所有的指令发射时间。因此，同时多线程技术既能够利用线程级并行减少垂直浪费，又能够在一个时钟周期内同时利用线程级并行和指令级并行来减少水平浪费，从而大大提高处理机的整体性能。

同时多线程技术是一种简单、低成本的并行技术。与单线程处理机相比，同时多线程处理机只花费很小的代价，而性能得到很大改善。在原有的单线程处理机内部为多个线程提供各自的程序计数器、相关寄存器以及其他运行状态信息，一个"物理"处理机被模拟成多个"逻辑"处理机，以便多个线程同步执行并共享处理机的执行资源。应用程序无须做任何修改就可以使用多个逻辑处理机。

由于多个逻辑处理机共享处理机内核的执行单元、高速缓存和系统总线接口等资源，因而在实现多线程时多个逻辑处理机需要交替工作。如果多个线程同时需要某一个共享资源，只有一个线程能够使用该资源，其他线程要暂停并等待资源空闲时才能继续执行。因此，同时多线程技术就性能提升而言远不能等同于多个相同时钟频率处理机核组合而成的多核处理机，但从性能-价格比的角度看，同时多线程技术是一种对单线程处理机执行资源的有效而经济的优化手段。

由于同时运行的多个线程需要共享执行资源，因而处理机的实时调度机制非常复杂。就调度策略而言，取指部件要在单线程执行时间延迟与系统整体性能之间取得平衡。与单线程处理机相比，并发执行的多个线程必然拉长单个线程的执行时间，但处理机可以通过指定一个线程为最高优先级而减小其执行延迟，只有当优先线程阻塞时才考虑其他线程。为了最大限度地提高处理机整体性能，同时多线程处理机也可以采用另外一种策略，即处理机的取指部件可以选择那些可以带来最大性能好处的线程优先取指并执行，代价是牺牲单个线程的执行时间延迟。

为了实现同时多线程，处理机需要解决一系列问题。例如，处理机内需要设置大量寄存器保存每个线程的现场信息，需要保证由于并发执行多个线程带来的 cache 冲突不会导致显著的性能下降，确保线程切换的开销尽可能小。

9.2.3　超线程处理机结构

超线程技术是同时多线程技术在英特尔系列处理机产品中的具体实现。

自 2002 年起，英特尔公司先后在其奔腾 4 处理机和至强(XEON)处理机等产品中采用超线程技术。奔腾 4 处理机和至强处理机基于同样的 Intel NetBurst 微体系结构(micro-architecture，处理机体系结构在硅芯片上的具体实现)。

图 9.7 显示了支持超线程技术的 NetBurst 微体系结构的流水线结构。每条指令的执行过程都需要经过 10 个功能段组成的流水线。

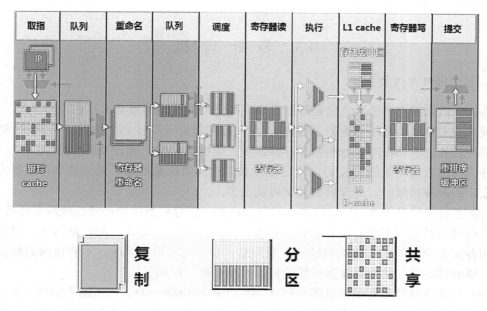

图 9.7　支持超线程技术的 NetBurst 微体系结构的流水线结构

原有的流水线只支持单线程运行。统计表明，单线程的 NetBurst 微体系结构的流水线在执行典型的指令序列时仅仅利用了大约 35% 的流水线资源。

为了支持两个硬件线程同时运行，需要对流水线进行改造。改造的方式是让每级流水线中的资源通过三种方式之一复用于两个线程：复制、分区或共享。

其中，复制方式是在处理机设计时分别为两个线程设置独立的部件。被复制的资源包括所有的处理机状态、指令指针 IP(程序计数器)寄存器、寄存器重命名部件和一些简单资源(如指令 TLB 等)。复制这些资源仅仅会少许提高处理机的成本，而每个线程使用这些资源的方式与单线程相同。

分区方式则是在处理机设计时把原有的用于单线程的独立资源分割成两部分，分别供两个线程使用。采用分区方式的主要是各种缓冲区和队列，如重排序缓冲区、取数/存数缓冲区和各级队列等。与单线程相比，每个线程使用的缓冲区或队列的容量减半，而处理机成本并没有增加。

共享方式则是由处理机在执行指令的过程中根据使用资源的需要在两个线程之间动态分享资源。乱序执行部件和 cache 采用共享方式复用。这种方式同样不增加处理机成本，但单线程运行时存在的资源闲置得到有效改善。

由于不同的资源采用不同的复用方式，因此当指令在不同的资源之间转移时，处理机需在图中箭头和多路开关标识的选择点根据需要动态选择能够使用下级资源的线程。

多线程技术只对传统的单线程超标量处理机结构做了很少改动，但却获得很大的性能提升。启用超线程技术的内核比禁用超线程技术的内核吞吐率要高出 30%。当然，超线程技术需要解决一系列复杂的技术问题。例如，作业调度策略、取指和发射策略、寄存器回收机制、存储系统层次设计等比单线程处理机复杂许多。

9.3　多　处　理　机

9.3.1　多处理机系统的分类

多处理机系统由多个独立的处理机组成，每个处理机能够独立执行自己的程序。

现有的多处理机系统分为如下四种类型：并行向量处理机（PVP）、对称多处理机（SMP）、大规模并行处理机（MPP）、分布共享存储器多处理机（DSM），如图9.8所示。

并行向量处理机见图 9.8（a）。它是由少数几台巨型向量处理机采用共享存储器方式互连而成，在这种类型中，处理机数目不可能很多。

对称多处理机见图9.8（b）。它由一组处理机和一组存储器模块经过互联网络连接而成。有多个处理机且是对称的，每台处理机的能力都完全相同。每次访问存储器时，数据在处理机和存储器模块间的传送都要经过互联网络。由于是紧耦合系统，不管访问的数据在哪一个存储器模块中，访问存储器所需的延迟时间都是一样的。

分布共享存储器多处理机见图9.8（c）。同 PVP 和 SMP 一样，它也属于紧耦合系统。它的共享存储器分布在各台处理机中，每台处理机都带有自己的本地存储器，组成一个处理机-存储器单元。但是这些分布在各台处理机中的实际存储器又合在一起统一编址，在逻辑上组成一个共享存储器。这些处理机-存储器单元通过互联网络连接在一起，每台处理机除了能访问本地存储器外，还能通过互联网络直接访问在其他处理机-存储器单元中的"远程存储器"。处理机在访问远程存储器时所需的延迟时间与访问本地存储器时所需的延迟时间是不一样的，访问本地存储器要快得多。

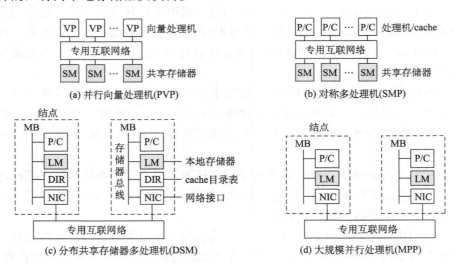

图9.8　多处理机四种类型

大规模并行处理机见图 9.8（d）。它属于松耦合多处理机系统。每个计算机模块称为一个结点。每个结点有一台处理机和它的局部存储器（LM）、结点接口（NIC），有的还有本身的 I/O 设备，这几部分通过结点内的总线连在一起。计算机模块又通过结点接口连接到互联网络上。由于 VLSI 技术的发展，整个结点上的计算机已可以做在一个芯片上。

在这种松耦合的多计算机系统中，各台计算机间传送数据的速度低，延迟时间长，且各结点间的距离是不相等的，因此把经常要在结点间传送数据的任务放在相邻的结点中执行。由于松耦合的多计算机系统的互联网络的成本低得多，故同紧耦合多处理机系统相比，其优点是可以组成计算机数目很多的大规模并行处理系统。也就是说，可以比较经济合理地用微处理机构成几百台乃至几千台的多计算机系统。

鉴于当前并行处理系统的发展趋势，下面重点讲授对称多处理机 SMP。

9.3.2 SMP 的基本概念

不久前，所有的单用户个人计算机和大多数工作站还只含有单一通用微处理机。随着性能需求的增长和微处理机价格的持续下跌，计算机制造商推出了 SMP 系统。SMP 既指计算机硬件体系结构，也指反映此体系结构的操作系统行为。SMP 定义为具有如下特征的独立计算机系统。

(1)有两个以上功能相似的处理机。

(2)这些处理机共享同一主存和 I/O 设施，以总线或其他内部连接机制互连在一起；这样，存储器存取时间对每个处理机都是大致相同的。

(3)所有处理机共享对 I/O 设备的访问，或通过同一通道，或通过提供到同一设备路径的不同通道。

(4)所有处理机能完成同样的功能。

(5)系统被一个集中式操作系统(OS)控制。OS 提供各处理机及其程序之间的作业级、任务级、文件级和数据元素级的交互。

其中，(1)～(4)是十分明显的。(5)表示了 SMP 与机群系统之类的松耦合多处理系统的对照。后者的交互物理单位通常是消息或整个文件；而在 SMP 中，个别的数据元素能成为交互级别，于是处理机间能够有高度的相互协作。

SMP 的操作系统能跨越所有处理机来调度进程或线程。SMP 有如下几个超过单处理机的优点。

性能 如果可以对一台计算机完成的工作进行组织，使得某些工作部分能够并行完成；则具有多个处理机的系统与具有同样类型的单处理机的系统相比，将产生更高的性能。

可用性 在一个对称多处理机系统中，所有处理机都能完成同样的功能，故单个处理机的故障不会造成系统的停机，系统在性能降低的情况下继续运行。

增量式增长 用户可以通过在系统中添加处理机来提高系统性能。

可扩展性 厂商能提供一个产品范围，它们基于系统中配置的处理机数目不同而有不同的价格和性能特征。

SMP 的一个有吸引力的特点是：多个处理机的存在对用户是透明的；由操作系统实际关注各个处理机上进程或线程的调度，以及处理机间的同步。

9.3.3 SMP 的结构

图 9.9 示出了对称多处理机的一般结构。

对个人计算机、工作站和服务器而言，互连机构使用分时共享总线。分时共享总线是构成一个多处理机系统的最简单机构。结构和界面基本上同于使用总线互连的单处理机系统。

总线由控制、地址和数据线组成。为便利来自 I/O 处理器的 DMA 传送，应具备如下特征。

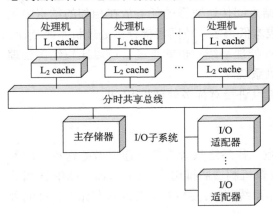

图 9.9　对称多处理机(SMP)的一般结构

(1) 寻址　必须能区别总线上各模块，以确定数据的源和目标。

(2) 仲裁　任何 I/O 模块都能临时具备主控器(master)功能。要提供一种机制来对总线控制的竞争请求进行仲裁，可使用某种类型的优先级策略。

(3) 分时共享　当一个模块正在控制总线时，其他模块是被锁住的，而且如果需要，应能挂起它的操作直到当前的总线访问完成。

这些单处理机特征在对称多处理机配置中是直接可用的，但可能会出现多个处理机以及多个 I/O 适配器都试图掌管总线，并对一个或多个存储器模块进行存取操作的更为复杂的情况。

与其他方法比较，总线组织方式有如下几个优点。

简易性　这是多处理机系统组成的最简单方式。物理接口以及每个处理机的寻址、仲裁和分时逻辑保持与单处理机系统相同。

灵活性　以附加更多处理机到总线的方法来扩充系统，一般来说也是容易的。

可靠性　本质上来说，总线是一个被动介质，并且总线上任一设备的故障不会引起整个系统的失败。

总线组织的主要缺点在于性能。所有的存储器访问都要通过公共总线，于是系统速度受限于总线周期。为改善性能，就要求为每个处理机配置 cache，这将急剧地减少总线访问次数。一般来说，工作站和个人机 SMP 都有两级 cache，L_1 cache 是内部的(与处理机同一芯片)，L_2 cache 或是内部的，或是外部的。现在，某些处理机还使用了 L_3 cache。

cache 的使用导致某些新的设计考虑，因为每个局部 cache 只保存部分存储器的映像，如果在某个 cache 中修改了一个字，可想象出其他 cache 中的此字将会是无效的。为防止这个问题，必须通知其他处理机：已经发生了修改。这个问题称为 cache 一致性问题，并且一般是以硬件解决。

思考题　总线方式组织的 SMP 为什么会得到迅速发展？

9.4　多核处理机

从单处理机到多核处理机的变化并不是处理机设计厂商根据客户需求和市场趋势做出的主动选择，而是在物理规律限制下的无奈之举。多核解决方案可以利用新工艺带来的集成电路集成度的提高，将几个处理机核心集成在一块芯片内。

9.4.1　多核处理机的优势

与传统的单核技术相比，多核技术是应对芯片物理规律限制的相对简单的办法。与提高处理机主频相比，在一个芯片内集成多个相对简单而主频稍低的处理机核既可以充分利用摩尔定律带来的芯片面积提升，又可以更容易地解决功耗、芯片内部互联延迟和设计复杂度等问题。

(1)高并行性：每个处理机核都不必提高晶体管的翻转速度，而多核处理机可同时执行的线程数或任务数是单处理机的数倍，极大地提升了处理机的并行性，带来了更强的并行处理能力和更高的计算密度。

(2)高通信效率：多个核集成在片内，各个处理机核只需要在核内部的相对较小的区域内交换数据，不需要很长的互联线，通信延迟变低，提高了通信效率，数据传输带宽也得到提高。

(3)高资源利用率：多核结构可以有效支持片内资源共享，片上资源的利用率得到了提高。

(4)低功耗：处理机的功耗增长随着内核数目的增加呈线性增长，而不是随着频率的增加呈指数级增长。由于不再依靠提高主频改善性能，内核的工作频率不需要达到上限，多个简单低速核的功耗远低于一个高速复杂处理机的功耗。如果进一步采用动态管理各处理机核功耗的方法，针对不同的任务，每个核可以被降频或关闭，多核在功耗控制上会更有优势。

(5)低设计复杂度：多核处理机中的每个核的结构相对简单，易于优化设计，扩展性强。设计高速而复杂的单处理机往往要采用超标量处理机结构和超长指令字结构，控制逻辑复杂。而在芯片内复制多个低速简单内核的设计难度显然更低，设计和验证周期更短，出现错误的机会也更小。

(6)较低的成本：多核处理机内的各个核共享器件芯片封装和芯片 I/O 资源，也使占单核处理机成本 25%～50%的芯片封装和 I/O 成本的比重大大下降，生产成本得以降低。设计复杂度的降低也会使处理机设计开发的成本降低。

这些优势最终推动多核的发展并使多核逐渐取代单核处理机成为主流技术。

多核技术是在超线程、超标量和多处理机等技术的基础上发展起来的，也充分吸收了其他技术的优势。

超线程技术是通过隐藏潜在访存延迟的方法提高处理机的性能，其主要目的是充分利用空闲的处理机资源，本质上仍然是多个线程共享一个处理机核。因此，采用超线程技术是否能获得性能的提升依赖于应用程序以及硬件平台。多核处理机则是将多个独立的处理机核嵌入到一个处理机芯片内部，每个线程都具有完整的硬件执行环境，故各线程之间可以实现真正意义上的并行。当然，多核架构中灵活性的提升是以牺牲资源利用率为代价的。不管是超线程处理机还是多核处理机，性能的提升都需要软件的配合，性能提升的程度取决于并行性的大小。

多处理机系统是利用任务级并行的方式提高系统性能的，即把任务并行化并分配到多个处理机中去执行。由于多处理机之间的耦合度较低，不适合实现细粒度并行，而功耗也较高。而多核处理机由于在一个芯片内集成多个核心，核间耦合度高，核间互连延迟更小，功耗更低，故可以在任务级、线程级和指令级等多个层次充分发挥程序的并行性，灵活度高。

9.4.2 多核处理机的组织结构

1. 同构多核处理机与异构多核处理机

与多处理机的分类方法类似，按多核处理机内的计算内核的地位对等与否划分，多核处理机可以分为同构多核和异构多核两种类型。

1) 同构多核（homogenous multi-core）处理机

同构多核处理机内的所有计算内核结构相同，地位对等。

同构多核处理机大多由通用的处理机核心构成，每个处理机核心可以独立地执行任务，其结构与通用单核处理机结构相近。同构多核处理机的各个核心之间可以通过共享总线cache 结构互连，也可以通过交叉开关互连结构或片上网络结构互连。在英特尔公司的通用桌面计算机上的多核处理机通常采用同构多核结构。

2) 异构多核（heterogeneous multi-core）处理机

异构多核处理机内的各个计算内核结构不同，地位不对等。

异构多核处理机根据不同的应用需求配置不同的处理机核心，一般多采用"主处理核+协处理核"的主从架构。异构多核处理机的优势在于可以同时发挥不同类型处理机各自的长处来满足不同种类的应用的性能和功耗需求。异构多核处理机将结构、功能、功耗、运算性能各不相同的多个核心集成在芯片上，并通过任务分工和划分将不同的任务分配给不同的核心，让每个核心处理自己擅长的任务。

目前的异构多核处理机通常同时集成通用处理机、数字信号处理机(DSP)、媒体处理机、网络处理机等多种类型的处理机核心，并针对不同需求配置应用其计算性能。其中，通用处理机核常作为处理机控制主核，并用于通用计算；而其他处理机核则作为从核用于加速特定的应用。例如，多核异构网络处理机配有负责管理调度的主核和负责网络处理功能的从核，经常用于科学计算的异构多核处理机在主核之外可以配置用于定点运算和浮点运算等计算功能的专用核心。

研究表明，异构组织方式比同构的多核处理机执行任务更有效率，实现了资源的最优化配置，而且降低了系统的整体功耗。

2. 多核处理机的对称性

同构多核和异构多核是对处理机内核硬件结构和地位一致性的划分。如果再考虑各个核之上的操作系统，从用户的角度看，可以把多核处理机的运行模式划分为对称多处理(symmetric multi-processing，SMP)和非对称多处理(asymmetric multi-processing，AMP)两种类型。

多核处理机中的对称多核(SMP)结构是指处理机片内包含相同结构的核，多个核紧密耦合，并运行一个统一的操作系统。每个核的地位是对等的，共同处理操作系统的所有任务。SMP 由多个同构的处理机核和共享存储器构成，由一个操作系统的实例同时管理所有处理机核，并将应用程序分配至各个核上运行。只要有一个内核空闲可用，操作系统就在线程等待队列中分配下一个线程给这个空闲内核来运行。应用程序本身可以不关心有多少个核在运行，由操作系统自动协调运行，并管理共享资源。

同构多核处理机也可以构成非对称(AMP)多核结构。若处理机芯片内部是同构多核，但每个核运行一个独立的操作系统或同一操作系统的独立实例，那就变成非对称多核。AMP多核系统也可以由异构多核和共享存储器构成。

3. 多核处理机的 cache 组织

在设计多核处理机时，除了处理机的结构和数量，cache 的级数和大小也是需要考虑的重要问题。根据多核处理机内的 cache 配置，可以把多核处理机的组织结构分成以下四种。

1）片内私有 L1 cache 结构

图 9.10(a) 显示的多核结构是简单的多核计算机片内 cache 结构。系统 cache 由 L1 和 L2 两级组成。处理机片内的多个核各自有自己私有的 L1 cache，一般被划分为指令 L1 cache(L1-I)和数据 L1 cache(L1-D)。而多核共享的 L2 cache 则存在于处理机芯片之外。

ARM 公司 ARM11 微体系结构的 MPCore 多核嵌入式处理机就采用这种结构。

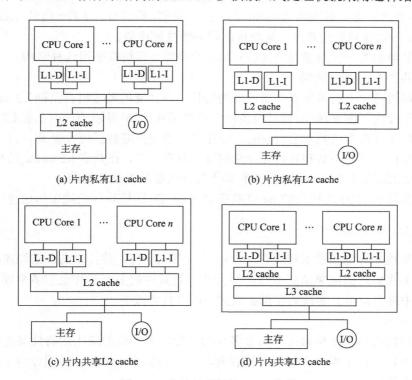

(a) 片内私有L1 cache　　　　(b) 片内私有L2 cache

(c) 片内共享L2 cache　　　　(d) 片内共享L3 cache

图 9.10　多核处理机的 cache 组织

2）片内私有 L2 cache 结构

在图 9.10(b) 显示的多核结构中，处理机片内的多个核仍然保留自己私有的指令 L1 cache(L1-I)和数据 L1 cache(L1-D)，但 L2 cache 被移至处理机片内，且 L2 cache 为各个核私有。多核共享处理机芯片之外的主存。

AMD 公司专门为服务器和工作站设计的皓龙(Opteron)处理机就采用这种结构。

3）片内共享 L2 cache 结构

在图 9.10(c) 显示的多核结构与图 9.10(b) 显示的多核结构相似，都是片上两级 cache 结构。不同之处在于处理机片内的私有 L2 cache 变为多核共享 L2 cache。多核仍然共享处理机芯片之外的主存。

对处理机的每个核而言，片内私有 L2 cache 的访问速度更高。但在处理机片内使用共享的 L2 cache 取代各个核私有的 L2 cache 能够获得系统整体性能的提升，这是因为：

(1)共享 cache 有助于提高整体 cache 命中率。如果处理机内的多个核先后访问主存同一个页面，首次访问该地址的操作会将该页面调入共享 cache，其他核在此后访问同样的主存页面时可以直接在共享 cache 中快速存取，从而减少访问主存的次数。并且，在私有 cache 结构中，不同核访问主存相同页面会在各自私有 cache 中都保存该主存页面的副本，而共享 cache 则不会重复复制数据。

(2)共享 cache 的存储空间可以在不同核之间动态按需分配，实现"统计时分复用"。而私有 cache 的大小是固定不变的。

(3)共享 cache 还可以作为处理机间交互信息的通道。

(4)多核处理机必须解决多级 cache 的一致性问题，而只设计 L1 一级私有 cache 可以降低解决 cache 一致性问题的难度，从而提供额外的性能优势。

英特尔公司的第一代酷睿双核(Core Duo)低功耗处理机就采用这种结构。

4) 片内共享 L3 cache 结构

随着处理机芯片上的可用存储器资源的增长，高性能的处理机甚至把 L3 cache 也从处理机片外移至片内。图 9.10(d) 显示的多核结构在图 9.10(b) 显示的片内私有 L2 cache 结构的基础上增加了片内多核共享 L3 cache，使存储系统的性能有了较大提高。

由于处理机片内核心数和片内存储空间容量都在增长，在共享 L2 cache 结构或私有 L2 cache 结构上增加共享的 L3 cache 显然有助于提高处理机的整体性能。

英特尔公司于 2008 年推出的 64 位酷睿 i7(Core i7) 四核处理机就采用这种结构。

9.4.3　多核处理机的关键技术

尽管多核技术与单核技术相比存在性能高、集成度高、并行度高、结构简单和设计验证方便等诸多优势，但从单核到多核的转变并不是直接把多个芯片上的多个处理机集成到单一芯片之中这么简单。多核处理机必须解决诸多技术难题。

1. 多核处理机架构

多核处理机的体系结构直接影响着多核的性能。而不同的应用的特性又差别很大，这些特性又对多核应该采用什么样的结构有着非常大的影响。为此，必须针对不同的应用设计多核的实现架构。

首先是每个核自身的结构，这关系到整个芯片的面积、功耗和性能。就每个核而言，如何继承并扩展传统单处理机设计的成果，直接影响多核处理机的性能和实现周期。多核系统中的每个核是否应该采用超标量技术或超线程技术，是性能和成本平衡的问题。随着对处理机的性能要求的不断提高，在多核处理机的每个核上采用超线程技术的架构应用越来越广。而软件的并行化设计思想的推广也让超线程技术越来越有吸引力。

其次就是多核之间的对等性，以及芯片上的核的数目。采用同构多核还是异构多核，一般要根据具体的应用场景、设计目标等因素综合决定。

最初的多核处理机都采用同构处理机架构，每个核的功能较强，但集成的处理机核的数量较少，一般以总线或交叉开关互连。这种设计实际上是利用半导体技术的进步把原来放在不同芯片上的多处理机集成到一个芯片上，通过简单增加片内处理机核心的数量来提升处理机的性能，体系结构上的改进并不明显。这种设计方法简单、有效，可以重用复杂的处理机设计，并且借用板级总线协议，是多核发展的初级阶段。

　　同构多核结构原理简单，硬件实现复杂度低，在通用桌面系统中被普遍采用。但在现实世界的应用场景中，并不总是能够把计算任务均匀分配到同构的多个核心上，多核必须面对如何平衡若干处理机的负载并进行任务协调等难题。即使能够不断增加同类型的处理机核心的数量以加强并行处理能力，整个系统的处理性能仍然会受到软件中必须串行执行的那部分的制约。达到极限值之后，性能就无法再随着内核数量的增加而提升了。这就是著名的阿姆达尔定律(Amdahl's law)。

　　异构多核则通过配置不同特点的核心来优化处理机内部结构，实现处理机性能的最佳化，并能有效地降低系统功耗。

　　异构多核架构的一个典型实例就是在通用个人计算机上将图形处理单元(Graphic Processing Unit，GPU)与通用 CPU 集成在一颗芯片上构成的异构多核处理机。在这样的架构下，系统中必须串行执行的部分能在一个强大的 CPU 核上加速，而可以并行的部分则通过很多很小的 GPU 核来提速。

　　GPU 是在通用计算机系统上支持图形处理的专用处理单元。GPU 的计算能力随着图形运算的复杂度的上升而逐渐提高,尤其是浮点运算能力已经远远超过通用 CPU 数倍。与 CPU 相比，GPU 更适合重复计算，因为 GPU 是专门为图形运算而设计的，在设计时就考虑到了图形运算的特征。例如，对图形的色彩处理往往需要对所有待处理的像素执行相同或类似的重复运算。这恰恰让 GPU 非常适合进行 SIMD 运算。因此，人们很自然地试图利用 GPU 的这种优化设计来进行图形之外的通用计算，将 GPU 通用化，于是出现了通用图形处理机(General Purpose GPU，GPGPU)。GPGPU 兼有通用计算和图形处理两大功能，能完成 CPU 的运算工作，更适合高性能计算，并能使用高级程序设计语言，在性能和通用性上更加强大。GPGPU 向着集成化方向发展，即将 GPU 核集成到 CPU 片内，就构成异构多核处理机。面向并行处理的应用软件所要求的浮点运算及定点运算将由 GPU 执行；而 CPU 内核则把重点放在执行传统处理机的主要任务，即运行操作系统、执行商务软件中的整数运算等。

　　异构多核结构也存在着一些难点，如选择哪几种不同的核相互搭配、核间任务如何分工、如何实现良好的可扩展性等，必须在性能、成本、功耗等方面仔细平衡，并通过软硬件相互配合使任务的并行性最大化。

2. 多核系统存储结构设计

　　为了使处理机的处理能力得到充分发挥，存储系统必须能够提供与处理机性能相匹配的存储器带宽。因此，处理机与主存储器之间的速度差距一直是处理机结构设计中必须考虑的问题。由于处理机内的核心数目增多，并且各核心采用共享存储器结构进行信息交互，对主存的访问需求进一步增加，在单处理机时代面临的存储墙问题依然存在，而且问题更加严重。故必须针对多核处理机进行相应的存储结构设计，并解决好存储系统的效率问题。

　　目前的存储系统设计仍然采用存储器分级的方式解决存储速度问题，高性能的处理机采用二级甚至三级 cache 提高存储系统的等效访问速度，并且处理机片内的 cache 容量尽可能增大。但多核系统中的存储系统设计必须平衡系统整体性能、功耗、成本、运行效率等诸多因素。因此，在多核处理机设计时，必须评估共享 cache 和私有 cache 孰优孰劣、需要在芯内设置几级 cache 等因素。

　　此外，在多核系统中，还面临多级 cache 的一致性(cache coherency)问题。

3. 多核处理机的 cache 一致性

cache 一致性问题产生的原因是：在一个处理机系统中，不同的 cache 和主存空间中可能存放着同一个数据的多个副本，在写操作时，这些副本存在着潜在的不一致。在单处理机系统中，cache 一致性问题主要表现为在内存写操作过程中如何保持 cache 中的数据副本和主存内容的一致，即使有 I/O 通道共享 cache，也可以通过全写法较好地解决一致性问题。

而在多核系统中，多个核都能够对内存进行写操作，而 cache 级数更多，同一数据的多个副本可能同时存放在多个 cache 存储器中，某个核的私有 cache 又只能被该核自身访问。即使采用全写法，也只能维持一个 cache 和主存之间的一致性，不能自动更新其他处理机核的私有 cache 中的相同副本。这些因素无疑加大了 cache 一致性问题的复杂度，同时又影响着多核系统的存储系统整体设计。

维护 cache 一致性的关键在于跟踪每一个 cache 块的状态，并根据处理机的读写操作及总线上的相应事件更新 cache 块的状态。

一般来说，导致多核处理机系统中 cache 内容不一致的原因如下。

可写数据的共享　一台处理机采用全写法或回写法修改某一个数据块时，会引起其他处理机的 cache 中同一副本的不一致。

I/O 活动　如果 I/O 设备直接接在系统总线上，也会导致 cache 不一致。

核间线程迁移　核间线程迁移就是把一个尚未执行完的线程调度到另一个空闲的处理机核中去执行。为提高整个系统的效率，有的系统允许线程核间迁移，使系统负载平衡。但这有可能引起 cache 的不一致。

对于 I/O 活动和核间线程迁移而导致的 cache 不一致，可以分别通过禁止 I/O 通道与处理机共享 cache 以及禁止核间线程迁移来解决。因而多处理机中 cache 一致性问题主要是针对可写数据的共享。

在多核系统中，cache 一致性可以使用软件或者硬件维护。

软件方法采取的手段是"预防"。在使用软件方式维护 cache 一致性时，处理机需要提供专门的显式 cache 操作指令，如 cache 块拷贝、回收和无效等指令，让程序员或编译器分析源程序的逻辑结构和数据相关性，判断可能出现的 cache 一致性问题，利用这些指令维护 cache 一致性。软件维护 cache 一致性的优点是硬件开销小，缺点是在多数情况下对性能有较大影响，而且需要程序员的介入。

多数情况下，cache 一致性由硬件维护。硬件方法采取的手段是"通过硬件发现和解决所发生的 cache 一致性问题"。不同的处理机系统使用不同的 cache 一致性协议维护 cache 一致性。cache 一致性协议维护一个有限状态机，并根据存储器读写指令或者总线上的操作进行状态转移并完成相应 cache 块的操作，以维护 cache 一致性。

目前，大多数多核处理机采用总线侦听（bus snooping）协议，也有的系统采用目录（directory）协议解决多级 cache 的一致性问题。目录协议在全局的角度统一监管不同 cache 的状态；而在总线侦听方式中，每个 cache 分别管理自身 cache 块的状态，并通过广播进行不同 cache 间的状态同步。

1）目录协议

目录协议收集并维护有关数据块副本驻存在何处的信息。典型地，系统有一中央控制器，它是主存控制器的一部分，目录就存于主存中。目录会有关于各个局部 cache 内容的全局性状态信息。当某个特定的 cache 控制器产生一个请求时，中央控制器检查此请求并发出必要的命令，以在存储器和 cache 之间或不同 cache 之间传送数据。中央控制器亦负责保持状态信息的更新。于是，任何一个能影响 cache 行的全局状态的局部动作必须报告给中央控制器。

中央控制器维护着关于哪个处理机核具有哪个数据行副本的信息。在处理机核向局部 cache 行副本写入信息之前，必须向中央控制器请求排他性访问权限。在同意这次排他性访问之前，控制器发送一个消息给所有 cache 中保持有这一行副本的处理机核，以强迫每个处理机核使它的副本无效。接收到这些处理机核返回的确认信息后，控制器才将排他性访问权授予提出请求的处理机核。当一 cache 行已授权给某处理机核专有，而另外的处理机核企图读此行时，它将送出一个未命中指示给控制器。控制器则向持有此行的处理机核发布命令，要求它将此行写回到主存。于是，现在此行可被原先的处理机核和提出请求的处理机核读共享了。

目录协议的缺点是存在中央瓶颈，且各 cache 控制器和中央控制器之间的通信开销也较大。然而，在采用了多条总线或某种另外的复杂互连机构的大型系统中，它们是很有效的。

2) 监听协议

监听协议将维护 cache 一致性的责任分布到多核处理机中每个 cache 控制器上。一个 cache 必须知晓它保存的某个 cache 行何时会与其他 cache 共享。当对共享的 cache 行进行修改时，必须通过一种广播机制通知到所有其他 cache。各 cache 控制器应能监听网络，以得到这些广播通知，并做出相应的反应。

监听协议非常适合于基于总线的多核处理机，因为共享的总线能为广播和监听提供简洁的方式。然而，使用局部 cache 的目标之一就是希望避免或减少总线访问，因此必须小心设计以避免由于广播和监听而增加的总线传输抵消了使用局部 cache 的好处。

监听协议已开发出两种基本方法：写-作废(write-invalidate)和写-更新(write-update)。

使用写-作废协议，系统任一时刻可有多个读者，但只能有一个写者。最初，一个数据可能在几个 cache 中处于读共享状态。当某个 cache 要对此行进行写操作时，它要先发出一个通知，以使其他 cache 中此行作废，使此行变为 cache 写独占状态。一旦行变为独占状态，拥有该行的处理机核就可进行本地写操作，直到某些其他处理机核请求该数据行。

在写-作废协议中，cache 行的状态被分别标识为修改(Modified)、独占(Exclusive)、共享(Shared)和无效(Invilid)。故写-作废协议也称为 MESI 协议。

写-更新协议又称为写-广播(write-broadcast)协议。采用该协议，系统中可有多个写者以及多个读者。当一个处理机核打算修改一个共享 cache 行时，将被写入的字数据也被同时广播到所有其他 cache，于是拥有该数据行副本的 cache 能同时进行写修改。

监听协议实现比较简单，但只适用于总线结构的多处理机系统，而且不管是写作废还是写更新，都要占用总线不少时间，所以只能用于处理机核数量不多的系统中。通常总线上能连接的处理机核不能超过 10～16 个。

监听协议是应用广泛的 cache 一致性协议。

4. 多核处理机的核间通信与同步技术

多核处理机片内的多个核心虽然各自执行自己的代码，但是不同核心间需要进行数据的共享和同步，因此多核处理机硬件结构必须支持高效的核间通信，片上通信结构的性能也将直接影响处理机的性能。

当前主流的片上通信方式有三种：总线共享 cache 结构、交叉开关互连结构和片上网络结构。

1）总线共享 cache 结构

总线共享 cache 结构是指多核处理机核共享 L2 cache 或 L3 cache，处理机片上核心、输入输出端口以及主存储器通过连接核心的总线进行通信。

这种方式的优点是结构简单、易于设计实现、通信速度高，但缺点是总线结构的可扩展性较差，只适用于核心数较少的情况。

采用总线共享结构的处理机有斯坦福大学研制的 Hydra 处理机、英特尔公司开发的酷睿（Core）处理机、IBM 公司开发的 Power4 处理机和 Power5 处理机等。

2）交叉开关互连结构

总线采用分时复用的工作模式，因而在同一总线上同时只能有一个相互通信的过程。交叉开关（crossbar switch）结构则能够有效提高数据交换的带宽。

交叉开关是在传统电话交换机中沿用数十年的经典技术，它可以按照任意的次序把输入线路和输出线路连接起来。图 9.11 所示为连接 8 个处理机核和 8 个内存模块的交叉开关结构。

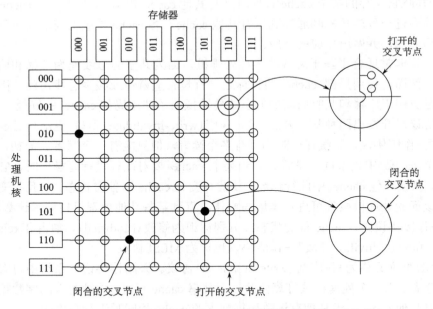

图 9.11　连接 8 个处理机核和 8 个内存模块的交叉开关结构

图中左侧的每条水平线和每条垂直线的交点都是可控的交叉节点，可以根据控制信号的状态打开或闭合。闭合状态的交叉节点使其连接的垂直线和水平线处于连通状态。图中黑色实心节点处于闭合状态，空心节点处于打开状态，图中右侧显示了放大的节点示意图。图中显示有三个开关处于闭合状态，这意味着同时可以有三个处理机核分别与不同的存储器模块进行信息交互。

交叉开关网络是一种无阻塞的网络，这就意味着不会因为网络本身的限制导致处理机核无法与内存模块建立连接。只要不存在存储器模块本身的冲突，图 9.11 所示的 8×8 交叉开关结构最多可以同时支持八个连接。

与总线结构相比，交叉开关的优势是数据通道多、访问带宽更大，但缺点是交叉开关结构占用的片上面积也较大，因为 $n \times n$ 的交叉开关需要 n^2 个交叉节点。而且随着核心数的增加，交叉开关结构的性能也会下降。因此这种方式也只适用中等规模的系统。

AMD 公司的速龙(Athlon)X2 双核处理机就是采用交叉开关来控制核心与外部通信的典型实例。

3) 片上网络结构

片上网络(network on a chip，NoC)技术借鉴了并行计算机的互联网络，在单芯片上集成大量的计算资源以及连接这些资源的片上通信网络。每个处理机核心具有独立的处理单元及其私有的 cache，并通过片上通信网络连接在一起，处理机核之间采用消息通信机制，用路由和分组交换技术替代传统的片上总线来完成通信任务，从而克服由总线互连所带来的各种瓶颈问题。

片上网络与传统分布式计算机网络有很多相似之处，但限于片上资源有限，设计时要考虑更多的开销限制，针对延时、功耗、面积等性能指标进行优化设计，为实现高性能片上系统提供高效的通信支持。

片上网络可以采用多种拓扑结构，如环形拓扑、网状拓扑、树状拓扑等。图 9.12 显示了一种常用的二维网状网络(2D Mesh)片上网络结构。片上网络包括计算子系统和通信子系统两部分。计算子系统由处理单元(processing element，PE)构成，完成计算任务，PE 可以是处理机核心，也可以是各种专用功能的硬件部件或存储器阵列等。通信子系统由交换(switch)节点(图中缩写为"S")及节点间的互连线路组成，

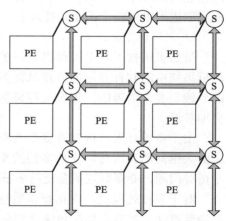

图 9.12 二维网状网络片上网络结构

负责连接 PE，实现计算资源之间的高速通信。通信节点及其间的互连线所构成的网络就是片上通信网络。在二维网状网络结构中，每个 PE 与一个交换节点相连，而每个交换节点则与四个相邻的交换节点和一个 PE 相连，交换节点实现路由功能，并作为每个相邻的 PE 的网络接口。

与总线结构和交叉开关互连结构相比，片上网络可以连接更多的计算节点，可靠性高，可扩展性强，功耗也更低。因此片上网络被认为是更加理想的大规模多核处理机核间互连技术。这种结构的缺点是硬件结构复杂，且软件改动较大。

这三种互连结构还可以相互融合，例如，在整体结构上采用片上网络方式，而在局部选择总线或交叉开关结构，以实现性能与复杂度的平衡。

由于多核处理机内的各个处理机核之间需要通过中断方式进行通信，所以多核处理机的中断处理方式也和单核有很大不同。多个处理机核内部的本地中断控制器和负责仲裁各核之间中断分配的全局中断控制器也需要封装在芯片内部。

多核系统还需要解决的一个问题就是核之间的同步和互斥。多核处理机上运行的多个任务会竞争共享资源，因此需要操作系统和硬件配合提供核间同步机制与共享资源互斥访

问机制。例如，多核系统硬件应提供"读-修改-写回"的原子操作或其他同步互斥机制，保证对共享资源的互斥访问。

5. 低功耗设计

随着环保理念的普及和移动计算应用的推广，对处理机和整个计算机系统的功耗的关注度越来越高。低功耗设计是一个多层次的问题，需要同时在操作系统级、算法级、结构级、电路级等多个层次上综合考虑。

在单处理机时代，低功耗技术主要在电路层次上进行低功耗设计，注重降低半导体电路的动态电能消耗和静态电能消耗。

由于多核处理机在结构和实现上的特点，在多核处理机上可以采用异构结构设计、动态线程分派与转移技术等降低功耗。异构结构设计就是利用异构多核结构对片上资源进行优化配置，使处理机在提高性能的同时降低功耗。动态线程分派与转移技术则是在程序运行时动态地将某个核心上较高的负载转移到负载较小的核心上，从而使处理机在不降低处理性能的情况下，降低处理机功耗。当整体负载任务较少时，关闭某些核心或降低其处理机频率也可以使整个系统功耗降低。

6. 多核软件设计

虽然多核技术与多处理机有许多相似之处，但二者之间的差别导致在许多情况下多处理机系统中的软件并不能直接拿到多核系统中运行。在多处理机系统中，各个处理机之间的界线是非常清晰的，每个处理机基本上都是独立运行的。而在多核系统中，资源的共享更加普遍。

由于多核处理机内部有多个核心，因而如何在多个处理机核之间分配任务是必须要解决的关键问题。因此，支持多核的操作系统必须解决任务分配、任务调度、仲裁以及负载平衡等问题，必要时还需要支持多核之间的动态任务迁移。

对于多核处理机，优化操作系统任务调度算法是保证效率的关键。当前关于多核的任务调度算法主要有全局队列调度和局部队列调度等算法。

全局队列调度策略由操作系统维护一个全局的任务等待队列，当系统中有某个处理机核心空闲时，操作系统便从全局任务等待队列中选取就绪任务并开始在此核心上执行。这种调度策略的优点是处理机核心的利用率较高。

局部队列调度策略是操作系统为每个处理机核心维护一个局部的任务等待队列，当系统中有某个处理机核心空闲时，便从该核心的任务等待队列中选取恰当的任务执行。局部队列调度策略的优点是任务基本上无需在多个处理机核心之间迁移，有利于提高处理机核心私有 cache 的命中率，缺点是处理机核心的利用率较低。

目前，大多数支持多核的操作系统采用基于全局队列的任务调度算法。

从某种程度上说，应用软件的设计是多核系统设计的难点。这是因为，人的自然思维模式是单任务串行化的，正所谓"一心不能二用"。而多核系统中运行的程序只有按照并行化的思想设计才可能最大限度地发挥多核处理机的潜能。并行编程困难的问题从并行计算机产生以来就存在，只是随着多核的主流化，问题更加突出了。虽然多处理机技术和多计算机技术已经应用多年，但当前的多核计算机系统与以往的并行计算机系统有很大的不同，以往的并行计算机系统都是应用在服务器或者超级计算中心等适合进行大型并行计算的领域，这些领域很容易发挥并行计算的优势。而现在的多核计算机系统则是应用到普通用户的各个层面，甚至是嵌入式系统中，在这些应用场景中实现软件并行编程，难度可能比服务器和超级计算中心更高。

多核系统下的并行编程，必须充分发挥多核的线程级并行性，但是已有的编程语言不能完全适合多核环境，不能将多核的多线程并行潜力充分挖掘出来。为此，需要针对多核环境下对并行编程应用的要求，对现有的并行编程模式和编程语言(如 OpenMP、MPI、并行 C 等)进行改进和优化，希望利用编程工具尽可能地帮助程序设计者发掘并行性。

除了并行编程工具之外，另一个重要问题是并行设计思想。原来运行在单处理机上的众多应用程序并没有利用多核的性能潜力，其中很多应用程序的线程级加速潜力有限。改造这些依据串行化思想设计的程序不能单纯依赖并行编程工具，必须将其从单线程的编程模式改造为并行程序执行模式。所以对于这些应用程序，或者要重新编写并行代码，或者研发更加先进的面向多核结构的自动并行化工具，使得这些应用程序能在多核处理机系统中高效运行。

7. 平衡设计原则

除了上面讨论的一些多核处理机的关键技术，多核系统设计还必须遵循一个重要的设计原则，就是平衡设计。

与单处理机系统相比，多核计算机系统的设计复杂度大幅度提高。因为在解决某个方面问题的同时往往会带来其他方面的问题，所以多核处理机结构设计的重点不在于其中某一个细节采用什么复杂或性能表现较好的设计，而是在于整体设计目标。

因此，在多核系统设计过程中必须仔细权衡对某些问题的解决方法，尽量采用简单、易于实现、成本低廉而且对整体性能影响不大的设计方案。平衡设计原则是指在芯片的复杂度、内部结构、性能、功耗、扩展性、部件成本等各个方面做一定的权衡，不能为了单纯地获得某一方面的性能提升而导致其他方面的问题。在设计过程中要坚持从整体结构的角度去权衡具体的结构问题。要得到在一个通常情况下，逻辑结构简单并且对大多数应用程序而言性能优良的处理机结构，为了整体目标往往要牺牲某些局部的最佳设计方案。

9.5　多核处理机实例

9.5.1　ARM 多核处理机

Cortex-A15 MPCore 处理机是 ARM 公司 2010 年 9 月推出的 ARMv7-A 体系结构的多核产品。借助先进的多核处理机架构，Cortex-A15 MPCore 处理机在高性能产品应用中的运行主频最高可达 2.5GHz，在提供强大的计算性能的同时，又保持着 ARM 特有的低功耗特性。该处理机有非常强的可扩展性(scalability)，支持单片 1 至 4 个处理机内核，可广泛应用在移动计算、高端数字家电、无线基站和企业级基础设施产品等领域。

1. ARM Cortex-A15 处理机的整体结构

图 9.13 显示了 ARM Cortex-A15 MPCore 四核处理机的整体结构。

每个核内部包含支持 ARMv7-A 体系结构的 32 位 CPU，采用超标量、可变长、乱序执行流水线结构。指令流水线为 15 至 24 级，其中 12 级为按序执行，另外 3 至 12 级为乱序执行。

Cortex-A15 处理机另外配备支持 IEEE 754 标准的向量浮点运算单元(FPU)，对半精度、单精度和双精度浮点算法中的浮点操作提供硬件支持。

图 9.13　ARM Cortex-A15 MPCore 四核处理机

ARM 处理机独有的 NEON 媒体处理引擎则为消费类多媒体应用提供灵活强大的加速功能。NEON 是 ARM Cortex-A 系列处理机上的 128 位单指令流多数据流（SIMD）体系结构扩展技术，媒体处理引擎扩展了 Cortex-A15 处理机的浮点运算单元，支持整数和浮点向量的 SIMD 运算。NEON 通用 SIMD 引擎旨在加速视频编解码、2D/3D 图形、游戏、音频和语音处理、图像处理、电话和声音合成等多媒体和信号处理算法，从而明显改善用户体验。

Cortex-A15 还为每个处理机核配备了程序跟踪宏单元接口（program trace macrocell interface，PTM I/F），连接至多核调试和跟踪部件。

Cortex-A15 的每个处理机核内包含 32KB 的 L1 指令 cache 和 32KB 的 L1 数据 cache，L1 cache 专门针对性能和功耗进行了优化。在高性能应用中，可以通过可配置的 512KB～4MB 的共享 L2 cache 实现对内存的低延迟、高带宽访问。L1 指令 cache 支持奇偶校验功能，L1 数据 cache 和 L2 cache 则支持可选的纠错编码（error correction code，ECC）功能，可纠正单比特错误、检测双比特错误。处理机内还集成了三个独立的 32 表项全相联 L1 转换后援缓冲器（TLB），分别用于取指令、读数据和写数据。每个处理机内还包含 512 表项的 4 路组相联 L2 TLB。

Cortex-A15 为主存提供了超大寻址空间，40 位物理地址可支持 1TB 的主存空间。

2. ARM Cortex-A15 的多核支持功能

Cortex-A15 处理机利用被广泛认可的 ARM MPCore 多核技术，支持性能可扩展性和动态功耗控制功能。

1）动态功耗控制

当配备该处理机的设备需要高性能时，片内的所有处理机核可以全速运行，满足运算需求，但核间任务分担机制可以平衡各个核的工作负载，以保持尽可能低的功耗。当设备不需要满负荷运行时，四个处理机核中的任何一个都可以被动态关闭，以降低功耗。

2）监听控制单元

监听控制单元（snoop control unit，SCU）提供系统一致性管理功能，负责管理 cache 之间以及 cache 与系统主存之间的互连和通信，并解决 cache 一致性问题、实现数据传输优先级仲裁以及其他相关的功能。除了处理机核，Cortex-A15 MPCore 处理机内的其他系统加速器（如 FPU 和 NEON）和支持非缓冲 DMA 访问的外设也能够利用监听控制单元提供的支持，以便提高系统级的性能并降低功耗。监听控制单元提供的系统一致性管理功能还可降低在各个操作系统驱动程序中维持软件一致性的软件复杂度。

3）加速器一致性端口

加速器一致性端口是监听控制单元上提供的支持 AMBA 4 AXI（高级可扩展接口，ARM 推出的第四代 AMBA 接口规范）规范的从设备接口，能够让主设备直接连接到 Cortex-A15 处理机。该接口支持所有标准读操作和写操作，而不需要特别考虑一致性问题。不过，针对主存一致区域的任何读操作都必须首先与监听控制单元交互，以确认被访问的信息是否已存储在 L1 cache 中。任何写操作也将首先由监听控制单元进行一致性处理，然后才提交给存储系统并可在 L2 cache 中分配空间，从而消除直接写入片外主存空间对功耗和性能的影响。

4）通用中断控制器

标准化和结构化的通用中断控制器可以灵活地支持处理机核间通信功能，实现系统中断的优先级仲裁及其在处理机核之间的分配。中断控制器最多支持 224 个独立中断源。在软件控制下，每个中断均可在处理机核之间调配，进行硬件优先级排队。

9.5.2　英特尔酷睿多核处理机

2012 年 4 月，英特尔在北京发布了多款基于 Ivy Bridge（简称 IVB）微架构（micro-architecture）的第三代智能酷睿（Core i）系列处理机，是当时业界制造工艺最为先进的处理机。2011 年推出的采用 32nm 半导体工艺的第二代智能酷睿处理机微架构 Sandy Bridge 处理机实现了处理机核、图形核心、视频引擎的单芯片封装。与 Sandy Bridge（简称 SNB）相比，Ivy Bridge 对处理机架构没有做太大调整，但采用更加先进的 22nm 制造工艺，并结合 3D 晶体管技术，在大幅度提高晶体管密度的同时，处理机片上的图形核心的执行单元的数量翻一番，核芯显卡等部分性能有了一倍以上的提升。制造工艺的改进带来更小的核心面积、更低的功耗以及更加容易控制的发热量。

1. 酷睿多核处理机的整体结构

Ivy Bridge 微架构处理机由处理核心、三级 cache、图形核心、内存控制器、系统助手（system agent）、显示控制器、显示接口、PCI-E I/O 控制器、DMI 总线控制器等众多模块整合而成。Ivy Bridge 微架构处理机采用模块化设计，有很强的可扩展性，支持多种不同主处理机核心数、不同性能的图形核心和 cache 容量的组合配置。

从 Sandy Bridge 微架构开始，每个处理机内部处理除了中央处理机核之外，还集成了图形处理单元（GPU）核。这种与中央处理机封装在同一芯片上的图形处理单元又称为**核芯显卡**。Sandy Bridge 和 Ivy Bridge 处理机上的处理机核和图形处理核采用完全融合的方式，在同一块晶圆中分别划分出 CPU 区域和 GPU 区域，CPU 和 GPU 各自承担数据处理与图形处理任务。这种整合设计大大降低了处理机核、图形处理核、内存及内存控制器间的数据周转时间，可有效提升处理效能并大幅降低芯片组的整体功耗。在 Ivy Bridge 系列处理机中包含了两种集成 GPU 核：GT1 和 GT2。GT1 有 6 个执行单元(execution unit，EU)和 24 个算术逻辑单元(ALU)及一个纹理单元。GT2 有 16 个执行单元、64 个 ALU 和 2 个纹理单元。

处理机内的各个 CPU 核之外还集成了最后一级 cache(last-level Cache，LLC)，即与主存储器直接相连的 L3 cache。

目前发布的 Ivy Bridge 微架构有 4 种设计版本：4 个中央处理机核心+8MB 缓存+ GT2 图形核心；2 个中央处理机核心+4MB 缓存+ GT1 图形核心；4 个中央处理机核心+6MB 缓存+GT1 图形核心；2 个中央处理机核心+4MB 缓存+GT1 图形核心。图 9.14(a)~(d)分别显示了 Ivy Bridge 微架构支持的四种配置。

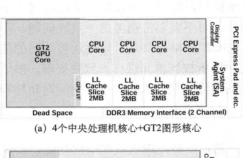

(a) 4个中央处理机核心+GT2图形核心

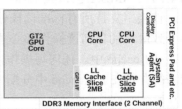

(b) 2个中央处理机核心+GT2图形核心

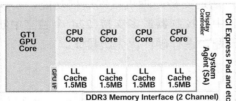

(c) 4个中央处理机核心+GT1图形核心

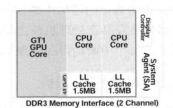

(d) 2个中央处理机核心+GT1图形核心

图 9.14　Ivy Bridge 微架构支持的四种配置

2. 酷睿多核处理机的环形总线

图 9.15 显示了 Ivy Bridge 四核处理机的完整体系结构。图中可以看出，Ivy Bridge 微架构使用全新的环形总线(ring bus)结构连接各个 CPU 核、最后一级 cache、图形处理单元(GPU)以及系统助手等模块。

系统助手从功能上类似以前的北桥芯片，但包含了更为丰富的功能，包括集成内存控制器、支持 16 条 PCI-E 2.0 通道的 PCI-E 控制器、显示控制器、电源控制单元(PCU)以及 DMI 总线(英特尔开发用于连接主板南北桥的总线)的 IO 接口等。

环形总线由四条独立的环组成，分别是数据环(data ring)、请求环(request ring)、响应环(acknowledge ring)和监听环(snoop ring)。借助于环形总线，CPU 与 GPU 可以共享 LLC cache，从而大幅度提升 GPU 的性能。在环形总线上分布着多个环节点(ring stop)。环节点在每个 CPU 核、GPU 核或最后一级 cache 上有两个连接点。

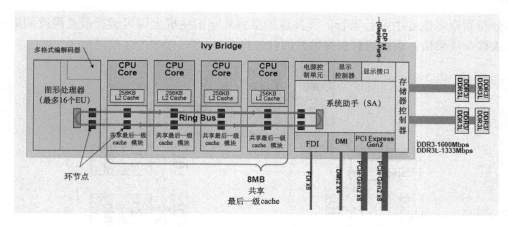

图 9.15　Ivy Bridge 四核处理机体系结构

在以往的产品中，多个核心共享一个最后一级 cache，核心需要访问 cache 时必须先经过流水线发送请求，再进行优先级排队后才能进行。环形总线则可以大大减少核心访问最后一级 cache 的时间延迟。环形总线将最后一级 cache 分割成了若干部分，环形总线上的每个节点与其相邻的另两个节点采用点到点的连接方式，故环形总线是由多个子环组成的。借助于每个环节点，核心可以快速访问最后一级 cache。又由于每个核心与最后一级 cache 之间可以实现并行访问，使得整体带宽可以显著提升。

9.5.3　英特尔至强融核众核处理机

为了满足人类社会对计算性能的无止境需求，处理机内部的核心数量不断增加。当处理机内的核心的数量超过 32 个时，称为众核(many-core)处理机。

2012 年，英特尔公司发布了基于英特尔集成众核(many integrated core，MIC)架构的至强融核(XEON phi)产品。

英特尔集成众核处理机可作为中央处理机的协处理机工作，可通过 PCI-E 总线连接到配置英特尔至强(XEON)处理机的主机上，是高度优化、高度并行的协处理机，其运算性能超过每秒一百万亿次浮点双精度持续计算。至强融核使用开源 Linux 操作系统和通用源代码，可运行完整的应用程序，用于高度并行的计算密集型负荷，采用和至强处理机一致的通用编程模型与软件工具。

至强处理机与一颗或多颗至强融核处理机构成异构多处理机架构，而至强融核本身则在单芯片内集成了 57~61 个处理核心(向量 IA 内核)。

图 9.16 显示了至强融核众核处理机的微架构。处理机片上环形互连总线连接众多的计算核心、8 个支持 GDDR5 的存储器控制器(MC)和 1 个 PCI-E 终端逻辑单元(PCIe client logic)。每个计算核心支持四个硬件线程，支持 U、V 两条七级指令流水线，双指令发射、按序执行，故每个时钟周期可以执行两条指令。计算核心通过环形总线接口(CRI)与互连总线相连。环形总线接口由 L_2 cache 和分布式标签目录(tag directory, TD)组成，后者为每个核心的 L_2 cache 建立标识目录副本，从而全局监视所有核心的 L_2 cache，确保 cache 一致性。

虽然至强融核处理机的每个计算核心的主频只有 1~1.25GHz，处理能力不算强大，但在运行高性能计算应用时，可以将高度并行的计算任务分解成更小的子任务，采用 SIMD

方式分布到众多核心中并行运行，而高速的至强处理机主机上则可运行最低限度的串行代码。依靠众核架构，系统能够获得额外的性能提升。

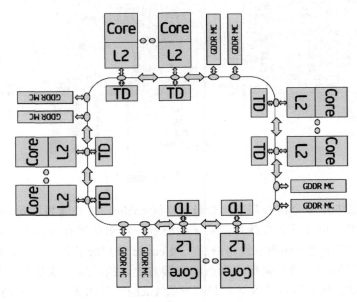

图 9.16   至强融核众核处理机微架构

9.5.4   龙芯多核处理机

龙芯(Loongson)3 号是中国科学院计算技术研究所研发的国产多核处理机系列产品，集高性能、低成本和低功耗于一身，主要面向服务器和高性能计算应用。龙芯 3 号单芯片内集成多个高性能 64 位超标量通用处理机核以及大容量 L_2 cache，并通过高速 I/O 接口实现多芯片互连，以组成更大规模的系统。龙芯 3 号尤其可以满足国家安全需求。首台采用龙芯 3A 处理机的万亿次高性能计算机 KD-60 于 2010 年 4 月通过鉴定，实现了我国高性能计算机国产化的重大突破。

1. 龙芯 3A 处理机的整体结构

龙芯 3A 是龙芯 3 号多核处理机系列的第一款产品，每个处理机芯片集成 4 颗 64 位的四发射超标量 GS464 高性能处理机核，最高工作主频为 1GHz。片内集成 4 MB 的分体共享 L_2 cache(由 4 个体模块组成，每个体模块容量为 1MB)。处理机内部通过目录协议维护多核及 I/O DMA 访问的 cache 一致性。处理机芯片内还集成了 DDR2/DDR3 存储器控制器、Hyper-Transport(HT) 控制器、PCI-X/PCI 总线控制器、LPC、UART、SPI 等外围接口部件。图 9.17 显示了龙芯 3A 四核处理机的整体结构。

每个处理机有两级 AXI 交叉开关。第一级互连采用 6×6 的 AXI 交叉开关(X1 Switch)，连接 P_0、P_1、P_2 和 P_3 四个处理机核心(作为主设备)，统一编址的 S_0、S_1、S_2 和 S_3 四个 L_2 cache 模块(作为从设备)，以及两个 I/O 端口(每个端口使用一个主端口和一个从端口)。每个 I/O 端口通过一个 DMA 控制器连接一个 16 位的 HT 控制器(每个 16 位的 HT 端口可以拆分成两个 8 位的 HT 端口使用)。第二级互连采用 5×4 的交叉开关(X2 Switch)，连接四个 L_2 cache

模块、两个 DDR2 存储器控制器(MC)和 I/O 接口(包括 PCI、LPC、SPI 等)以及芯片内部的控制寄存器模块。两级互连开关都采用读写分离的数据通道，数据通道宽度为 128 位，工作频率与处理机核相同，用于提供高速的片上数据传输。

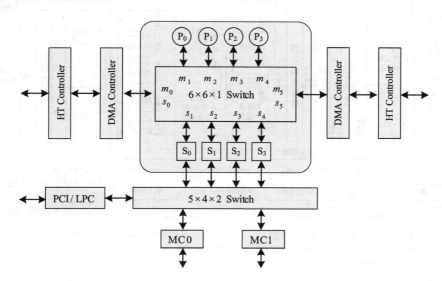

图 9.17 龙芯 3A 处理机结构

2. 龙芯 3 号的 GS464 处理机核心

GS464 是一款实现 64 位 MIPS64 指令系统及龙芯扩展指令系统的通用 RISC 处理机 IP 核。GS464 有两个定点运算部件、两个浮点运算部件和一个访存部件。每个浮点部件都可以全流水地执行 64 位双精度浮点乘加操作。GS464 的指令流水线在每个时钟周期取四条指令进行译码，并且动态地发射到五个全流水的功能部件中。指令按序发射，乱序执行。GS464 的基本结构如图 9.18 所示。

GS464 的基本流水线包括取指、预译码、译码、寄存器重命名、调度、发射、读寄存器、执行、提交等 9 级，各个流水级的功能如下。

(1)取指流水级：根据程序计数器 PC 的值访问指令 cache 和指令 TLB，如果指令 cache 和指令 TLB 都命中，则把四条新的指令取到指令寄存器 IR 中。

(2)预译码流水级：主要对转移指令进行译码并预测跳转的方向。

(3)译码流水级：把 IR 中的四条指令转换成 GS464 内部指令格式送往寄存器重命名模块。

(4)寄存器重命名流水级：为逻辑目标寄存器分配新的物理寄存器，并将逻辑源寄存器映射到最近分配给该逻辑寄存器的物理寄存器。

(5)调度流水级：将重命名的指令分配到定点或浮点保留站中等待执行，同时送到重排序队列中用于执行后的顺序提交；此外，转移指令和访存指令还分别被送往转移队列和访存队列。

(6)发射流水级：从定点或浮点保留站中为每个功能部件选出一条所有操作数都准备好的指令；在重命名时操作数没准备好的指令将等待其操作数准备好。

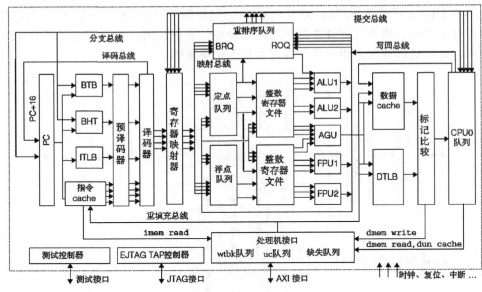

AGU：地址产生部件　　BRQ：带宽请求　　　EJTAG：改进的JTAG　　FPU：浮点运算器
BTB：分支目标缓冲区　BHT：分支历史表　　ITLB: 指令TLB　　　　DTLB：数据TLB
TAP：测试访问端口　　ROQ：重排序队列

图 9.18　GS464 微体系结构

（7）读寄存器流水级：为发射的指令从物理寄存器堆中读取相应的源操作数送到相应的功能部件。

（8）执行流水级：根据指令的类型执行指令并把计算结果写回寄存器堆。

（9）提交流水级：按照重排序队列记录的指令顺序提交已经执行完的指令，GS464 最多每拍可以提交四条指令。

GS464 的 L_1 cache 由 64KB 的指令 cache 和 64KB 的数据 cache 组成，均采用四路组相联结构。GS464 的 TLB 有 64 项，采用全相联结构。GS464 支持 128 位的访存操作，其虚地址和物理地址均为 48 位。

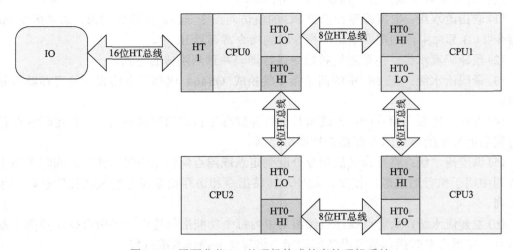

图 9.19　四颗龙芯 3A 处理机构成的多处理机系统

3. 龙芯 3A 处理机的互连结构

龙芯 3A 采用可扩展的互连结构,片内二维 Mesh 网络利用 AXI 交叉开关进行片内核间互连,片间通过 HT 接口进行可伸缩互连,构建多处理机系统。

图 9.19 显示了四颗龙芯 3A 处理机构成的 2×2 Mesh 网络结构。系统由 16 个处理机核心构成。全系统统一编址,硬件自动维护各处理机间的数据一致性。互连系统的物理实现对软件透明,不同配置的系统可以运行相同的操作系统。

本 章 小 结

并行性是指计算机系统具有同时进行运算或操作的特性,它包括同时性(两个以上事件在同一时刻发生)与并发性(两个以上事件在同一时间间隔内发生)两种含义。并行性的 4 种技术是:①时间并行(时间重叠);②空间并行(资源重复);③时间并行+空间并行;④资源共享(软件方法)。

Flynn 将计算机体系结构分为 SISD、SIMD、MISD 和 MIMD 四种类型。虽然 MISD 没有实际机器,但是四种类型的分类方法确实纲目清晰,有利于认识计算机系统的总体结构。

传统单处理机依靠超标量技术和超长指令字技术提高指令级并行性,而多线程技术和超线程技术则把重点放在线程级并行性上,在处理机内部增加少量部件,将一个物理处理机模拟成多个逻辑处理机,从而减少访存延迟造成的执行部件浪费,提高处理机内部资源的使用率。

多处理机属于 MIMD 结构,是传统上为提高作业级或任务级并行性所采用的并行体系结构。多处理机系统由多台独立的处理机组成,通过通信网络或共享存储器进行通信,共同完成处理任务。SMP 是多处理机的常见形式,组成 SMP 的每台处理机的能力都完全相同。

多核处理机在一个处理机芯片内集成多个完整的计算引擎(内核),通过开发程序内的线程级或进程级并行性提高性能。多核处理机具有高并行性、高通信效率、高资源利用率、低功耗、低设计复杂度、低成本等优势。可以根据多个核心的物理特征把多核系统分为同构多核和异构多核,也可以在逻辑上把多核系统分为 SMP 结构和 AMP 结构。SMP 向上提供了一个完整的运行平台,上层应用程序不需要意识到多核的存在,而 AMP 必须由应用程序来对各个核心分配任务。多核系统必须解决核间通信、cache 一致性等诸多问题。

下表比较了单处理机、超线程处理机、多核处理机和多处理机的相关特征。

	处理机核数量	执行单元数量	处理机状态
单处理机	单个	单个	单套
超线程处理机	单个,多线程复用	单个,多线程复用	多套
多核处理机	多个,并行运行	多个,并行运行	多套
多处理机	多个,独立运行	多个,独立运行	多套

习 题

1. 解释下列术语

时间并行　空间并行　紧耦合系统　松耦合系统　同构多核　异构多核

多处理机 线程级并行 同时多线程 SMP AMP SIMD

2. 如果一条指令的执行过程分为取指令、指令译码、指令执行三个子过程,每个子过程时间都为100ns。

(1) 请分别画出指令顺序执行和流水执行方式的时空图。

(2) 计算两种情况下执行 $n=1000$ 条指令所需的时间。

(3) 流水方式比顺序方式执行指令的速度提高了几倍?

3. 设有 $k=4$ 段指令流水线,它们是取指令、译码、执行、存结果,各流水段的持续时间均为 Δt。

(1) 连续输入 $n=8$ 条指令,请画出指令流水线时空图。

(2) 推导流水线实际容吐率的公式 P,它定义为单位时间输出的指令数。

(3) 推导流水线的加速比公式 S,它定义为顺序执行 n 条指令所用的时间与流水执行 n 条指令所用的时间之比。

4. 以下关于超线程技术的描述,不正确的是_____。

A. 超线程技术可以把一个物理内核模拟成两个逻辑核心,降低处理部件的空闲时间

B. 相对而言,超线程处理机比多核处理机具有更低的成本

C. 超线程技术可以和多核技术同时应用

D. 超线程技术是一种指令级并行技术

5. 总线共享 cache 结构的缺点是_____。

A. 结构简单

B. 通信速度高

C. 可扩展性较差

D. 数据传输并行度高

6. 以下表述不正确的是_____。

A. 超标量技术让多条流水线同时运行,其实质是以空间换取时间

B. 多核处理机中,要利用发挥处理机的性能,必须保证各个核心上的负载均衡

C. 现代计算机系统的存储容量越来越大,足够软件使用,故称为存储墙

D. 异构多核处理机可以同时发挥不同类型处理机各自的长处来满足不同种类的应用的性能和功耗需求

7. 设 F 为多处理机系统中 n 台处理机可以同时执行的程序代码的百分比,其余代码必须用单台处理机顺序执行。每台处理机的执行速率为 x MIPS(每秒百万条指令),并假设所有处理机的处理能力相同。试用参数 n、F、x 推导出系统专门执行该程序时的有效 MIPS 速率表达式。

8. 利用习题 7 表达式,假设 $n=32$,$x=8$MIPS,要求得到的系统性能为 64MIPS,试求 F 值。

9. 假设使用 100 台多处理机系统获得加速比为 80,求原计算机程序中串行部分所占的比例是多少?

第 *10* 章

课程教学实验设计

本章首先介绍教学实验仪器和测试工具，在此基础上，设计了 6 个基本教学实验，每个实验 2~3 学时。实验设计的理念是先易后难，先部件后整机，建立起清晰的处理机整机概念。

10.1　TEC-8 实验系统平台

TEC-8 计算机组成与体系结构实验系统(简称 TEC-8 实验系统)，是由作者设计、清华大学科教仪器厂生产的中国发明专利产品。它用于数字逻辑、计算机组成原理(计算机组成与系统结构)、计算机系统结构课程的实验教学。也可用于数字系统的研究开发，为提高学生的动手能力和创新能力，提供了一个良好的舞台。

1. TEC-8 实验系统技术特点

(1)模型计算机采用 8 位字长，简单而实用，有利于学生掌握模型计算机整机的工作原理。通过 8 位数据开关用手动方式输入二进制测试程序，有利于学生从最底层开始了解计算机工作原理。

(2)指令系统采用 4 位操作码，可容纳 16 条指令。已实现加、减、与、加 1、存数、取数、条件转移、无条件转移、输出、中断返回、开中断、关中断和停机等 14 条指令，指令功能非常典型。

(3)采用双端口存储器作为主存，实现数据总线和指令总线双总线体制，实现指令流水功能，体现出现代 CPU 设计理念。

(4)控制器采用微程序控制器、硬布线控制器和独立 3 种类型，体现了当代计算机控制器技术的完备性。

(5)微程序控制器和硬布线控制器之间的转换采用独创的一次全切换方式，切换不用关电源，切换简单、安全可靠。

(6)控制存储器中的微代码可用 PC 下载，省去了 E^2PROM 器件的专用编辑器和对器件的插、拔。

(7)运算器中 ALU 采用 2 片 74181 实现，包含 4 个 8 位寄存器组使用 1 片 EPM7064 实现，设计新颖。

(8)一条机器指令的时序采用不定长机器周期方式，符合现代计算机设计思想。

(9)在 TEC-8 上进行计算机组成原理或计算机组成与系统结构课程时实验接线较少，让学生把精力集中在实验现象的观察、思考和实验原理的理解上。

2. TEC-8 实验系统组成

TEC-8 实验系统由下列部分构成。

(1)电源。

安装在实验箱的下部，输出+5V，最大电流为 3A。220V 交流电源开关安装在实验箱的右侧。220V 交流电源插座安装在实验箱的背面。实验台上有一个+5V 电源指示灯。

(2)实验台。

实验台安装在实验箱的上部，由一块印制电路板构成。TEC-8 模型计算机安装在这块印制电路板上。学生在实验台上进行实验。

(3)下载电缆。

用于将新设计的硬布线控制器或者其他电路下载到 EPM7128 器件中。下载前必须将下载电缆的一端和 PC 机的 USB 口连接，另一端和实验台上的下载插座连接。

(4)COM 通信线。

USB 通信线用于在 PC 机上在线修改控制存储器中的微代码。COM 通信线一端接 PC 的 COM 口，另一端接实验台上的 COM 口。

10.2　TEC-8 实验系统结构和操作

10.2.1　模型计算机时序信号

TEC-8 模型计算机主时钟 MF 的频率为 1MHz，执行一条微指令需要 3 个节拍脉冲 T_1、T_2、T_3。TEC-8 模型计算机时序采用不定长机器周期，绝大多数指令采用 2 个机器周期 W_1、W_2，少数指令采用一个机器周期 W_1 或者 3 个机器周期 W_1、W_2、W_3。

图 10.1 是 3 个机器周期的时序图。

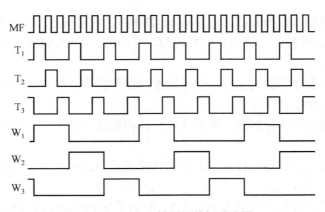

图 10.1　TEC-8 模型计算机时序图

10.2.2　模型计算机组成

图 10.2 是 TEC-8 模型计算机电路框图，下面介绍主要组成模块。

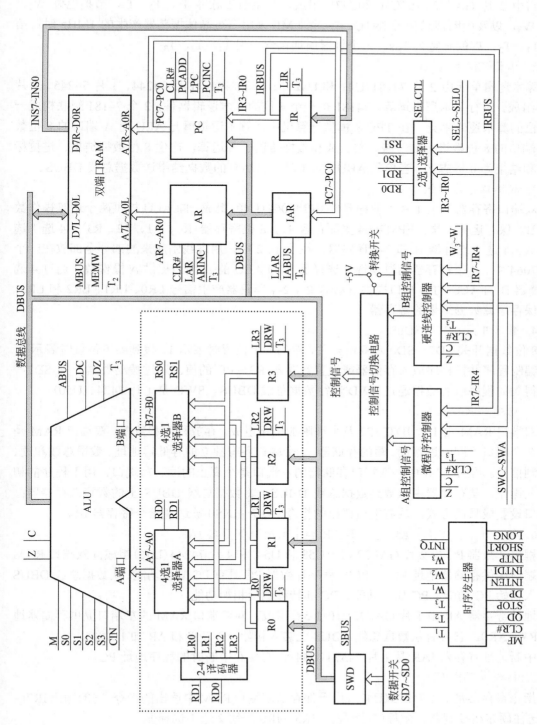

图 10.2　TEC-8 模型计算机框图

1. 时序发生器

它由 2 片 GAL22V10(U70 和 U71)组成，产生节拍脉冲 T_1、T_2、T_3，节拍电位 W_1、W_2、W_3，以及中断请求信号 INTQ。主时钟 MF 采用石英晶体振荡器产生的 1MHz 时钟信号。T_1、T_2、T_3 的脉宽为 1μs。一个机器周期包含一组 T_1、T_2、T_3。

2. 算术逻辑单元 ALU

算术逻辑单元由 2 片 74181(U41 和 U42)加 1 片 7474、1 片 74244、1 片 74245、1 片 7430 组成，进行算术逻辑运算。74181 是一个 4 位的算术逻辑器件，2 个 74181 级联构成一个 8 位的算术逻辑单元。在 TEC-8 模型计算机中，算术逻辑单元 ALU 对 A 端口的 8 位数和 B 端口的 8 位数进行加、减、与、或和数据传送 5 种运算，产生 8 位数据结果、进位标志 C 和结果为 0 标志 Z。当信号 ABUS 为 1 时，将运算的数据结果送数据总线 DBUS。

3. 双端口寄存器组

双端口寄存器组由 1 片可编程器件 EPM7064(U40)组成，向 ALU 提供两个运算操作数 A 和 B，保存运算结果。EPM7064 里面包含 4 个 8 位寄存器(R0、R1、R2、R3)、4 选 1 选择器 A、4 选 1 选择器 B 和 2-4 译码器。在图 10.2 中，用虚线围起来的部分全部放在一个 EPM7064 中。4 个寄存器通过 4 选 1 选择器 A 向 ALU 的 A 端口提供 A 操作数，通过 4 选 1 选择器 B 向 ALU 的 B 端口提供 B 操作数。2-4 译码器产生信号 LR0、LR1、LR2 和 LR3，选择保存运算数据结果的寄存器。

4. 数据开关 SD7~SD0

8 位数据开关 SD7~SD0 是双位开关，拨到朝上位置时表示 1，拨到朝下位置时表示 0。用于编制程序并把程序放入存储器或设置寄存器 R3~R0 的值。通过拨动数据开关 SD7~SD0 得到的程序或者数据通过 SWD 送往数据总线 DBUS。SWD 是 1 片 74244(U50)。

5. 双端口 RAM

双端口 RAM 由 1 片 IDT7132 及少许附加电路组成，存放程序和数据。双端口 RAM 是一种 2 个端口可同时进行读、写的存储器，2 个端口各有独立的存储器地址、数据总线和读、写控制信号。在 TEC-8 中，双端口存储器的左端口是个真正的读、写端口，用于程序的初始装入操作，从存储器中取数到数据总线 DBUS，将数据总线 DBUS 上的数写入存储器；右端口设置成只读方式，从右端口读出的指令 INS7~INS0 被送往指令寄存器 IR。

6. 程序计数器 PC、地址寄存器 AR 和中断地址寄存器 IAR

程序计数器 PC 由 2 片 GAL22V10(U53 和 U54)和 1 片 74244(U46)组成向双端口 RAM 的左端口提供存储器地址 PC7~PC0，程序计数器 PC 具有 PC 复位功能、从数据总线 DBUS 上装入初始 PC 功能、PC 加 1 功能、PC 和转移偏量相加功能。

地址寄存器 AR 由 1 片 GAL22V10(U58)组成，向双端口 RAM 的左端口提供存储器地址 AR7~AR0。它具有从数据总线 DBUS 上装入初始 AR 功能和 AR 加 1 功能。

中断地址寄存器 IAR 是 1 片 74374(U44)，它保存中断时的程序地址 PC。

7. 指令寄存器 IR

指令寄存器是 1 片 74273(U47)，用于保存从双端口 RAM 中读出的指令。它的输出 IR7~IR4 送往硬布线控制器、微程序控制器，IR3~IR0 送往 2 选 1 选择器。

8. 微程序控制器

微程序控制器产生 TEC-8 模型计算机所需的各种控制信号。它由 5 片 HN58C65(U33、

U34、U35、U36 和 U37)、1 片 74174(U19)、3 片 7432(U21、U22 和 U29)和 3 片 7408(U20、U30 和 U56)组成。5 片 HN58C65 组成控制存储器，存放微程序代码；1 片 74174 是微地址寄存器。3 片 7432 和 3 片 7408 组成微地址转移逻辑。

9. 硬布线控制器

硬布线控制器由 1 片 EPM7128(U68)组成，产生 TEC-8 模型机所需的各种控制信号。

10. 控制信号切换电路

控制信号切换器由 7 片 74244(U7、U8、U9、U10、U14、U15 和 U16)和 1 个转换开关组成。拨动一次转换开关，就能够实现一次控制信号的切换。当转换开关拨到朝上位置时，TEC-8 模型机使用硬布线控制器产生的控制信号；当转换开关拨到朝下位置时，TEC-8 模型机使用微程序控制器产生的控制信号。当转换开关拨到中间位置时，TEC-8 模型机各部件独立，控制信号需要通过开关来控制。

11. 2 选 1 选择器

2 选 1 选择器由 1 片 74244(U45)组成，用于在指令中的操作数 IR3～IR0 和控制信号 SEL3～SEL0 之间进行选择，其输出产生目的寄存器编码控制信号 RD1、RD0 及源寄存器编码控制信号 RS1、RS0。前者选 R0～R3 的数据到 ALU 的 B 端口，后者选 R0～R3 的数据到 ALU 的 A 端口。

10.2.3　模型计算机指令系统

TEC-8 模型计算机是个 8 位机，字长是 8 位。多数指令是单字指令，少数指令是双字指令。指令使用 4 位操作码，最多容纳 16 条指令。

已实现加法、减法、逻辑与、加 1、存数、取数、Z 条件转移、C 条件转移、无条件转移、输出、中断返回、开中断、关中断和停机 14 条指令。指令系统如表 10.1 所示。

表 10.1　TEC-8 模型计算机指令系统

名　称	助记符	功　能	指令格式		
			IR7 IR6 IR5 IR4	IR3 IR2	IR1 IR0
加法	ADD Rd, Rs	Rd←Rd+Rs	0001	Rd	Rs
减法	SUB Rd, Rs	Rd←Rd—Rs	0010	Rd	Rs
逻辑与	AND Rd, Rs	Rd←Rd and Rs	0011	Rd	Rs
加 1	INC Rd	Rd←Rd+1	0100	Rd	XX
取数	LD Rd, [Rs]	Rd← [Rs]	0101	Rd	Rs
存数	ST Rs, [Rd]	Rs→[Rd]	0110	Rd	Rs
C 条件转移	JC addr	如果 C=1，则 PC←@+offset	0111	offset	
Z 条件转移	JZ addr	如果 Z=1，则 PC←@+offset	1000	offset	
无条件转移	JMP [Rd]	PC←Rd	1001	Rd	XX
输出	OUT Rs	DBUS←Rs	1010	XX	Rs
中断返回	IRET	返回断点	1011	XX	XX
关中断	DI	禁止中断	1100	XX	XX
开中断	EI	允许中断	1101	XX	XX
停机	STOP	暂停运行	1110	XX	XX

表 10.1 中，XX 代表随意值。Rs 代表源寄存器号，Rd 代表目的寄存器号。在条件转移指令中，@代表当前 PC 的值，offset 是一个 4 位的有符号数，第 3 位是符号位，0 代表正数，1 代表负数。注意：@不是当前指令的 PC 值，是当前指令的 PC 值加 1。

指令系统中，指令操作码 0000B 没有对应的指令，实际上指令操作码 0000B 对应着一条 NOP 指令，即什么也不做的指令。当复位信号为 0 时，对指令寄存器 IR 复位，使 IR 的值为 00000000B，对应一条 NOP 指令。这样设计的目的是适应指令流水的初始状态要求。

10.2.4　开关、按钮、指示灯

1. 指示灯

为了在实验过程中观察各种数据，TEC-8 实验系统设置了大量的指示灯。

(1) 与运算器有关的指示灯。

数据总线指示灯 D7～D0；

运算器 A 端口指示灯 A7～A0；

运算器 B 端口指示灯 B7～B0；

进位信号指示灯 C；

结果为 0 信号指示灯 Z。

(2) 与存储器有关的指示灯。

程序计数器指示灯 PC7～PC0；

地址指示灯 AR7～AR0；

双端口存储器右端口数据指示灯 INS7～INS0；

指令寄存器指示灯 IR7～IR0。

(3) 与微程序控制器有关的信号指示灯。

在使用微程序控制器时，控制信号指示灯指示微程序控制器产生的控制信号以及后继微地址 NμA5～NμA0 和判别位 P4～P0，微地址指示灯指示当前的微地址 μA5～μA0；在使用硬布线控制器时，微地址指示灯 μA5～μA0、后继微地址 NμA4～NμA0 和判别位指示灯 P4～P0 没有实际意义。

(4) 节拍脉冲信号和节拍电位信号指示灯。

按下启动按钮 QD 后，至少产生一组节拍脉冲 T_1、T_2、T_3，无法用指示灯显示 T_1、T_2、T_3 的状态，因此设置了 T_1、T_2、T_3 观测插孔，使用 TEC-8 实验台上提供的逻辑测试笔能够观测 T_1、T_2、T_3 是否产生。

硬布线控制器产生的节拍电位信号 W_1、W_2 和 W_3 有对应的指示灯。

(5) 控制台操作指示灯。

当它亮时，表明进行控制台操作；当它不亮时，表明运行测试程序。

(6) 硬布线控制器指示灯。

当它亮时，表明使用硬布线控制器；当它不亮时，表明使用微程序控制器。

(7) +5V 指示灯。

指示+5V 电源的状态。

2. 按钮

TEC-8 实验台上有下列按钮。

（1）启动按钮 QD。

按一次启动按钮 QD，则产生 2 个脉冲 QD 和 QD#。QD 为正脉冲，QD#为负脉冲，脉冲的宽度与按下 QD 按钮的时间相同。正脉冲 QD 启动节拍脉冲信号 T_1、T_2 和 T_3。

（2）复位按钮 CLR。

按一次复位按钮 CLR，则产生 2 个脉冲 CLR 和 CLR#。CLR 为正脉冲，CLR#为负脉冲，脉冲的宽度与按下 CLR 按钮的时间相同。负脉冲 CLR#使 TEC-8 模型计算机复位，处于初始状态。

（3）中断按钮 PULSE。

按一次中断按钮 PULSE，则产生 2 个脉冲 PULSE 和 PULSE#。PULSE 为正脉冲，PULSE#为负脉冲，脉冲的宽度与按下 PULSE 按钮的时间相同。正脉冲 PULSE 向 TEC-8 模型计算机发出中断请求。

3. 开关

TEC-8 实验台上有下列开关。

（1）数据开关 SD7～SD0。

这 8 个双位开关用于向寄存器中写入数据、向存储器中写入程序或者用于设置存储器初始地址。当开关拨到朝上位置时为 1，拨到向下位置时为 0。

（2）电平开关 K_{15}～K_0。

这 16 个双位开关用于在实验时设置信号的电平。每个开关上方都有对应的接插孔，供接线使用。开关拨到朝上位置时为 1，拨到向下位置时为 0。

（3）单微指令开关 DP。

单微指令开关控制节拍脉冲信号 T_1、T_2、T_3 的数目。当单微指令开关 DP 朝上时，处于单微指令运行方式，每按一次 QD 按钮，只产生一组 T_1、T_2、T_3；当单微指令开关 DP 朝下时，处于连续运行方式，每按一次 QD 按钮，开始连续产生 T_1、T_2、T_3，直到按一次 CLR 按钮或者控制器产生 STOP 信号。

（4）控制器转换开关。

当控制器转换开关朝上时，使用硬布线控制器；当控制器转换开关朝下时，使用微程序控制器；当控制器转换开关拨到中间位置时，需通过开关产生控制信号。

（5）编程开关。

当编程开关朝下时，TEC-8 模型计算机处于正常工作状态；当编程开关朝上时，处于编程状态。在编程状态下，修改控制存储器中的微代码状态。

（6）操作模式开关 SWC、SWB、SWA。

操作模式开关 SWC、SWB、SWA 确定的 TEC-8 模型计算机操作模式如下：

SWC	SWB	SWA	操作功能
0	0	0	启动程序运行
0	0	1	写存储器
0	1	0	读存储器
0	1	1	读寄存器
1	0	0	写寄存器
1	0	1	运算器组成实验
1	1	0	双端口存储器实验
1	1	1	数据通路实验

10.2.5 E²PROM 中微代码的修改

1. E²PROM 的两种工作方式

TEC-8 模型计算机中的 5 片 E²PROM(CM4～CM0，U33～U37)有两种工作方式，一种叫"正常"工作方式，作为控制存储器使用；一种叫"编程"工作方式，用于修改 E²PROM 的微代码。当编程开关拨到"正常"位置时，TEC-8 可以正常做实验，CM4～CM0 只受控制器的控制，它里面的微代码正常读出，供数据通路使用。当编程开关拨到"编程"位置时，CM4～CM0 只受 TEC-8 实验系统中的单片机的控制，用来对 5 片 E²PROM 编程。在编程状态下，不进行正常实验。**特别提示**：正常实验时编程开关的位置必须拨到"正常"位置，否则可能破坏 E²PROM 原先的内容。

2. 安装 CP2102 USB to UART Bridge Controller 驱动程序

PC 机通过 RS-232 串行通信方式和 TEC-8 实验系统中的单片机 89S52 通信，从而达到修改控制存储器 E²PROM 的目的。不过在 TEC-8 实验系统上的编程线采用的是 USB 转串口通信线，因此需要一个驱动程序，将 USB 通信方式转换为 RS-232 通信方式，这个驱动程序就是 CP2102 USB to UART Bridge Controller。出厂时提供的光盘上有这个驱动程序，在 USB 接口驱动/WIN 文件夹内。

当第一次用出厂时提供的编程电缆将 PC 的一个 USB 口和 TEC-8 实验系统上的串口连接时，PC 自动检测出安装了新硬件，并自动启动"安装新硬件驱动程序"服务，在 PC 屏幕上弹出"找到新的硬件向导"第 1 个对话框，如图 10.3 所示。

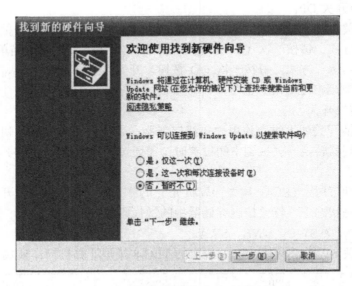

图 10.3 找到新的硬件向导对话框(1)

在这个对话框中，对"Windows 可以连接到 Windows Update 以搜索软件吗?"的询问，选择最下面的一个选项"否，暂时不"，如图 10.3 所示。单击"下一步"按钮，PC 屏幕上出现第 2 个对话框，如图 10.4 所示。

在这个对话框中，对于"您期望向导做什么？"的询问，选择"从列表或者指定位置安装(高级)"选项,如图 10.4 所示。单击"下一步"按钮,PC 屏幕上出现第 3 个对话框,如图 10.5 所示。

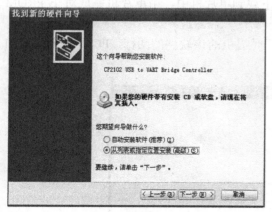

图 10.4　找到新的硬件向导对话框(2)

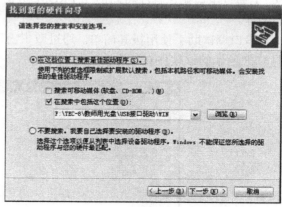

图 10.5　找到新的硬件向导对话框(3)

这是一个寻找 CP2102 USB to UART Bridge Controller 所在位置的对话框。如图 10.5 所示,选择"在这些位置上搜索最佳驱动程序"选项和"在搜索中包含这个位置"子选项,单击"浏览"按钮,寻找 CP2102 USB to UART Bridge Controller 所在的文件夹,如图 10.6 所示。

找到需要的文件夹后,单击"确定"按钮,结束浏览操作。单击"下一步"按钮。Windows 开始安装 CP2102 USB to UART Bridge Controller 驱动程序,安装完成后,弹出第 4 个对话框,如图 10.7 所示。

图 10.6　浏览文件夹

图 10.7　找到新的硬件向导对话框(4)

该对话框报告已经完成安装驱动程序。单击"完成"按钮,结束操作。

3. 串口调试助手 2.2 介绍

顾名思义，串口调试助手是一个调试 PC 串口的程序，在 TEC-8 实验系统中，首先在 PC 上通过串口调试程序将新的 E^{2}PROM 数据下载到单片机中，由单片机完成对 E^{2}PROM 的编程。

串口调试助手使用极其简单。通过双击出厂时提供的该软件的图标，PC 屏幕上出现如图 10.8 所示的该软件对话窗口。

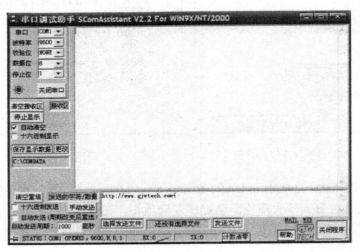

图 10.8　串口调试助手对话窗口

(1)选择串口号：选择和 TEC-8 通信使用的串口号，在 COM1～COM4 中选择一个。串口的设置要与 CP2102 USB to UART Bridge Controller 驱动程序将 USB 转换的 R232 串口号一致。该串口号可用下列方式得到。

在用编程电缆将 PC 一个 USB 口和 TEC-8 实验系统连接的情况下，右击 PC 桌面上的"我的电脑"图标，弹出一个菜单，如图 10.9 所示。

如图 10.9 所示，单击"属性"菜单项，弹出系统属性对话框，如图 10.10 所示。

图 10.9　"我的电脑"操作菜单

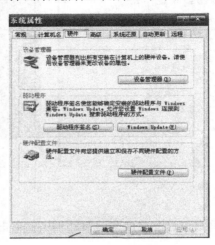

图 10.10　系统属性对话框

选择"硬件"菜单项，单击"设备管理器"按钮，弹出设备管理器窗口，如图 10.11 所示。

图 10.11 设备管理器窗口

在设备管理器窗口中可以找到该 USB 口代替的串口号。图 10.11 中是 COM2。具体的串口号根据 PC 的具体环境而定。

（2）设置波特率等参数：由于串口调试助手需要和 TEC-8 实验系统上的单片机通信，因此它设置的串口参数需要和单片机内设置的参数一致，即波特率为 2400 波特，数据位 8 位，无校验位，停止位 1 位。这些参数设置不正确将无法通信。

（3）窗口下部空白区为 PC 数据发送窗口，其上面较大的空白区为 PC 数据接收窗口。

4. 修改 CM4~CM0 的步骤

（1）编写二进制格式的微代码文件。

微代码文件的格式是二进制。TEC-8 实验系统上使用的 E^2PROM 的器件型号是 HN58C65。虽然 1 片 HN58C65 的容量是 2048B，但是在 TEC-8 实验系统中作为控制存储器使用时，每片 HN58C65 都只使用了 64B。因此在改写控制存储器内容时，首先需要生成 5 个二进制文件，每个文件包含 64B。

（2）连接编程电缆。

在 TEC-8 关闭电源的情况下，用出厂时提供的编程电缆将 PC 机的一个 USB 口和 TEC-8 实验系统上的 USB 口相连。

（3）将编程开关拨到"编程"位置。

（4）将串口调试助手程序打开，设置好串口号和参数。

（5）打开电源，按一下复位键 RESET。

（6）发送微代码。

串口调试助手的接收区此时会显示信息"WAITING FOR COMMAND…"，提示等待命令。这个等待命令的提示信息是 TEC-8 实验系统发送给串口调试助手的，表示 TEC-8 实验系统已准备好接收命令。

一共有 5 个命令，分别是 0、1、2、3 和 4，分别对应被编程的 CM0、CM1、CM2、CM3

和 CM4。

如果准备修改 CM0，则在数据发送区写入 0，按"手动发送"按钮，将命令 0 发送给 TEC-8 实验系统，通知它要写 CM0 文件了。

数据接收区会出现"PLEASE CHOOSE A CM FILE"。通过单击"选择发送文件"按钮选择要写入 CM0 的二进制文件。然后单击"发送文件"按钮将文件发往 TEC-8 实验系统。

TEC-8 实验系统接收数据并对 CM0 编程，然后它读出 CM0 的数据和从 PC 机接收到的数据比较，不管正确与否，TEC-8 实验系统都向串口调试助手发回结果信息，在数据接收窗口显示出来。

对一个 E^2PROM 编程完成后，根据需要可再对其他 E^2PROM 编程，全部完成后，按一次 TEC-8 实验系统上的"单片机复位"按钮结束编程。最后将编程开关拨到"正常"位置。

注意：对 CM0、CM1、CM2、CM3 和 CM4 的编程顺序无规定，只要在发出器件号后紧跟着发送该器件的编程数据(文件)即可。编程也可以只对一个或者几个 E^2PROM 编程，不一定对 5 个 E^2PROM 全部编程。

10.3　运算器组成实验

1. 实验类型

本实验类型为原理型+分析型。

2. 实验目的

(1) 熟悉逻辑测试笔的使用方法。

(2) 熟悉 TEC-8 模型计算机的节拍脉冲 T_1、T_2、T_3。

(3) 熟悉双端口通用寄存器组的读写操作。

(4) 熟悉运算器的数据传送通路。

(5) 验证 74181 的加、减、与、或功能。

(6) 按给定的数据，完成几种指定的算术、逻辑运算。

3. 实验设备

TEC-8 实验系统	一台
双踪示波器	一台
直流万用表	一个
逻辑笔(在 TEC-8 实验台上)	一支

4. 实验电路

为了进行本实验，首先需要了解 TEC-8 模型计算机的基本时序。在 TEC-8 中，执行一条微指令(或者在硬布线控制器中完成 1 个机器周期)需要连续的 3 个节拍脉冲 T_1、T_2 和 T_3。它们的时序关系如图 10.12 所示。

对于运算器操作来说，在 T_1 期间，产生 2 个 8 位参与运算的数 A 和 B，A 是被加数，B 是加数；产生控制运算类型的信号 M、S3、S2、S1、S0 和 CIN；产生控制写入 Z 标志寄存器的信号 LDZ 和控制写入 C 标志寄存器的信号 LDC，产生将运算的数据结果送往数据总线 DBUS 的控制信号 ABUS。这些控制信号保持到 T_3 结束；在 T_2 期间，根据控制信号，完成某种运算功能；在 T_3 的上升沿，保存运算的数据结果到一个 8 位寄存器中，同时保存进位标志 C 和结果为 0 标志 Z。

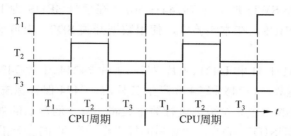

图 10.12　机器周期与 T_1、T_2、T_3 时序关系图

图 10.13 是运算器组成实验的电路图。

双端口寄存器组由 1 片 EPM7064(U40)(图 10.13 中用虚线围起来的部分)组成,内部包含 4 个 8 位寄存器 R0、R1、R2、R3,4 选 1 选择器 A,4 选 1 选择器 B 和 1 个 2-4 译码器。根据信号 RD1、RD0 的值,4 选 1 选择器 A 从 4 个寄存器中选择 1 个寄存器送往 ALU 的 A 端口。根据信号 RS1、RS0 的值,4 选 1 选择器 B 从 4 个寄存器中选择 1 个寄存器送往 ALU 的 B 端口。2-4 译码器对信号 RD1、RD0 进行译码,产生信号 LR0、LR2、LR3、LR4,任何时刻这 4 个信号中只有一个为 1,其他信号为 0。LR3～LR0 指示出被写的寄存器。当 DRW 信号为 1 时,如果 LR0 为 1,则在 T_3 的上升沿,将数据总线 DBUS 上的数写入 R0 寄存器,余类推。

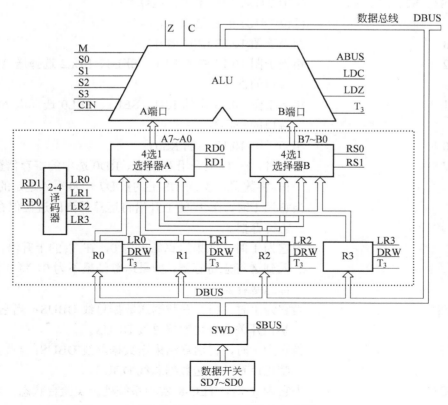

图 10.13　运算器组成实验电路图

数据开关 SD7～SD0 是 8 个双位开关。用手拨动这些开关，能够生成需要的 SD7～SD0 的值。数据开关驱动器 SWD 是 1 片 74244(U50)。在信号 SBUS 为 1 时，SD7～SD0 通过 SWD 送往数据总线 DBUS。在本实验中，使用数据开关 SD7～SD0 设置寄存器 R0、R1、R2 和 R3 的值。

ALU 由 2 片 74181(U41 和 U42)、1 片 7474、1 片 74244、1 片 74245 和 1 片 7430 构成。74181 完成算术逻辑运算，74245 和 7430 产生 Z 标志，7474 保存标志 C 和标志 Z。ALU 对 A7～A0 和 B7～B0 上的 2 个 8 位数据进行算术逻辑运算，运算后的数据结果在信号 ABUS 为 1 时送数据总线 DBUS(D7～D0)，运算后的标志结果在 T_3 的上升沿保存进位标志位 C 和结果为 0 标志位 Z。加法和减法同时影响 C 标志和 Z 标志，与操作和或操作只影响 Z 标志。

应当指出，74181 只是许多种能做算术逻辑运算器件中的一种器件，这里它仅作为一个例子使用。

74181 能够进行 4 位的算术逻辑运算，2 片 74181 级联在一起能够 8 位运算，3 片 74181 级联在一起能够进行 12 位运算，余类推。所谓级联方式，就是将低 4 位 74LS181 的进位输出引脚 C_{n+4} 与高 4 位 74LS181 的进位输入引脚 Cn 连接。在 TEC-8 模型计算机中，U42 完成低 4 位运算，U41 完成高 4 位运算，二者级联在一起，完成 8 位运算。在 ABUS 为 0 时，运算得到的数据结果送往数据总线 DBUS。数据总线 DBUS 有 4 个信号来源：运算器、存储器、数据开关和中断地址寄存器，在每一时刻只允许其中一个信号源送数据总线。

本实验中用到的信号归纳如下：

M、S3、S2、S1、S0	控制 74181 的算术逻辑运算类型。
CIN	低位 74181 的进位输入。
SEL3	相当于图 10.13 中的 RD1。
SEL2	相当于图 10.13 中的 RD0。SEL3、SEL2 选择送 ALU 的 A 端口的寄存器。
SEL1	相当于图 10.13 中的 RS1。SEL1、SEL0 选择送 ALU 的 B 端口的寄存器。
SEL0	相当于图 10.13 中的 RS0。
DRW	为 1 时，在 T_3 上升沿对 RD1、RD0 选中的寄存器进行写操作，将数据总线 DBUS 上的数 D7～D0 写入选定的寄存器。
LDC	当它为 1 时，在 T_3 的上升沿将运算得到的进位保存到 C 标志寄存器。
LDZ	当它为 1 时，如果运算结果为 0，在 T_3 的上升沿，将 1 写入到 Z 标志寄存器；如果运算结果不为 0，将 0 保存到 Z 标志寄存器。
ABUS	当它为 1 时，将开关数据送数据总线 DBUS；当它为 0 时，禁止开关数据送数据总线 DBUS。
SBUS	当它为 1 时，将运算结果送数据总线 DBUS；当它为 0 时，禁止运算结果送数据总线 DBUS。
SETCTL	当它为 1 时，TEC-8 实验系统处于实验台状态；当它为 0 时，TEC-8 实验系统处于运行程序状态。

A7～A0	ALU 的 A 端口数。
B7～B0	ALU 的 B 端口数。
D7～D0	数据总线 DBUS 上的 8 位数。
C	进位标志。
Z	结果为 0 标志。

上述信号都有对应的指示灯。当指示灯亮时，表示对应的信号为 1；当指示灯不亮时，对应的信号为 0。实验过程中，对每一个实验步骤，都要记录上述信号(可以不记录 SETCTL)的值。另外 μA5～μA0 指示灯指示当前微地址。

5. 实验任务

(1)用双踪示波器和逻辑测试笔测试节拍脉冲信号 T_1、T_2、T_3。

(2)对下述 7 组数据进行加、减、与、或运算。

① A=0F0H，B=10H　　⑤ A=0FFH，B=0AAH

② A=10H，B=0F0H　　⑥ A=55H，B=0AAH

③ A=03H，B=05H　　　⑦ A=0C5H，B=61H

④ A=0AH，B=0AH

6. 实验步骤

1)独立方式实验步骤

(1)按图 10.13 所示，将运算器模块与实验台操作板上的开关线路进行连接。由于运算器模块内部的连线已经由印制电路板连接好，故接线任务仅仅是完成数据开关、控制信号模拟开关与运算模块的外部连线。特别注意：为了建立清楚的整机概念，培养严谨的科研能力，手工连线是绝对有必要的。

(2)将控制器转换开关拨到中间独立位置，"独立"灯亮，将编程开关设置为正常位置，将开关 DP 拨到向上位置。打开电源。

(3)系统复位，用开关 SD7-SD0 向通用寄存器堆 RF 内的 R3-R0 寄存器置数据。然后读出 R3-R0 的数据，在数据总线 DBUS 上显示出来。

(4)验证 ALU 的正逻辑算术、逻辑运算功能。

2)微程序控制器方式实验步骤

(1)实验准备。

将控制器转换开关拨到微程序位置，将编程开关设置为正常位置，将开关 DP 拨到向上位置。打开电源。

(2)用逻辑测试笔测试节拍脉冲信号 T_1、T_2、T_3。

① 将逻辑测试笔的一端插入 TEC-8 实验台上的"逻辑测试笔"上面的插孔中，另一端插入"T_1"上方的插孔中。

② 按复位按钮 CLR，使时序信号发生器复位。

③ 按一次逻辑测试笔框内的 Reset 按钮，使逻辑测试笔上的脉冲计数器复位，2 个黄灯 D1、D0 均灭。

④ 按一次启动按钮 QD，这时指示灯 D1、D0 的状态应为 01B，指示产生了一个 T_1 脉冲；如果再按一次 QD 按钮，则指示灯 D1D0 的状态应当为 10B，表示又产生了一个 T_1 脉冲；继续按 QD 按钮，可以看到在单周期运行方式下，每按一次 QD 按钮，就产生一个 T_1

脉冲。

⑤ 用同样的方法测试 T_2、T_3。

(3)进行加、减、与、或运算。

① 设置加、减、与、或运算模式。

按复位按钮 CLR，使 TEC-8 实验系统复位。指示灯 $\mu A5 \sim \mu A0$ 显示 00H。将操作模式开关设置为 SWC=1、SWB=0、SWA=1，准备进入加、减、与、或运算。

按一次 QD 按钮，产生一组节拍脉冲信号 T_1、T_2、T_3，进入加、减、与、或实验。

② 设置数 A。

指示灯 $\mu A5 \sim \mu A0$ 显示 0BH。在数据开关 SD7~SD0 上设置数 A。在数据总线 DBUS 指示灯 D7~D0 上可以看到数据设置是否正确，发现错误需及时改正。设置数据正确后，按一次 QD 按钮，将 SD7~SD0 上的数据写入 R0，进入下一步。

③ 设置数 B。

指示灯 $\mu A5 \sim \mu A0$ 显示 15H。这时 R0 已经写入，在指示灯 B7~B0 上可以观察到 R0 的值。在数据开关 SD7~SD0 上设置数 B。设置数据正确后，按一次 QD 按钮，将 SD7~SD0 上的数据写入 R1，进入下一步。

④ 进行加法运算。

指示灯 $\mu A5 \sim \mu A0$ 显示 16H。指示灯 A7~A0 显示被加数 A(R0)，指示灯 B7~B0 显示加数 B(R1)，D7~D0 指示灯显示运算结果 A+B。按一次 QD 按钮，进入下一步。

⑤ 进行减法运算。

指示灯 $\mu A5 \sim \mu A0$ 显示 17H。这时指示灯 C(红色)显示加法运算得到的进位 C，指示灯 Z(绿色)显示加法运算得到的结果为 0 信号。指示灯 A7~A0 显示被减数 A(R0)，指示灯 B7~B0 显示减数 B(R1)，指示灯 D7~D0 显示运算结果 A–B。按一次 QD 按钮，进入下一步。

⑥ 进行与运算。

指示灯 $\mu A5 \sim \mu A0$ 显示 18H。这时指示灯 C(红色)显示减法运算得到的进位 C，指示灯 Z(绿色)显示减法运算得到的结果为 0 信号。

指示灯 A7~A0 显示数 A(R0)，指示灯 B7~B0 显示数 B(R1)，指示灯 D7~D0 显示运算结果 A and B。按一次 QD 按钮，进入下一步。

⑦ 进行或运算。

指示灯 $\mu A5 \sim \mu A0$ 显示 19H。这时指示灯 Z(绿色)显示与运算得到的结果为 0 信号。指示灯 C 保持不变。指示灯 A7~A0 显示数 A(R0)，指示灯 B7~B0 显示数 B(R1)，指示灯 D7~D0 显示运算结果 A or B。按一次 QD 按钮，进入下一步。

⑧ 结束运算。

指示灯 $\mu A5 \sim \mu A0$ 显示 00H。这时指示灯 Z(绿色)显示或运算得到的结果为 0 信号。指示灯 C 保持不变。

按照上述步骤，对要求的 7 组数据进行运算。

7. 实验要求

(1)做好实验预习，掌握运算器的数据传输通路及其功能特性。

(2)写出实验报告，内容包括：

① 实验目的。

② 根据实验结果填写表 10.2。

表 10.2 运算器组成实验结果数据表

实验数据		实验结果									
数 A	数 B	加			减			与		或	
		数据结果	C	Z	数据结果	C	Z	数据结果	Z	数据结果	Z

③ 结合实验现象，每一实验步骤中，对下述信号在所起的作用进行解释：M、S0、S1、S2、S3、CIN、ABUS、LDC、LDZ、SEL3、SEL2、SEL1、SEL0、DRW、SBUS。并说明在该步骤中，哪些信号是必需的，哪些信号不是必需的，哪些信号必须采用实验中使用的值，哪些信号可以不采用实验中使用的值。

8. 可探索和研究的问题

(1)ALU 具有记忆功能吗？如果有，如何设计？

(2)为什么在 ALU 的 A 端口和 B 端口的数据确定后，在数据总线 DBUS 上能够直接观测运算的数据结果，而标志结果却在下一步才能观测到？

10.4 双端口存储器实验

1. 实验类型

本实验类型为原理型+分析型。

2. 实验目的

(1)了解双端口静态存储器 IDT7132 的工作特性及其使用方法。

(2)了解半导体存储器存储和读取数据的方式。

(3)了解双端口存储器并行读写的方式。

(4)熟悉 TEC-8 模型计算机中存储器部分的数据通路。

3. 实验设备

TEC-8 实验系统　　　　　　　　一台

双踪示波器　　　　　　　　　　一台

直流万用表　　　　　　　　　　一个

逻辑笔(在 TEC-8 实验台上)　　一支

4. 实验电路

图 10.14 是双端口存储器实验的电路图。

双端口 RAM 电路由 1 片 IDT7132 及少许附加电路组成，存放程序和数据。IDT7132 有 2 个端口，一个称为左端口，一个称为右端口。2 个端口各有独立的存储器地址线和数据线以及 3 个读、写控制信号：CE#、R/W# 和 OE#，可以同时对器件内部的同一存储体进行读、写。IDT7132 容量为 2048B，TEC-8 实验系统只使用 64B。

在 TEC-8 实验系统中，左端口配置成读、写端口，用于程序的初始装入操作，从存储器中取数到数据总线 DBUS，将数据总线 DBUS 上的数写入存储器。当信号 MEMW 为 1 时，在 T_2 为 1 时，将数据总线 DBUS 上的数 D7～D0 写入 AR7～AR0 指定的存储单元；当 MBUS 信号为 1 时，AR7～AR0 指定的存储单元的数送数据总线 DBUS。右端口设置成只读方式，从 PC7～PC0 指定的存储单元读出指令 INS7～INS0，送往指令寄存器 IR。

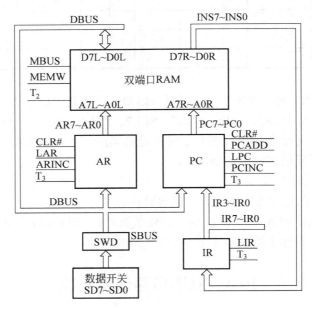

图 10.14 双端口存储器实验电路图

程序计数器 PC 由 2 片 GAL22V10(U53 和 U54) 和 1 片 74244(U46) 组成。向双端口 RAM 的右端口提供存储器地址。当复位信号 CLR# 为 0 时，程序计数器复位，PC7～PC0 为 00H。当信号 LPC 为 1 时，在 T_3 的上升沿，将数据总线 DBUS 上的数 D7～D0 写入 PC。当信号 PCINC 为 1 时，在 T_3 的上升沿，完成 PC 加 1。当 PCADD 信号为 1 时，PC 和 IR 中的转移偏量(IR3～IR0)相加，在 T_3 的上升沿，将相加得到的和写入 PC 程序计数器。

地址寄存器 AR 由 1 片 GAL22V10(U58) 组成，向双端口 RAM 的左端口提供存储器地址 AR7～AR0。当复位信号 CLR# 为 0 时，地址寄存器复位，AR7～AR0 为 00H。当信号 LAR 为 1 时，在 T_3 的上升沿，将数据总线 DBUS 上的数 D7～D0 写入 AR。当信号 PCINC 为 1 时，在 T_3 的上升沿，完成 AR 加 1。

指令寄存器 IR 是 1 片 74273(U47)，用于保存指令。当信号 LIR 为 1 时，在 T_3 的上升沿，将从双端口 RAM 右端口读出的指令 INS7～INS0 写入指令寄存器 IR。

数据开关 SD7～SD0 用于设置双端口 RAM 的地址和数据。当信号 SBUS 为 1 时，数
SD7～SD0 送往数据总线 DBUS。

本实验中用到的信号归纳如下：

MBUS	当它为 1 时，将双端口 RAM 的左端口数据送到数据总线 DBUS。
MEMW	当它为 1 时，在 T_2 为 1 期间将数据总线 DBUS 上的 D7～D0 写入双端口 RAM，写入的存储器单元由 AR7～AR0 指定。
LIR	当它为 1 时，在 T_3 的上升沿将从双端口 RAM 的右端口读出的指令 INS7～INS0 写入指令寄存器 IR。读出的存储器单元由 PC7～PC0 指定。
LPC	当它为 1 时，在 T_3 的上升沿，将数据总线 DBUS 上的 D7～D0 写入程序计数器 PC。
PCINC	当它为 1 时，在 T_3 的上升沿 PC 加 1。
LAR	当它为 1 时，在 T_3 的上升沿，将数据总线 DBUS 上的 D7～D0 写入地址寄存器 AR。
ARINC	当它为 1 时，在 T_3 的上升沿，AR 加 1。
SBUS	当它为 1 时，数据开关 SD7～SD0 的数送数据总线 DBUS。
AR7～AR0	双端口 RAM 左端口存储器地址。
PC7～PC0	双端口 RAM 右端口存储器地址。
INS7～INS0	从双端口 RAM 右端口读出的指令，本实验中作为数据使用。
D7～D0	数据总线 DBUS。

上述信号都有对应的指示灯。当指示灯灯亮时，表示对应的信号为 1；当指示灯不亮时，对应的信号为 0。实验过程中，对每一个实验步骤，都要记录上述信号（可以不记录 SETCTL）的值。另外 μA5～μA0 指示灯指示当前微地址。

5. 实验任务

(1) 从存储器地址 10H 开始，通过左端口连续向双端口 RAM 中写入 3 个数：85H、60H、38H。在写的过程中，在右端口检测写的数据是否正确。

(2) 从存储器地址 10H 开始，连续从双端口 RAM 的左端口和右端口同时读出存储器的内容。

6. 实验步骤

1) 独立方式实验步骤

(1) 按图 10.14 所示，将双端口存储器模块与实验台操作板上的开关线路进行连接。由于双端口存储器模块内部的连线已经由印制电路板连接好，故接线任务仅仅是完成数据开关、控制信号模拟开关与双端口存储器模块的外部连线。

(2) 将控制器转换开关拨到中间独立位置，"独立"灯亮，将编程开关设置为正常位置，将开关 DP 拨到向上位置。打开电源。

(3) 系统复位，设置存储器地址，通过左端口写入数据，并通过左、右端口读出检测写入的数据是否正确。

2) 微程序控制器方式实验步骤

(1) 实验准备。

将控制器转换开关拨到微程序位置，将编程开关设置为正常位置。打开电源。

(2)进行存储器读、写实验。

① 设置存储器读、写实验模式。

按复位按钮 CLR，使 TEC-8 实验系统复位。指示灯 μA5～μA0 显示 00H。将操作模式开关设置为 SWC=1、SWB=1、SWA=0，准备进入双端口存储器实验。

按一次 QD 按钮，进入存储器读、写实验。

② 设置存储器地址。

指示灯 μA5～μA0 显示 0DH。在数据开关 SD7～SD0 上设置地址 10H。在数据总线 DBUS 指示灯 D7～D0 上可以看到地址设置的正确不正确，发现错误需及时改正。设置地址正确后，按一次 QD 按钮，将 SD7～SD0 上的地址写入地址寄存器 AR（左端口存储器地址）和程序计数器 PC（右端口存储器地址），进入下一步。

③ 写入第 1 个数。

指示灯 μA5～μA0 显示 1AH。指示灯 AR7～AR0（左端口地址）显示 10H，指示灯 PC7～PC0（右端口地址）显示 10H。在数据开关 SD7～SD0 上设置写入存储器的第 1 个数 85H。按一次 QD 按钮，将数 85H 通过左端口写入由 AR7～AR0 指定的存储器单元 10H。

④ 写入第 2 个数。

指示灯 μA5～μA0 显示 1BH。指示灯 AR7～AR0（左端口地址）显示 11H，指示灯 PC7～PC0（右端口地址）显示 10H。观测指示灯 INS7～INS0 的值，它是通过右端口读出的由右地址 PC7～PC0 指定的存储器单元 10H 的值。比较和通过左端口写入的数是否相同。在数据开关 SD7～SD0 上设置写入存储器的第 2 个数 60H。按一次 QD 按钮，将第 2 个数通过左端口写入由 AR7～AR0 指定的存储器单元 11H。

⑤ 写入第 3 个数。

指示灯 μA5～μA0 显示 1CH。指示灯 AR7～AR0（左端口地址）显示 12H，指示灯 PC7～PC0（右端口地址）显示 11H。观测指示灯 INS7～INS0 的值，它是通过右端口读出的由右地址 PC7～PC0 指定的存储器单元 11H 的值。比较和通过左端口写入的数是否相同。在数据开关 SD7～SD0 上设置写入存储器的第 3 个数 38H。按一次 QD 按钮，将第 3 个数通过左端口写入由 AR7～AR0 指定的存储器单元 11H。

⑥ 重新设置存储器地址。

指示灯 μA5～μA0 显示 1DH。指示灯 AR7～AR0（左端口地址）显示 13H，指示灯 PC7～PC0（右端口地址）显示 12H。观测指示灯 INS7～INS0 的值，它是通过右端口读出的由右地址 PC7～PC0 指定的存储器单元 11H 的值。比较和通过左端口写入的数是否相同。在数据开关 SD7～SD0 重新设置存储器地址 10H。按一次 QD 按钮，将 SD7～SD0 上的地址写入地址寄存器 AR（左端口存储器地址）和程序计数器 PC（右端口存储器地址），进入下一步。

⑦ 左、右两个端口同时显示同一个存储器单元的内容。

指示灯 μA5～μA0 显示 1EH。指示灯 AR7～AR0（左端口地址）显示 10H，指示灯 PC7～PC0（右端口地址）显示 10H。观测指示灯 INS7～INS0 的值，它是通过右端口读出的由右地址 PC7～PC0 指定的存储器单元 10H 的值。观测指示灯 D7～D0 的值，它是从左端口读出的由 AR7～AR0 指定的存储器单元 10H 的值。

按一次 QD 按钮，地址寄存器 AR 加 1，程序计数器 PC 加 1，在指示灯 D7～D0 和指示灯 INS7～INS0 上观测存储器的内容。继续按 QD 按钮，直到存储器地址 AR7～AR0 为

12H。

7. 实验要求

(1)做好实验预习，掌握双端口存储器的使用方法和 TEC-8 模型计算机存储器部分的数据通路。

(2)写出实验报告，内容包括：

① 实验目的。

② 根据实验结果填写表 10.3。

表 10.3　双端口存储器实验结果表

实验数据		实验结果					
		第一次从右端口读出的数		同时读出时的读出结果			
左端口存储器地址	通过左端口写入的数	右端口存储器地址	读出的数	左端口存储器地址	读出的数	右端口存储器地址	读出的数

③ 结合实验现象，在每一实验步骤中，对下述信号所起的作用进行解释：SBUS、MBUS、LPC、PCINC、LAR、ARINC、MEMW。并说明在该步骤中，哪些信号是必需的，哪些信号不是必需的，哪些信号必须采用实验中使用的值，哪些信号可以不采用实验中使用的值。

8. 可研究和探索的问题

在通过左端口向双端口 RAM 写数时，在右端口可以同时观测到左端口写入的数吗？为什么？

10.5　数据通路实验

1. 实验类型

本实验的类型为原理型+分析型。

2. 实验目的

(1)进一步熟悉 TEC-8 模型计算机的数据通路的结构。

(2)进一步掌握数据通路中各个控制信号的作用和用法。

(3)掌握数据通路中数据流动的路径。

3. 实验设备

TEC-8 实验系统	一台
双踪示波器	一台
直流万用表	一个
逻辑笔(在 TEC-8 实验台上)	一支

4. 实验电路

数据通路实验电路图如图 10.15 所示。它由运算器部分、双端口存储器部分加上数据开关 SD7～SD0 连接在一起构成。

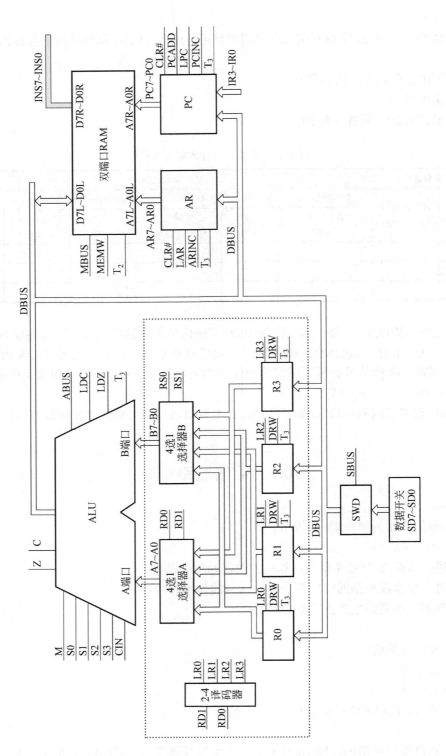

图 10.15　数据通路实验电路图

数据通路中各个部分的作用和工作原理在 10.1 节和 10.2 节已经做过详细说明，不再赘述。这里主要说明 TEC-8 模型计算机的数据流动路径和方式。

在进行数据运算操作时，由 RD1、RD0 选中的寄存器通过 4 选 1 选择器 A 送往 ALU 的 A 端口，由 RS1、RS0 选中的寄存器通过 4 选 1 选择器 B 送往 ALU 的 B 端口；信号 M、S3、S2、S1 和 S0 决定 ALU 的运算类型，ALU 对 A 端口和 B 端口的两个数连同 CIN 的值进行算术逻辑运算，得到的数据运算结果在信号 ABUS 为 1 时送往数据总线 DBUS；在 T_3 的上升沿，数据总线 DBUS 上的数据结果写入由 RD1、RD0 选中的寄存器。

在寄存器之间进行数据传送操作时，由 RS1、RS0 选中的寄存器通过 4 选 1 选择器 B 送往 ALU 的 B 端口；ALU 将 B 端口的数在信号 ABUS 为 1 时送往数据总线 DBUS；在 T_3 的上升沿将数据总线上的数写入由 RD1、RD0 选中的寄存器。ALU 进行数据传送操作由一组特定的 M、S3、S2、S1、S0、CIN 的值确定。

在从存储器中取数操作中，由地址 AR7～AR0 指定的存储器单元中的数在信号 MEMW 为 0 时被读出；在 MBUS 为 1 时送数据总线 DBUS；在 T_3 的上升沿写入由 RD1、RD0 选中的寄存器。

在写存储器操作中，由 RS1、RS0 选中的寄存器过 4 选 1 选择器 B 送 ALU 的 B 端口；ALU 将 B 端口的数在信号 ABUS 为 1 时送往数据总线 DBUS；在 MEMW 为 1 且 MBUS 为 0 时，通过左端口将数据总线 DBUS 上的数在 T_2 为 1 期间写入由 AR7～AR0 指定的存储器单元。

在读指令操作时，通过存储器左端口读出由 PC7～PC0 指定的存储器单元的内容送往 INS7～INS0，当信号 LIR 为 1 时，在 T_3 的上升沿写入指令寄存器 IR。

数据开关 SD7～SD0 上的数在 SBUS 为 1 时送到数据总线 DBUS 上，用于给寄存器 R0、R1、R2 和 R3，地址寄存器 AR，程序计数器 PC 设置初值，用于通过存储器左端口向存储器写入测试程序。

数据通路实验中涉及的信号如下：

M、S3、S2、S1、S0	控制 74181 的算术逻辑运算类型。
CIN	低位 74181 的进位输入。
SEL3	相当于图 10.15 中的 RD1。
SEL2	相当于图 10.15 中的 RD0。SEL3、SEL2 选择送 ALU 的 A 端口的寄存器和被写入的寄存器。
SEL1	相当于图 10.15 中的 RS1。
SEL0	相当于图 10.15 中的 RS0。SEL1、SEL0 选择送往 ALU 的 B 端口的寄存器。
DRW	为 1 时，在 T_3 上升沿对 RD1、RD0 选中的寄存器进行写操作，将数据总线 DBUS 上的数 D7～D0 写入选定的寄存器。
ABUS	当它为 1 时，将运算结果送数据总线 DBUS，当它为 0 时，禁止运算结果送数据总线 DBUS。
SBUS	当它为 1 时，将开关数据送数据总线 DBUS，当它为 0 时，禁止开关数据送数据总线 DBUS。
B7～B0	ALU 的 B 端口数。

A7~A0	ALU 的 A 端口数。
D7~D0	数据总线 DBUS 上的 8 位数。
MBUS	当它为 1 时,将双端口 RAM 的左端口数据送到数据总线 DBUS。
MEMW	当它为 1 时,在 T_2 为 1 期间将数据总线 DBUS 上的 D7~D0 写入双端口 RAM。写入的存储器单元由 AR7~AR0 指定。
LPC	当它为 1 时,在 T_3 的上升沿,将数据总线 DBUS 上的 D7~D0 写入程序计数器 PC。
PCINC	当它为 1 时,在 T_3 的上升沿 PC 加 1。
LAR	当它为 1 时,在 T_3 的上升沿,将数据总线 DBUS 上的 D7~D0 写入地址寄存器 AR。
ARINC	当它为 1 时,在 T_3 的上升沿,AR 加 1。
SBUS	当它为 1 时,数据开关 SD7~SD0 的数送数据总线 DBUS。
AR7~AR0	双端口 RAM 左端口存储器地址。
PC7~PC0	双端口 RAM 右端口存储器地址。
INS7~INS0	从双端口 RAM 右端口读出的指令,本实验中作为数据使用。
SETCTL	当它为 1 时,TEC-8 实验系统处于实验台状态;当它为 0 时,TEC-8 实验系统处于运行程序状态。

上述信号都有对应的指示灯。当指示灯亮时,表示对应的信号为 1;当指示灯不亮时,对应的信号为 0。实验过程中,对每一个实验步骤,都要记录上述信号(可以不记录 SETCTL)的值。另外 μA5~μA0 指示灯指示当前微地址。

5. 实验任务

(1)将数 75H 写到寄存器 R0,数 28H 写到寄存器 R1,数 89H 写到寄存器 R2,数 32H 写到寄存器 R3。

(2)将寄存器 R0 中的数写入存储器 20H 单元,将寄存器 R1 中的数写入存储器 21H 单元,将寄存器 R2 中的数写入存储器 22H 单元,将寄存器 R3 中的数写入存储器 23H 单元。

(3)从存储器 20H 单元读出数到存储器 R3,从存储器 21H 单元读出数到存储器 R2,从存储器 21H 单元读出数到存储器 R1,从存储器 23H 单元读出数到存储器 R0。

(4)显示 4 个寄存器 R0、R1、R2、R3 的值,检查数据传送是否正确。

6. 实验步骤

1)独立方式实验步骤

(1)按图 10.15 所示,将运算器、双端口存储器模块与实验台操作板上的开关线路进行连接。接线任务仅仅是完成数据开关、控制信号模拟开关与运算器、双端口存储器模块的外部连线。

(2)将控制器转换开关拨到中间独立位置,"独立"灯亮,将编程开关设置为正常位置,将开关 DP 拨到向上位置。打开电源。

(3)系统复位,读、写寄存器,设置存储器地址,将寄存器数据写入存储器,并检测写入的数据是否正确;重新设置存储器地址,将存储器数据写入寄存器,并检测写入的数据是否正确。

2) 微程序控制器方式实验步骤

（1）实验准备。

将控制器转换开关拨到微程序位置，将编程开关设置为正常位置。打开电源。

（2）进行数据通路实验。

① 设置数据通路实验模式：按复位按钮 CLR，使 TEC-8 实验系统复位。指示灯 μA5～μA0 显示 00H。将操作模式开关设置为 SWC=1、SWB=1、SWA=1，准备进入数据通路实验。

按一次 QD 按钮，进入数据通路实验。

② 将数 75H 写到寄存器 R0，数 28H 写到 R1，数 89H 写到 R2，数 32H 写到 R3。指示灯 μA5～μA0 显示 0FH。在数据开关 SD7～SD0 上设置数 75H。在数据总线 DBUS 指示灯 D7～D0 上可以看到数设置得正确不正确，发现错误需及时改正。数设置正确后，按一次 QD 按钮，将 SD7～SD0 上的数写入寄存器 R0，进入下一步。

依照写 R0 的方式，在指示灯 μA5～μA0 显示 32H 时，将数 28H 写入 R1，在指示灯 B7～B0 观测寄存器 R0 的值；在指示灯 μA5～μA0 显示 33H 时，将数 89H 写入 R2，在指示灯 B7～B0 上观测 R1 的值；在指示灯 μA5～μA0 显示 34H 时，将数 32H 写入 R3，在指示灯 B7～B0 上观测 R2 的值。

③ 设置存储器地址 AR 和程序计数器 PC：指示灯 μA5～μA0 显示 35H。此时指示灯 B7～B0 显示寄存器 R3 的值。在数据开关 SD7～SD0 上设置地址 20H。在数据总线 DBUS 指示灯 D7～D0 上可以看到地址设置得正确不正确。地址设置正确后，按一次 QD 按钮，将 SD7～SD0 上的地址写入地址寄存器 AR7～AR0，进入下一步。

④ 将寄存器 R0、R1、R2、R3 中的数依次写入存储器 20H、21H、22H 和 23H 单元。

指示灯 μA5～μA0 显示 36H。此时指示灯 AR7～AR0 和 PC7～PC0 分别显示出存储器左、右两个端口的存储器地址。指示灯 A7～A0、B7～B0 和 D7～D0 都显示寄存器 R0 的值。按一次 QD 按钮，将 R0 中的数写入存储器 20H 单元，进入下一步。

依照此法，在指示灯 μA5～μA0 显示 37H 时，将 R1 中的数写入存储器 21H 单元，在 INS7～INS0 上观测存储器 20H 单元的值；在指示灯 μA5～μA0 显示 38H 时，将 R2 中的数写入存储器 22H 单元，在 INS7～INS0 上观测存储器 21H 单元的值；在指示灯 μA5～μA0 显示 39H 时，将 R3 中的数写入存储器 23H 单元，在 INS7～INS0 上观测存储器 22H 单元的值。

⑤ 重新设置存储器地址 AR 和程序计数器 PC：指示灯 μA5～μA0 显示 3AH。此时指示灯 PC7～PC0 显示 23H，INS7～INS0 显示存储器 23H 单元中的数。在数据开关 SD7～SD0 上设置地址 20H。按一次 QD 按钮，将地址 20H 写入地址寄存器 AR 和程序计数器 PC，进入下一步。

⑥ 将存储器 20H、21H、22H 和 23H 单元中的数依次写入寄存器 R3、R2、R1 和 R0。

指示灯 μA5～μA0 显示 3BH。此时指示灯 AR7～AR0 和 PC7～PC0 显示 20H，指示灯 D7～D0 和 INS7～INS0 同时显示存储器 20H 中的数，按一次 QD 按钮，将存储器 20H 单元中的数写入寄存器 R3，进入下一步。

依照此法，在指示灯 μA5～μA0 显示 3CH 时，将存储器 21H 单元中的数写入寄存器 R2，在指示灯 B7～B0 上观测 R3 的值；在指示灯 μA5～μA0 显示 3DH 时，将存储器 22H 单元中的数写入寄存器 R1，在指示灯 B7～B0 上观测 R2 的值；在指示灯 μA5～μA0 显示

3EH 时，将存储器 23H 单元中的数写入寄存器 R0，在指示灯 B7～B0 上观测 R1 的值。

⑦ 观测 R0 的值：指示灯 μA5～μA0 显示 00H。此时指示灯 A7～A0 显示 R0 的值，指示灯 B7～B0 显示 R3 的值。

7. 实验要求

(1) 做好实验预习，掌握 TEC-8 模型计算机的数据通路及各种操作情况下的数据流动路径和流动方向。

(2) 写出实验报告，内容包括：

① 实验目的。

② 根据实验结果填写表 10.4。

表 10.4　数据通路实验结果表

μA5～μA0	A7～A0	B7～B0	D7～D0	AR7～AR0	PC7～PC0	INS7～INS0	R0	R1	R2	R3
0FH										
32H										
33H										
34H										
35H										
36H										
37H										
38H										
39H										
3AH										
3BH										
3CH										
3DH										
3EH										
00H										

③ 结合实验现象，在每一实验步骤中，对下述信号所起的作用进行解释：SBUS、MBUS、LPC、PCINC、LAR、ARINC、MEMW、M、S0、S1、S2、S3、CIN、ABUS、SEL3、SEL2、SEL1、SEL0、DRW、SBUS。并说明在该步骤中，哪些信号是必需的，哪些信号不是必需的，哪些信号必须采用实验中使用的值，哪些信号可以不采用实验中使用的值。

④ 写出下列操作时，数据的流动路径和流动方向：给寄存器置初值、设置存储器地址、将寄存器中的数写到存储器中，从存储器中读数到寄存器。

8. 可探索和研究的问题

如果用 I-cache 和 D-cache 来代替双端口存储器，请提出一种数据通路方案。

10.6 微程序控制器实验

1. 实验类型

本实验类型为原理型+设计型+分析型。

2. 实验目的

(1) 掌握微程序控制器的原理。

(2) 掌握 TEC-8 模型计算机中微程序控制器的实现方法，尤其是微地址转移逻辑的实现方法。

(3) 理解条件转移对计算机的重要性。

3. 实验设备

TEC-8 实验系统	一台
双踪示波器	一台
直流万用表	一个
逻辑笔(在 TEC-8 实验台上)	一支

4. 实验电路

微程序控制器与硬布线控制器相比，由于其规整性、易于设计以及需要的时序发生器相对简单，在 20 世纪七八十年代得到广泛应用。本实验通过一个具体微程序控制器的实现使学生从实践上掌握微程序控制器的一般实现方法，理解控制器在计算机中的作用。

(1) 微指令格式。

根据机器指令功能、格式和数据通路所需的控制信号，采用如图 10.16 所示的微指令格式。微指令字长 39 位，顺序字段 11 位(判别字段 P4～P0，后继微地址 NμA5～NμA0)，控制字段 29 位，微命令直接控制。

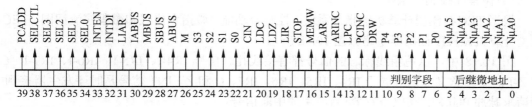

图 10.16 微指令格式

前面的 3 个命令已经介绍了主要的微命令(控制信号)，介绍过的微命令不再赘述，这里介绍后继微地址、判别字段和其他微命令。

NμA5～NμA0   后继微地址，在微指令顺序执行的情况下，它是下一条微指令的地址。

P0   当它为 1 时，根据后继微地址 NμA5～NμA0 和模式开关 SWC、SWB、SWA 确定下一条微指令的地址，见图 10.17。

P1   当它为 1 时，根据后继微地址 NμA5～NμA0 和指令操作码 IR7～IR4 确定下一条微指令的地址，见图 10.17。

P2   当它为 1 时，根据后继微地址 NμA5～NμA0 和进位 C 确定下一条微指令的地址，见图 10.17。

P3　　　　　　当它为 1 时，根据后继微地址 NμA5～NμA0 和结果为 0 标志 Z 确定下一条微指令的地址，见图 10.17。

P4　　　　　　当它为 1 时，根据后继微地址 NμA5～NμA0 和中断信号 INT 确定下一条微指令的地址。见图 10.17 微程序流程图。在 TEC-8 模型计算机中，中断信号 INT 由时序发生器在接到中断请求信号后产生。

STOP　　　　　当它为 1 时，在 T_3 结束后时序发生器停止输出节拍脉冲 T_1、T_2、T_3。

LIAR　　　　　当它为 1 时，在 T_3 的上升沿，将 PC7～PC0 写入中断地址寄存器 IAR。

INTDI　　　　 当它为 1 时，置允许中断标志(在时序发生器中)为 0，禁止 TEC-8 模型计算机响应中断请求。

INTEN　　　　 当它为 1 时，置允许中断标志(在时序发生器中)为 1，允许 TEC-8 模型计算机响应中断请求。

IABUS　　　　 当它为 1 时，将中断地址寄存器中的地址送数据总线 DBUS。

PCADD　　　　 当它为 1 时，将当前的 PC 值加上相对转移量，生成新的 PC。

　　由于 TEC-8 模型计算机有微程序控制器和硬布线控制器 2 个控制器，因此微程序控制器以前缀"A-"标示，以便和硬布线控制器产生的控制信号区分。硬布线控制器产生的控制信号以前缀"B-"标示。

　　(2) 微程序流程图。

　　根据 TEC-8 模型计算机的指令系统和控制台功能(见表 10.2)以及数据通路(见图 10.2)，TEC-8 模型计算机的微程序流程图见图 10.17。在图 10.17 中，为了简洁，将许多以"A-"为前缀的信号，省略了前缀。

　　需要说明的是，图 10.17 中没有包括运算器组成实验、双端口存储器实验和数据通路 3 部分。这 3 部分的微程序很简单，微程序都是顺序执行的，根据这 3 个实验很容易给出。

　　(3) 微程序控制器电路。

　　根据 TEC-8 模型计算机的指令系统、控制台功能、微指令格式和微程序流程图，TEC-8 模型计算机微程序控制器电路如图 10.18 所示。

　　图 10.18 中，以短粗线标志的信号都有接线孔。信号 IR4-I、IR5-I、IR6-I、IR7-I、C-I 和 Z-I 的实际意义分别等同于 IR4、IR5、IR6、IR7、C 和 Z。INT 信号是时序发生器接到中断请求脉冲 PULSE(高电平有效)后产生的中断信号。

　　① 控制存储器。

　　控制存储器由 5 片 58C65 组成，在图 10.18 中表示为 CM0～CM4。其中 CM0 存储微指令最低的 8 位微代码，CM5 存储微指令最高的 8 位(实际使用 7 位)微代码。控制存储器的微代码必须与微指令格式一致。58C65 是一种 8K×8 位的 E^2PROM 器件，地址输入 A12～A0。由于 TEC-8 模型计算机只使用其中 64B 作为控制存储器，因此将 A12～A6 接地，A5～A0 接微地址 μA5～μA0。在正常工作方式下，5 片 E^2PROM 处于只读状态；在修改控制存储器内容时，5 片 E^2PROM 处于读、写状态。

　　② 微地址寄存器。

　　微地址寄存器 μAR 由 1 片 74174 组成，74174 是一个 6D 触发器。当按下复位按钮 CLR 时，产生的信号 CLR#(负脉冲)使微地址寄存器复位，μA5～μA0 为 00H，供读出第一条微

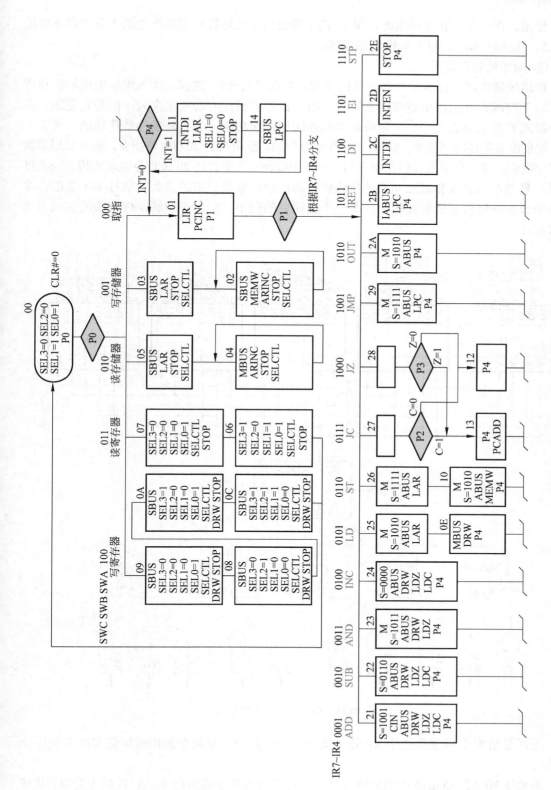

图 10.17　TEC-8 模型计算机微程序流程图

指令使用。在一条微指令结束时，用 T_3 的下降沿将微地址转移逻辑产生的下条微指令地址 NµA5、NµA4～NµA0 写入微地址寄存器。

③ 微地址转移逻辑。

微地址转移逻辑由若干与门和或门组成，实现"与-或"逻辑。深入理解微地址转移逻辑，对于理解计算机的本质有很重要的作用。计算机现在的功能很强大，但是它是建立在两个很重要的基础之上，一个是最基本的加法和减法功能，一个是条件转移功能。设想一下，如果没有条件转移指令，实现 10 000 个数相加，至少需要 20 000 条指令，还不如用算盘计算速度快。可是有了条件转移指令后，一万个数相加，不超过 20 条指令就能实现。因此可以说，最基本的加法和减法功能及条件转移功能给计算机后来的强大功能打下了基础。本实验中微地址转移逻辑的实现方法是一个很简单的例子，但对于理解条件转移的实现方法大有益处。

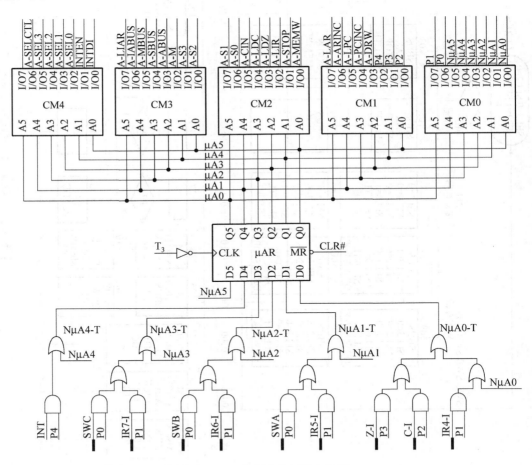

图 10.18　微程序控制器电路图

下面分析根据后继微地址 NµA5～NµA0、判别位 P1 和指令操作码如何实现微程序分支的。

微地址 NµA5～NµA0 中的微指令是一条功能为取指令的微指令，在 T_3 的上升沿，从双端口存储器中取出的指令写入指令寄存器 IR。在这条微指令中，后继微地址为 20H，判别位 P1 为 1、其他判别位均为 0。因此根据微地址转移逻辑，很容易就知道，下一条微指令的微地址是：

NμA5-T=NμA5（NμA5 接到微地址寄存器 μAR 的 D5 输入端）

NμA4-T=NμA4

NμA3-T=NμA3 or P1 and IR7

NμA2-T=NμA2 or P1 and IR6

NμA1-T=NμA1 or P1 and IR5

NμA0-T=NμA3 or P1 and IR4

新产生的微地址 NμA5、NμA4～NμA0 在 T_3 的下降沿写入微地址寄存器 μAR，实现了图 10.17 微程序流程图所要求的根据指令操作码进行微程序分支。

5. 实验任务

（1）正确设置模式开关 SWC、SWB、SWA，用单微指令方式（单拍开关 DP 设置为 1）跟踪控制台操作读寄存器、写寄存器、读存储器、写存储器的执行过程，记录下每一步的微地址 μA5～μA0、判别位 P4～P0 和有关控制信号的值，写出这 4 种控制台操作的作用和使用方法。

（2）正确设置指令操作码 IR7～IR4，用单微指令方式跟踪下列除停机指令 STP 之外的所有指令的执行过程。记录下每一步的微地址 μA5～μA0、判别位 P4～P0 和有关控制信号的值。对于 JZ 指令，跟踪 Z=1、Z=0 两种情况；对于 JZ 指令，跟踪 C=1、C=0 两种情况。

6. 实验步骤

（1）实验准备。

将控制器转换开关拨到微程序位置，将编程开关设置为正常位置，将单拍开关设置为 1（朝上）。在单拍开关 DP 为 1 时，每按一次 QD 按钮，只执行一条微指令。

将信号 IR4-I、IR5-I、IR6-I、IR7-I、C-I、Z-I 依次通过接线孔与电平开关 S0～S5 连接。通过拨动开关 S0～S7，可以对上述信号设置希望的值。打开电源。

（2）跟踪控制台操作读寄存器、写寄存器、读存储器、写存储器的执行。

按复位按钮 CLR 后，拨动操作模式开关 SWC、SWB、SWA 到希望的位置，按一次 QD 按钮，则进入希望的控制台操作模式。控制台模式开关和控制台操作的对应关系如下：

SWC	SWB	SWA	控制台操作类型
0	0	0	启动程序运行
0	0	1	写存储器
0	1	0	读存储器
0	1	1	读寄存器
1	0	0	写寄存器

按一次复位按钮 CLR 按钮，能够结束本次跟踪操作，开始下一次跟踪操作。

（3）跟踪指令的执行。

按复位按钮 CLR 后，设置操作模式开关 SWC=0、SWB=0、SWA=0，按一次 QD 按钮，则进入启动程序运行模式。设置电平开关 S3～S0，使其代表希望的指令操作码 IR7～IR4，按 QD 按钮，跟踪指令的执行。

按一次复位按钮 CLR 按钮，能够结束本次跟踪操作，开始下一次跟踪操作。

7. 实验要求

(1)认真做好实验的预习，掌握 TEC-8 模型计算机微程序控制器的工作原理。

(2)写出实验报告，内容是：

① 实验目的。

② 控制台操作的跟踪过程。写出每一步的微地址 μA5～μA0、判别位 P4～P0 和有关控制信号的值。

③ 写出这 4 种控制台操作的作用和使用方法。

④ 指令的跟踪过程。写出每一步的微地址 μA5～μA0、判别位 P4～P0 和有关控制信号的值。

⑤ 写出 TEC-8 模型计算机中的微地址转移逻辑的逻辑表达式。分析它和各种微程序分支的对应关系。

8. 可探索和研究的问题

(1)试根据运算器组成实验、双端口存储器实验和数据通路实验的实验过程，画出这部分的微程序流程图。

(2)你能将图 10.16 中的微指令格式重新设计压缩长度吗？

10.7　CPU 组成与机器指令的执行实验

1. 实验类型

本实验类型为原理型+分析型+设计型。

2. 实验目的

(1)用微程序控制器控制数据通路，将相应的信号线连接，构成一台能运行测试程序的 CPU。

(2)执行一个简单的程序，掌握机器指令与微指令的关系。

(3)理解计算机如何取出指令、如何执行指令、如何在一条指令执行结束后自动取出下一条指令并执行，牢固建立计算机整机概念。

3. 实验设备

TEC-8 实验系统	一台
双踪示波器	一台
直流万用表	一个
逻辑笔(在 TEC-8 实验台上)	一支

4. 实验电路

本实验将前面几个实验中的所有电路，包括时序发生器、通用寄存器组、算术逻辑运算部件、存储器、微程序控制器等模块组合在一起，构成一台能够运行程序的简单处理机。数据通路的控制由微程序控制器完成，由微程序解释指令的执行过程，从存储器取出一条指令到执行指令结束的一个指令周期，是由微程序完成的，即一条机器指令对应一个微程序序列。

在本实验中，程序装入到存储器中和给寄存器置初值是在控制台方式下手工完成的，程序执行的结果也需要用控制台操作来检查。TEC-8 模型计算机的控制台操作如下。

(1) 写存储器。

写存储器操作用于向存储器中写测试程序和数据。

按复位按钮 CLR，设置 SWC=0、SWB=0、SWA=1。按 QD 按钮一次，控制台指示灯亮，指示灯 μA5～μA0 显示 03H，进入写存储器操作。在数据开关 SD7～SD0 上设置存储器地址通过数据总线指示灯 D7～D0 可以检查地址是否正确。按 QD 按钮一次，将存储器地址写入地址寄存器 AR，指示灯 μA5～μA0 显示 02H，指示灯 AR7～AR0 显示当前存储器地址。在数据开关上设置被写的指令。按 QD 按钮一次，将指令写入存储器。写入指令后，从指示灯 AR7～AR0 上可以看到地址寄存器自动加 1。在数据开关上设置下一条指令，按 QD 按钮一次，将第 2 条指令写入存储器。这样一直继续下去，直到将测试程序全部写入存储器。

(2) 读存储器。

读存储器操作用于检查程序的执行结果和检查程序是否正确写入到存储器中。

按复位按钮 CLR，设置 SWC=0、SWB=1、SWA=0。按 QD 按钮一次，控制台指示灯亮，指示灯 μA5～μA0 显示 05H，进入读存储器操作。在数据开关 SD7～SD0 上设置存储器地址，通过指示灯 D7～D0 可以检查地址是否正确。按 QD 按钮一次，指示灯 AR7～AR0 上显示出当前存储器地址，在指示灯 D7～D0 上显示出指令或数据。再按一次 QD 按钮，则在指示灯 AR7～AR0 上显示出下一个存储器地址，在指示灯 D7～D0 上显示出下一条指令。一直操作下去，直到程序和数据全部检查完毕。

(3) 写寄存器。

写寄存器操作用于给各通用寄存器置初值。

按复位按钮 CLR，设置 SWC=1、SWB=0、SWA=0。按 QD 按钮一次，控制台指示灯亮，指示灯 μA5～μA0 显示 09H，进入写寄存器操作。在数据开关 SD7～SD0 上设置 R0 的值，通过指示灯 D7～D0 可以检查地址是否正确，按 QD 按钮，将设置的数写入 R0。指示灯 μA5～μA0 显示 08H，指示灯 B7～B0 显示 R0 的值，在数据开关 SD7～SD0 上设置 R1 的值，按 QD 按钮，将设置的数写入 R1。指示灯 μA5～μA0 显示 0AH，指示灯 B7～B0 显示 R1 的值，在数据开关 SD7～SD0 上设置 R2 的值，按 QD 按钮，将设置的数写入 R2。指示灯 μA5～μA0 显示 0CH，指示灯 B7～B0 显示 R2 的值，在数据开关 SD7～SD0 上设置 R3 的值，按 QD 按钮，将设置的数写入 R3。指示灯 μA5～μA0 显示 00H，指示灯 A7～A0 显示 R0 的值，指示灯 B7～B0 显示 R3 的值。

(4) 读寄存器。

读寄存器用于检查程序执行的结果。

按复位按钮 CLR，设置 SWC=0、SWB=1、SWA=1。按 QD 按钮一次，控制台指示灯亮，指示灯 μA5～μA0 显示 07H，进入读寄存器操作。指示灯 A7～A0 显示 R0 的值，指示灯 B7～B0 显示 R1 的值。按一次 QD 按钮，指示灯 μA5～μA0 显示 06H，指示灯 A7～A0 显示 R2 的值，指示灯 B7～B0 显示 R3 的值。

(5) 启动程序运行。

当程序已经写入存储器后，按复位按钮 CLR，使 TEC-8 模型计算机复位，设置 SWC=0、SWB=0、SWA=0，按一次启动按钮 QD，则启动测试程序从地址 00H 运行。如果单拍开关

DP=1，那么每按一次 QD 按钮，执行一条微指令；连续按 QD 按钮，直到测试程序结束。如果单拍开关 DP=0，那么按一次 QD 按钮后，程序一直运行到停机指令 STP。如果程序不以停机指令 STP 结束，则程序将无限运行下去，结果不可预知。

5. 实验任务

(1)将下面的程序手工汇编成二进制机器代码并装入存储器。

预习表 10.5。表中地址 10H、11H、12H 中存放的不是指令，而是数。此程序运行前 R2 的值为 18H，R3 的值为 10H。

表 10.5　预习时要求完成的手工汇编

地址	指令	机器十六进制代码	地址	指令	机器十六进制代码
00H	LD R0, [R3]		0AH	INC R2	
01H	INC R3		0BH	ST R2,[R2]	
02H	LD R1, [R3]		0CH	AND R0,R1	
03H	SUB R0, R1		0DH	MOV R1,R0	
04H	JZ 0BH		0EH	OUT R2	
05H	ST R0, [R2]		0FH	STP	
06H	INC R3		10H	85H	
07H	LD R0, [R3]		11H	23H	
08H	ADD R0, R1		12H	0EFH	
09H	JC 0CH				

(2)通过简单的连线构成能够运行程序的 TEC-8 模型计算机。

TEC-8 模型计算机所需的连线很少，只需连接 6 条线，具体连线见实验步骤。

(3)将程序写入寄存器，并且给 R2、R3 置初值，跟踪执行程序，用单拍方式运行一遍，用连续方式运行一遍。用实验台操作检查程序运行结果。

6. 实验步骤

(1)实验准备。

将控制器转换开关拨到微程序位置，将编程开关设置为正常位置。

将信号 IR4-I、IR5-I、IR6-I、IR7-I、C-I、Z-I 依次通过接线孔与信号 IR4-0、IR5-0、IR6-0、IR7-0、C-0、Z-0 连接。使 TEC-8 模型计算机能够运行程序的整机系统。打开电源。

(2)在单拍方式下跟踪程序的执行。

① 通过写存储器操作将程序写入存储器。

② 通过读操作将程序逐条读出，检查程序是否正确写入了存储器。

③ 通过写寄存器操作设置寄存器 R2 为 18H，R3 为 10H。

④ 通过读寄存器操作检查设置是否正确。

⑤ 将单拍开关 DP 设置为 1，使程序在单微指令下运行。

⑥ 按复位按钮 CLR，复位程序计数器 PC 为 00H。将模式开关设置为 SWC=0、SWB=0、SWA=0，准备进入程序运行模式。

⑦ 按一次 QD 按钮，进入程序运行。每按一次 QD 按钮，执行一条微指令，直到程序结束。在程序执行过程中，记录下列信号的值：PC7～PC0、AR7～AR0、μA5～μA0、IR7～IR0、A7～A0、B7～B0 和 D7～D0。

⑧ 通过读寄存器操作检查 4 个寄存器的值并记录。

⑨ 通过读存储器操作检查存储单元 18H、19H 的值并记录。

（3）在连续方式下运行程序。

由于单拍方式下运行程序并没有改变存储器中的程序。因此只要重新设置 R2 为 18H、R3 为 10H。然后将单拍开关 DP 设置为 0，按复位按钮 CLR 后，将模式开关设置为 SWC=0、SWB=0、SWA=0，准备进入程序运行模式。按一次 QD 按钮，程序自动运行到 STP 指令。通过读寄存器操作检查 4 个寄存器的值并记录。通过读存储器操作检查存储单元 18H、19H 的值并记录。

7. 实验要求

（1）认真做好实验的预习，在预习时将程序汇编成机器十六进制代码。

（2）写出实验报告，内容包括：

① 实验目的。

② 填写表 10.5。

③ 填写表 10.6。

表 10.6　单拍方式下指令执行跟踪结果

指 令	μA5～μA0	PC7～PC0	AR7～AR0	IR7～IR0	A7～A0	B7～B0	D7～D0

④ 单拍方式和连续方式程序执行后 4 个寄存器的值、寄存器 18、19 单元的值。

⑤ 对表 10.6 中数据的分析、体会。

⑥ 结合第 1 条和第 2 条指令的执行，说明计算机中程序的执行过程。

⑦ 结合程序中条件转移指令的执行过程说明计算机中如何实现条件转移功能。

8. 可探索和研究的问题

如果需要全面测试 TEC-8 模型计算机的功能，需要什么样的测试程序？请写出测试程序，并利用测试程序对 TEC-8 模型计算机进行测试。

10.8　中断原理实验

1. 实验类型

本实验类型为原理型+分析型。

2. 实验目的

（1）从硬件、软件结合的角度，模拟单级中断和中断返回的过程。

（2）通过简单的中断系统，掌握中断控制器、中断向量、中断屏蔽等概念。

（3）了解微程序控制器与中断控制器协调的基本原理。

（4）掌握中断子程序和一般子程序的本质区别，掌握中断的突发性和随机性。

3. 实验设备

TEC-8 实验系统	一台
双踪示波器	一台
直流万用表	一个
逻辑笔(在 TEC-8 实验台上)	一支

4. 实验原理

（1）TEC-8 模型计算机中的中断机构。

TEC-8 模型计算机中有一个简单的单级中断系统，只支持单级中断、单个中断请求，有中断屏蔽功能，旨在说明最基本的工作原理。

TEC-8 模型计算机中有 2 条指令用于允许和屏蔽中断。DI 指令称作关中断指令。此条指令执行后，即使发生中断请求，TEC-8 也不响应中断请求。EI 指令称作开中断指令，此条指令执行后，TEC-8 响应中断。在时序发生器中，设置了一个允许中断触发器 EN_INT，当它为 1 时，允许中断，当它为 0 时，禁止中断发生。复位脉冲 CLR#使 EN_INT 复位为 0。使用 VHDL 语言描述的 TEC-8 中的中断控制器如下：

```
INT_EN_P : process(CLR#,MF,INTEN,INTDI,PULSE,EN_INT)
    begin
        if CLR #='0' then
            EN_INT< ='0';
        elsif MF ' event and MF= '1' then
            EN_INT< = INTEN or(EN,INT and(not INTDI));
        end if;
        INT< = EN,INT and PULSE;
    end process;
```

在上面的描述中，CLR#是按下复位按钮 CLR 后产生的低电平有效的复位脉冲，MF 是 TEC-8 的主时钟信号，INTEN 是执行 EI 指令产生的允许中断信号，INTDI 是执行 DI 指令产生的禁止中断信号，PULSE 是按下 PULSE 按钮产生的高电平有效的中断请求脉冲信号，INT 是时序发生电路向微程序控制器输出的中断程序执行信号。

为保存中断断点的地址，以便程序被中断后能够返回到原来的地址继续执行，设置了一个中断地址寄存器 IAR，参见图 10.2。中断地址寄存器 IAR 是 1 片 74374(U44)。当信号 LIAR 为 1 时，在 T₃ 的上升沿，将 PC 保存在 IAR 中。当信号 IABUS 为 1 时，IABUS 中保存的 PC 送数据总线 DBUS，指示灯显示出中断地址。由于本实验系统只有一个断点寄存器而无堆栈，因此仅支持一级中断而不支持多级中断。

中断向量即中断服务程序的入口地址，本实验系统中由数据开关 SD7～SD0 提供。

（2）中断的检测、执行和返回过程。

一条指令的执行由若干条微指令构成。TEC-8 模型计算机中，除指令 EI、DI 外，每条指令执行过程的最后一条微指令都包含判断位 P4，用于判断有无中断发生，参见图 10.17。因此在每一条指令执行之后，下一条指令执行之前都要根据中断信号 INT 是否为 1 决定微程序分支。如果信号 INT 为 1，则转微地址 11H，进入中断处理；如果信号 INT 为 0，则转微地址 01H，继续取下一条指令然后执行。

检测到中断信号 INT 后，转到微地址 11H。该微指令产生 INTDI 信号，禁止新的中断发生，产生 LIAR 信号，将程序计数器 PC 的当前值保存在中断地址寄存器(断点寄存器)中，产生 STOP 信号，等待手动设置中断向量。在数据开关 SD7～SD0 上设置好中断地址后，机器将中断向量读到 PC 后，转到中断服务程序继续执行。

执行一条指令 IRET，从中断地址返回。该条指令产生 IABUS 信号，将断点地址送数据总线 DBUS，产生信号 LPC，将断点从数据总线装入 PC，恢复被中断的程序。

发生中断时，关中断由硬件负责。而中断现场(包括 4 个寄存器、进位标志 C 和结果为 0 标志 Z)的保存和恢复由中断服务程序完成。中断服务程序的最后两条指令一般是开中断指令 EI 和中断返回指令 IRET。为了保证从中断服务程序能够返回到主程序，EI 指令执行后，不允许立即被中断。因此，EI 指令执行过程中的最后一条微指令中不包含 P4 位。

5．实验任务

了解中断每个信号的意义和变化条件，并将表 10.7 中的主程序和表 10.8 中的中断服务程序手工汇编成十六进制机器代码。此项任务在预习中完成。

表 10.7　主程序的机器代码

地址	指令	机器代码
00H	EI	
01H	INC R0	
02H	INC R0	
03H	INC R0	
04H	INC R0	
05H	INC R0	
06H	INC R0	
07H	INC R0	
08H	INC R0	
09H	JMP [R1]	

表 10.8　中断服务程序的机器代码

地址	指令	机器代码
45H	ADD R0, R0	
46H	EI	
47H	IRET	

(1)为了保证此程序能够循环执行，应当将 R1 预先设置为 01H。R0 的初值设置为 0。

(2)将 TEC-8 连接成一个完整的模型计算机。

(3)将主程序和中断服务程序装入存储器，执行 3 遍主程序和中断服务程序。列表记录中断有关信号的变化情况。特别记录好断点和 R0 的值。

(4)将存储器 00H 中的 EI 指令改为 DI，重新运行程序，记录发生的现象。

6. 实验步骤

(1)实验准备。

将控制器转换开关拨到微程序位置，将编程开关设置为正常位置。

将信号 IR4-I、IR5-I、IR6-I、IR7-I、C-I、Z-I 依次通过接线孔与信号 IR4-0、IR5-0、IR6-0、IR7-0、C-0、Z-0 连接。使 TEC-8 模型计算机能够运行程序的整机系统。打开电源。

(2)通过控制台写存储器操作，将主程序和中断服务程序写入存储器。

(3)执行 3 遍主程序和中断子程序。

① 通过控制台写寄存器操作将 R0 设置为 00H，将 R1 设置为 01H。

② 将单拍开关 DP 设置为连续运行方式(DP=0)，按复位按钮 CLR，使 TEC-8 模型计算机复位。按 QD 按钮，启动程序从 00H 开始执行。

③ 按一次 PULSE 按钮，产生一个中断请求信号 PULSE，中断主程序的运行。记录下这时的断点 PC、在指示灯 B7～B0 上显示出的 R0 的值和其他有关中断的信号。

④ 将单拍开关 DP 设置为单拍方式(DP=1)，在数据开关上设置中断服务程序的入口地址 45H。按 QD 按钮，一步步执行中断服务程序，直到返回到断点。

⑤ 按照步骤①～④，再重复做 2 遍。

(4)将存储器 00H 的指令改为 DI，按照步骤 3，重做一遍，记录发生的现象。

7. 实验要求

(1)认真做好实验的预习，在预习时将程序汇编成机器十六进制代码。

(2)写出实验报告，内容包括：

① 实验目的。

② 填写表 10.7。

③ 填写表 10.8。

④ 填写表 10.9。

表 10.9　中断原理实验结果

执行程序顺序	PC 断点值	中断时的 R0
第 1 遍		
第 2 遍		
第 3 遍		
第 4 遍		

(3)分析实验结果，得到什么结论？

(4)简述 TEC-8 模型计算机的中断机制。

8. 可研究和探索的问题

在 TEC-8 模型计算机中，采用的是信号 PULSE 高电平产生中断。如果改为信号 PULSE 的上升沿产生中断，怎样设计时序发生器中的中断机制？提出设计方案。

第 11 章

课程综合设计

本章安排了 TEC-8 系统的两个大型综合性研究课题。其中 11.1 节用于计算机组成原理或计算机组成与系统结构课程，11.2 节学生可以选做。

11.1 硬布线控制器的常规 CPU 设计

1. 教学目的

(1)融会贯通计算机组成原理或计算机组成与系统结构课程各章教学内容，通过知识的综合运用，加深对 CPU 各模块工作原理及相互联系的认识。

(2)掌握硬布线控制器的设计方法。

(3)学习运用当代的 EDA 设计工具，掌握用 EDA 设计大规模复杂逻辑电路的方法。

(4)培养科学研究能力，取得设计和调试的实践经验。

2. 实验设备

TEC-8 实验系统	一台
个人计算机	一台
双踪示波器	一台
直流万用表	一个
逻辑笔(在 TEC-8 实验台上)	一支

3. 设计与调试任务

(1)设计一个硬布线控制器，和 TEC-8 模型计算机的数据通路结合在一起，构成一个完整的 CPU，该 CPU 要求如下。

① 能够完成控制台操作：启动程序运行、读存储器、写存储器、读寄存器和写寄存器。

② 能够执行表 11.1 中的指令，完成规定的指令功能。

表 11.1 中，XX 代表随意值。Rs 代表源寄存器号，Rd 代表目的寄存器号。在条件转移指令中，@代表当前 PC 的值，offset 是一个 4 位的有符号数，第 3 位是符号位，0 代表正数，1 代表负数。注意：@不是当前指令的 PC 值，是当前指令的 PC 值加 1。

(2)在 Quarts Ⅱ 下对硬布线控制器设计方案进行编程和编译。

(3)将编译后的硬布线控制器下载到 TEC-8 实验台上的 ISP 器件 EPM7128 中，使 EPM7128 成为一个硬布线控制器。

(4)根据指令系统，编写检测硬布线控制器正确性的测试程序，并用测试程序对硬布线控制器在单拍方式下进行调试，直到成功。

表 11.1　新设计 CPU 的指令系统

名　称	汇编语言	功　能	指令格式		
			IR7 IR6 IR5 IR4	IR3 IR2	IR1 IR0
加法	ADD Rd, Rs	Rd←Rd+Rs	0001	Rd	Rs
减法	SUB Rd, Rs	Rd←Rd—Rs	0010	Rd	Rs
逻辑与	AND Rd, Rs	Rd←Rd and Rs	0011	Rd	Rs
加 1	INC Rd	Rd←Rd+1	0100	Rd	XX
取数	LD Rd, [Rs]	Rd← [Rs]	0101	Rd	Rs
存数	ST Rs, [Rd]	Rs→[Rd]	0110	Rd	Rs
C 条件转移	JC addr	如果 C=1，则 PC←@+offset	0111	offset	
Z 条件转移	JZ addr	如果 Z=1，则 PC←@+offset	1000	offset	
无条件转移	JMP [Rd]	PC←Rd	1001	Rd	XX
停机	STOP	暂停运行	1110	XX	XX

(5) 在调试成功的基础上，整理出设计文件，包括：

① 硬布线控制器逻辑模块图；

② 硬布线控制器指令周期流程图；

③ 硬布线控制器的 VHDL 源程序；

④ 测试程序；

⑤ 设计说明书；

⑥ 调试总结。

4. 设计提示

(1) 硬布线控制器的基本原理。

硬布线控制器的基本原理，每个微操作控制信号 S 是一系列输入量的逻辑函数，即用组合逻辑来实现

$$S=f(I_m, M_i, T_k, B_j)$$

其中，I_m 是机器指令操作码译码器的输出信号，M_i 是节拍电位信号，T_k 是节拍脉冲信号，B_j 是状态条件信号。

在 TEC-8 实验系统中，节拍脉冲信号 T_k，$T_1 \sim T_3$ 已经直接输送给数据通路。因为机器指令系统比较简单，省去操作码译码器，4 位指令操作码 IR4～IR7 直接成为 I_m 的一部分；由于 TEC-8 实验系统有控制台操作，控制台操作可以看成一些特殊的功能复杂的指令，因此 SWC、SWB、SWA 可以看成 I_m 的另一部分。M_i 是时序发生器产生的节拍信号 $W_1 \sim W_3$；B_j 包括 ALU 产生的进位信号 C、结果为 0 信号 Z 等。

(2) 机器指令周期流程图设计。

设计微程序控制器使用流程图。设计硬布线控制器同样使用流程图。微程序控制器的控制信号以微指令周期为时间单位，硬布线控制器以节拍电位(CPU 周期)为时间单位，两者在本质上是一样的，1 个节拍电位时间和 1 条微指令时间都是从节拍脉冲 T_1 的上升沿到

T_3 的下降沿的一段时间。在微程序控制器流程图中，一个执行框代表一条微指令，在硬布线控制器流程图中，一个执行框代表一个节拍电位时间。

(3)执行一条机器指令的节拍电位数。

在 TEC-8 实验系统中，采用了可变节拍电位数来执行一条机器指令。大部分指令的执行只需 2 个节拍电位 W_1、W_2，少数指令需要 3 个节拍电位 W_1、W_2、W_3。为了满足这种要求，在执行一条指令时除了产生完成指令功能所需的微操作控制信号外，对需要 3 个电位节拍的指令，还要求它在 W_2 时产生一个信号 LONG。信号 LONG 送往时序信号发生器，时序信号发生器接到信号 LONG 后产生节拍电位 W_3。

对于一些控制台操作，需要 4 个节拍电位才能完成规定的功能。为了满足这种情况，可以将控制台操作化成两条机器指令的节拍。为了区分写寄存器操作的 2 个不同阶段，可以用某些特殊的寄存器标志。例如，建立一个 FLAG 标志，当 FLAG=0 时，表示该控制台操作的第 1 个 W_1、W_2；当 FLAG=1 时，表示该控制台操作的第 2 个 W_1、W_2。

为了适应更为广泛的情况，TEC-8 的时序信号发生器允许只产生一个节拍电位 W_1。当 1 条指令或者一个控制台在 W_1 时，只要产生信号 SHORT，该信号送往时序信号发生器，则时序信号发生器在 W_1 后不产生节拍电位 W_2，下一个节拍仍是 W_1。

信号 LONG 和 SHORT 只对紧跟其后的第一个节拍电位的产生起作用。

在硬布线控制器中，控制台操作的流程图与机器指令流程图类似，图 11.1 画出了硬布线控制器的机器周期参考流程图。

(4)组合逻辑译码表。

设计出硬布线流程图后，就可以设计译码电路。传统的做法是先根据流程图列出译码表，作为逻辑设计的根据。译码表的内容包括横向设计和纵向设计，流程图中横向为一拍（W_1、W_2、W_3），纵向为一条指令。而译码逻辑是针对每一个控制信号的，因此在译码表中，横向变成了一个信号。表 11.2 是译码表的一般格式，每行中的内容表示某个控制信号在各指令中的有效条件，主要是节拍电位和节拍脉冲、指令操作码的译码器输出、执行结果标志信号等。根据译码表，很容易写出逻辑表达式。

表 11.2　组合逻辑译码表的一般格式

指令 IR	ADD	SUB	AND	……
LIR	W_1	W_1	W_1	
M			W_2	
S3	W_2		W_2	
S2		W_2		
S1		W_2	W_2	

与传统方法稍有不同的是，使用 VHDL 语言设计时，可根据流程图直接写出相应的语言描述。以表 11.2 中的 ADD、SUB、AND 为例，可描述如下：

```
process(IR,W1,W2,W3)        —IR实际上是指令操作码，即IR4～IR7
    begin
        LIR<= '0';
```

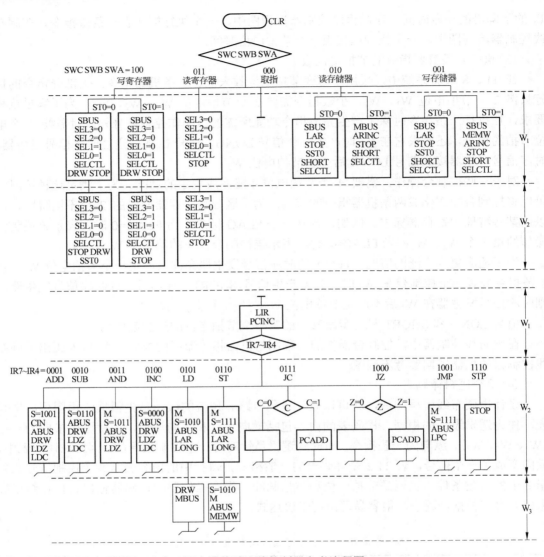

图 11.1　硬布线控制器参考流程图

```
    M<='0';
    S3<='0';
    S2<='0';
    S1<='0';
case IR is
when"0001"= >
    LIR< = W1;
    S3< = W2;
when"0010"=>
    LIR< = W1;
    S2< = W2;
    S1< = W2;
```

```
when"0011"=>
    LIR< = W1;
    M< = W2;
    S3< = W2;
    S1< = W2;
    ⋮
```

很明显，这种方法省略了译码表，且不容易出错。

（5）EPM7128 器件的引脚。

TEC-8 实验系统中的硬布线控制器是用 1 片 EPM7128 器件构成的。为了使学生将主要精力集中在硬布线控制器的设计和调试上，硬布线控制器和数据通路之间不采用接插线方式连接，在印制电路板上已经用印制导线进行了连接。这就要求硬布线控制器所需的信号的输出、输入信号的引脚号必须符合表 11.3 中的规定。

表 11.3　作为硬布线控制器时的 EPM7128 引脚定义

信号	方向	引脚号	信号	方向	引脚号
CLR#	输入	1	C	输入	2
T_3	输入	83	Z	输入	84
SWA	输入	4	DRW	输出	20
SWB	输入	5	PCINC	输出	21
SWC	输入	6	LPC	输出	22
IR_4	输入	8	LAR	输出	25
IR_5	输入	9	PCADD	输出	18
IR_6	输入	10	ARINC	输出	24
IR_7	输入	11	SELCTL	输出	52
W_1	输入	12	MEMW	输出	27
W_2	输入	15	STOP	输出	28
W_3	输入	16	LIR	输出	29
LDZ	输出	30	SBUS	输出	41
LDC	输出	31	MBUS	输出	44
CIN	输出	33	SHORT	输出	45
S_0	输出	34	LONG	输出	46
S_1	输出	35	SELO	输出	48
S_2	输出	36	SEL1	输出	49
S_3	输出	37	SEL2	输出	50
M	输出	39	SEL3	输出	51
ABUS	输出	40			

(6) 调试。

由于使用在系统可编程器件，集成度高，灵活性强，编程、下载方便，用于硬布线控制器将使调试简单。控制器内部连线集中在器件内部，由软件自动完成，其速度、准确率和可靠性都是人工接线难以比拟的。

用 EDA 技术进行设计，可以使用软件模拟的向量测试对设计进行初步调试。软件模拟和使用向量测试时，向量测试方程的设计应全面，尽量覆盖所有的可能性。

在软件模拟测试后，将设计下载到 EPM7128 器件中。将控制器开关拨到硬布线控制器方式。首先单拍(DP=1)方式检查控制台操作功能。然后将测试程序写入存储器，以单拍方式执行程序，直到按照流程图全部检查完毕。在测试过程中，要充分利用 TEC-8 实验系统上的各种信号指示灯。

5. 设计报告要求

(1) 采用 VHDL 语言描述硬布线控制器的设计，列出设计源程序。

(2) 写出测试程序。

(3) 写出调试中出现的问题、解决办法、验收结果。

(4) 写出设计、调试中遇到的困难和心得体会。

11.2　含有阵列乘法器的 ALU 设计

1. 教学目的

(1) 掌握阵列乘法器的组织结构和实现方法。

(2) 改进 74181 的内部结构设计，仅实现加、减、乘、传送、与、加 1、取反、求补等 8 种操作。

(3) 学习运用当代的 EDA 设计工具，掌握用 EDA 设计大规模复杂逻辑电路的方法。

(4) 培养科学研究能力，取得设计和调试的实践经验。

2. 实验设备

TEC-8 实验系统	一台
个人计算机	一台
双踪示波器	一台
直流万用表	一个
逻辑笔(在 TEC-8 实验台上)	一支

3. 设计与调试任务

(1) 设计 1 个 4 位×4 位的阵列乘法器，其积为 8 位。乘数、被乘数从电平开关 S0～S7 输入，ALU 的 3 位操作码 $\&_0$、$\&_1$、$\&_2$ 从电平开关 S13～S15 输入。运算结果送指示灯 L0～L7 输出。

(2) 在 Quartus Ⅱ 下对改进 ALU 的设计方案进行编程和编译。

(3) 将编译后的 ALU 下载到 TEC-8 实验台上的 ISP 器件 EPM7128 中去，使 EPM7128 成为含有阵列乘法器的 ALU。

(4) 测试方法和正确性验证。

(5) 写出设计、调试报告总结。

4. 设计提示

(1) 无符号阵列乘法器的结构。

无符号阵列乘法器的结构框图如图 11.2 所示，它由一系列全加器 FA 用流水方法(时间并行)和资源重复方式(空间并行)有序组成。图中展示了 5×5 位的阵列乘法器结构框图。

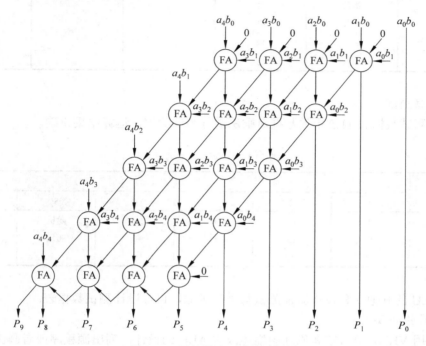

图 11.2　无符号阵列乘法器框图

(2) EPM7128 和电平开关 S0~S15、指示灯 L0~L11 的连接。

EPM7128 通过一条 34 芯扁平电缆和电平开关 S0~S15、指示灯 L0~L11 连接。连接时扁平电缆的一端插到插座 J6 上，扁平电缆的另一端的一个分支插到插座 J4 上，另一个分支插到插座 J8 上。电平开关 S0~S15、指示灯 L0~L11 对应的 EPM7128 引脚如表 11.4 所示。

表 11.4　电平开关 S0~S15、指示灯 L0~L11 对应的 EPM7128 引脚号

电平开关	方向	引脚号	指示灯	方向	引脚号
S0	输入	54	L0	输出	37
S1	输入	81	L1	输出	39
S2	输入	80	L2	输出	40
S3	输入	79	L3	输出	41
S4	输入	77	L4	输出	44
S5	输入	76	L5	输出	45
S6	输入	75	L6	输出	46
S7	输入	74	L7	输出	48
S8	输入	73	L8	输出	49
S9	输入	70	L9	输出	50

续表

电平开关	方向	引脚号	指示灯	方向	引脚号
S10	输入	69	L10	输出	51
S11	输入	68	L11	输出	52
S12	输入	67			
S13	输入	65			
S14	输入	64			
S15	输入	63			

(3)运算测试。

① 用测试数据表 11.5 中的数据对乘法进行验证测试，运算结果正确。

表 11.5　乘法测试数据

数据	组号					
	1	2	3	4	5	6
被乘数 A	9	15	0	15	随机	随机
乘数 B	8	15	15	0	随机	随机
乘积 P	72	255	0	0		

② ALU 的其他 7 种操作验证测试与乘法类似，自行设计测试数据表。

5. 设计报告要求

(1)采用 VHDL 语言或者原理图描述改进 ALU 的设计，列出源程序或者画出原理图。

(2)测试数据表及测试结果。

(3)写出调试中出现的问题、解决办法、验收结果。

(4)写出设计、调试中遇到的困难和心得体会。

附录 《计算机组成原理》(第六版·立体化教材) 配套教学资源

一、文字教材购书电话：(010)64031535，64010637。

(1)《计算机组成原理(第六版·立体化教材)》，文字教材，白中英、戴志涛主编，科学出版社，2019年出版。

(2)《计算机组成原理试题解析(第六版)》，与主教材配套的文字辅教材，白中英、戴志涛主编，科学出版社，2019年出版。

二、教学资源库

(1)《计算机组成原理(第六版)CAI 动画视频》，配合主教材各章重点和难点内容开发的多媒体 CAI 演示动画视频。读者可扫描书中的二维码浏览。

(2)《计算机组成原理演示文稿》，以文字教材和 CAI 课件为蓝本开发的教师授课用电子演示文稿(PPT 版)。使用本教材授课的教师可以向出版社索取。

(3)《计算机组成原理习题答案库》，提供文字教材各章中习题参考答案。

(4)《计算机组成原理自测试题库》，配合文字教材开发的试题库软件，内容包含本科生期末试卷、大专生期末试卷各 10 套。

(5)《计算机组成原理课程设计范例》，学生姓名聂璜辉，指导教师杨秦。

三、配套实验设备联系电话：(010)62782245。

(1)"TEC-8计算机硬件综合实验系统"，与文字教材配套的教学实验仪器(发明专利)，清华大学科教仪器厂研制。本仪器采用双端口存储器、指令总线与数据总线分设体系和流水技术。

本仪器开设以下 6 个基本教学实验：

①运算器实验；　　　　　　　　②双端口存储器实验；

③数据通路实验；　　　　　　　④微程序控制器实验；

⑤ CPU 组成与指令周期实验；　⑥中断原理实验。

TEC8 实验系统支持 3 个课程综合设计，供"计算机组成原理"、"计算机组成与系统结构"、"计算机系统结构"三门课程选做：

①一台模型计算机的设计与调试(硬联线控制器常规 CPU 方案)；

②一台模型计算机的设计与调试(微程序控制器流水 CPU 方案)；

③一台模型计算机的设计与调试(硬联线控制器流水 CPU 方案)。

(2)"TEC-5 数字逻辑与计算机组成实验系统"，清华大学科教仪器厂研发的发明专利产品。本仪器可进行"数字逻辑"、"计算机组成原理"、"计算机组成与系统结构"三门课程的基本教学实验及课程综合设计。

参 考 文 献

白中英, 2010. 计算机系统结构(第三版·网络版). 北京: 科学出版社.

白中英, 戴志涛, 2013a. 计算机组成原理(第五版·立体化教材). 北京: 科学出版社.

白中英, 戴志涛, 2013b. 计算机组成原理试题解析. 5版. 北京: 科学出版社.

尼克罗斯·法拉菲, 2017. 数字逻辑设计与计算机组成. 戴志涛, 张通, 黄梦凡, 等译. 北京: 机械工业出版社.

王玉良, 戴志涛, 杨紫珊, 2000. 微机原理与接口技术. 北京: 北京邮电大学出版社.

COMER D, 2017. Essentials of computer architecture. 2nd ed. Boca Raton: CRC Press.

Cypress Semiconductor Corporation, 2018. S29AL016J 16Mbit(2M×8bit/1M×16bit) 3V boot sector flash datasheet.

Elpida Memory Inc., 2001. Synchronous DRAM user's manual.

FlOYD T L, 2006. Digital fundamentals. 9th ed. Upper Saddle River: Pearson Prentice Hall.

International Business Machines Corp, 1997. 168 pin unbuffered SDRAM DIMM characteristics.

PATTERSON D A, HENNESSY J L, 2010. Computer organization and design: the hardware/software interface. 4th ed. Singapore: Elsevier Ltd.

PCI Express Base Specification, Revision 2.1, 2009.

STALLINGS W, 2016.Computer organization and architecture designing for performance. 10th ed. Edinburgh: Pearson Education Limited.

TANENBAUM A S, 2006. Structured computer organization. 5th ed. Upper Saddle River: Pearson Prentice Hall.

http: //www.arm.com

http: //www.ibm.com

http: //www.intel.com

http: //www.loongson.cn

http: //www.top500.org

郑 重 声 明

　　科学出版社依法对本书享有专有出版权。任何未经许可的抄袭、复制、销售行为均违反《中华人民共和国著作权法》，其行为将承担相应的民事责任和行政责任，构成犯罪的，将依法追究刑事责任。近期发现国内某些公司与部分高校图书馆合伙用网络手段侵犯本书的知识产权，为了维护市场秩序，保护读者的合法权益，避免读者误用盗版书和盗版仪器造成不良后果，我社已配合行政执法部门与司法机关对违法犯罪的单位和个人启动法律程序。社会各界人士如发现上述侵权行为，希望及时举报，本社将奖励举报有功人员。

　　反盗版举报电话：(010) 64034315

　　E-mail：webmaster@mail.sciencep.com；webmaster@cspg.net

　　通信地址：北京市东城区东黄城根北街 16 号

　　　　　　　科学出版社打击盗版办公室

　　邮编：100717